"十二五"国家科技支撑计划项目

"碳排放和碳减排认证认可关键技术研究与示范"成果系列丛书

企业碳排放管理

国际经验与中国实践

中 国 质 量 认 证 中 心

清 华 大 学 环 境 学 院　编著

国 家 发 改 委 能 源 研 究 所

U0349937

中国质检出版社

中国标准出版社

北　京

图书在版编目(CIP)数据

企业碳排放管理国际经验与中国实践/中国质量认证中心,清华大学环境学院,国家发改委能源研究所编著. —北京:中国标准出版社,2015.1
ISBN 978 - 7 - 5066 - 7306 - 8

Ⅰ.①企… Ⅱ.①清… ②中… ③发… Ⅲ.①企业—二氧化碳—排气—研究 Ⅳ.①X511

中国版本图书馆 CIP 数据核字(2013)第 191044 号

中国质检出版社
中国标准出版社 出版发行

北京市朝阳区和平里西街甲 2 号(100029)
北京市西城区三里河北街 16 号(100045)
网址:www. spc. net. cn
总编室:(010)64275323　发行中心:(010)51780235
读者服务部:(010)68523946
中国标准出版社秦皇岛印刷厂印刷
各地新华书店经销

*

开本 787×1092　1/16　印张 22　字数 529 千字
2015 年 1 月第一版　　2015 年 1 月第一次印刷

*

定价:78.00 元

国家科技支撑计划
National Key Technology R&D Program

项目领导协调小组

王大宁(组长)

孙翠华　刘　敏　孙成永　刘志全　王文远

项目专家顾问组

何建坤(组长)

刘燕华(副组长)　葛志荣(副组长)

左铁镛　徐建中　江　亿　曲久辉　王以铭
郎志正　徐华清　姜胜耀　郑丹星　于欣丽
许增德　魏　昊　房　庆　董惠琴　高振斌
孙　桱

项目总体工作组

陈　伟(组长)

宋桂兰　乔　东　张丽欣　刘尊文　胡静宜
刘彦宾　秦海岩　林　翎

项目管理办公室

刘先德　赵　静　葛红梅　王晓冬　曹　鹏
段志洁　徐　睿　李　芳

丛 书 前 言

本套丛书基于"十二五"国家科技支撑计划项目"碳排放和碳减排认证认可关键技术研究与示范"（项目编号：2011BAC04B00）的系列研究成果编写而成。

该项目的组织单位为国家质量监督检验检疫总局和国家认证认可监督管理委员会，起止时间为2011年1月至2013年12月。项目的主要研究内容为：针对组织、产品（服务）、项目及技术等碳排放和碳减排评价的四个层面，从认证评价、能力认可、基础工具三个角度开展认证认可技术研究，并结合我国行业产业的特点，突破一批共性关键技术和技术难点，初步构建碳排放和碳减排认证认可评价技术体系，为建立既与国际接轨又适合我国国情和生产力发展水平的碳排放和碳减排认证认可制度奠定技术基础。

根据2011年国家科技部正式批准下达的计划任务，共设6个课题：《碳排放和碳减排评价机构认可关键技术研究》《典型工业企业碳排放核查与认证关键技术研究与示范》《电子信息、造纸和印刷行业典型产品碳足迹评价关键技术研究与示范》《建筑节能项目碳排放和碳减排量化评价技术研究与应用》《碳减排技术评价研究与应用》《典型行业碳排放评价数据库构建及评价工具开发研究》。

目前，该项目已陆续形成一批研究成果。为了系统地总结、宣传和推广这些研究成果，项目管理办公室组织各课题承担单位对研究成果进行整理，编写出版本套丛书，共7本，书名如下：

《碳排放和碳减排认证认可实施策略》

《在用工业锅炉节能检查领域检查机构认可评价技术研究》

《建筑节能领域检查机构认可评价技术及实施》

《能力验证在低碳产品检测数据质量控制中的应用》

《企业碳排放管理国际经验与中国实践》

《产品碳足迹评价研究与实践》

《碳减排技术评价研究与应用》

　　考虑到项目研究时间和资源有限,而且有关研究仍需要继续深化进行,所以本套丛书难免有不足和尚需完善的地方,欢迎读者提出宝贵意见。

　　　　　　　　　　　《"十二五"国家科技支撑计划项目
　　　　　　　　"碳排放和碳减排认证认可关键技术研究与示范"成果系列丛书》　编委会
　　　　　　　　　　　　　　　　　　　　2013 年 7 月 8 日

《企业碳排放管理国际经验与中国实践》

编 写 委 员 会

主　编　　王克娇

副主编　　李国振

编　委　　于　洁　　张丽欣　　马永亮　　康艳兵
　　　　　朱埔达　　吴　蔚　　曾鉴三　　陈卫斌
　　　　　王振阳　　段志洁　　崔　茹　　侯士彬
　　　　　熊小平　　赵　盟　　王　峰　　马　林
　　　　　聂　曦　　董春松　　洪大剑　　陈轶星
　　　　　郑显玉　　王科理　　唐春潮　　薛　薇

撰稿人　　张丽欣　　马永亮　　康艳兵　　王振阳
　　　　　段志洁　　王　峰　　侯士彬　　熊小平
　　　　　赵　盟　　马　林　　聂　曦　　董春松
　　　　　洪大剑　　陈轶星　　郑显玉　　王科理

本 书 前 言

随着世界各国对环境问题特别是气候变化问题的日益重视和认识的不断深入，气候变化已经对自然生态系统和经济社会发展产生了长期实质性的不利影响，并成为人类社会面临的严峻挑战之一。积极应对气候变化，减少温室气体排放，符合全人类的共同利益，也已经成为国际社会的普遍共识。国际社会早在 1992 年就通过了《联合国气候变化框架公约》，标志着全世界共同控制温室气体排放，共同应对气候变化迈出了坚实的一步。国际上在应对气候变化启动较早的地区或国家，如欧盟、美国、澳大利亚、日本和韩国等相继出台了温室气体排放相关的法律法规体系，并在企业温室气体排放的核算、核查方法等方面已经制定相应标准或指南。为开展温室气体排放配额分配及交易奠定了良好的基础。我国政府十分重视应对气候变化问题的工作，把积极应对气候变化作为关系经济社会发展全局的重大议题，纳入经济社会发展中长期规划。2011 年，十一届全国人大四次会议通过了《国民经济和社会发展第十二个五年规划纲要》，将应对气候变化作为重点内容正式纳入国民经济和社会发展中长期规划。将单位 GDP 二氧化碳排放降低 17％作为约束性指标，明确了未来五年中国应对气候变化的目标任务和政策导向。与此同时，国务院印发了《"十二五"控制温室气体排放工作方案》，进一步加强了对应对气候变化工作的规划指导，明确提出要建立企业温室气体排放统计核算体系、逐步建立碳排放交易体系、重点企业温室气体排放控制要求等目标。

企业作为温室气体排放的基础单元，其温室气体排放的管理水平、核算方法等直接影响其温室气体的排放量和准确度，从而进一步影响国家的温室气体排量和国家控制温室气体排放的相应措施。本书从国际企业碳排放管理和企业碳排放管理在中国的实践及企业碳排放量化报告与核查过程等方面进行了阐述。

本书的第一章至第六章，分别研究了欧盟、美国、澳大利亚、日本、韩国的碳排放管理和其管理经验总结与启示，力图通过对上述国家或地区的企业碳排放管理经验得到启示并总结其得失,为我所用。第七章及第八章分别对我国碳排放管理政策进行了研究、汇总,并简要介绍了 ISO 14064－1 在中国的实施情况。第九章阐述了企业碳排放的量化报告及核查,包括企业碳排放的量化、报告及核查原则、核查流程、边界及排放源识别、排放因子的确定、活动水平数据收集、编制排放报告等。第十章以典型行业(电力、水泥、汽车及纺织四个行业)为例,分别对企业碳排放的监测、报告及核查进行了研究,并给出了相应企业的碳排放的监测、报告及核查指南。

本书适合从事企业碳排放监测、报告及核查的相关人员,也可为我国企业碳排放相关政策的制定者提供参考。

由于编者水平有限,书中不足和错漏在所难免,恳请读者批评指正。

本书编委会

2013 年 7 月

目　录

第一章　欧盟 ETS 制度下碳排放管理

2005 年 1 月,作为世界上第一个关于二氧化碳排放的跨国、跨部门的国际贸易制度,欧盟排放交易体系(European Union Emissions Trading Scheme,EU ETS)开始运行,其目的是帮助欧盟成员国遵守其在京都议定书中给出的承诺。该制度通过国家配额计划(National Allocation Plan,NAPs)确定成员国在交易期内准予企业排放的二氧化碳总量,企业可以出售或购买排放配额。第一个交易期为 2005 年—2007 年,第二个交易期为 2008 年~2012 年,第三个交易期于 2013 年开始。EU ETS 涵盖了欧盟境内的 10500 多个能源密集企业,这些企业的排放占欧盟温室气体排放总量的 40％和近一半的二氧化碳排放量。

欧盟温室气体排放交易体系(EU ETS)是迄今为止世界上规模最大的、堪称最成功的排放交易制度实践,也是唯一一个运行中的国家间、多行业的强制减排排放交易体系。根据世界银行发布的《2011 年碳市场现状与趋势报告》,2010 年 EU ETS 的交易额占全球碳市场总交易额的 84.4％。

第一节　机制概述

一、产生背景

1997 年 12 月《联合国气候变化框架公约》(UNFCCC)第三次缔约国全体会议(COP 3)通过了《京都议定书》。根据《京都议定书》的规定,在同时满足以下两个条件时,议定书方可生效:一是必须有 55 个以上的公约缔约方同意加入《京都议定书》;二是必须有 1990 年二氧化碳排放量总量占公约附件一中缔约方同年排放总量 55％以上的国家同意加入《京都议定书》。美国 1990 年的二氧化碳排放量占公约附件一中缔约方的 36.1％,但是,2001 年美国总统布什在其上任不久之后,就以"对美国经济发展带来过重负担"为由宣布退出《京都议定书》,俄罗斯和澳大利亚也迟迟不宣布加入,以至于无法预计《京都议定书》能否生效,国际联合行动也充满不确定性。与此同时,鉴于欧盟委员会始终未能就在欧盟范围内实施碳税制度达成一致,也为了在应对气候变化行动中担当领导地位,欧盟决定效仿美国的二氧化碳减排交易制度设计及市场经验,从内部推行碳交易,为欧盟的主要行业设立排放限额并建立一个欧盟范围内的减排交易市场。

在《京都议定书》中,欧盟承诺在 2008 年—2012 年间,在 1990 年的温室气体排放量的基础上减排 8％。根据这一目标,欧盟 15 个成员国在 1998 年 6 月达成了《负担分摊协议》(Burden Sharing Agreement,BSA)。同月,欧盟委员会发布题为《气候变化:后京都时代的欧盟战略》的报告,提出应该在 2005 年前建立欧盟内部排放交易体系。2001 年,欧盟委员会提交了 EU ETS 意见稿并展开了正式讨论;2002 年 4 月,欧盟理事会(European Council)2002/358/EC 获得了决议通过,并在发达国家中率先批准了《京都议定书》;2003 年 7 月,经修改过的 EU ETS 意见稿在欧盟议会(European Parliament)和欧盟理事会上通过;2003 年

10 月 25 日,2003/87/EC 排放交易指令正式生效,并宣布了 EU ETS 从 2005 年 1 月 1 日开始正式运行,世界上最大的跨国家、跨行业的温室气体排放交易体系由此建立。

欧盟在 2002 年 4 月 25 日通过理事会决议(参见欧盟委员决议"2002/358/EC")正式批准了《京都议定书》。欧盟议会在 2003 年通过决议,宣布成立整个欧盟范围内的温室气体排放交易体系。2005 年 1 月,EU ETS 正式启动;从 2008 年开始,EU ETS 进入第二个阶段并将《京都议定书》中的减排承诺作为第二阶段的目标。EU ETS 涵盖超过 10500 个大型排放源,这些企业的排放占到欧盟温室气体排放总量的 40% 和近一半的二氧化碳排放量。EU ETS 是迄今为止由发达国家设立的排放交易体系中最大的也是最为成功的一个,它为欧盟履行《京都议定书》的减排承诺奠定了坚实的制度基础。

必须指出的是,EU ETS 第一个阶段(2005 年—2007 年)并不是《京都议定书》规定的附件一中国家的履约期,它是欧盟为成员国和内部企业设计的一个试验和积累经验的阶段。当然第二阶段(2008 年—2012 年)与《京都议定书》的第一个承诺期相重合。通过为企业的排放设定限额并允许企业出售或购买排放配额,EU ETS 实现了给二氧化碳定价交易的功能。在 EU ETS 体系下,排放指标被叫做 EUA(EU Allowances)。每 1 单位的 EUA 相当于 1 吨的二氧化碳。

尽管 EU ETS 的建立是以完成《京都议定书》下的减排义务为出发点,但是这个减排市场并不以链接到《京都议定书》下的全球碳交易市场为最终目标。在《京都议定书》获得生效后,欧盟仍将接受来自 CDM 和 JI 的减排指标。2004 年底,俄罗斯在全面考虑了预期利益的情况下,同意批准《京都议定书》。俄罗斯的批准使得议定书终于满足了生效所必需的第二条条件,《京都议定书》在 2005 年 2 月正式生效。在《京都议定书》即将生效的预期下,欧盟的 2004/101/EC 号决议进一步为 EUA 和《京都议定书》下的 CDM(Clean Development Mechanism)项目产生的 CER(Certification Emissions Reduction)指标及 JI 项目下的 ERU(Emission Reduction Units)指标建立了链接关系,即一个单位的 EUA 和一个单位的 CER 及 ERU 是等同的。但欧盟也为 CDM 和 JI 下的项目减排指标流通到欧盟内部市场限定了一些条件,其中影响比较大的有两个:第一,来自土地使用变更和林业项目(LULUCF)的减排指标不能进入 EU ETS;第二,装机容量超过 20MW 的水电项目必须在满足世界大坝委员会最终报告(World Commission on Dams,WCD)中的一些指标之后,所产生的减排量才能够进入欧盟市场。由于欧盟是国际碳市场 CERs 的主要买家,因此欧盟对这些具体项目类型的准入规定明显地影响到来自这些项目的指标在市场上的流动性和价格。

二、机制及工作流程

工作流程图见图 1-1。

"EU ETS 采用总量管制和交易"规则(cap-and-trade rules),即在限制温室气体排放总量的基础上,通过买卖行政许可的方式来进行排放。在欧盟碳排放交易体系下,欧盟会员国政府须同意由 ETS 批准的国家排放总量上限。这表示,在整个系统内,所有的工厂、发电厂和其他设施的总温室气体排放量将会被限制在一定的额度内。在此上限内,各公司将有其分配到的排放量,它们可以出售或购买额外的需要额度,以确保整体排放量在特定的额度内。每家公司必须在每年年底交出在排放许可量(allowances)限制内的排放量,否则将会受到罚款。如果一家公司降低其排放量,它可以保留排放许可量以提供未来的需求,或者出售

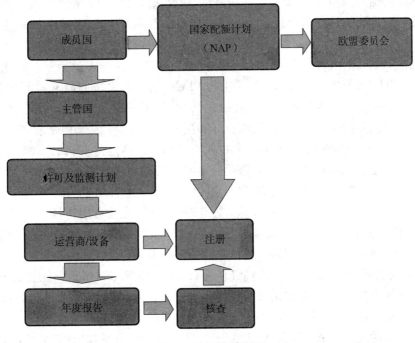

图 1-1　工作流程图

给别的公司。

　　排放许可量(allowance)：所谓的排放许可量，是指在指定期间内排放的二氧化碳当量数(tonne of carbon dioxide equivalent)，该当量数可依据规定进行转让买卖。

三、三个阶段

　　第一阶段是 2005 年～2007 年。这是一个试验性阶段，主要目的是"在行动中学习"，为关键的下一阶段积累经验，进行必要的准备。减排目标是完成《京都协议书》中所承诺的目标的 45%。在该阶段，参加交易的部门主要集中于重要行业的大型排放源，涵盖了 11400 个设施，其二氧化碳排放量约占欧盟总量的 46%。

　　每个成员国要提交一份国家分配方案(National Allowance Plan, NAP)给欧盟委员会，并在其中详细说明相关信息。欧盟委员会对所有 NAP 进行评估，以确定是否符合 EU ETS 法令规定的标准。在确定了欧盟的排放限额之后，各成员国再通过制定国家分配计划将减排指标层层分配到需要减排的行业和企业。根据欧盟的决议，需要限排或减排的行业包括：热值输入超过 20MW 的燃料设施、石油精炼、炼焦炉、生铁生产与加工、采矿、玻璃生产设施、陶瓷产品的生产设施、纸浆与造纸生产线。热值输入超过 20MW 的燃料设施包含范围特别广泛，很多生产性的企业，如食品厂、纺织厂、建筑与机械公司，甚至一栋大楼等，只要它们使用燃烧锅炉，就很容易达到 20MW 这个基准。因此，EU ETS 包含了大量的温室气体排放量相对很小的企业。根据 2007 年的数据，前 750 家最大的排放源占到 EU ETS 下总排放量的 80%，而后 7400 家排放源只占不到 5% 的总排放量；其中最后的 1000 家企业，平均每家的二氧化碳年排放量不到 90t。因此，EU ETS 的第二阶段对这一规定进行了相应的修改，对于年排放量少于 25000t 的企业，只需要根据它们所用燃料的排放系数计算并申报年

3

排放量,而且对它们的排放监管要求也有所降低,以此来降低这些企业的达标成本。在该阶段,EUA 的分配采取的是根据管制对象的历史排放水平免费发放,各成员国每年最多可以拍卖 5% 的排放许可量。管制对象每超标排放 $1tCO_2$ 将被处以 40 欧元的罚款。

该阶段排放量的上限设定为 6600 万 tCO_2,这一阶段的减排不包括非二氧化碳的温室气体(即甲烷 CH_4、氧化亚氮 N_2O、全氟碳化物 PFCs、氢氟碳化物 HFCs、六氟化硫 SF_6,这部分排放量占欧洲温室气体总排放量的大约 20%)。德国获得的配额约占欧盟全部配额的 24%,意大利和英国各约占 10%,波兰、西班牙和法国紧随其后。从部门来看,电力和供热行业获得了近 53% 的配额,钢铁、水泥和石灰以及石油精炼分别占到 10%、9% 和 7%。

第二个阶段是 2008 年～2012 年。该阶段是实现欧盟各成员国在《京都议定书》中的全面减排承诺的关键时期,减排目标是在 2005 年的排放水平上各国平均减排 6.5%。欧盟在该阶段的减排计划中,首先考虑的是尽量缩短其时间过程、充分考虑市场竞争力、强调加入"储备"概念,以便为 EU ETS 带来市场活力和连续性,从而鼓励排放源根据它们现实状况和对未来碳价格的预期进行额外减排。另外,从这一阶段开始,EU ETS 的覆盖范围除了欧盟的 27 个成员国以外,还包括了属于欧洲经济区(European Economic Area)的冰岛、挪威和列支敦士登三国,它涵盖的会员国的排放设施范畴也被扩大,覆盖的工业设施的总排放量近似于欧盟二氧化碳排放总量的一半、温室气体排放总量的 40%。

欧盟委员会对成员国第二阶段 NAP 的评估强调"一致、公平和透明"的原则,主要从以下三个方面来进行评估:(1)对京都承诺目标的实现;(2)排放量的增长;(3)减排潜力。欧盟委员会依据《2030 年欧洲能源和运输的趋势分析(2005 年修订)》报告上提出的"单一一致的方法和假设"对成员国排放量的增长和减排潜力进行评估。第二阶段 27 个成员国的 NAP 从 2006 年底的初稿到 2007 年 10 月的终稿,整个讨论和修改过程持续了 10 个月,最终公布的方案明确规定了各成员国的分配额。在第二阶段 NAP 中,配额多集中在较发达的国家,其中德国占 22%,英国占 12%,波兰占 10%,意大利占 9%,西班牙占 7%,这五个国家加在一起就已占总配额的 60%。原欧盟 15 国的排放设施承担了 2008 年～2012 年间的大部分减排任务,相比 2005 年的排放量校正值下降了 8.7%(相比 2007 年的排放量初始值下降了 9.4%)。相比之下,新加入欧盟的 12 个成员国则被允许在 2005 年的基础上增加 3.6% 的排放量(相比 2007 年排放量初始值增加了 2.9%)。这个阶段对排放量的限制更加严格。从第二阶段 NAP 来看,欧盟委员会最终审议通过的 NAP 将各成员国上报的排放上限下调了 10.4%,并最终将 EUA 的最大排放量控制在了 20.98 亿 tCO_2e。此数量相比 2005 年的批准排放量(调整至第二阶段标准)减少了 1.30 亿 tCO_2e(6.0%),相比 2007 年的批准排放量(调整至第二阶段标准)减少了 1.60 亿 tCO_2e(7.1%)。

除严格的上限以外,对超标排放的惩罚从第一阶段的 40 欧元/tCO_2 提高到 100 欧元/tCO_2,在次年的企业排放许可配额中还要将超标的相应数量予以扣除。这一阶段还首次考虑将航空业纳入减排管制体系。根据 2008 年 7 月的欧洲议会的航空排放法案,航空业于 2012 年正式实施减排。根据 2004 年—2006 年期间飞往和飞离欧盟地区的碳排放量的三年平均值,计算各航空公司的排放总量。2012 年,各航空公司的排放额将不得超过三年平均值的 97%;2013 年,将要求排放额进一步减小为三年平均值的 95%。航空业排放量的加入预计每年将会增加 1000 万～1200 万吨 CO_2e 的排放许可配额。

EU ETS 第二阶段的一些新特点反映了欧盟委员会在尝试逐渐改进其机制设计。其一是对分配方法做出了调整。在第二阶段,EU ETS规定电力行业不能免费得到所有的配额,从而加强了对电力行业排放的管制力度,同时将各成员国每年允许拍卖的排放许可的上限由第一阶段的5%升至10%。由此可知,拍卖排放许可配额的方法逐渐得到欧盟的青睐。其二是将京都灵活机制(主要是指联合履约机制和清洁发展机制)下的减排项目产生的温室气体减排信用引入EU ETS,增加了该机制的灵活性。各成员国可以选择设置使用外部进口的CDM/JI减排信用的数量的上限。在EU ETS的第二阶段,根据各国的NAP,各国能够从《京都议定书》下的减排机制引起的减排量比例从爱沙尼亚的0%到德国和西班牙的20%不等。

第三阶段是2013年~2020年。目标是2020年之前,在1990年的基础上减排20%,相当于2020年之前,在2005年的排放量基础上减排14%;若分开考虑EU ETS覆盖部门和非EU ETS覆盖部门,则相当于2020年之前,EU ETS覆盖的部门相比2005年需减排21%,而非EU ETS覆盖部门需减排10%。

2008年1月23日,作为欧盟《气候行动和可再生能源一揽子计划》中的一部分,欧盟委员会采纳了一个改进和扩大温室气体排放交易体系的建议书。该建议书于2009年4月正式成为欧盟委员会指令得以发布,并作为对欧盟委员会2003年87号指令(Directive 2003/87/EC)的修正案,将从EU ETS第三阶段开始实施。第三阶段取消了国家分配方案(NAP),取而代之的是欧盟范围内统一的排放总量限制。在该总量下,基于充分协调的原则,将排放配额分配到各个成员国,而之前的欧盟排放总量实际上是各国设定的排放量限制的简单加和。在此阶段,按照第二阶段发放的配额数量的平均值,然后逐年线性递减1.74%(在第二阶段,各成员国基本上都是将总配额数量平均地分配到每年)的规律进行排放上限设置,这意味着第三阶段可发放的配额数量将从2013年的19.74亿EUA逐年递减至2020年的17.2亿EUA,每年平均配额数量为18.46亿EUA,比第二阶段的配额(平均每年20.8亿EUA)减少了11%。

第三阶段大大提高了拍卖方式分配配额的比例,甚至逐渐建立起全部拍卖的原则。从2013年开始,取消对电力部门的免费配额;对于其他部门,配额的拍卖比例将从2012年的20%逐渐提升到2027年的100%,拍卖的权利以及所获得的收入由各成员国拥有;但是对于一些参与全球竞争的行业(如铝业),仍然会有免费的许可配额,不过无偿分配的规则必须由欧盟委员会和各成员国一致认同,也就是说,免费发放将逐步成为特例。

对EU ETS外部的减排信用抵偿的使用限制将更加严格。欧盟委员会认为第二阶段允许使用的低成本的CER/ERU过多,不利于实现减排目标,因此从2013年之后,2008年—2012年期间所有成员国共同认可的减排项目产生的碳信用可继续使用,而对于新项目则只允许使用来自最不发达国家(Least Developed Countries)的CER,其他发展中国家需要与欧盟签订相关协议才可向欧盟出口基于能效或可再生能源项目的减排信用。

在更严格的限制措施下,为了使受管制对象有更多的灵活性,欧盟委员会也给第三阶段留下了一些空间。例如,第二阶段剩余的配额可以无限制地储备到第三阶段使用,以增强流动性,刺激减排;在一定条件下,允许各成员国将EU ETS管辖范围内的二氧化碳排放量相对较小的小型设施排除在体系之外。在过去的连续三年间的温室气体排放量都小于25000t(即热值输入小于35MW)的企业可以选择退出EU ETS的第三阶段。这一建议将涉及4200家企业,其排放量占EU ETS下企业总排放量的0.7%左右。据估计,这些涉及的企业当中至少会有一半会选择自行退出。

EU ETS 从 2013 年开始将一些新的工业领域和两种非 CO_2 温室气体纳入减排体系,包括化工业、制氨行业和铝业,以及生产硝酸、己二酸、乙醛酸过程中产生的氧化亚氮(N_2O)和电解铝行业产生的全氟化碳(PFCs)。另外,全部六种温室气体的捕集、运输和地质封存也被涵盖进该体系。据欧盟委员会估计,EU ETS 第三阶段涵盖的排放量(已考虑了成员国将部分小型设施排除的情况)将比第二阶段净增大约 6%,约合 1.2 亿 t~1.3 亿 tCO_2e。

四、EU ETS 中航空业规则介绍

(一)背景概述

2001 年 10 月欧洲委员会发布了《排放交易指令》草案,即 Directive 2003/87/EC,并于 2003 年正式生效,该指令在欧盟内部建立了统一的温室气体排放限额的交易体系,即 EU ETS。作为世界上第一个关于二氧化碳排放的国际贸易制度,Directive 2003/87/EC 涵盖了欧盟境内 10500 多个能源密集设施(这些设施的排放量相当于接近一半的欧洲二氧化碳排放量),并对这些设施实行了温室气体排放配额分配制度。2006 年 12 月,欧盟委员会提议将航空业从 2012 年开始纳入 EU ETS;2009 年 1 月 13 日,欧盟正式出台指令。

由于计量和监管上的困难,在 1997 年的《京都议定书》谈判中,来自国际航空和航海领域燃油的温室气体排放并没有被考虑在《京都议定书》中各国承诺的减排目标之内。由于界定这些问题的难度,《京都议定书》最后决定由国际民航组织(ICAO)和国际海事组织(IMO)来制定具体的对策。但国际机构的进展相当有限。

另一方面,如果不控制排放的话,航空业带来的温室气体排放在全球总排放中占的比例在未来几十年可能增长很快。根据政府间气候变化专业委员会(IPCC)的数据,航空业带来的温室气体排放占总排放的 2%,并且是增长最快的一个领域。1990 年~2006 年间,欧盟内部的那些有减排目标的行业的总排放下降了 4%,而航空业的排放增加了 96%(EEA,2007 年)。尽管过去 40 年来航空业的能效提高了 70%,但这仍然远不足以弥补航空旅行快速发展带来的排放增加。以欧盟的预测为例,在其他大多数工业领域都有减排目标的情况下,航空业的温室气体排放量的增长趋势显得尤其惊人。根据《欧盟 2007 年温室气体清单报告》,如果对航空业的排放不加任何限制地按照"正常商业模式"增长,而其他领域到 2050 年按计划减排 60% 的话,欧盟其他领域的温室气体总排放和航空业的排放比值将从 2005 年的 38.7 亿 t:1.2 亿 t 变成 2050 年的 16.2 亿 t:9.1 亿 t,航空业的排放将占到总排放的 36%。这就意味着,如果对航空业的排放不加限制,它将会严重损害其他领域的减排成效。

因此,欧盟决定分两步将航空业纳入 EU ETS 体系。2009 年 1 月,欧盟发布了 Directive 2008/101/EC,并对 Directive 2003/87/EC 进行了修订,将航空业纳入了 EU ETS 的管控范围内。这次修订意味着 EU ETS 首次对欧盟境外的企业分配温室气体排放配额。

根据该指令,从 2012 年 1 月 1 日起所有在欧盟境内机场起飞或降落的航班全程排放二氧化碳都将强制纳入 EU ETS。全球共有 2000 多家航空企业被纳入管控名单,其中有 30 家中国航空公司。该指令的整体目标是到 2012 年将航空业的温室气体排放量在 2004 年—2006 年三年平均排放量的基础上减少到 97%,到 2013 年减少到 95%。根据每年控制排放的总量,欧盟为各个航空公司每年发放一定量的免费配额;根据减排的整体目标,给航空公

司分配的免费配额将呈逐年递减的趋势。对于超出免费配额的排放量,航空公司需要考虑购买排放配额或者减排信用额度来抵偿,否则将要承担高额的罚款,超过配额排放的罚款为100欧元/tCO₂,据悉该价格将会逐年递增。

(二)排放交易规定

1. 执行时间

按照计划设计,航空业从 2012 年 1 月 1 日起被强制纳入欧盟排放交易体系。第一个履约阶段为 2012 年,而后从 2013 年起到 2020 年为第二履约阶段。

2. 监测与报告

数据的提交、监管与核查由各负责国家的主管部门负责,而航空公司将具体负责排放的监测与报告。总体看来,2010 年开始对排放数据进行监测,同时也是吨公里报告的监测期。而 2011 年起则停止吨公里报告的监测。在 2012 年第一履约阶段开始后,每年的前三个月将为监控数据的核查期,经独立核查机构核查的报告必须在 3 月 31 日前提交到各国主管部门,且航空公司必须在 4 月 30 日前通过配额的方式履行其排放义务。另外,每年的 2 月 28 日前,各成员国应向管辖的各航空运营方发放配额。

在欧盟排放交易系统下,航空公司、第三方核查机构以及欧盟主管国的工作流程如图 1 - 2 所示。

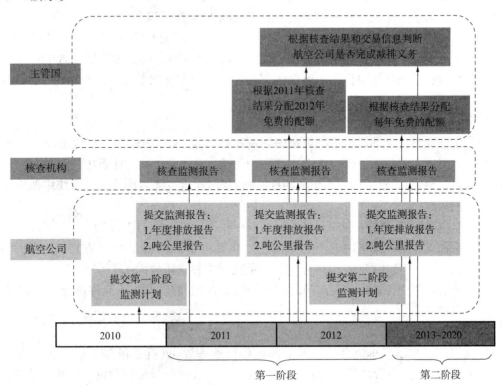

图 1 - 2 航空业碳排放的监测与核查

3. 配额分配以及使用

整个航空业的配额是在 2004 年～2006 年的平均排放量的基础上进行百分比加权。

2012 年配额在基准年水平上减少 3%。而分配到各个航空公司的 2012 年的配额,将根据该航空公司在 2010 年总 TK 中所占的比例决定。而在 2013 年～2020 年期间,配额将逐年递减 5%。2012 年,15% 的航空配额必须通过拍卖进行分配,85% 免费分配。如图 1-3 所示,从 2013 年开始,航空配额拍卖的比例暂定在 15%,剩余部分 82% 实行免费分配、3% 为特殊预留配额。

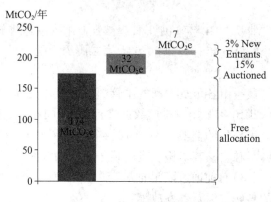

图 1-3　2013 年配额分配

依据规定,涉及的航空公司每年将收到一定数量的二氧化碳排放配额,且这些公司必须在该年上交与其排放量相等数量的配额。这样,多余的配额可以拿到市场上销售,也可以储存起来供以后使用;而如果航空公司的实际排放量超过了其配额数量,则可以在市场上购买其他公司或行业的减排量来抵偿其排放,或者在实际运行中使用更加节能高效的技术。此外,为了达到减排目标,航空公司还可以向清洁能源项目购买排放信用,这些项目必须隶属于京都议定书框架,并且在第三方国家实施。

4. 配额的种类:EUA 与 EUAA

因为航空业不是京都议定书所规定的强制减排行业,所以由欧盟所发放的航空业配额与京都议定书框架下的项目(CDM、JI)配额并不匹配,导致欧盟减排体系中的其他部门无法使用航空业配额,为了解决由此产生的问题,主管部门规定在欧盟排放交易系统中航空业可以使用的配额包括:

——航空业配额,即 European Union Aviation Allowances (EUAA)。

——京都议定书框架机制下产生的信用额度(其中 2012 年核查排放的 15% 为最大使用额度;而在 2013 年～2020 年间最小使用量为核查排放的 1.5%)。

——欧盟排放交易体系其他部门的配额,即 EUA 而与此同时,不允许进行 EUAA 的反向交易。

5. 惩罚措施

惩罚措施将与欧盟排放交易体系下的其他行业一致,也就是说如果航空公司无法按时完成其履约义务,主管部门将对其配额范围外的二氧化碳量处以每吨 100 欧元的罚款;且将剥夺该航空公司在市场上销售其配额的权利;而终极条款是终止该航空公司的经营权。

欧盟将所有纳入管制的航空公司分配给不同的成员国。这些成员国作为主管国代为管理。列入名单的中国航空公司及其主管国家如表 1-1 所示。

表 1-1 EU-ETS 列入航空业管制的中国航空公司及其主管国

主管国家	编号	航空公司	备注	
比利时(1)	29980	HAINAN AIRLINES(2)	CHINA	海航
德国(10)	33133	AIR CHINA CARGO CO.，LTD	CHINA	国航货运
	786	AIR CHINA LIMITED	CHINA	国航
	35195	AIR CHINA BUSINESS	CHINA	国航
	24940	ASIA TODAY LTD	CHINA	亚洲航空
	35194	CHONGQING AIRLINES	CHINA	重庆航空
	35749	EON AVIATION	CHINA	未知
	32107	JUNEYAO AIRLINES	CHINA	吉祥航空
	27571	SHANGHAI AIRLINES	CHINA	上海航空
	29540	SHENZHEN AIRLINES	CHINA	深圳航空
	35936	TIGER HERCULES CORP	TAIWAN	未知
希腊(1)	31747	CAAC FLIGHT INSPECT	CHINA	未知
西班牙(3)	34043	GRAND CHINA EXPRESS	CHINA	大新华
	34665	KUNPENG AIRLINES	CHINA	鲲鹏航空
	35745	TIANJIN AIRLINES	CHINA	天津航空
法国(4)	29834	CHINA CARGO AIRLINES	CHINA	中国货运
	12141	CHINA EASTERN	CHINA	东航
	31743	EAST STAR AIRLINES	CHINA	东星航空
	30513	SICHUAN AIRLINES(3)	CHINA	四川航空
匈牙利(1)	30262	DEER AIR CO LTD	CHINA	金鹿航空
荷兰(4)	6984	CHINA AIRLINES	CHINA	中华航空
	24134	CHINA SOUTHERN	CHINA	南航
	31759	GREAT WALL AIRLINES	CHINA	长城航空
	31955	JADE CARGO INTL	CHINA	翡翠航空
斯洛文尼亚(1)	32720	CITIC GA G. AVIATION	CHINA	中信航空
英国(5)	32705	BAA JET MANAGEMENT	CHINA	香港 BAA
	5800	CATHAY PACIFIC	CHINA	国泰航空
	28548	JET AVIATION H KONG	CHINA	港联航空
	32998	TAG AVIATION ASIA	CHINA	新商务航空
	14846	EVA AIR	TAIWAN	长荣航空
合计:30				

第二节　监测与报告

欧盟 2003 年第 87 号法令(Directive 2003/87/EC)的第 14 部分(Article 14)要求欧盟委员会将温室气体排放的监测和报告制度纳入 EU ETS 框架。欧盟委员会于 2004 年 1 月 29 日根据上述法令通过了一项关于监测报告温室气体排放量的指导方针(MRG 2004),作为 EU ETS 第一阶段实施时执行的数据监测、报告与核查(MRV)方法。其后经过复杂的公众评议和政策讨论过程(2005 年 5 月—2006 年 7 月),对 MRG 2004 进行修改,最终欧盟委员会于 2007 年 7 月 18 日采纳了新的监测报告指导方针(MRG 2007),应用于 EU ETS 第二阶段(2008 年—2012 年)的温室气体排放数据监测、报告与核查。

根据欧盟监测报告指导方针,各成员国制定本国的 MRV 程序,其基本结构类似于财务制度,即各公司根据规定的测量计算章程提交各自的监测报告,由主管部门任命的外部机构来核查。为了避免因监测而产生过高的成本,具体的监测、报告与核查程序可根据管制对象的大小进行分级,也就是说,较大的设施相比较小的设施需要采用更高等级的 MRV(这意味着更精确的数据、更高的测量成本)。MRG 2007 中引入"微量排放源"、"次要排放源"和"主要排放源"的概念,以对不同等级的排放设施区别管理。"微量排放源"是指年排放量不超过 1000t 或者低于年排放总量 2%(二者取最大值)的一组排放源;"次要排放源"是指年排放量不超过 5 千吨或者低于年排放总量 10%(二者取最大值)的一组排放源;"主要排放源"是指除了上述两种之外的情况。每个成员国必须对审定核查机构负责,确保其国家注册系统中的减排履约量与受管辖设施的核查减排量总计相符。

一、总体方法

(一)边界设定

设备的监测和报告过程要包括 EU ETS 管制活动及来自该活动耗用资源的全部排放情况。所有设施内部用于运输目的的内燃机产生的排放要排除于排放估算之外。排放监测包括一般操作排放监测和异常事件(包括操作期间的启动、关停和紧急状况)监测。

无论额外的燃烧设备是否作为设备的一部分在另一个 MRG 附件Ⅰ的活动中实施,如热电联产设备,或者根据实际环境作为一个独立的设备,都应该计入设备的温室气体排放许可中。

不论是否存在为其他设备供热或供电的输出的情况,所有来自一个设备的排放都应指定为该设备的排放。来自其他设备输入供热或供电的排放不应该视为输入设备的排放。

(二)基于计算和基于测量的方法

排放测量方法:

——基于计算的方法,根据来自实验室分析或标准因子的测量系统和额外参数得到的设施数据(如燃料消耗量、燃烧装置热效率、特定排放因子等),来确定排放量;

——基于测量的方法,通过对相关烟气和烟气中温室气体浓度的连续测量来确定排放量。

如果受管制设施满足以下条件,建议使用基于测量的方法:

——某种测量方法能够得到一个准确的排放值,同时可以避免不合理的成本;

——测量方法和计算方法是针对相同的排放源。

基于测量的方法的使用要取决于主管机构的批准。对于每一报告期间,受管制设施的运营方要对基于计算方法得到的排放数据进行证实。

经过主管部门的批准,对于同一装置的不同的排放源,运营方可以同时使用基于测量的方法和基于计算的方法。

(三)监测计划

温室气体排放许可要包含监测要求,明确监测方法学和频率。监测方法学是监测计划的一部分,除非技术上不可行或造成不合理的高成本,否则应尽可能地提高所报告数据的准确性。成员国政府或受管制设施的主管部门要确保监测方法学不仅要满足许可的条件,也要同法令 Directive 2003/87/EC 相一致。在报告期开始之前,或监测方法学出现重大变化时,主管部门对运营方提交的监测计划进行检查,批准后方可实施。

所谓"重大变化"是指以下几个方面:

——设施所属类别的改变;

——基于计算或测量确定排放量的方法之间的变化;

——不同级别的活动水平或其他参数的不确定性提高。

运营方内部要对监测计划的变更进行明确、合理且全面的记录。所有监测方法或相关数据体系的改变或可能的改变,应立即通知监管机构。

各受管制设施应在每年的 3 月 31 日之前,向相关主管机构提交经核查的排放报告。由各主管机构持有的排放报告要向公众公布,运营方认为有商业敏感性的内容除外。

每一个受管辖设施的排放报告中应包括的信息如下:

——设施的活动水平和其特定的配额号;

——所有的排放源、监测方法(测量和计算)、活动水平、排放因子和氧化/转换因子数据;

——如果排放因子和活动水平是关于替代能源的,运营方要报告年平均值的补充替代数据和每种燃料替代数据的排放因子;

——如果报告中包括平衡表,需要注明设施的每一种燃料和材料的输入、输出和贮存,来报告其资源流量、碳排放情况和能量消耗的相关内容;

——如果应用连续排放监测,运营者要报告年化石燃料二氧化碳排放量以及生物质的排放量,除此以外,还要报告补充替代数据、排放因子和产品;

——如果应用了"FULL‐BACK"方式,运营方要报告每个参数的补充替代数据;

——若某些类别发生暂时或永久性改变,需要报告改变的原因、改变的开始日期、暂时性改变的起止日期;

——在报告期间任何同排放报告相关的其他改变。

燃料和排放应使用基于国际能源署定义的 IPCC 标准燃料类别进行报告。如果相关设施所属的成员国公布了燃料种类的明细和排放因子,那么在相关监测方法得到批准后就要使用这些类别和排放因子。排放报告要以 tCO_2 为单位。活动水平、排放因子和氧化/转化因子仅包括与计算目的有关的有效位数。

为了在 MRG、联合国气候变化框架会议和其他向欧盟污染排放注册机构（EPRTR）报告的排放数据之间达成一致性，受管制设施要应用下面两个报告机制的格式代码来进行标识。

——UNFCCC 相关机构批准的国家温室气体库存体系的一般报告格式；

——欧洲污染排放注册机构（EPRTR）的综合污染预防和控制（Integrated Pollution Prevention and Control，IPPC）代码。

（四）基于计算的 CO_2 排放

1. 计算公式

CO_2 排放的计算应使用式（1-1）：

$$CO_2 \text{ 排放} = \text{活动水平} \times \text{排放因子} \times \text{氧化因子} \quad\cdots\cdots\cdots\cdots\cdots (1-1)$$

或者使用特殊类型活动指南的可替代方法。

式（1-1）用于计算燃烧排放和过程排放，具体如下：

1）燃烧排放

活动水平应基于燃料消耗。消耗燃料的热值用 TJ 表示，排放因子用 tCO_2/TJ 表示。当某种燃料中的碳在燃烧过程中未被完全氧化为 CO_2 时，未氧化或部分氧化的碳也要考虑在氧化因子中，氧化因子用分数表示。最终计算式见式（1-2）：

$$CO_2 \text{ 排放} = \text{燃料量}(t \text{ 或 } m^3) \times \text{热值}(TJ/t \text{ 或 } TJ/m^3) \times \text{排放因子}(tCO_2/TJ) \times \text{氧化因子} \quad (1-2)$$

2）过程排放

活动水平基于材料消耗、吞吐量或产品输出，用 t 或 m^3 表示。排放因子用 tCO_2/t 或 tCO_2/m^3 表示。转换因子的数值中需对材料输入过程中未转化为 CO_2 的碳予以考虑，转换因子用分数表示。使用的材料输入的质量或体积用 t 或 m^3 表示。计算公式如式（1-3）：

$$CO_2 \text{ 排放} = \text{活动水平}(t \text{ 或 } m^3) \times \text{排放因子}(tCO_2/t \text{ 或 } m^3) \times \text{转换因子} \quad\cdots\cdots (1-3)$$

2. 参数准确度等级

MRG 附件Ⅱ~附件Ⅺ列出了决定以下变量的指定方法：活动水平（由燃料流或物质流和净热值两个变量组成）、排放因子、燃烧数据、氧化和转换因子。等级号大于 1 反映了准确度的提高，最高等级应该作为首选。针对不同变量，运营方可能要申请不同等级，每个变量都需要进行单独计算。等级的选择需要经过主管国的批准。

同一等级使用相同的序号以及一个指定的字母（如，等级 2a 和 2b）。对于指南中出现可替代计算方法的活动（如，附件Ⅶ，"方法 A—基于窑炉输入"和"方法 B—基于熟料输出"）来说，如果运营方可以向主管国论证选择另一种方法可以增加相关活动排放的监测和报告准确性，那么运营方就可以改变现有方法。

所有运营方都应使用最高等级的方法对 B 或 C 类的所有排放源所有变量进行确定。只有当主管国认为最高等级的方法在技术上不可行，或者会导致不合理的高成本时，运营方才可能采用低一级的方法。对于化石类 CO_2 排放超过 500kt/年的设备（如，C 类设备），如果所有主要排放源没有采用最高等级的技术组合，成员国应该根据 2003/87/EC 法令通知欧盟委员会。

成员国应确保运营方申报了所有主要排放源，表 1-2 中列出了除技术不可行情况之外对等级的最低要求。

经主管国批准后,运营方可以选择等级最低的等级 1 对次要排放源的变量进行计算,也可以选择无分类等级评估方法进行微量排放源的监测和报告。

非有意拖延报告提交的运营方可提出针对以下情况的等级变更申请:

——可得数据的改变,提高准确性;

——新排放源的出现;

——燃料范围或相关原材料的实质性改变;

——监测方法得出的数据有误;

——主管国要求的变更。

对于使用纯生物质燃料的设备,可以选用无分类等级。对于使用成分可辨的生物质燃料设备,除非可以通过连续测量扣除由生物质所产生 CO_2 排放量的方法,否则无法使用无分类等级。无分类等级包括能量平衡法。生物质燃料中由化石燃料产生 CO_2 排放和由纯生物质产生的 CO_2 排放,均应在生物质排放源物质下进行报告且有可能使用无分类等级。混合燃料和含有生物质的物质应该按照 13.4 进行报告(微量源除外)。

如果由于技术原因暂时无法应用最高等级或变量指定的等级,运营方可以申请使用能力范围内的最高等级,直到该情况得到解决。

应对所有有关等级变更的内容进行存档。由测量系统停机产生的细微数据差异,应参考 2003 年 7 月的 IPPC 关于文档和监测一般性原则的条款,依据良好专业实践采用保守原则处理。当一个报告期内的等级有变更时,应在年报中将受影响的活动水平结果向主管国进行专门汇报。

表 1-2 参数级别的最低要求

附件:活动	活动水平						排放因子			成分数据			氧化因子			转换因子		
	燃料流			净热值														
	A	B	C	A	B	C	A	B	C	A	B	C	A	B	C	A	B	C
Ⅱ:燃烧																		
商业标准燃料	2	3	4	2a/2b	2a/2b	2a/2b	2a/2b	2a/2b	2a/2b	n.a.	n.a.	n.a.	1	1	1	n.a.	n.a.	n.a.
其他气体和液体燃料	2	3	4	2a/2b	2a/2b	3	2a/2b	2a/2b	2a/2b	n.a.	n.a.	n.a.	1	1	1	n.a.	n.a.	n.a.
固体燃料	1	2	3	2a/2b	3	3	2a/2b	3	3	n.a.	n.a.	n.a.	1	1	1	n.a.	n.a.	n.a.
用于炭黑生产和天然气加工终端的质量平衡法	1	2	3	n.a.	n.a.	n.a.	n.a.	n.a.	n.a.	1	2	2	n.a.	n.a.	n.a.	n.a.	n.a.	n.a.
火炬	1	2	3	n.a.	n.a.	n.a.	1	2a/2b	3	n.a.	n.a.	n.a.	1	1	1	n.a.	n.a.	n.a.
洗涤用碳酸盐石膏	1	1	1	n.a.	n.a.	n.a.	1	1	1	n.a.	n.a.	n.a.	n.a.	n.a.	n.a.	n.a.	n.a.	n.a.

续表

附件:活动	活动水平						排放因子			成分数据			转换因子		
	材料流			净热值											
	A	B	C	A	B	C	A	B	C	A	B	C	A	B	C
Ⅲ:精炼厂															
催化裂化装置重建	1	1	1	n.a.	n.a.	n.a.	n.a.	n.a.	n.a.	n.a.	n.a.	n.a.	n.a.	n.a.	n.a.
氢生产	1	2	2	n.a.	n.a.	n.a.	1	2	2	n.a.	n.a.	n.a.	n.a.	n.a.	n.a.
Ⅳ:炼焦炉															
质量平衡	1	2	3	n.a.	n.a.	n.a.	n.a.	n.a.	n.a.	2	3	3	n.a.	n.a.	n.a.
过程输入的燃料	1	2	3	2	3	3	2	3	3	n.a.	n.a.	n.a.	n.a.	n.a.	n.a.
Ⅴ:金属矿石烘烧和烧结															
质量平衡	1	2	3	n.a.	n.a.	n.a.	n.a.	n.a.	n.a.	2	3	3	n.a.	n.a.	n.a.
碳酸盐输入	1	1	2	n.a.	n.a.	n.a.	1	1	1	n.a.	n.a.	n.a.	1	1	1
Ⅵ:钢铁															
质量平衡	1	2	3	n.a.	n.a.	n.a.	n.a.	n.a.	n.a.	2	3	3	n.a.	n.a.	n.a.
作为过程输入的燃料	1	2	3	2	2	3	2	3	3	n.a.	n.a.	n.a.	n.a.	n.a.	n.a.
Ⅶ:水泥															
基于窑炉输入	1	2	3	n.a.	n.a.	n.a.	1	1		n.a.	n.a.	n.a.	1	1	2
熟料输出	1	1	2	n.a.	n.a.	n.a.	1	2	3	n.a.	n.a.	n.a.	1	1	2
CKD	1	1	2	n.a.	n.a.	n.a.	1	2		n.a.	n.a.	n.a.	n.a.	n.a.	n.a.
不含碳酸盐的碳	1	1	2	n.a.	n.a.	n.a.	1	1	2	n.a.	n.a.	n.a.	1	1	2
Ⅷ:石灰															
碳酸盐	1	2	3	n.a.	n.a.	n.a.	1	1	1	n.a.	n.a.	n.a.	n.a.	n.a.	n.a.
碱土氧化物	1	1	2	n.a.	n.a.	n.a.	1	1	1	n.a.	n.a.	n.a.	1	1	2
Ⅸ:玻璃															
碳酸盐	1	1	2	n.a.	n.a.	n.a.	1	1	1	n.a.	n.a.	n.a.	n.a.	n.a.	n.a.
Ⅹ:陶瓷															
碳输入	1	1	2	n.a.	n.a.	n.a.	1	1	2	n.a.	n.a.	n.a.	1	1	2
碱金属氧化物	1	1	2	n.a.	n.a.	n.a.	1	2	3	n.a.	n.a.	n.a.	1	1	2
洗涤	1	1	1	n.a.	n.a.	n.a.	1	1	1	n.a.	n.a.	n.a.	n.a.	n.a.	n.a.
Ⅺ:制浆造纸															
标准方法	1	1	1	n.a.	n.a.	n.a.	1	1	1	n.a.	n.a.	n.a.	n.a.	n.a.	n.a.

注1:n. a. 表示不适用。

注2:A栏为"A类设备",在扣除转移的CO_2前等于或低于50kt化石CO_2;

　　　B栏为"B类设备",在扣除转移的CO_2前高于50kt且等于或低于200kt化石CO_2;

　　　C栏为"C类设备",在扣除转移的CO_2前高于500kt化石CO_2。

3. 让步方法（FALL-BACK）

如运营方即使选用等级1,技术上仍不可行或者会导致不合理的成本,则应使用"让步方法"(Fall-Back)。运营方需要向主管国证明对设备使用替代监测方法时,设备的温室气体年排放的不确定性满足表1-3的要求。

在监测计划被批准之前,应以上一年的数据为基础,每年进行一次不确定性分析。年不确定性分析更新应和年排放报告一起准备并提交核查。

成员国应向委员会报告所有采用让步方法的设备。运营方应在年排放报告中确定和报告可得的数据、活动水平的最佳估值、净热值、排放因子、氧化因子和其他参数。表1-3不适用于附件Ⅻ中使用连续排放监测系统测得的温室气体排放。

表1-3　Fall-Back 不确定性界限

设备类型	年温室气体排放量的不确定性界限
A	±7.5%
B	±5.0%
C	±2.5%

1)活动水平

可以基于燃料或物质发票额对活动水平进行确定。当无法直接确定用于计算排放量的活动水平时,可以通过计算库存变化来确定:

$$C=P+(S-E)-O \quad\quad\quad\quad (1-4)$$

式中:

C——报告期内加工过的物质;

P——报告期内购买的物质;

S——报告期初的库存物质;

E——报告期末的库存物质;

O——用于其他目的的物质(运输或再销售)。

如果直接测量 S 和 E 在技术上不可行或会导致不合理的费用,运营方可以通过以下任意数值来确定:

——来自前一年的数据且经过报告期的输出校正;

——来自报告期内存档且经过核查的财务报表中的方法和数据。

如果在技术上无法确定某一自然年的活动水平或会造成不合理的成本,运营方可以选择合适的工作日作为报告年的起始时间。

2)排放因子

碳和二氧化碳的转换因子为3.664t/t。

生物质被认为是碳中性的,其排放因子为0(t/TJ 或 t 或 m³)。对于混合燃料或物质,应使用加权排放因子,基于化石类碳占全部燃料碳的比重进行计算。

如果燃料(如高炉煤气、焦炉瓦斯或天然气)固有的 CO_2 转移到另一个EU ETS管控设备中,此部分 CO_2 应作为该燃料的排放因子。经主管国批准,从一个排放源产出的燃料中固有的 CO_2 应从该设备的排放中扣除,无论它是否提供给另一个EU-ETS管控设备。

3)氧化因子和转换因子

燃烧排放的氧化因子和过程排放的转换因子应该反映过程中未氧化或未转换碳的比例。氧化因子不必使用最高等级。如果一个设备使用了不同的燃料且可通过计算得到各自的氧化因子,运营方在经主管国批准后可以确定一个综合氧化因子用于该活动的所有燃料,或者由于使用生物质导致一个主要燃料的不完全氧化,则其他燃料的氧化因子规定为1。

4)CO_2 转移

作为纯物质转移出设备的 CO_2,或直接使用并固定在产品中的 CO_2,又或是作为原料的 CO_2,虽然来自设备的排放,但应在该设备的排放计算中将这部分扣除。潜在的"CO_2 转移"情况包括:

——用于碳酸饮料的纯 CO_2;

——用于冷却目的的干冰中的纯 CO_2;

——用于灭火剂、冷冻或实验室气体的纯 CO_2;

——用于谷物防虫的纯 CO_2;

——用于食品中的溶剂或化工的纯 CO_2;

——直接使用并固定在产品中或化工、造纸原料的 CO_2(如,尿素或碳酸盐沉淀);

——从烟气净化过程中固定在喷雾干燥吸收产品(SDAP)中的碳酸盐。

（五）基于测量的 CO_2 排放方法

1. 一般指南

温室气体也可采用基于测量的方法来确定,使用连续排放测量系统(continuous emission measurement systems CEMS)。CEMS 的准确度应高于基于计算的方法中最高等级的准确度,附件Ⅻ给出了基于 CEMS 的确定温室气体指南,对于整体温室气体排放的等级如下:

——等级 1:每个排放源在报告期内整体排放的全部不确定性低于±10%。

——等级 2:每个排放源在报告期内整体排放的全部不确定性低于±7.5%。

——等级 3:每个排放源在报告期内整体排放的全部不确定性低于±5%。

——等级 4:每个排放源在报告期内整体排放的全部不确定性低于±2.5%。

2. 整体方法

应用式(1-5)确定报告期内来自一个排放源的全部温室气体(GHG)排放。如果一个设备存在多个排放源且无法对其进行统一测量,那么要对每个排放源的排放量进行分别测量后再相加,得出该设备在报告期内特定气体的全部排放。

$$GHG_{年总排放量}(t) = \sum_{i=1}^{年运行小时数} GHG浓度_i \times 烟气流量_i \quad\cdots\cdots(1-5)$$

式中:

GHG 浓度——取代表性点进行连续测量,得到废气中 GHG 浓度;

烟气流量——干烟气流量,可根据以下方法确定。

方法 A:干烟气流量 Q_e 由质量平衡法计算得出,需要考虑所有重要参数,如:输入原材料负荷、输入气流、过程效率等,输出方面则要考虑产品输出、O_2 浓度、SO_2 和 NO_x 浓度等。

方法 B:通过取一个代表性点进行连续测量,确定干烟气流量 Q_e。

根据附件Ⅻ,运营方对于设备的每个排放源都应该选择最高等级。只有选取最高等级在技术上不可行或会导致不合理的成本时,运营方才能选择低一级的等级。所以,被选的等级应反映每个排放源的最高精确度水平。

除非技术不可行,否则应将附件Ⅻ中的等级2作为2008年~2012年阶段报告的最低要求。

3. 进一步的程序和要求

1)取样率

应通过使用某小时内所有可得数据的小时平均值(有效数据)计算用于确定排放量的所有因素。如果设备出现失控或不工作的情况,该小时平均值应该通过该小时剩余数据点按比例进行计算。如果确定排放的其中一个因素某小时内获得的有效数据点少于50%,则应将该小时视为缺失。

2)数据缺失

如果设备因出现失控或不工作的情况(如校验或干扰的错误),而无法提供该小时的有效数据,运营方应通过以下方法确定缺失小时数据的替代值:

(1)浓度

如果无法获得直接测量的浓度参数的某小时有效数据(如,温室气体、O_2),那么该小时数据替代值 C_{subst}^* 可通过式(1-6)计算:

$$C_{subst}^* = \bar{C} + 2\sigma_{C_-} \quad\cdots\cdots\cdots\cdots\cdots\cdots\cdots\cdots\cdots\cdots\cdots \quad (1-6)$$

式中:

$\bar{C}$——指定参数的浓度的算术平均值;

σ_{C_-}——指定参数浓度的标准偏差。

基于整年度监测的排放数据,在每一监测期末计算得到算术平均值和标准偏差。如果由于设备的重大技术变更而造成整个计入期的数据缺失,经主管国批准后,则可以采用一年中某一段具有代表性的数据计算。

(2)其他参数

如果无法获得非直接测量的参数的某小时有效数据(如,温室气体、O_2),可以通过质量平衡模型或过程能量平衡方法,获取这些参数的替代值。

3)排放计算证实

基于计算的年排放量可以通过以下任意方式进行:

——按照相关附件中对于排放计算的要求,排放计算可普遍采用较低的等级(等级1为最低);

——按照IPCC 2006指南中对于排放计算的要求。

测量结果和计算结果之间可能会出现偏差。运营方应采用计算结果对测量结果进行交叉检验,如果计算结果指出测量结果是无效的,那么运营方应使用本章节介绍的替代值。

二、不确定性分析方法

(一)计算

操作人员应对计算排放量过程中的不确定性的主要来源有一定的了解。主管国应对的每类排放源的等级合并,并对该过程的许可中包含的监测方法予以批准。这种情况下,对于正确使用的已批准监测方法,主管国可以直接认定其不确定性;监测方法的批准证明是装置排放许可的内容的一部分。因此如果不确定性评估中采用了基于计算的方法,则无需对不确定性做进一步报告。

测量系统不确定性的确定应包括所使用的测量工具的不确定性、与校准有关的不确定性、以及所有与测量工具实际使用方法相关的额外不确定性。对于采用商业化交易的燃料或原料,如果国家法律或已公开应用的相关的国家或国际标准确保活动水平数据不确定性满足商业交易要求,则主管国可以准许运营方仅根据燃料或材料的发票金额对燃料或材料的年使用量进行确定,而不需要提供与之相应的不确定性相关证明。其他情况下,运营方需要提供每个排放源活动水平确定过程的书面证明,以说明其不确定性水平符合附件Ⅱ~附件Ⅺ中对不确定性界限的要求。运营方要根据供应商提供的测量工具说明书进行计算,如果没有说明书,则运营方应准备对测量工具不确定性进行评估。对于以上两种情况,运营方还需考虑实际应用条件的影响,对说明书进行必要的修正,如:老化、物理环境状况、校验和维护。

如果使用测量系统,运营方应使用误差传播定律,考虑测量系统全部部件对年活动水平不确定性的累计影响。该定律包括两条原理,用于对相加或相乘条件下的非相关不确定性进行合并,以及相应的用于对相关性不确定性进行计算的保守估计。

1. 加和关系不确定性(例如:对于年际数值的单一贡献)

非相关不确定性:

$$U_{\text{total}} = \frac{\sqrt{(U_1 \cdot X_1)^2 + (U_2 \cdot X_2)^2 + \cdots + (U_n \cdot X_n)^2}}{|X_1 + X_2 + \cdots + X_n|} \quad\cdots\cdots\cdots\cdots (1-7)$$

相关不确定性:

$$U_{\text{total}} = \frac{(U_1 \cdot X_1) + (U_2 \cdot X_2) + \cdots + (U_n \cdot X_n)}{|X_1 + X_2 + \cdots + X_n|} \quad\cdots\cdots\cdots\cdots (1-8)$$

式中:

U_{total}——加和计算所得结果的不确定性,用百分率表示;

X_n、U_n——分别为各分量不确定数值及其百分比不确定性。

2. 乘积关系不确定性(如:使用不同参数将测量仪器读数转换成质量流数据)

非相关不确定性:

$$U_{\text{total}} = \sqrt{U_1^2 + U_2^2 + \cdots + U_n^2} \quad\cdots\cdots\cdots\cdots\cdots\cdots (1-9)$$

相关不确定性:

$$U_{\text{total}} = U_1 + U_2 + \cdots + U_n \quad\cdots\cdots\cdots\cdots\cdots\cdots (1-10)$$

式中:

U_{total}——乘积结果不确定性,以百分比表示;

U_n——每个贡献量的百分比不确定性。

运营方应该通过质量保证和质量控制过程,对排放报告中排放数据的其余不确定性进行管理和减低。

(二)测量

如果基于测量的方法所得不确定性结果低于基于计算方法所得结果,则运营方可以只使用基于测量的方法进行论证。为向主管国证明这一点,运营商需要参照以下不确定性的来源并结合 EN 14181 标准,提供一份更综合的不确定性量化分析结果:

——连续测量设备的特定不确定性;

——校验相关的不确定性;

——在实践中,与监测设备如何实用相关的额外不确定性。

根据运营商的论证,主管国批准运营商使用连续测量系统,用于装置排放许可选定的或所有排放源的测量,同时还可批准那些将要包含在安装许可中的用于监测这些排放源的方法的所有其他细节。在这种情况下,对于已批准监测方法的主管国可直接认定不确定性;监测方法的批准证明是安装许可内容的一部分。

在递交给主管国的年排放报告不确定性综合分析中,运营商应该对相应的排放源及物料的不确定性数值进行说明。主管国对使用的测量方法而非计算方法的选择进行评审,并要求对不确定性数值进行重新计算。

运营商应通过质量保证和质量控制过程,管理和降低其排放报告中排放数据仍然存在的不确定性。在核查过程中,审核人员应核查已获准的监测方法是否被正确使用,并评估运营方通过质量保证及质量控制流程对剩余不确定性所作出的管理与降低。

(三)航空业的不确定性评估

航空公司应该对计算排放时的不确定主源有一个了解。不确定主源来自相关的测量工具,测量工具用于测量加油量或油箱内燃料量以及用于确定燃料密度的实际值。

不同的燃料类型可以申请不同的等级水平。根据全年排放和使用的每种特定燃料的排放配额,选择申请等级:

——等级 1:报告期间的燃料消耗确定为低于 $\pm 5.0\%$ 的最大不确定。

——等级 2:报告期间的燃料消耗确定为低于 $\pm 2.5\%$ 的最大不确定。

对于一个交易期平均年化石类 CO_2 排放低于 $50000 tCO_2$ 的航空公司,报告期内主要的和少量的燃料源的最高不确定水平低于 $\pm 5.0\%$,即申请等级 1。对于一个交易期平均年化石 CO_2 排放高于 $50000 tCO_2$ 的航空公司,报告期主要的和少量的燃料源的最高不确定水平低于 $\pm 2.5\%$,即申请等级 2。

三、燃烧活动的排放指南

(一)边界和完整性

本指南适用于监测 2003/87/EC 指令附件 I 中列出的额定热输入大于 20MW 的设备燃烧产生的排放(不包括危险废物焚烧设备或市政垃圾焚烧设备)。对于石油化工制品行业的相关过程,也可以应用附件 III 的指南。

对燃烧过程排放的监测应该包括设备所有燃料燃烧产生的排放,以及来自洗涤过程中的排放,如废气脱硫。用于运输的内燃机产生的排放不应包含在监测和报告范围内。不论是否是由于为其他设备供热或供电造成的输出,所有来自同一设备的排放都应指定为该设备的排放。来自其他设备输入供热或供电的排放不应该视为输入设备的排放。

（二）CO_2 排放量确定

来自燃烧设备和过程 CO_2 排放源包括：

——锅炉；

——燃烧器；

——涡轮；

——加热器；

——熔炉；

——焚烧炉；

——窑炉；

——烤箱；

——干燥机；

——引擎；

——火炬；

——洗机器（过程排放）；

——任何使用燃料的其他设备或机械，不包括用于运输带有燃烧引擎的设备或机械。

（三）CO_2 排放的计算

每个活动使用的各类燃料的排放量都应用式(1-11)计算：

$$CO_2 排放 = 活动水平 \times 排放因子 \times 氧化因子 \qquad (1-11)$$

1. 活动水平

活动水平通常用报告期内被燃烧的燃料净能量表示。燃料消耗的能量值应用式(1-12)计算：

$$消耗的燃料能量(TJ) = 燃料消耗(t 或 Nm^3) \times 燃料净热值(TJ/t 或 TJ/Nm^3) \quad (1-12)$$

1)燃料消耗

等级 1

考虑库存变化的影响，报告期内燃料消耗的最大不确定性低于 ±7.5%。

等级 2

考虑库存变化的影响，报告期内燃料消耗的最大不确定性低于 ±5%。

等级 3

考虑库存变化的影响，报告期内燃料消耗的最大不确定性低于 ±2.5%。

等级 4

考虑库存变化的影响，报告期内燃料消耗的最大不确定性低于 ±1.5%。

2)净热值

等级 1

附件 Ⅰ 第 11 部分给出的各类燃料参考值。

等级 2a

运营方应使用各个成员国向 UNFCCC 秘书处递交的最新国家目录中的特定国家各类燃料的净热值。

等级 2b

商业交易燃料的净热值可从供应商提供的购买记录中获得,且购买途径符合已认可的国家或国际标准。

等级 3

运营方测量获得设备中燃料的净热值,且合约实验室或燃料供应商满足附件 I 第 13 部分的要求。

2. 排放因子

等级 1

使用附件 I 第 11 部分中给出的各类燃料参考排放因子。

等级 2a

运营方采用各个成员国向 UNFCCC 秘书处递交的最新国家目录中的特定国家各类燃料的排放因子。

等级 2b

运营方通过以下任意一种替代方式获得排放因子:

——特定油或普遍气体的测得浓度,如:精炼厂或炼钢行业;

——特定类型煤的净热值。

等级 3

运营方应通过外部实验室或供应商,确定特定活动的燃料排放因子,且实验室或燃料供应商满足附件 I 第 13 部分的要求。

3. 氧化因子

运营方需要选择适当的等级用于检测方法。

等级 1

氧化因子值为 1。

等级 2

运营方应采用各个成员国向 UNFCCC 秘书处递交的最新国家目录中的特定国家各类燃料的氧化因子。

等级 3

运营方依据灰尘、废水和其他废物、副产品、其他碳排放形式的相关未能完全氧化气体中的含碳量来确定氧化因子,应根据附件 I 第 13 部分的要求确定组成数据。

(四)质量平衡法——碳黑生产和加工气体终端

可在碳黑生产和加工气体终端中使用质量平衡法。该方法要考虑输入、库存、产品和设备其他输出中的所有碳,用式(1-13)计算温室气体排放:

$$CO_2 \text{排放(t)} = (\text{输入} - \text{产品} - \text{输出} - \text{库存变化}) \times \text{转换因子} CO_2/C \qquad (1-13)$$

式中:

输入——设备边界中的所有碳,tC;

产品——产品和原材料中的所有碳,包括副产品和边界外的残留物,tC;

输出——设备边界内的碳输出,但不包括释放到空气中的温室气体,tC;

库存变化——设备边界内碳的库存增长,tC。

上式可以表示为：

CO_2 排放(t)＝[Σ(活动水平$_{输入}$×碳含量$_{输入}$)－Σ(活动水平$_{产品}$×碳含量$_{产品}$)－Σ(活动水平$_{输出}$×碳含量$_{输出}$)－Σ(活动水平$_{库存变化}$×碳含量$_{库存变化}$)]×3.664

1. 活动水平

运营方应该分析报告来自和送入设备的物质流，以及相关燃料和原材料的各自库存变化。

等级 1

报告期内活动水平最大不确定性低于±7.5%。

等级 2

报告期内活动水平最大不确定性低于±5%。

等级 3

报告期内活动水平最大不确定性低于±2.5%。

等级 4

报告期内活动水平最大不确定性低于±1.5%。

2. 排放因子

等级 1

输入或输出流的碳含量应由附件Ⅰ第 11 部分或附件Ⅳ～附件Ⅵ中列出的燃料标准排放因子计算。

等级 2

输入或输出流的碳含量应按照附件Ⅰ第 13 部分的要求确定。

（五）火炬

火炬的排放应该包括常规燃烧和操作燃烧（传递、点燃、熄灭和紧急熄火）。CO_2 排放由气体燃烧量[m^3]和燃烧气体的碳含量[tCO_2/m^3]计算得出。

$$CO_2 \text{排放} = \text{活动水平} \times \text{排放因子} \times \text{氧化因子} \quad\quad\quad (1-14)$$

1. 活动水平

等级 1

报告期内火炬气体最大不确定性低于±17.5%。

等级 2

报告期内火炬气体最大不确定性低于±12.5%。

等级 3

报告期内火炬气体最大不确定性低于±7.5%。

2. 排放因子

等级 1

纯乙烷燃烧作为火炬气体的转换代表，得出参考排放因子 0.00393tCO_2/m^3。

等级 2a

运营方应采用各个成员国向 UNFCCC 秘书处递交的最新国家目录中的特定国家各类燃料的排放因子。

等级 2b

根据工业标准模型的过程建模,对火炬中分子重量进行估算从而推出特定设备的排放因子。

等级3

应用附件Ⅰ第13部分,使用火炬气体中碳含量计算得到排放因子(tCO_2/m^3 火炬气体)。

3. 氧化因子

可以采用较低的等级。

等级1

使用值1。

等级2

运营方应采用各个成员国向 UNFCCC 秘书处递交的最新国家目录中公布的特定国家氧化因子。

四、水泥熟料生产设备活动指南

(一)边界和完整性

无特定边界。

(二)CO_2 排放的确定

水泥设备中,来自如下排放源的 CO_2:
——原材料中石灰石的煅烧;
——传统化石窑炉燃料;
——替代的化石基础窑炉燃料和原材料;
——生物质窑燃料(生物质废料);
——非窑燃料;
——石灰石中的有机碳含量和页岩;
——用于洗涤废气的原材料。

(三)CO_2 排放的计算

1. 燃烧排放

监测和报告水泥熟料生产设备的燃烧过程中包含的不同类型的燃料(如:煤、石油焦、燃料油、天然气和废弃燃料的离散)。

2. 加工排放

用于生产熟料的原材料中的碳酸盐煅烧产生的 CO_2 排放,部分或全部煅烧的水泥窑粉尘或加工过程中的旁路粉尘产生的 CO_2 排放,以及一些非碳酸盐的原材料中的碳成分产生的 CO_2 排放。

1)熟料生产中产生的 CO_2

计算排放应该基于加工输入的碳酸盐含量(计算方法 A),或者基于水泥熟料产量(计算方法 B)。

(1)计算方法 A：基于窑炉输入

在有水泥窑粉尘和旁路粉尘除尘系统的情况下，排放计算应该基于加工输入的碳酸盐含量（包括粉煤灰或高炉渣）和在原材料消耗中扣除的水泥窑粉尘（CKD）、旁路粉尘。CO_2排放的计算式如式（1-15）所示：

$$CO_{2熟料} = \Sigma(活动水平 \times 排放因子 \times 转换因子) \quad\cdots\cdots\cdots (1-15)$$

a）活动水平

除了特别的生料之外，需要对每种相关含碳窑炉输入（除了燃料）进行分别计算，如石灰石或页岩，并避免重复计算或忽略回收的或旁路的材料。生料的净值可由现场具体的生料/熟料比决定，这个比值应该至少一年更新一次且使用行业最好的实践指南。

等级 1

报告期间消耗的相关窑炉输入净值（t）最大不确定性可以确定为低于±7.5%。

等级 2

报告期间消耗的相关窑炉输入净值（t）最大不确定性可以确定为低于±5.0%。

等级 3

报告期间消耗的相关窑炉输入净值（t）最大不确定性可以确定为低于±2.5%。

b）排放因子

应该用每吨相关窑炉输入所排放的CO_2量为单位，进行排放因子的计算和报告。各成分数据应用表 1-4 中的化学计量比转换成排放因子。

表 1-4 化学计量比

成分	化学计量比
$CaCO_3$	$0.440(tCO_2/t\ CaCO_3)$
$MgCO_3$	$0.522(tCO_2/t\ MgCO_3)$
$FeCO_3$	$0.380(tCO_2/t\ FeCO_3)$
C	$3.664(tCO_2/tC)$

c）转换因子

等级 1

保守假设窑内残留的含碳量为 0，即假定全部燃烧并且转换因子为 1。

等级 2

认为碳酸盐和其他熟料中残留含碳量转换因子值在 0~1 之间。假设一种或几种窑炉输入被完全转换，并将未转换的碳酸盐或其它碳归于剩余的窑炉输入中。

(2)计算方法 B：基于熟料输出

本方法是基于熟料产量。CO_2排放的计算式如式（1-16）所示：

$$CO_{2熟料} = 活动水平 \times 排放因子 \times 转换因子 \quad\cdots\cdots\cdots (1-16)$$

有除尘系统的窑伴有来自生料中非碳酸盐含量的碳的潜在排放时，由水泥窑粉尘和旁路粉尘煅烧产生的CO_2应被考虑。应分别计算熟料产量、熟料粉尘、旁路粉尘以及输入材料中非碳酸盐的碳，再加和排放总量：

CO_2 排放$_{加工总量}$(t)＝CO_2 排放$_{熟料}$(t)＋CO_2 排放$_{粉尘}$(t)＋CO_2 排放$_{非碳酸盐的碳}$(t)

2)熟料输出相关排放

a)活动水平

报告期内的熟料产量(t)可由以下任意一项确定:

——熟料直接重量;

——基于使用以下公式计算的水泥交货量(考虑了熟料、熟料供应和熟料库存变化的材料平衡):

熟料产量(t)＝水泥交货量(t)－水泥库存变化(t)×熟料水泥比(t 熟料/t 水泥)－外部输入熟料(t)＋向外输出熟料(t)－熟料库存变化(t)

等级 1

报告期内熟料产量(t)的最大不确定性低于±5.0％。

等级 2

报告期内熟料产量(t)的最大不确定性低于±2.5％。

b)排放因子

等级 1

排放因子:0.525tCO$_2$/t 熟料。

等级 2

应采用各自成员国递交给 UNFCCC 的最新国家目录中公布的特定国家排放因子。

等级 3

根据附件Ⅰ第 13 部分,确定产品中 CaO 和 MgO 的量。

假设所有 CaO 和 MgO 都来自分别的碳酸盐,使用表 1-5 中的化学计量比,将成分数据转换为排放因子。

表 1-5 化学计算比

氧化物	化学计量比 tCO$_2$/t 碱性氧化物
CaO	0.785
MgO	1.092

c)转换因子

等级 1

假设原材料中(不含碳酸盐的)CaO 和 MgO 的量为 0,即假设产品中所有 Ca 和 Mg 都是碳酸盐原料产生的,转换因子值为 1。

等级 2

原材料中(非碳酸盐的)CaO 和 MgO 的量的反应转换因子值在 0~1 之间,值 1 对应的原材料中的碳酸盐充分转换为氧化物。

3)有关粉尘排放

基于窑炉系统中留尘量和熟料的排放因子,计算窑炉系统中旁路粉尘或 CKD 产生的 CO_2,排放计算如下:

$$CO_2 \text{ 排放}_{粉尘}＝活动水平×排放因子$$

a)活动水平

等级 1

使用行业最佳实践指南中的评估报告期内窑炉系统中留存的 CKD 或旁路粉尘的量(t)。

等级 2

报告期内窑炉系统中留存的 CKD 或旁路粉尘的量(t)的最大不确定性低于±7.5%。

b)排放因子

等级 1

使用参考值 0.525tCO$_2$/t 熟料,同样用于窑炉系统中留存的 CKD 和旁路粉尘。

等级 2

基于煅烧程度和成分,计算水泥窑炉系统中留存的 CKD 或旁路粉尘的排放因子。计算式如式(1-17)所示:

$$EF_{CKD} = \frac{\dfrac{EF_{Cli}}{1+EF_{Cli} \times d}}{1 - \dfrac{EF_{Cli}}{1+EF_{Cli} \times d}} \qquad\qquad (1-17)$$

式中:

EF_{CKD}——部分煅烧的水泥窑粉尘排放因子(tCO$_2$/tCKD);

EF_{Cli}——特别设备的熟料排放因子(tCO$_2$/t 熟料);

d——CKD 煅烧的程度(排放的 CO$_2$ 占原混料中全部碳酸盐 CO$_2$ 的百分比)。

4)生料中非碳酸盐的碳产生的排放

应用以下公式计算窑内生料中的石灰石、页岩或替代原材料(如:粉煤灰)中不含碳酸盐的碳所产生的排放:

$$CO_2 \text{排放}_{\text{碳酸盐原料}} = \text{活动水平} \times \text{排放因子} \times \text{转换因子}$$

a)活动水平

等级 1

报告期内相关原料消耗量(t)的最大不确定性低于±15%。

等级 2

报告期内相关原料消耗量(t)的最大不确定性低于±7.5%。

b)排放因子

等级 1

应用行业最好的实践指南评估相关原料中不含碳酸盐的碳成分。

等级 2

根据附件Ⅰ第 13 部分,每年至少一次确定相关原料中不含碳酸盐的碳成分。

c)转换因子

等级 1

转换因子:1.0。

等级 2

应采用行业最好实践,计算转换因子。

5)排放的测量

测量指南详见附件Ⅰ。

五、航空业排放的计算指南

(一)排放量的计算

MRG 要求航空公司涵盖全部排放源的燃烧排放,以及所有出发或抵达欧盟成员国机场的航班排放。只有 EU ETS 法令要求范围外的航班排放可不计入。

根据航空行业指南给出的飞机型号清单,航空公司需对飞机进行识别。同一个型号的飞机存在新旧版本的差异,机载系统的不同可能会导致所使用监测方法学的不同。同时,航空公司还需要确定用于申请的飞机类型和子类型的燃料类型。根据燃料的类型,使用相应的排放因子和油耗来确定每架飞机的排放量。

计算 EU ETS 法令所覆盖的航班 CO_2 排放量的公式如式(1-18)所示:

$$CO_2 排放量(tCO_2)=燃料消耗量(t)\times排放因子(tCO_2/t\,燃料)\cdots\cdots(1-18)$$

(二)燃料消耗量的计算

需要监测每个航班的燃料消耗量和每种燃料的消耗量。报告的燃料消耗量应包括本次航班的消耗量,飞机平稳飞行中备用动力的燃料消耗量,以及本次航班中可能被丢弃的任何燃料。使用以下两种方法中的一种来决定燃料消耗量(方法 A 或 B)。

1. 计算公式方法 A

每个航班实际油耗量(t)=为本航段加油完成后油箱内油量(t)-为下一航段加油
完成后油箱内油量(t)+下一航段航班起飞前加油量(t) (1-19)

使用方法 A 的额外要求:

如果本次航段和下一航段都没有加油,则需要用本次航段和下一航段飞机起飞前油箱内所剩油量进行判断。这种情况应该申请为新航班没有加油就起飞的情况。

同时也要考虑飞机除了执行航班任务之外的一些特殊活动。例如,结束一个航段后,飞机进行包括排空燃料箱在内的重大维修,并且其燃料消耗量已经或正在被监测的情况下,这时计算公式需要使用如下数据进行替换。"为下一航段加油完成后油箱内油量(t)+下一航段航班起飞前加油量(t)"可以使用"飞机下一步活动开始前油箱中所剩燃料量(t)"替代,这个值应该是飞机下一活动开始前的最后测量值。由于飞机没有下一个航段,所以可用此值替代。

2. 计算公式方法 B

每个航班实际油耗量(t)=上一航段结束时油箱内油量(t)+本航段航班
起飞前加油量(t)-本航段结束时油箱内油量(t) (1-20)

使用方法 B 的额外要求:

对于 B 方法来说,降落的时间可以考虑为关闭引擎的时间。注意这个时间并非真正意义上的降落。当一架飞机执行的前一次航班没有监测燃料消耗量时,计算公式需要使用如下数据进行替换。"上一航段结束时油箱内油量(t)"可以使用"飞机前一次活动结束后油箱内油量(t)"替代。

3. 方法 A 和方法 B 的区别

尽管两种方法的计算基本上一样,但是两种方法对测量飞机油箱中燃料的时间点不同。A 是在飞机加油后引擎开启前进行测量,而 B 是在每次航班结束时引擎关闭后进行测量。

可通过两个途径判断加油量：

——燃料供应商可以直接测量加油量；

——航空公司可通过机载测量系统进行计算。

如果是第一种情况，航空公司需要确保使用燃料供应商提供的燃料运送单或各个航班的发票上的数据，进行排放量计算。而飞机油箱内燃料量必须由机载测量系统进行判断。

4. 用于判断加油和油箱内燃料的燃料密度的方法

如果加油或油箱内燃料总量使用体积单位（L、gal 或 m^3），则需要使用实际密度值将体积转换为质量。同样，燃料供货商提供的用于确定航空公司加油量的发票使用体积值的情况，也需要进行转换。实际密度指的是用 kg/L 表示并且用于确定适用温度的密度值。

如果加油量或油箱内燃料量以 kg 为单位，则不必考虑燃料密度。一般这种情况是由机载设备测量加油量，且测量系统自动将体积转换为质量。当评估这些相关计量表的不确定性时，需将整个测量系统考虑在内。系统需要实施质量保证措施，保证整个测量系统的效率稳定和可信。

确定燃料密度的选项如下：

——使用机载测量系统测量燃料的实际密度；

——使用燃料发票或运输单记录的每次加油量的实际密度；

——使用加油过程中燃料温度，来确定实际密度。由供应商提供的温度或加油所在机场给出的温度。使用标准密度－温度实际密度校正表，确定实际密度；

——当实际密度不可得时，可以使用标准密度因子 0.8kg/L。

一些机场的燃料密度不是由燃料供应确定的。在这种情况下，燃料供应站可以给出日平均燃料密度，并交给飞行员进行加油量或油箱内燃料量的计算。这个日平均值可以被视为由燃料供应商提供的实际密度。

如果航班运行手册中包含飞行员必须对加油量的体积质量进行转换的程序，依照程序给出的资料可以用于确定燃料密度。前提条件是这一程序是依照 MRG 制定并实施的。只有当供应商由于无法提供数据或不能获得数据而没有办法确定实际密度值时，才可以使用标准密度因子 0.8kg/L。

（三）排放因子

航空领域中的三种燃料排 CO_2 的标准排放因子如表 1-6 所示。

表 1-6　航空领域三种燃料排 CO_2 的标准排放因子

燃料类型	排放因子（tCO_2/t 燃料）
AvGas（航空汽油）	3.1
Jet B（航空混合煤油）	3.1
Jet A/A1（航空煤油）	3.15

如果航空公司使用以上三种燃料以外的其他燃料，则需要确定活动特定的排放因子和净热值（NCV），这些燃料都被称为替代燃料。如果替代燃料包含生物质，则需要监测和报告生物质含量。如果替代燃料可以视为微量源，那么监测计划可以使用估计的方法，来确定排放因子、NCV 和生物质含量。如果替代燃料是一种商业交易的燃料，那么监测计划可以使

用燃料供应商提供的购买记录,来确定排放因子、碳含量、生物质含量和 NCV,这种情况只准许发生在已接受的国际标准下发生的参数。

使用了替代燃料或生物质燃料时,可使用以下选项确定替代燃料的排放因子和 NCV:

——对于替代燃料,如果可以获得 IPCC 参考值,可使用该值;

——依据 MRG 附件Ⅰ第 13 部分的要求,通过取样和燃料分析确定。这种情况下,需要对取样方法和后续分析进行说明(如,方法和频率);

——替代燃料被视为微量时,可使用估计方法,来确定 NCV 和排放因子;

——使用燃料供应商提供的购买记录,来确定排放因子、碳含量、生物质含量和 NCV。

六、报告格式

(一)设备确定

设备确定报告格式见表 1-7。

表 1-7 设备确定

设备确定	回答
1 公司名称	
2 设备运营商	
3 设备	
3.1 名称	
3.2 许可号[a]	
3.3 EPRTR 是否要求报告?	是/否
3.4 EPRTR 识别号[b]	
3.5 设备地址/城市	
3.6 邮编/县	
3.7 地理坐标	
4 联系人	
4.1 姓名	
4.2 地址/城市/邮编/县	
4.3 电话	
4.4 传真	
4.5 邮件	
5 报告年	
6 采用的附件Ⅰ活动类型[c]	
活动 1	
活动 2	
活动 N	
[a]该号码将由主管国在许可过程中提供。	
[b]本栏只有在 EPRTR 下要求报告的设备需要填写,并且一个设备的许可不能超过一个 EPRTR 活动。	
[c]例如:"矿物油炼油厂"。	

（二）活动概况

活动概况报告格式见表 1-8、表 1-9。

表 1-8　附件 I 活动排放

类型	IPCC CRF 类型[a]— 燃烧排放	IPCC CRF 类型[b]— 过程排放	EPRTR 分类的 IPPC 码	选择了参数来源 方法？是/否	CO_2 排放 量/t
活动					
活动 1					
活动 2					
活动 N					
总计					

[a] 例如："1A2f 其他行业的化石燃烧"。
[b] 例如："2A2 工业过程—生产石灰"。

表 1-9　备忘项目

	转移或固有的 CO_2			生物质排放[a]
	转移或固有的量	转移的原材料或燃料	转移的类型	
单位	t			t
活动				
燃料类型：				
IEA 类型				

[a] 只有当排放是由测量确定时才需要填写。

（三）燃烧排放（计算）

燃烧排放报告格式见表 1-10。

表 1-10　燃烧排放（计算）

活动	
燃料类型：	
IEA 类型	
废料类型号码（若适用）：	

参数	准许单位	使用单位	值	参数来源方法
燃料消耗量	t 或 m^3			
燃料净热值	TJ/t 或 TJ/m^3			

续表

排放因子	tCO_2/TJ 或 tCO_2/t 或 tCO_2/m^3			
氧化因子				
化石 CO_2	t	t		
生物质	TJ 或 t 或 m^3			

(四)过程排放(计算)

过程排放报告格式见表1-11。

表1-11　过程排放(计算)

活动				
原材料类型:				
废料类型号码(若适用):				
参数	准许单位	使用单位	值	参数来源方法
活动水平				
排放因子	tCO_2/t 或 tCO_2/m^3			
转换因子				
化石 CO_2	t	t		
生物质	t/m^3			

(五)质量平衡方法

质量平衡方法报告格式见表1-12。

表1-12　质量平衡方法

参数				
燃料或原材料名称				
IEA 类型(若适用)				
废料类型号码(若适用):				
	准许单位	使用单位	值	参数来源方法
活动水平质量或体积: 输出流采用负值	t 或 m^3			

续表

净热值 NCV(若适用)	TJ/t 或 TJ/m³			
活动水平(热输入)=质量或原材料×NCV(若适用)	TJ			
碳含量	t/t 或 t/m³			
化石 CO_2	t	t		

(六)测量方法

测量方法报告格式见表 1-13。

表 1-13　测量方法

活动				
排放源类型				
参数	准许单位	使用单位	值	参数来源方法
化石 CO_2	t			
生物质 CO_2	t			

第三节　核　查

一、一般性原则

所谓核查就是,在合理的准确度基础上,对排放报告中的数据是否存在重大错误,以及是否存在重大不一致,出具核查意见。核查的目的是确保排放量被监测,并且确保所报告的排放数据的可靠性和准确性。

受管制设施的运营方有义务向核查机构提交年度排放报告,其中应包括经过批准的每一装置的监测计划的复印件,以及核查机构需要的其他信息。

核查机构在开展核查工作时,应参照 EA-6/03 指南。

二、核查方法学

核查机构应认识到报告中可能存在重大表述错误,以专业的态度来计划和执行核查,包括以下步骤:

(一)战略分析

——核实监测计划是否得到主管机构的批准,以及版本是否正确;

——了解设施的每一项活动,排放源、监测或测量活动水平的仪表装置、排放因子和氧化/转换因子的来源和应用,以及装置运行的环境;

——了解监测计划、数据流及其控制系统,包括监测和报告的总体组织结构;

——提交实质性水平,如表1-14所示定义:

表1-14 实质性水平

	实质性水平
A和B类设备	5%
C类设备	2%

(二)风险分析

——分析关于范围、运营方活动复杂性、排放源、物质流和可能导致重大表述错误或不一致的风险,以及风险控制手段;

——起草一份包括风险分析、运营方活动及资源的范畴和复杂性,以及设施装置示例方法的核查计划。

(三)核查

核查的实施包括,现场考察(如有必要还需检查仪表和监测系统),与受管辖设施的相关人员面谈,以及收集足够的信息和数据。而且核查机构还要:

——通过收集的数据和所有能够支持核查结论的相关额外证据,来执行核查计划;

——确认用来设定经批准的监测计划的不确定性水平的信息;

——核查经批准的监测计划是否可应用,是否及时更新;

——要求受管辖设施提供任何遗漏的数据或完成核查追踪的缺失部分,在得出最终的核查结论之前,解释遗漏数据或修改计算的不同。

(四)内部核查报告

在核查过程末期,核查机构应提交一份内部核查报告,以展示战略分析、风险分析和核查计划被完整执行,提供相关证据,并提供足够支持核查观点的信息。内部核查报告应该为潜在的主管机构和认证单位的核查评估提供帮助。

(五)核查报告

核查机构要在最终提交的核查报告中阐述其核查方法学、核查发现、意见等,并明确给出受管辖设施年度排放报告是否通过核查的结论。

——如果设施运营方的年度排放报告中关于排放量没有错误陈述,且与核查机构的意见无重大不一致,则该报告可通过核查;

——如果存在非重大不一致性或非重大错误表述,核查机构应在核查报告中包含这些内容,该年度排放报告仍被可认为通过核查;

——如果核查机构发现重大不一致或重大错误表述,可以得出不通过核查的结论;

——当存在环境限制(核查机构无法通过得到的证据,将核查风险降低到合理水平)和/或重大不确定性时,核查机构也可以得出不通过核查的结论。

只有核查报告中给出通过核查的结论,受管辖设施才可以向主管机构提交年度排放报告。在每年3月31日前,年度排放报告仍没有通过核查的受管辖设施,将不允许为前一年度的排放量使用许可配额,直到其报告通过核查。主管部门应检查通过核查的排放报告中的设施排放数据,确定受管制设施提交了足量的配额。

三、第三方核查机构

EU ETS认可的第三方核查机构大部分与英国认证的第三方核查机构[①]一致,详情如表1-15所示。

表1-15　EU ETS认可的第三方核查机构(阶段Ⅱ)

阶段Ⅱ认证范围	阶段Ⅱ范围中已认证的核查体系
EU ETS指令(液体、气体)附件Ⅰ中列出的设计燃烧设施安装的活动 EU ETS指令(固体和生物质燃料)附件Ⅰ中列出的设计燃烧设施安装的活动 EU ETS指令附件Ⅰ中列出的矿物油精炼 EU ETS指令附件Ⅰ中列出的炼焦炉 金属原材料的烘烤和烧结 EU ETS指令附件Ⅰ中列出的安装活动 EU ETS指令附件Ⅰ中列出的包括连续切割过程在内的用于生铁及钢铁生产的安装活动 EU ETS指令附件Ⅰ中列出的用于水泥熟料生产的安装活动 EU ETS指令附件Ⅰ中列出的用于石灰石生产的安装活动 EU ETS指令附件Ⅰ中列出的用于玻璃制造的活动 EU ETS指令附件Ⅰ中列出的用于陶瓷产品制造的安装活动 EU ETS指令附件Ⅰ中列出的用于纸浆和纸生产的安装活动 燃烧器安装一年CO_2排放量小于25000吨,且排放仅源自化石燃料燃烧(无生物质、无废弃物) 对于上述活动中的任何安装过程均使用连续排放检测系统,从而对EU ETS指令2003/87/EC所列的GHG排放量以及成员国依据EU ETS指令条例24中所规定的气体类型进行确定 合理性/新成员所有	Price water house coopers certification B. V. (UKAS授权认证号263) 电话:+31(0)887 926472 邮箱:certification@ni. pwc. com Bureau Veritas Certification Holding SAS (UKAS授权认证号008) 电话:+44(0)20 76610742(伦敦) 邮箱:Andrew. kirkby@bureauveritas. com Ernst & Young et Associes (UKAS授权认证号0255) 电话:+33 (0)1 4693 6000 邮箱:christonphe. schmeltzky@fr. ey. com Lloyds Tegister Quality Assuarrance Limited (UKAS授权认证号001) 电话:+44(0)20 76882399(伦敦) 邮箱:enquiries@irqa. com SGS United Kingdom Limited (UKAS授权认证号005) 电话:+44(0)1642567926 邮箱:ukenquiries@sas. com Complete integrated certification services Ltd (UKAS授权认证号006) 电话:+44(0)1782 411008 邮箱:info@cicsglobal. com British standards institution trading as BSI (UKAS授权认证号003) 电话:+44(0)845 080 9000 邮箱:Andrew. Launn@bsigroup. com

---

① 　http://www. universalweather. com/aviation-emissions/eu-ets/additional-eu-ets-aviation-resources. html # data-verifiers

续表

阶段Ⅱ认证范围	阶段Ⅱ范围中已认证的核查体系
	Det norske veritas certification B. V （UKAS授权认证号013） 电话：+44(0)20 7716 6694 邮箱：uk-support@dnv.com ERM certification & Verification Services Limited （UKAS授权认证号067） 电话：+44(0)203206 5278 邮箱：post@ermcvs.com Gastec at CRE Ltd （UKAS授权认证号217） 电话：+44(0)1242 677877 邮箱：Lesley. thomas@csenseverification.com European Inspection & certification company SA （UKAS授权认证号180） 电话：00 30 1 6252495 邮箱：eurocert@otenet.gr

表1-16　EUETS认可的第三方核查机构（阶段Ⅲ）

阶段Ⅲ认证范围	阶段Ⅲ范围中已认证的核查体系
基年历史排放及产量数据 基年产量数据	Bureau veritas certification holding SAS （UKAS授权认证号008） 电话：+44(0)7661 0742 邮箱：Andrew. kirkby@bureauveritas.com Lloyd's register quality assurance limited （UKAS授权认证号001） 电话：+44(0)24 7688 2399 邮箱：enquiries@irqa.com SGS united kingdom limited （UKAS授权认证号005） 电话：+44(0)1642 5679926 邮箱：ukenquiries@sas.com Complete integrated certification services Ltd （UKAS授权认证号006） 电话：+44(0)1782 411008 邮箱：info@cicsglobal.com British standards institution trading as BSI （UKAS授权认证号003） 电话：+44(0)845 080 9000 邮箱：Andrew. Launn@bsigroup.com

续表

阶段Ⅲ认证范围	阶段Ⅲ范围中已认证的核查体系
生产数据认证	Det norske veritas certification B. V （UKAS 授权认证号 013） 电话：+44(0)20 7716 6694 邮箱：uk－support@dnv. com Gastec at CRE Ltd （UKAS 授权认证号 217） 电话：+44(0)1242 677877 邮箱：lesley. thomas@csenseverification. com Ernst&Young et Associes （UKAS 授权认证号 0255） 电话：+33(0)1 4693 6000 邮箱：christophe. schmeitzky@fr. ey. com ERM certification &. Verification Services Limited （UKAS 授权认证号 067） 电话：+44(0)203206 5278 邮箱：post@ermcvs. com

表 1-17 EUETS 认可的第三方核查机构（航空认证）

航空认证范围	已认证的航空领域认证体系
基年及年际排放数据基准数据(t/km)	Price water house coopers certification B. V. （UKAS 授权认证号 263） 电话：+31(0)887 926472 邮箱：certification@ni. pwc. com Lloyd's register quality assurance limited （UKAS 授权认证号 001） 电话：+44(0)24 7688 2399 邮箱：enquiries@irqa. com SGS united kingdom limited （UKAS 授权认证号 005） 电话：+44(0)1642 5679926 邮箱：ukenquiries@sas. com Complete integrated certification services Ltd （UKAS 授权认证号 006） 电话：+44(0)1782 411008 邮箱：info@cicsglobal. com British standards institution trading as BSI （UKAS 授权认证号 003） 电话：+44(0)845 080 9000 邮箱：Andrew. Launn@bsigroup. com

第二章　美国碳排放管理

美国是全球温室气体排放大国。温室气体大量排放,已经严重影响了美国经济的发展和全球生态环境的稳定。根据美国环境保护署(EPA)公布的美国温室气体排放清单 2010 年美国化石燃料碳排放量达到 53.9 亿吨,燃烧化石燃料产生的二氧化碳排放约占美国温室气体排放的 80%。

本章将详细介绍强制性温室气体报告制度(GHGRP)、区域温室气体减排行动(RGGI)、西部气候倡议(WCI)和芝加哥气候交易所(CCX)。

第一节　强制性温室气体报告制度 GHGRP

2009 年美国环境保护署制定了强制性温室气体报告制度(Greenhouse Gas Reporting Program,GHGRP)。该制度要求上报温室气体排放量的排放源涉及 31 个工业部门和种类,对全国约 85% 的温室气体排放源的排放数据进行监测、统计,以便更加全面、准确地掌握美国温室气体排放状况。同时,GHGRP 中还对温室气体排放的监测和质检(QA/QC)做出具体要求。

一、机制概述

(一)目的和范围

GHGRP 确定了强制性温室气体排放报告要求,这些要求适用于直接排放温室气体的设施,以及化石燃料供应商和工业温室气体供应商。

GHGRP 所辖设施的业主和经营者及供应商,必须遵从于 GHGRP 的要求。

(二)管制对象

(1)GHGRP 中关于报告、监测、记录保存和核查的相关要求适用于下面 a)、b)或 c)中要求的设施的业主和经营者,以及 d)要求的供应商:

a)2010 年后开始运行的包含下列排放源类别的某个设施,其温室气体排放报告必须涵盖 40 CFR Part98 中的计算方法学中列出的所有排放源类别。

——受酸雨项目管制的发电设施,或年总排放等于或大于 $25000tCO_2e$ 的发电机组;

——己二酸生产;

——铝生产;

——氨制造;

——水泥生产;

——电子工业,年产量超过以下阈值的半导体-微电力机械系统(MEMS)以及液晶显示(LCD)制造设备:

　　(A)半导体:1080m² 硅;

　　(B)MEMS:1020m² 硅;

　　(C)LCD:235700m² LCD。

——电力设备总铭牌容量超过 17820lbs(7838kg)的 SF_6 或全氟烃(PFCs)的电力系统;

——HCFC(氢氟氯烃)-22 生产;

——非 HCFC-22 生产设施上年分解 HFC-23 超过 2.14t 的分解过程;

——石灰制造;

——硝酸生产;

——石油化工生产;

——炼油厂;

——磷酸生产;

——碳化硅生产;

——碳酸钠生产;

——二氧化钛生产;

——按照矿山安全和健康管理局(MSHA)的要求,至少每季度对通风系统进行一次抽样的地下煤矿;

——每年产生等于或大于 $25000tCO_2e$ 甲烷的市政垃圾填埋场;

——每年产生等于或大于 $25000tCO_2e$ 甲烷的粪便管理系统。

　　b)2010 年后开始运行的设施,其中包含固定燃料燃烧机组排放、碳酸盐其他使用排放,及在下列排放源类别在内的年总 CO_2 排放量等于或大于 25000t,其温室气体排放报告必须涵盖 40 CFR Part98 中的计算方法学中列出的所有排放源类别。

——电力生产;

——电子-光伏制造;

——乙醇生产;

——铁合金生产;

——氟化温室气体生产;

——食品加工;

——玻璃生产;

——制氢生产;

——钢铁生产;

——铅生产;

——镁生产;

——石油和天然气系统;

——纸浆和造纸;

——锌生产;

——工业垃圾填埋气;

——废水处理。

　　c)在 2010 年后开始运行的,同时满足下面所列的三种情况的设施。对于这些设施,其温室气体排放报告仅需涵盖固定燃料燃烧排放源的排放。如果只有 2010 年有排放,这些设施可提交一个简化的排放报告。

——不包含 a)、b)中排放源类别的设施；

——固定燃料燃烧机组的最大热输入大于或等于 30mmBtu/h；

——所有的固定燃料燃烧源的设备每年排放 CO_2e 大于或等于 25000t。

d)在 2010 年后开始运行的,下列产品的供应商。对于这些供应商,其温室气体排放报告必须涵盖 40 CFR Part98 中提供的计算方法学中的所有产品。

——煤；

——煤基液体燃料；

——成品油；

——天然气和液化天然气；

——在下面的(A)或(B)中规定的工业温室气体：

    (A)所有工业温室气体产品生产商；

    (B)每年进口超过 $25000tCO_2e$ 的成批工业温室气体进口商；

    (C)每年成批出口量大于 $25000tCO_2e$ 出口商。

——在下面的(A)或(B)中规定的 CO_2：

    (A)所有的二氧化碳生产商；

    (B)每年成批进口量大于 $25000tCO_2e$ 的 CO_2 或 CO_2 和其他工业温室气体的混合温室气体的进口商；

    (C)每年成批出口量大于 $25000tCO_2e$ 的 CO_2 或 CO_2 和其他工业温室气体的混合温室气体的出口商。

(2)为了计算温室气体排放量,进而与(1)中 b)的每年 $25000tCO_2e$ 相比较,业主或经营者需要根据下面的 a)~d),计算每年的 CO_2e 排放量。

a)估算来源于固定燃料燃烧机组、碳酸盐其他使用,及在(1)的 b)中所列的所有排放源类别排放的 CO_2、CH_4、N_2O 及氟化物温室气体(F-GHG)的年排放量,用 t 表示。其温室气体排放量需要用适用的方法学进行计算。

b)对于固定燃烧机组,需要使用适合的方法计算每年 CO_2 及 CH_4 和 N_2O 排放量。生物质燃料燃烧产生的 CO_2 排放需要从计算中排除,并要求所有类型燃料的高位发热值需要每月确定。

c)对于碳酸盐的其他使用,计算年 CO_2 排放量需要应用 GHGRP 子部分 U 中规定的程序。

d)将上述的 a)、b)和 c)中估算的排放量加和,并用式(2-1)计算 CO_2e 的吨数：

$$CO_2e = \sum_{i=1}^{n} GHG_i \times GWP_i \quad\quad\quad (2-1)$$

式中：

CO_2e——二氧化碳当量,t/年；

GHG_i——每种温室气体排放量,t/年；

GWP_i——每种温室气体的全球增温潜势；

    n——温室气体的数量。

e)为了确定是否超过了排放阈值,从现场捕获并输送到外部的 CO_2 不予考虑。

(3)对于(1)中的 c)来说,为了确定固定燃料燃烧的温室气体排放量是否达到 25000t,业主或经营者需要根据(2)中 b)规定的方法来计算燃料燃烧机组的 CO_2、CH_4、N_2O 排放。因此,需要应用式 2-1,将每种温室气体排放量转化为 tCO_2/年,并将设施中所有机组的排放量加和。

(4)对于(1)中 d)说,为了确定工业温室气体进口商和出口商的排放量是否达到 25000t,业主或经营者需要根据下面 a)~b)中的描述,计算在报告年中,每年公司进口的所有工业温室气体总 CO_2e 量和每年公司出口的所有工业温室气体总 CO_2e 量。

a)计算每年进口的和出口的 CO_2、N_2O 及每种 F-GHG 的量(t),计算需要根据 GHGRP 子部分 OO 进行。

b)通过式(2-1)将 a)中每种进口和出口的温室气体转化为用 CO_2e 表示的吨数。

c)对于所有进口/出口的温室气体,将 b)中的年 CO_2e 的吨数分别加和。

(5)如果应用了(1)a)中容量或生产量的报告阈值,业主或经营者需要检查相应的记录来确定是否超过了阈值。

(6)除了下面(7)中提供的信息,不要求没有达到(1)中规定的适用性要求的设施的业主和经营者或供应商提交设备或供应商的排放报告。当设施或供应商发生任何改变时,可能导致其达到(1)的适用性要求,这些业主或经营者必须再次评估本部分对于设备和供应商的适用性(再评估必须包括对任何相关排放计算或其他计算的修改)。这些改变包括但不限于工艺修改、增加运行小时数、增加产品、改变使用的燃料或原材料、增加设备及设施扩张。

(7)一旦一个设施或供应商符合(1)的要求,即使在将来的年份中,其不能达到(1)的适用性要求,业主和经营者在后续的年份中也必须满足本部分的要求,包括提交温室气体排放报告。如果在未来几年中由于所有权变更,导致某一温室气体排放源变成另一设施的一部分,而该设施之前没有达到、且在未来的几年内也不会达到 1.3.1 中适用性要求,针对本温室气体排放源,业主和经营者也必须满足本部分的要求,包括提交温室气体排放报告。

(8)GHGRP 的表 A-2 提供了一个常用度量单位的转换的表格。

(三)遵守和执行的条款

任何违反 GHGRP 要求的行为,均被认为违反《清洁空气法》。违反行为包括但不限于:没有报告温室气体排放,未收集用来计算温室气体排放所需的数据,未能按要求连续监测和测试,未能保留必要的记录以验证温室气体排放量,未按照方法学的要求计算温室气体排放。

二、监测与报告

(一)总体方法

1. GHGRP 对于监测、报告、记录保存和核查的要求

属于 GHGRP 要求的设施业主或经营者、或者供应商,必须按照下面的要求向当局提交一个温室气体排放报告。

1)一般规定

必须收集排放数据,计算温室气体排放量,且遵循 GHGRP 的各个相关部分中关于质量保证、缺失数据、记录保存和报告的程序。

2）时间表

除非有其他规定，在3月31日前必须提交去年的温室气体排放报告。

——对于2010年1月1日以前开始运行的已有设施，必须报告2010年以前及之后每年的排放量。

——对于2010年1月1日以后开始运行的新设施，必须报告设施运行第一年的排放量，始于最初运行的月份，结束于当年的12月31日。其后每年的报告必须涵盖整年，始于1月1日，结束于12月31日。

——对于由于物理或经营改变而在2010年1月1日后变得属于GHGRP的任何设施或供应商，必须报告在变化发生的第一年的排放量，始于最初变化的月份，结束于12月31日。其后每年的报告必须涵盖整年，始于1月1日，结束于12月31日。

3）每年报告的内容

除了下面"4）简化的排放量报告"中提供的信息外，每年的温室气体报告需要包括以下的信息：

——设施名字或供应商名字（视情况而定），街道地址，物理地址，以及联邦注册系统的识别号。

——报告覆盖年份。

——提交日期。

——CO_2、CH_4、N_2O和每种F-GHG的年排放量。计算排放量必须假设没有CO_2被捕集，且遵循以下的标准：

（A）所有设施的适用排放源类别的总排放量。排放源类别根据GHGRP的子部分C～JJ中的规定，且用式（2-1）计算，表示为tCO_2e。

（B）所有供应商的适用供应类别的总排放量。供应类别根据GHGRP的子部分KK～PP中的规定，且用式（2-1）计算，表示为tCO_2e。

（C）根据GHGRP的子部分C～PP中的规定的每个排放源类别或供应类别的排放量，表示为tCO_2e。

（D）在GHGRP的每个子部分中"数据报告要求"一节中规定的每种排放源类别的排放量和独立机组、过程、活动和运行的其他数据。

——现场全部发电量（kWh）。

——设施生产的合成肥总量及总含氮量。

——每年捕集的CO_2总量（t）。

——根据下文指定代表的授权和责任中的5）中第1条的要求，一份由业主或经营者指定代表提供的带有签字和日期的授权证明。

4）简化的排放量报告

对于在2010年1月1日已经运行的已有设施且属于机制概述中的（三）（1）c情况的业主或经营者，可以提交一个2010年有关该设施的温室气体排放量的简化报告，作为3）中要求的替代报告。该简化报告必须在2011年3月31日前提交。之后年度，根据上面3）中要求必须提交完整的温室气体报告。

——设施名字，街道地址，物理地址，以及联邦注册系统的识别号。

——报告覆盖年份。

——提交日期。

——对于所有固定燃料燃烧机组,根据适用的方法计算的设施温室气体排放总量,表示为 tCO_2e、tCH_4、tN_2O 和 t。如果选择了下文发电中的式(2-3)或式(2-11),需要每月对所有燃料类型的高位发热值进行测定。

——根据下文指定代表的授权和责任中的5)中第1条的要求,一份由业主或经营者指定代表提供的带有签字和日期的授权证明。

5)排放量计算

在准备温室气体报告时,必须使用相关部分规定的排放量计算方法。上面4)中规定的情况除外。

6)核查

为了核查报告的温室气体排放量的完整性和精确性,主管部门可能需要检查3)中第8条和4)中第5条中描述的授权证明和其他任何可信的证据,并综合检查排放报告以及定期核查设施。不排除主管部门利用额外的信息来核查报告的完整性和精确性。

7)记录保存

在 GHGRP 的要求下,需要报告温室气体排放量的业主和经营者,必须保存好 GH-GRP 规定的记录。所有要求的记录必须以电子版或纸版的形式至少保存 5 年,且必须要以一个能够迅速查找和检验的形式进行记录。如果 EPA 要求进行检查,这些记录对于主管部门必须是可得的。对于电子记录,用于读取记录的设备或软件是可得的,或者如果 EPA 有要求,电子记录需要转化为纸质文档。除了各子部分描述的要求外,以下的记录必须要保存:

——所有温室气体排放量计算用到的机组、操作、进程和活动的列表;

——根据燃料或材料类型分类,在计算每个机组、操作、进程和活动的温室气体减排量时用到的数据,所有要求的燃料的高位发热值和含量碳分析结果,所有要求的在线监测系统和燃料流量计(如果可以)的鉴定和质量保证测试结果,以及对于对应的排放因子计算的分析结果;

——用于温室气体排放量计算而收集数据过程的记录;

——温室气体排放量计算和应用方法;

——所有用于温室气体排放量计算用到的排放因子;

——任何用于温室气体排放量计算的设施运行数据或过程信息;

——用于计算和报告温室气体排放量设施的主要人员的名字和记录;

——年度温室气体排放报告;

——记录温室气体排放计算方法变更(如果有)和关键仪器变动(如果有)的值班日志;

——缺失数据的计算;

——一份书面的质量保证执行计划(QAPP)。根据主管机构的要求,业主或经营者应保证根据 QAPP 要求收集到的所有信息在核查过程中可获得。在 QAPP 中允许保存电子信息,只要在核查过程中,根据需求可以提供纸版信息。QAPP 至少应包括(或参照单独包括的文档)用于以下活动的描述:

(A)所有的连续监测系统、流量计,以及用于为温室气体排放量报告提供数据的其他仪器的维护和修理。需要保存维护记录。

(B)对于连续监测系统、流量计,以及用于为温室气体排放量报告提供数据的其它仪器的校验和其他质量保证测试行为。

2. 指定代表的授权和责任

1)一般规定

除了 6)中提出的规定,属于 GHGRP 要求的每个业主或经营者需要指定一个代表,具有证明以及提交温室气体排放量报告和其他 GHGRP 要求的向主管部门提交的其他报告的责任。

2)向指定代表授权

一个设施的指定代表需要通过一份对业主和经营者有约束力的协议来选择,且需要根据 9)中第 4 条的授权证明的要求工作。指定代表必须是一个对设施或活动(如工厂经理的职位、货井或井区的操作人员、主管、或对公司环境事务有全部责任的职位)的全部操作负有责任的个人。

3)指定代表的责任

依据主管部门收到的完整证明,其设施的指定代表才能够通过他/她的代表采取行动、不作为或提交报告,依法约束每个业主和经营者与 GHGRP 有关的所有事项,不论指定代表和这些业主和经营者之间的任何协议。

4)时间

主管部门在收到完整授权之后,才能受理温室气体报告或其他提交文件。

5)温室气体排放量报告的证明

每份温室气体报告和其他提交文件需要根据 40 CFR 3.10,通过指定代表提交、签字和批准。

——提交中包括以下指定代表的授权声明:"经由设施(或供应设备,视情况而定)的业主和经营商授权,本人作为指定代表进行此次提交。证明本人已经亲自检查并熟悉此声明、提交的文件及其所有附件中的信息,违者愿意接受法律的处罚。基于本人对初始责任人询问获取的信息,根据本人目前已有的知识,证明此报告和信息是真实、准确和完整的。本人意识到如声明和信息有误或有遗漏会面临严重处罚,包括可能的罚款或刑期。"

——只有当提交的声明是按照上述的要求签字并确认的,主管部门才能接受此报告或其他的提交材料。

6)候补指定代表

一名指定的授权代表可以指定候补代表。选择候补指定代表的协议需要包括授权候补指定代表的过程。

——直到主管部门收到一份完整的对于业主或经营者指定代表的代表授权,候补指定代表提交的任何代表、行动、不作为或提交的报告才能被确认。

——"指定代表"可被理解为指定代表或任何候补指定代表。

7) 改变指定代表或候补指定代表

指定代表(或候补指定代表)可以随时通过向主管部门提交一份完整的取代证明而改变。在主管部门收到取代证明之前,上任指定代表(或候补指定代表)提交的所有代表、行动、不作为和提交的文件依然具有约束力。

8）业主和经营者的改变

如果业主或经营者发生变化,这些新的业主或经营者同样受指定代表和候补指定代表的约束。在 30 天之内如有任何改变,包括增加新的业主或经营者,其指定代表或候补指定代表需要重新授权。

9）代表授权

依据主管部门规定的形式,一份完整的授权包括以下几点:

——代表授权所提交的对应的设施或供应经营的识别。

——指定代表和任何候补指定代表的姓名、地址、邮件地址(如果有)、电话号码机传真号码(如果有)。

——设施或供应经营的业主和经营者的名单。

——指定代表和任何候补指定代表的以下授权说明:

(A)"本人声明本人通过一份对业主和经营者有约束力的协议被选定为指定代表或候补换指定代表,该协议符合 40 CFR 98.3 的要求。"

(B)"本人声明本人拥有所有必要的权力代表 40 CFR 98.3 要求的业主和经营者来履行其在 GHGRP 中的职责,本人可以完全代表其行动、不作为或提交报告。"

(C)"本人声明 40 CFR 98.3 要求的业主和经营者可被任何主管部门或法院发给本人的关于排放源的命令所约束。"

(D)"当对于符合 40 CFR 98.3 要求的设施(或供应设备)具有多个持有者时,本人声明所有持有者均同意本人作为指定代表或候补指定代表。"

——指定代表和候补指定代表的签字及签字日期。

10）协议文件

除非主管部门有要求,代表授权中提到的协议文件不必提交给主管部门。如果提交了,主管部门没有任何义务来检查或评估这些文件的充分性。

11）对于代表授权声明的约束性

主管部门在收到一份完整的代表授权后,即认可该授权,直到收到另外一份替代授权为止。

12）关于代表授权的反对

——除非按 7)中提出要求,向主管部门提交的关于授权、任何代表、行动、不作为或提交文件的反对或言论,对于指定代表或候补指定代表来说,是不能影响到这些代表、行动、不作为或提交文件的,也不能影响 GHGRP 主管部门做出的最终决定或命令。

——主管部门不会裁定任何关于指定代表或候补指定代表的代表、行动、不作为或提交文件的私人法律纠纷。

3. 报告的提交

对于一个设施或供应商来说,每份温室气体报告必须以电子版形式,通过设施的业主或运营商或供应商的指定代表提交,形式由主管部门确定。

(二)固定源燃烧

1. 源分类的定义

固定燃料燃烧源是指燃烧固体、液体或气体燃料的装置,一般是用于发电,产生水蒸气,为工业、商业、社会机构的使用提供可用的热量或能量,或通过去掉可燃成分进行垃圾减量。固定燃料燃烧源包括但不限于,锅炉、燃烧涡轮、发动机、焚化炉及化工过程加热炉。

此源类别不包括便携式发电设备,或经州/地方的空气污染控制部门签发许可的应急发电机组。

2. 报告门槛

如果设备包括一个或一个以上的固定燃烧源,且该设备符合 GHGRP 98 中 2(a)(1)、(2)或(3)的任一要求,就必须根据此分部分的要求报告温室气体排放量。

3. 温室气体报告类别

必须报告每个固定燃料燃烧机组的 CO_2、CH_4 和 N_2O 排放量。

4. 计算温室气体排放量

业主或经营者必须使用下面的方法学来计算由固定燃料燃烧源(除酸雨项目管制下的发电机组以外)产生的温室气体排放量。

1)燃料燃烧产生的 CO_2 排放

对于每一个固定燃料燃烧机组,如果符合 GHGRP98 中 2.2.1(b)所阐述的情景、要求和限制,其业主或经营者必须使用下面的 4 个等级的方法。

a)等级 1 计算方法学

一个机组所用的某一特定类型燃料燃烧的年 CO_2 排放量,是通过将特定燃料的 CO_2 排放因子缺省值(见表 2-1)、缺省高位发热值(见表 2-1)和燃料的年消耗量(来源于根据相应规则保存标准下的公司记录)代入式(2-2)计算的:

$$CO_2 = 1 \times 10^{-3} \times Fuel \times HHV \times EF \quad\quad\quad (2-2)$$

式中:

CO_2——特定类型燃料的年 CO_2 排放量,t;

Fuel——每年燃料燃烧的质量或体积,从公司记录获得(固体燃料用短吨质量表示,气体燃料用标准立方英尺表示,液体燃料用加仑表示);

HHV——燃料的缺省高位发热值,见表 2-1(单位是 mmBtu/单位质量,或 mmBtu/单位体积,视情况而定);

EF——特定燃料的 CO_2 排放因子缺省值,见表 2-1(kg/mmBtu)。

b)等级 2 计算方法学

一个机组所用特定类型燃料燃烧的年 CO_2 质量排放量,是通过将高位发热值的测量值、CO_2 排放因子缺省值(见表 2-1 或表 2-2)和燃料燃烧的量(来源于根据相应规则保存标准下的公司记录)代入式(2-3)计算的:

公式(2-3)适用于除市政固体废物(MSW)外的任何类型的燃料:

$$CO_2 = \sum_{p=1}^{n} 1 \times 10^{-3} \times Fuel_p \times HHV_p \times EF \quad\quad\quad (2-3)$$

式中:

CO_2——特定类型燃料的年 CO_2 排放量,t;

n——该年中热量的测量次数;

$Fuel_p$——在测量时间段 p 内燃料燃烧的质量或体积(固体燃料用短吨质量表示,气体燃料用标准立方英尺表示,液体燃料用加仑表示);

HHV_p——测量阶段内燃料的高位发热值(单位质量或单位体积的 mmBtu 数值);

EF——特定燃料的 CO_2 排放因子缺省值,见表 2-1 或表 2-2($kgCO_2$/mmBtu)。

在式(2-3)中,"n"的值取决于监测和 QA/QC 规定下的高位发热值的测量频率。例如,对于要求进行每月取样和分析的天然气来说,如果在该年度中,机组只有 6 个月燃烧了天然气,那么 $n=6$。

对于燃烧 MSW,使用式(2-4):

$$CO_2 = 1 \times 10^{-3} \times Steam \times B \times EF \quad\quad\quad (2-4)$$

式中:

CO_2——燃烧 MSW 的年 CO_2 排放量,t;

Steam——在报告的年度内,燃烧 MSW 所产生的蒸汽的总质量,1b;

B——锅炉的最大额定热输入能力与其设计额定蒸汽输出能力的比值,mmBtu/1b 蒸汽;

EF——MSW 的 CO_2 排放因子缺省值(见表 2-3),$kgCO_2$/mmBtu。

c)等级 3 计算方法学

一个机组所用一个特定类型燃料燃烧的年 CO_2 排放量,是通过将燃料含碳量的测量值、分子量(只用于气体燃料)和燃料燃烧量代入以下公式中计算的。对于固体燃料,燃料燃烧的总量是从根据相应规则保存标准下的公司记录中获得的。对于液体和气体燃料,燃料燃烧的体积是通过使用燃料流量计(包括气体计费表)直接测量获得的。对于燃料油,也可以使用油桶的液位差测量获得。

对于固体燃料,采用式(2-5):

$$CO_2 = \sum_{p=1}^{n} \frac{44}{12} \times Fuel_p \times CC_p \quad\quad\quad (2-5)$$

式中:

CO_2——燃烧特定固体燃料的年 CO_2 排放量,t;

n——该年中含碳量的测量次数;

$Fuel_p$——在测量月份 p 内固体燃料燃烧的质量,t;

CC_p——月份 p 中,来源于燃料分析结果的固体燃料的含碳量(质量分数,表示为小数,例如 95% 表示为 0.95);

44/12——CO_2 和 C 的分子量之比。

对于液体燃料,采用式(2-6):

$$CO_2 = \sum_{p=1}^{n} \frac{44}{12} \times Fuel_p \times CC_p \times 0.001 \quad\quad\quad (2-6)$$

式中:

CO_2——燃烧特定液体燃料的年 CO_2 排放量,t;

n——该年中被要求的含碳量的测量次数;

$Fuel_p$——在测量月份 p 内液体燃料燃烧的体积,gal;

p——测量阶段,月;

CC_p——月份 p 中,来源于燃料分析结果的液体燃料的含碳量(每加仑燃料的碳质量),kg;

44/12——CO_2 和 C 的分子量之比。

对于气体燃料,采用式(2-7):

$$CO_2 = \sum_{p=1}^{n} \frac{44}{12} \times Fuel_p \times CC_p \times \frac{MW}{MVC} \times 0.001 \quad\cdots\cdots\cdots\cdots\cdots (2-7)$$

式中:

CO_2——燃烧特定气体燃料的年 CO_2 排放量,t;

n——该年含碳量和分子量的测量次数;

$Fuel_p$——在测量日 p 或月份 p 内气体燃料燃烧的体积(标准立方英尺,scf),视情况而定;

p——测量阶段(月或日,视情况而定);

CC_p——气体燃料的平均含碳量,来源于针对每日或每月的燃料分析,视情况而定(每千克燃料的碳质量),kg;

MW——气体燃料的分子量,来源于燃料分析(kg/kg-mole);

MVC——摩尔体积转化系数(标准状况下,每单位摩尔质量是849.5标准立方英尺);

44/12——CO_2 和 C 的分子量之比。

在采用式(2-7)计算燃烧天然气的 CO_2 排放量时,仅对报告年份内燃烧天然气的月份进行计算。对于燃烧其他气体燃料(例如炼厂气或工艺废气),CO_2 排放量仅针对报告年份内燃烧气体燃料的日期进行计算。例如,如果机组在一年365天中的250天燃烧了工艺废气,那么此部分的公式(2-7)中,$n=250$。

d)等级4计算方法学

一个机组所用的所有燃料的年 CO_2 排放量,采用具有质量保证的在线监测系统(CEMS)的数据。

此方法学需要一个 CO_2 浓度监测器和一个烟道气体积流速监测器,除非有其它要求。CO_2 浓度和烟道气流速的每小时测量值要转化为 CO_2 质量排放速率(单位是 t/h)

当 CO_2 的浓度是在湿基基础上测量的,应用式(2-8)计算每小时的 CO_2 排放速率:

$$CO_2 = 5.18 \times 10^{-7} \times C_{CO_2} \times Q \quad\cdots\cdots\cdots\cdots\cdots (2-8)$$

式中:

CO_2——CO_2 的排放速率,t/h;

C_{CO_2}——每小时的平均 CO_2 浓度,%CO_2;

Q——每小时的平均烟道气体积流速,标准立方英尺/小时(scfh);

5.18×10^{-7}——转化系数(由 t/scfh 到 %CO_2 的转化)。

如果 CO_2 浓度是在干基基础上测量的,则要求对烟道气湿度进行校正。业主或经营者必须或者按照 40 CFR 75.11(b)(2)规定的对烟道气的湿度进行连续监测,或者针对特定类型的燃料,使用 40 CFR 75.11(b)(1)中提供的水分百分比缺省值。对于机组工作的每个小时,必须采用式(2-9)对湿度进行校正,CO_2 排放公式如下:

$$CO_2^* = CO_2 \left(\frac{100 - \%H_2O}{100} \right) \quad\cdots\cdots\cdots\cdots\cdots (2-9)$$

式中:

CO_2^*——湿度校正后每小时的 CO_2 排放速率,t/h;

CO_2——未校正时,由公式(2-8)得来的每小时 CO_2 排放速率,t/h;

%H_2O——每小时的烟道气水分百分比(测量值或缺省值,视情况而定)。

如果由 CEMS 监测的排出的气体仅由一种燃烧产物组成,并且机组所燃烧的燃料是在 40 CFR 75 部分中附件 F 的 3.3.5 的表 1 中所列的燃料,为与附件 F 的公式 F - 14a 或 F - 14b(如果适用)一致,可以使用氧气浓度监测器来代替 CO_2 浓度监测器,用以确定每小时的 CO_2 浓度。如使用氧气监测的方法,公式 F - 14a 和 F - 14b 中的 F 因子应该依据 40 CFR 75 部分中附件 F 的 3.3.5 部分或 3.3.6 部分确定,如果适用。如果使用 F - 14b,烟气每小时的湿度比例要么是依据 40 CFR 75.11(b)(2)得到的测量值,要么是 40 CFR 75.11(b)(1)中对应燃料类型的湿度缺省值。

由式(2-8)或式(2-9)计算的每小时 CO_2 排放速率乘以运行时间便可以得到对应的排放量。这个运行时间是以小时为时长的数值(燃料燃烧的小时数)(如机组在 1h 内一直运行,则运行时间为 1.0,如果在 1h 内只运行了 30min,那么运行时间为 0.5)。对于共同的排放烟道(common stack configurations),运行时间是排放气体流通过烟道的小时时长。

将整年的每小时 CO_2 排放量累加。

如果本年同时燃烧了生物质和化石燃料,则需依据后面第 5)条确定生物质的 CO_2 排放。

2)4 个等级的使用

前面"1)燃料燃烧产生的 CO_2 排放"中描述的计算 CO_2 排放量的 4 个等级,有如下的适用条件:

①等级 1 适用于在一个最大热输入功率小于或等于 250mmBtu/h 的设施内燃烧的任何类型燃料,只要:

(A)表 2-1 中给出了适用的 CO_2 排放因子的缺省值和燃料高位发热值的缺省值。

(B)业主或经营者不能测量或者供货商不能提供燃料每个月(或者更频繁)的包括高位发热值测量的样本分析结果。如果业主或经营者能进行该项测量或者能收到这些燃料样本和分析结果,那么等级 1 计算方法就不再适用了,应用等级 2、等级 3 或等级 4 的计算方法替代。

②除了使用等级 4 计算方法计量 CO_2 总排放的情况之外,等级 1 方法也可以用于任何装机容量的燃烧木材、木料废物或其他固定生物质衍生物燃料的生物质 CO_2 排放计算。

③等级 2 计算方法可以用于任何最大热输入功率小于或等于 250mmBtu/h 的设施内燃烧的任何类型燃料的情况,只要在表 2-1 和表 2-2 中给出了燃料的 CO_2 排放因子的缺省值。

④等级 3 计算方法可以用于任何设施,燃烧任何燃料,除非(b)(5)给出的需要使用等级 4 的方法的情况。

⑤等级 4 计算方法:

(A)可以用于任何规模的设施,燃烧任何类型的燃料。

(B)下列情况应该使用:

· 最大热输入功率高于 250mmBtu/h,或燃烧市政固体废弃物(MSW)大于 250t/d 的设施;

· 燃烧固体化石燃料或 MSW 的设施,无论是主要燃料还是次级燃料;

· 2005 年之后任何一年运行时间超过 1000h 的设施;

- 依据联邦或州的规定或者设施运行的许可需要安装 CEMS 的机组；
- 安装的 CEMS 包含任何类型的气体监测仪，烟气流速监测仪，或两个都已安装，并且这些监测仪已经按照 40 CFR 的 75 部分和 76 部分的要求，或适用的州在线监测系统要求的规定进行了认证；
- 为了应对与 40 CFR 的 75 部分的附件 B 和 60 部分的附件 F 或适用的州在线监测系统的要求一致的周期性质量保证检测，依据适用的联邦或州的规定，安装了气体或烟气监测仪的设施。

（C）最大热输入功率小于或等于 250mmBtu/h 和最大输入功率小于或等于每天 250t MSW 的燃烧市政固体废弃物设施应该使用，如果：

- 装有烟气流速监测仪和 CO_2 浓度监测仪；
- 机组满足（b）（5）（ii）（B）和（C）中的其他条件；
- CO_2 和烟气流速监测仪满足（b）（5）（ii）（D）到（b）（5）（ii）（F）的要求。

⑥如果使用或被要求使用等级 4 计算方法，应该从下面的时间开始：

（A）如果设施的 CO_2 排放监测设备于 01/01/2010 前安装且获得认证，则开始报告 CO_2 排放量的时间为 01/01/2010；

（B）如果设施的 CO_2 排放监测设备于 01/01/2010 前未安装或获得认证，则 2010 年要利用等级 3 计算方法计算，则利用等级 4 开始报告 CO_2 排放量的时间为 01/01/2011。

3）所有燃料燃烧的 CH_4 和 N_2O 计算

计算固定燃烧源 CH_4 和 N_2O 的年排放量，如下：

归于酸雨计划要求的机组和依据 40 CFR 75.10（c）和 40 CFR 75.64 报告和监测整年热输入的机组，使用式（2-10）计算：

$$CH_4 \text{ 或 } N_2O = 1 \times 10^{-3} \times (HI)_A \times EF \qquad (2-10)$$

式中：

CH_4 或 N_2O——燃烧特殊类型的燃料产生的 CH_4 或 N_2O 的年排放量，t；

$(HI)_A$——来自于 40 CFR 75.64 要求的电子数据报告的燃料的年累积热输入，mmBtu；

EF——表 2-3 中给出的燃料 CH_4 或 N_2O 排放因子，$kgCH_4$ 或 N_2O/mmBtu。

对所有其他机组，使用分（c）（2）到（4）适用的公式和程序计算年 CH_4 和 N_2O 排放量。

如果在表 2-1 种给出了特定燃料的高位发热值的缺省值，HHV 不是由业主测量的，或来源于燃料的供应商该年内每月（或更频繁）提供的数据，使用式（2-11）：

$$CH_4 \text{ 或 } N_2O = 1 \times 10^{-3} \times \text{Fuel} \times HHV \times EF \qquad (2-11)$$

式中：

CH_4 或 N_2O——燃烧特殊类型的燃料产生的 CH_4 或 N_2O 的年排放量，t；

Fuel——来源于企业记录的燃料消耗的质量或体积（每年的质量或体积）；

HHV——表 2-1 中给出了特定燃料的高位发热值的缺省值；

EF——表 2-3 中给出的燃料 CH_4 或 N_2O 排放因子，$kgCH_4$ 或 N_2O/mmBtu。

如果特定燃料（除了市政固体废物）的高位发热值是基于该年内每月（或更频繁）测量得到的，或者是由燃料供应商提供的，使用式（2-12）：

$$CH_4 \text{ 或 } N_2O = \sum_{p=1}^{n} 1 \times 10^{-3} \times Fuel_p \times HHV_p \times EF \cdots\cdots\cdots (2-12)$$

式中：

CH_4 或 N_2O——燃烧特殊类型的燃料产生的 CH_4 或 N_2O 的年排放量,t；

　　　　n——本年热值测量次数；

　　$Fuel_p$——测量阶段 p 内燃料消耗的质量或体积(单位时间质量或体积)；

　　HHV_p——阶段 p 内测量的燃料高位发热值(单位质量或体积对应的 mmBtu 值)；

　　　　p——测量的阶段(天或月,如果适用)；

　　　　EF——表 2-3 中给出的燃料 CH_4 或 N_2O 排放因子,kgCH_4 或 N_2O/mmBtu。

对于市政固体废弃物燃烧,使用公式(2-13)估算 CH_4 或 N_2O 排放。

$$CH_4 \text{ 或 } N_2O = 1 \times 10^{-3} \times Steam \times B \times EF \cdots\cdots\cdots (2-13)$$

式中：

CH_4 或 N_2O——燃烧特殊类型的燃料产生的 CH_4 或 N_2O 的年排放量(t)；

　　Steam——报告年内由 MSW 产生的蒸汽总量(磅蒸汽)；

　　　　B——锅炉最大热输入功率与涉及到蒸汽产出量的比例(mmBtu/磅蒸汽)；

　　　　EF——表 2-3 中给出的燃料 CH_4 或 N_2O 排放因子(kgCH_4 或 N_2O/mmBtu)。

(适用的)式(2-10)、式(2-11)、式(2-12)或式(2-13)的计算结果乘以全球增温潜势(GWP),便可以将 CH_4 或 N_2O 排放量转换为吨 CO_2 排放当量。

对于特定类型的燃料,如果表 2-4 没有提供 CH_4 或 N_2O 排放因子缺省值,在管理部门批准后,业主或经营者可以使用基于能源检测的结果,确定 CH_4 或 N_2O 的排放因子。

4)吸附过程的 CO_2 计算

若设施是一个流化床锅炉,并且装有湿法脱硫系统,或者使用其他酸性气体注入吸附剂,如果这部分 CO_2 排放没有被 CEMS 监测的话,使用式(2-14)计算来自于吸附剂的 CO_2 排放：

$$CO_2 = S \times R \times \left(\frac{MW_{CO_2}}{MW_S} \right) \cdots\cdots\cdots\cdots\cdots\cdots\cdots (2-14)$$

式中：

CO_2——报告年份来自于吸附剂的 CO_2 的排放；

　　S——石灰石或其他吸附剂的年消耗量；

　　R——吸附剂吸附酸性气体过程中二氧化碳与酸性气体的摩尔比(对于二氧化硫,R 为1)；

MW_{CO_2}——二氧化碳的分子量(即 44)；

　MW_S——吸附剂的分子量(对于碳酸钙,MW_S 为 100)。

CO_2 的总排放是燃烧过程和吸附剂所排放的 CO_2 的总和。

5)生物质 CO_2 排放

如果机组使用的燃料符合 40 CFR 中对于生物质或生物质衍生物的定义,业主或经营者应该依据下述(1)、(2)、(3)或(4)估算和报告年生物质 CO_2 排放的总量。

(1)满足如下条件的,业主或经营者应该按照式(2-2)计算生物质燃烧的年 CO_2 排放量。

——并没有选用等级 4 计算方法；

——生物质燃料包括木材,木材废弃物,或其他生物质衍生固体燃料(除了 MSW)。

(2)如果使用 CEMS 确定年 CO_2 排放总量,不管是依据 40 CFR 75 部分还是等级 4 计算方法的要求,并且在报告年份内,机组同时燃烧了化石燃料和生物质燃料(除了 MSW),利用如下的方法确定生物质的年 CO_2 排放量。如果机组燃烧了 MSW,按照以下(3)的办法处理。

①对于每一个运行小时,使用式(2-15)确定 CO_2 排放的体积。

$$V_{CO_2h}=\frac{(\%CO_2)_h}{100}\times Q_h\times t_h \quad\cdots\cdots (2-15)$$

式中:

V_{CO_2h}——CO_2 的小时排放体积,标准立方英尺(scf);

$(\%CO_2)_h$——CO_2 的小时浓度,由 CO_2 浓度监测仪测得(%CO_2);

Q_h——烟气的每小时体积流速,标准立方英尺每小时(scfh);

t_h——运行时间(如机组在一小时内一直运行,则运行时间为 1.0,如果在 1h 内之运行了 30 分钟,那么运行时间为 0.5);

100——由百分比转换为小数的转换因子。

②将每小时的 V_{CO_2} 数值求和,获得年 CO_2 的总排放体积 V_{total}。

③使用式(2-16)计算化石燃料燃烧产生的 CO_2 排放。如果本年内使用了两种以上类型的化石燃料,使用式(2-16)分别计算每种燃料的排放,然后求和。

$$V_{ff}=\frac{Fuel\times F_c\times GCV}{10^6} \quad\cdots\cdots (2-16)$$

式中:

V_{ff}——特定某种燃料燃烧的 CO_2 年排放体积(标准立方英尺 scf);

Fuel——来自于企业记录的报告年内消耗的化石燃料总量,固体燃料单位为磅(lb),液体燃料单位为加仑(gal),气体燃料的单位为标准立方英尺(scf);

F_c——指定燃料的 CO_2 排放因子,可以是 40 CFR 75 中附件 F 的 3.3.5 中表 1 的缺省值,也可以是根据 40 CFR 75 中附件 F 的 3.3.6 确定的现场测量值,(scf CO_2/mmBtu);

GCV——来源于燃料样本和分析的化石燃料的总热值(固体燃料是 Btu/lb 的年平均值,液体燃料是 Btu/gal 的年平均值,气体燃料是 Btu/scf 的年平均值);

10^6——mmBtu 与 Btu 的转换因子。

④用 V_{total} 减去 V_{ff} 即为 V_{bio},生物质燃烧的 CO_2 排放体积。

⑤使用式(2-17)计算年 CO_2 排放的生物质排放比例。

$$\%Biogenic=\frac{V_{bio}}{V_{total}}\times 100 \quad\cdots\cdots (2-17)$$

⑥用由式(2-17)得到的生物质排放比例乘以由 p47 中"d)等级 4 计算方法学"中确定的以吨计量的 CO_2 的总排放,计算得到以吨计量的生物质 CO_2 排放。

(3)燃烧 MSW 的机组,当燃烧 MSW 时,每个季度,都要按照 40 CFR 98.34(f)中描述的 ASTM D6866-06a 和 D7459-08 来确定生物质和非生物质 CO_2 排放的比例。每一个比例都要表示成小数的形式(如若 MSW 燃烧中 30% 是生物质,则表示成 0.3),并且季度的数值要在报告期内进行平均。年生物质 CO_2 排放应该按照下面的方法计算:

——如果机组满足等级 2 或等级 3 计算方法的要求,同时业主或经营者选择用等级 2 或等级 3 方法计算 GHG 排放:

(A)使用适用的公式(式 2-3,式 2-4 或式 2-5)计算 MSW 燃烧和如天然气等辅助燃料的年 CO_2 排放。然后求和以获得机组年 CO_2 排放总量。

(B)使用如下办法确定 MSW 燃烧的 CO_2 年排放量。用 MSW 燃烧的 CO_2 年排放总量乘以 ASTM D6866-06a 和 D7459-08 确定的生物质排放比例。

——如果机组使用 CEMS 确定 CO_2 的排放:

(A)使用前述 p51 中"5)生物质 CO_2 排放"(2)中的①、②确定 V_{total}。

(B)如果本年内燃烧了任何化石燃料,使用 p51 中"5)生物质 CO_2 排放"(2)③确定 V_{ff}。

(C)用 V_{total} 减去 V_{ff},得到 V_{MSW},即 MSW 燃烧的 CO_2 排放体积数。

(D)使用如下方法确定 MSW 燃烧的生物质 CO_2 排放体积。用 MSW 燃烧的年 CO_2 排放体积数乘以由 ASTM Methods D6866-06a 和 D7459-08 得到的生物质比例。

(E)使用式(2-17)计算机组年 CO_2 总排放中的生物质比例。为了进行这个计算,式(2-17)分子中的 V_{bio} 来自于上述 D 计算的结果。

(F)根据 p51 中"5)生物质 CO_2 排放"(2)⑥计算年 CO_2 排放的质量。

燃烧沼气的,除了 p51 中"5)生物质 CO_2 排放"(2)给出的情况,应该使用等级 2 或等级 3 计算方法确定年生物质 CO_2 排放的质量。

5. 监测和 QA/QC 要求

固定燃烧源机组的 CO_2 排放量数据,应该具有如下的质量保证:

使用上述公式计算方法的机组,要求记录的数据应该包括企业记录数据和企业如何利用这些数据来估算如下数值:

——使用等级 1 和等级 2 计算方法时的燃料消耗量。

——当燃烧固体燃料且使用等级 3 计算方法时的燃料消耗量。

——按照 p51 中"5)生物质 CO_2 排放"的要求,当使用 CEMS 来确定 CO_2 排放,且同时燃烧化石和生物质燃料的机组业主或经营者分别报告年 CO_2 总排放中生物质比例时的化石燃料消耗量。

——使用 p51 中"4)吸附过程的 CO_2 计算"的方法计算吸附剂 CO_2 排放时的吸附剂用量。

业主或经营者必须将用于保证(a)中的燃料、吸附剂的使用量估算值的精确性方法进行记录存档。包括但不限于,测重设备和流量测定仪及其他测量仪器的校准。这些仪器测量值的准确性也必须记录,而且这些估计值的技术基础也必须包含其中。

对于等级 2 计算方法,应该使用 40 CFR 98.7 的适用的燃料样本和分析方法来确定高位发热值。对于煤,所选样本应位于燃料仓或从燃烧的燃料具有代表性的位置取得。对于每一类型的燃料取样和分析的最低频率(只针对机组内有燃烧的周或月份中)如下:

——对于天然气,沼气,燃料油和其他液体燃料,每月进行。

——对于煤和其他固体燃料,每周取样混合,每月分析。

对于使用等级 3 计算方法的:

——首次报告 GHG 排放年份之前,就要对所有的油和气的流量计[除了 gas billing

meters(气体结算表)〕,使用 40 CFR 98.7 列举的检测方法或流量计制造商指定的校准程序进行校准。燃料流量计应每年或者制造商指定的最低频率进行校准。

——油桶液位差测量(如果适用)应该按照 40 CFR 98.7 列举的方法之一进行。

——本部分(c)(1)和(2)列举的燃料含碳量应该每月确定。对于其他气体燃料(如炼厂气、工艺废气)要求每天取样和分析,以便确定燃料的含碳量和分子量比重。应该使用 40 CFR 98.7 列举的方法确定含碳量和分子量比重(如果适用)。

对于使用等级 4 计算方法的,CO_2 和流速监测仪必须在 p49 中"2) 4 个等级的使用"中第⑥种中适用的最晚期限前进行认证。

——对于初始认证,按照如下过程进行:

(A)40 CFR 75.20(c)(2)和(4)以及 75 的附件 A。

(B)40 CFR 60 部分的附件 B 中的性能说明 3 和性能说明 6 中的零点漂移测试和相对精度测试核查(RATA)程序(对于连续排放速率监测系统(CERMS))。

(C)各州对连续监测过程的适用规定。

——如果使用 CO_2 浓度监测仪确定 CO_2 的浓度,对于初始认证和持续的质量保证,应该遵从 40 CFR 的 75 部分和 60 部分适用的规定,或州在线监测过程适用的规定,所有要求的监测仪的 RATAs 都应该是基于 CO_2 百分比的。

——为了持续的质量保证,要遵从 40 CFR 的 75 部分的附件 B,和第 60 部分的附件 F 或州在线监测过程的适用程序。如果选用第 60 部分的附件 F 进行持续的质量保证,就要对 CO_2 和流速仪进行每天的零点漂移测试,每一年四个季度中的三个季度(除了不运行的季度)对 CO_2 浓度监测仪进行标气标定,对 CO_2 浓度监测仪和 CERMS 进行每年的 RATAs。

——对于初始认证和持续的质量保证,40 CFR 75 部分的附件 B 要求的烟气体积流速监测仪 TATAs 和 60 部分的附件 F 要求的 CERMS 的 RATAs 需要在同一个运行等级上进行,代表了正常的负荷,以及正常的运行条件。

当机组燃烧市政固体燃料(MSW)时,应该使用 ASTM D6866-06a 和 ASTM D7459-08 确定 CO_2 排放中生物质的排放比例。机组燃烧 MSW 的每一年都要至少进行一次 ASTM D6866-06a 分析。当 MSW 是唯一的燃烧燃料,且正常的机组运行条件时,每个样本要按照 ASTM D7459-08 获得,至少是连续的 24 小时或者为获得满足 ASTM D6866-06a 要求的足够大的样本而必要的尽可能长的时间。业主或经营者利用报告年内分析的所有样本生物质排放的平均比例,将 MSW 燃烧的 CO_2 总排放区分为生物质排放和非生物质排放。如果有普遍的 MSW 燃料源能满足工厂内多个机组的要求,只测验其中一个机组就足够了。

6. 估算缺失数据的程序

无论何时,一个监测参数的质量保证数值的缺失(如机组运行期间 CEMS 的故障或一个被要求的样本没有收集),在计算时就要使用缺失参数的替代数据。

(1)应酸雨计划要求的机组,对于 CO_2 的浓度,烟气流速,燃料流速,总热值(GCV)和燃料的含碳量,应该遵从 40 CFR 75 部分适用的缺失数据替换程序。

(2)对于非酸雨计划要求的机组,当使用等级 1,等级 2,等级 3 或等级 4 计算方法时,对于每一个参数,应该遵从如下的程序进行缺失数据的替换:

——对于热量、含碳量、燃料的分子比重、CO_2 浓度和水分的每一个缺失,替代数据应该是缺失数据最近的之前和之后的有质量保证的数据的算术平均值。如果对于某一特定的参数,在缺失数据缺失前没有具有质量保证的数据,替换数据应该用缺失数据阶段之后获得的第一个有质量保证的数据。

——对于烟气流速,燃料使用量和吸附剂的用量缺失记录,替换数据应该用基于所有可获得过程(如蒸汽生产,电力负荷和运行小时)数据的最好获得的烟气流速,燃料使用量和吸附剂的用量替换数据。业主或经营者对于所有这些数据的估算都要形成文件和对所有过程都要记录。

7. 数据报告要求

1)除了 40 CFR 98.3 中要求的企业级的信息外,年 GHG 排放报告应该包含下述 2)和 3)段(如果适用)中的机组或工艺过程排放和 4)段中排放核查数据。

2)机组排放数据的报告。除了 3)段允许的可以整合的机组级数据,业主或经营者应该报告:

——机组编号(ID)(如果适用);

——代表机组类型的代码;

——机组的最大热输入功率,用 mmBtu/h 表示(只有锅炉、燃气轮机、发动机和过程加热器);

——报告年内燃烧燃料的类型;

——燃烧的每种燃料的 CO_2、CH_4 和 N_2O 排放的计算结果,每种气体用 tCO_2e 表示;

——每种燃烧燃料使用的计算 CO_2 排放的方法(如 40 CFR 75 部分或等级 1 或等级 2 计算方法);

——如果适用,要说明使用的是 40 CFR 75 部分的哪种监测和报告方法来量化 CO_2 排放的;

——来源于吸附剂(任何)的 CO_2 排放,用 t 表示;

——报告年内机组 GHG 排放的总量,即所有燃料的 CO_2,CH_4 和 N_2O 排放的总和,用 tCO_2e 表示。

3)报告固定燃烧源机组的替代方案。对于固定燃烧源机组,可采用下面的简化方法替代上述 2)中要求的机组报告。

小机组进行整合。如果一个工厂包含两个或更多即使组合起来其最大热输入功率都小于等于 250mmBtu/h 的机组(如锅炉或燃气轮机),业主或经营者可以报告这一机组的组合排放,而不需要分别报告每个机组 GHG 排放,只要这一组机组中每一种燃烧的燃料量都有精确的质量保证。在一个工厂里可以多定义几个这样的分组,只要本组中组合的最大热输入功率不超过 250mmBtu/h。如果选择了这个处理办法,替换上述 2)的信息,应该报告下面的信息。

——组号,用前缀"GP"开头;

——组内每个机组的编号;

——该组的最大累积输入功率(mmBte/h);

——报告年内燃烧的每一类型的燃料;

——该组内的机组燃烧的每种燃料的 CO_2,CH_4 和 N_2O 排放的计算结果,每种气体用 t 和 tCO_2e 表示;

——每种燃烧燃料使用的计算 CO_2 排放的方法；

——来源于吸附剂（任何）的 CO_2 排放；

——报告年内该组 GHG 排放的总量，即所有燃料的 CO_2，CH_4 和 N_2O 排放的总和，用 tCO_2e 表示。

同一烟道排放的确定。如果来源于一个工厂的两个或多个固定燃烧源机组的烟道气通过共同烟道排出，如果按照 40 CFR 75 或 40 CFR 98.33（a）（4）的等级 4 计算方法，利用 CEMS 作为连续的 CO_2 排放量监测仪，业主或经营者可以报道这些使用同一烟道的机组的组合排放，而不需要分别报道每个单独机组的 GHG 排放。如果选用此方法，替换上述 2）的信息，应该报告下面的信息。

——普通烟道的编号，用前缀"CS"开头；

——使用同一烟道的机组编号；

——使用同一烟道的每个机组的最大热输入功率（mmBtu/hr）；

——报告年内燃烧的每一类型的燃料；

——每种燃烧燃料使用的计算 CO_2 排放的方法（即 CEMS 或等级 4 计算方法）；

——本年在同一烟道测量的 CO_2 总排放；

——报告年内使用同一烟道的机组年 CH_4 和 N_2O 的整合排放，用 tCO_2e 表示；

 （A）如果是按照 40 CFR 75 部分进行监测，使用式（2-10），式中（HI）$_A$ 是普通烟道中测量队累计年热输入；

 （B）对于等级 4 计算方法，本年对于机组每种类型燃烧的燃料分别使用本子部分式（2-11），式（2-12）式（2-13）计算，然后将所有类型的燃料排放求和。

——报告年内使用同一普通烟道的机组 GHG 排放的总量，即所有燃料的 CO_2，CH_4 和 N_2O 排放的和，用 tCO_2e 表示。

同一供给管道（Common pipe configurations）。当一个工厂内两个或更多燃油的或燃气的固定燃烧源机组使用了同一类型的燃料，并且这些原料是通过共同的供给线或管道输送到每个机组的，业主或经营者可以报告这些由共同供给线服务的机组的组合排放，而替代分别报告单个机组的排放，只要这些机组燃烧的燃料总量在共同的管道或供给线使用校准的燃料流量计精确的测量。如果选用此方法，替换上述 2）要求的信息，应该报告下面的信息。

——共用管道的编号，用前缀"CP"开头；

——由共同管道服务的机组编号；

——由共同管道服务的每个机组的最大热输入功率（mmBtu/hr）；

——报告年内燃烧的每一类型的燃料；

——每种燃烧燃料使用的计算 CO_2 排放量的方法；

——本年由共同管道服务的机组 CO_2 总排放，用 tCO_2e 表示；

——报告年内由共同管道服务的机组年 CH_4 和 N_2O 的排放量（t）及 CO_2 当量（tCO_2e）；

——报告年内由共同管道服务的机组 GHG 排放的总量，即所有燃料的 CO_2，CH_4 和 N_2O 排放的和，用 tCO_2e 表示。

4）数据核查。业主或经营者应该提供充足的数据和额外的信息以便于核查报告的 GHG 排放。

对于使用等级 1,等级 2,等级 3 或等级 4 计算方法来量化 CO_2 排放的,在 GHG 排放报告中应该额外包含如下信息:

——对于等级 1 计算方法,应该报告报告年内每一类型燃烧燃料的总量,固体燃料以短吨计量,液体燃料用加仑计量,其他燃料用标准立方英尺计量。

——对于等级 2 计算方法,应该报告:

(A)每月每种燃料燃烧的总量(MSW 除外)。测量阶段内每种燃料燃烧量,固体燃料以短吨计量,液体燃料用加仑计量,其他燃料用标准立方英尺计量。

(B)报告年内每种燃料依据 40 CFR 98.33(a)(2)和 98.34(c)规定以及每种燃料燃烧运行天数或月数所要求的确定高位发热值的次数[即式(2-3)中的"n"]。

(C)每一个月,式(2-3)中使用的每种燃烧的燃料的高位发热值。

(D)对于每个报告的 HHV,要指出是实际测量的数值还是缺省数值。

(E)用于确定每种燃烧的燃料的 HHV 的来自于 40 CFR 98.7 的方法。

(F)对于 MSW,本年 MSW 燃烧产生的蒸汽总量(即 lb),和机组最大热输入功率与其设计蒸汽产出功率的比例"B",用每磅(lb)蒸汽 mmBtu 表示。

——对于等级 3 计算方法,应该报告:

(A)每月或每天(如果适用)每种燃烧的燃料总量,固体燃料用 t 表示,液体燃料用加仑表示,气体燃料用标准立方英尺表示。

(B)报告年内每种燃料根据 40 CFR 98.33(a)(3)和 98.34(d)规定以及每种燃料燃烧运行天数或月数所要求的确定含碳量的次数。

(C)对于每个运行月或天,式(2-5)、(2-6)或(2-7)使用的含碳量(CC)(如果适用),固体燃料用小数表示,液体燃料用每加仑 kgC 表示,气体燃料用每 kg 燃料 kgC 表示。

(D)对于气体燃料燃烧,每个运行月或天,式(2-7)使用的燃料的分子量,用 kg/mol 表示。

(E)对于每个报告的 CC 值,需指明该值是实际测量的还是缺省数值。

(F)对于液体和气体燃料燃烧,用于测量燃料燃烧量的燃料流量计初始校准和周期性校准的数据和结果。

(G)对于燃料油燃烧,40 CFR 98.7 中用于确定油桶液位差测量的方法(如果适用)。

(H)40 CFR 98.7 中用于确定每种燃烧燃料的 CC 的方法。

(I)40 CFR 98.7 中用于校准燃料流量计的方法(如果适用)。

——对于等级 4 计算方法,应该报告:

(A)报告年内运行天数和运行小时数。

(B)CEMS 是否经过认证,是否采用了 40CFR75 部分和 60 部分的质量保证程序。

(C)每个运行天 CO_2 排放的总量,即公式(2-8)和公式(2-9)计算的小时数据之和,用 t 表示。

(D)对于 CO_2 的浓度,烟气流速,烟气的水分含量(如果适用),排放量计算时使用每个参数替代数据的运营小时数。

(E)CENMS 初始认证检测的日期和结果。

(F)报告年内 CEMS 进行的主要质量保证检测的日期和结果,即线性检查,标准气核查和相对精度检测核查(RATAs)。

——如果由吸附剂吸附酸性气体产生的 CO_2 排放没有用 CEMS 监测,应该报告:

(A)报告年内吸附剂使用的总量,用 t 表示。

(B)吸附剂的分子量。

(C)式(2-14)的比例("R")。

——当使用 ASTM 的 D7459-08 和 D6866-06a 确定 MSW 燃烧的年 CO_2 排放中生物质排放部分,如 p51 中"5)生物质 CO_2 排放"和 p53 中"5.监测和 QA/QC 要求"中所述,业主或经营者应该报告:

(A)每个季度样本分析结果,用小数表示,例如,如果 MSW 燃烧 CO_2 排放中生物质比例为 30%,则为 0.3。

(B)报告年内 MSW 燃烧的总量,如果使用等级 2 计算方法,则用短吨表示,如果用等级 3 计算方法,则用 t 表示。

——对于同时燃烧化石燃料和生物质燃料的机组,当使用 CEMS 量化 CO_2 排放量时,业主和经营者应该额外报告如下信息,如果适用:

(A)所有燃料燃烧的年 CO_2 排放体积,即 V_{total},用标准立方英尺表示。

(B)化石燃料燃烧的年 CO_2 排放体积,即 V_{ff},用标准立方英尺表示。如果燃烧了多于一种类型的化石燃料,在报告 CO_2 总排放时,要分别报告每种燃料燃烧的排放。

(C)生物质燃料燃烧的年 CO_2 排放体积,即 V_{bio},用标准立方英尺表示。

(D)对于每种燃烧的化石燃料,在式(2-16)中使用的排放因子,用 scf CO_2/mmBtu 表示。

(E)对于每种燃烧的燃料,在公式(2-16)中使用的年 GCV 的平均值,用适用的 Btu/lb、Btu/gal 或 Btu/scf 表示。

(F)报告年内每种燃烧燃料的总量,用适用的 lb、gal 或 scf 表示。

(G)年生物质 CO_2 排放的质量,用 t 表示。

当 7 天内收到来自于管理者或适用的州或地方空气污染控制机构的书面申请(如电子邮件申请),业主或经营者应提交 QA/QC 部分所描述的解释,如下:

——如果使用本子部分的等级 1 或等级 2 计算方法计算 CO_2 排放量,需要详尽的解释如何利用企业的记录来量化燃料消耗量。

——如果是固体燃料燃烧,并且使用 4-3)中等级 3 计算方法计算 CO_2 排放,需要详尽的解释如何利用企业的记录来量化燃料消耗量。

——如果使用 4-4)的方法计算来自于吸附剂的 CO_2 排放,需要详尽的解释吸附剂的用量如何量化。

——如 4-5)中描述的,当同时燃烧化石燃料和生物质燃料的机组的业主或经营者使用 CEMS 量化 CO_2 排放,需要详尽的解释如何利用企业的记录来量化化石燃料消耗量。

8. 必须保留的记录

相关固定燃烧源的数据记录保存要符合 40 CFR 98.3(g)以及 98.4(a)和(b)中关于记

录保存的要求,同时,烟道流速、燃料流速、燃料使用量和(如果适用)吸附剂用量信息等缺失数据的估算替代记录及现场指定源测试的记录都要保留。所有要求的记录必须保存5年。

表2-1 各种燃料的排放因子和高位发热值缺省值

燃料类型	缺省高位发热值	缺省 CO_2 排放因子
煤和焦炭	mmBtu/short ton	kgCO$_2$/mmBtu
无烟煤	25.09	103.54
沥青煤	24.93	93.40
次沥青煤	17.25	97.02
褐煤	14.21	96.36
未指明的(住宅/商业用煤)	22.24	95.26
未指明的(工业炼焦煤)	26.28	93.65
未指明的(其它工业用煤)	22.18	93.91
未指明的(电力用煤)	19.97	94.38
未指明的(焦炭)	24.80	102.04
天然气	mmBtu/scf	kgCO$_2$/mmBtu
未指明的(美国加权平均值)	1.027×10^{-3}	53.02
石油产品	mmBtu/gallon	kgCO$_2$/mmBtu
沥青和道路用油	0.158	75.55
航空汽油	0.120	69.14
蒸馏燃料油(♯1,♯2和♯4)	0.139	73.10
航空煤油	0.135	70.83
煤油	0.135	72.25
液化石油气(能源使用)	0.092	62.98
丙烷	0.091	63.02
乙烷	0.069	59.54
异丁烷	0.099	65.04
正丁烷	0.103	64.93
润滑油	0.144	74.16
车用汽油	0.124	70.83
其他燃料油(♯5和♯6)	0.150	78.74
原油	0.138	74.49
挥发油(<401 deg.F)	0.125	66.46

续表

燃料类型	缺省高位发热值	缺省 CO_2 排放因子
天然汽油	0.110	66.83
其他石油（>401 deg. F）	0.139	73.10
正戊烷	0.110	66.83
石化原料	0.129	70.97
石油焦炭	0.143	102.04
专用挥发油	0.125	72.77
未完成的油（Unfinished Oils）	0.139	74.49
石蜡	0.132	72.58
生物质衍生燃料（固体）	mmBtu/short ton	$kgCO_2$/mmBtu
木材和木材废弃物（12%水分）或其他生物质衍生固体燃料	15.38	93.80
生物质衍生燃料（气体）	mmBtu/scf	$kgCO_2$/mmBtu
沼气	Varies	52.07

注：热量因子是基于高位发热值的（HHV）。同时，对于石油产品，热含量数值单位由 mmBtu/桶转化为了 mmBtu/gallon。

表 2-2　替代燃料燃烧 CO_2 排放因子缺省值

燃料类型	CO_2 排放因子缺省值/（$kgCO_2$/mmBtu）
废油	74
轮胎	85
塑料	75
溶剂	74
浸渍的木屑	75
其它化石废料	110
混合工业废弃物	83
市政固体废弃物	90.652

注：排放因子是基于高位发热值计算的（HHV）。对于固体和液体燃料，在假设低位发热值比高位发热值低 5%的情况下，将低位发热值转化为高位发热值。

表 2-3　各种类型燃料 CH_4 和 N_2O 排放因子缺省值

燃料类型	CH_4 排放因子缺省值 $kgCH_4$/mmBtu	N_2O 排放因子缺省值 kgN_2O/mmBtu
沥青	3.0×10^{-3}	6.0×10^{-4}
航空汽油	3.0×10^{-3}	6.0×10^{-4}

续表

燃料类型	CH$_4$ 排放因子缺省值 kgCH$_4$/mmBtu	N$_2$O 排放因子缺省值 kgN$_2$O/mmBtu
煤	1.0×10^{-2}	1.5×10^{-3}
原油	3.0×10^{-3}	6.0×10^{-4}
消化气体(Digester gas)	9.0×10^{-4}	1.0×10^{-4}
蒸馏	3.0×10^{-3}	6.0×10^{-4}
汽油	3.0×10^{-3}	6.0×10^{-4}
航空煤油	3.0×10^{-3}	6.0×10^{-4}
煤油	3.0×10^{-3}	6.0×10^{-4}
垃圾填埋气	9.0×10^{-4}	1.0×10^{-4}
液化石油气	1.0×10^{-3}	1.0×10^{-4}
润滑油	3.0×10^{-3}	6.0×10^{-4}
市政固体废弃物	3.0×10^{-2}	4.0×10^{-3}
挥发油	3.0×10^{-3}	6.0×10^{-4}
天然气	9.0×10^{-4}	1.0×10^{-4}
液态天然气	3.0×10^{-3}	6.0×10^{-4}
其他生物质	3.0×10^{-2}	4.0×10^{-3}
石油焦炭	3.0×10^{-3}	6.0×10^{-4}
丙烷	1.0×10^{-3}	1.0×10^{-4}
炼厂气	9.0×10^{-4}	1.0×10^{-4}
其他燃料油	3.0×10^{-3}	6.0×10^{-4}
Tites	3.0×10^{-3}	6.0×10^{-4}
废油	3.0×10^{-2}	4.0×10^{-3}
蜡类	3.0×10^{-3}	6.0×10^{-4}
木材和木材废弃物	3.0×10^{-2}	4.0×10^{-3}

注:在假设固体和液体燃料,低位发热值比高位发热值低5%,气体燃料低位发热值比高位发热值低10%情况下,将低位发热值转化为高位发热值。这些假设能使该表格与IPCC中的"能源工业"或"制造工业和建设"中的定义保持一致。除了煤以外的所有燃料,这两个文件的数值是一致的。对于煤的燃烧,与IPCC中"能源工业"的数值一致的应该是1gCH$_4$/mmBtu。

(三)发电

1. 源类别的定义

发电源类别包含了有一台或一台以上发电机组的所有设备,包括酸雨项目要求管制的发电机组。

此源类别不包括便携设备,或由联邦/地方空气污染控制部门签发许可的用于应急发电的发电机组。

2. 报告门槛

如果设备包括了一个或一个以上的发电机组,且设备符合 40 CFR 98.2(a)(1)或(2)的要求,那么必须根据以下要求来报告温室气体排放量。

3. 所要报告的温室气体

必须报告每个发电机组的 CO_2、N_2O 和 CH_4 的年质量排放量。

4. 计算温室气体排放量

对于酸雨项目要求管制的每个发电机组,其业主或经营者必须按照 40 CFR 75.13 和 75.64 的要求,继续监测和报告 CO_2 质量排放量。为了符合 40 CFR 98.3 和 98.36 要求的温室气体排放报告的目的,CO_2 排放量必须采用以下步骤进行计算:

——业主或经营者必须按照 40 CFR 75.64 的要求,把电子数据报告第 4 部分的累加年 CO_2 质量排放量进行转化,由短吨的计量单位转化成吨。1 吨等于 1 短吨除以 1.1023。

——年 CH_4 和 N_2O 的质量排放量,必须使用 40 CFR 98.33 中针对固定燃料燃烧机组规定的方法进行计算。

对于不在酸雨项目要求管制下的每个机组,CO_2、CH_4 和 N_2O 的年质量排放量必须使用前面介绍的针对固定燃料燃烧机组规定的方法进行计算。

5. 监测和质量保证/质量管理的要求

对于酸雨项目要求管制下的发电机组,CO_2 排放量数据,必须根据 40 CFR 98 附件 B,D 和 G 到 CFR 75 部分的适用步骤进行质量保证。

对于不在酸雨项目要求管制下的发电机组,质量保证和质量控制步骤必须按照 40 CFR 98.2(a)(1)或(2)中针对固定燃料燃烧机组的规定进行。

6. 估计缺失数据的步骤

对于酸雨项目要求管制的发电机组,针对 CO_2 浓度、烟道气流速、燃料流速、总热值(GCV)和燃料含碳量,必须按照 40 CFR 75 部分对适用的缺失数据替代步骤的规定进行。

对于不在酸雨项目要求管制下的发电机组,必须采用 40 CFR 98.34 中针对固定燃料燃烧机组的缺失数据替代步骤进行。

7. 数据报告要求

对于酸雨项目要求管制下的发电机组,包括有一个或一个以上发电机组的设备的业主或经营者,必须符合 40 CFR 98.36(6)或 98.36(c)(2)和(3)规定的数据报告要求。

对于不在酸雨项目要求管制下的发电机组,包括有一个或一个以上发电机组的设备的业主或经营者,必须符合 40 CFR 98.36 规定的数据报告和验证要求。

8. 必须保存的记录

包括有一个或一个以上发电机组的设备的业主或经营者,必须符合 40 CFR 98.3(g)的记录保存的要求,如果还满足 40 CFR 98.37 的适用性,也需采用其要求。

（四）水泥行业

1. 水泥生产的定义

水泥生产过程中的排放源为水泥生产设施中的每一个水泥窑和每一个窑磨一体机，包括碱分流，也包括燃烧危险废物的水泥窑和每一个窑磨一体机。

2. 报告门槛

如果设施中包含水泥生产，并且设施符合40CFR 98.2 a(1)或(2)的要求，则必须要报告GHG的排放。

3. GHGs 的报告

所有煅烧过程产生的 CO_2 都需要报告。

为满足 40 CFR 98, C(一般固定燃烧源)的要求，还需报告每一个水泥窑或者其他固定燃烧装置燃料燃烧产生的 CO_2，N_2O 和 CH_4。

4. 计算 GHG 排放

符合 40 CFR 98.33(b)(5)(ⅱ)或(ⅲ)要求的水泥窑，则需要用 40 CFR 98.33(a)(4)中等级 4 的计算方法计算 CO_2 排放。

如果不用 CEMS 来确定水泥窑的 CO_2 年排放总量，则需要按照下面的步骤来计算 CO_2 排放。

用式(2-18)计算所有水泥窑的 CO_2 排放：

$$CO_{2\,CMF} = \sum_{m=1}^{k} CO_{2\,cli,m} + CO_{2\,rm} \quad\cdots\cdots\cdots\cdots (2-18)$$

式中：

$CO_{2\,CMF}$——水泥行业 CO_2 年排放总量，吨；

$CO_{2\,Cli,m}$——m 水泥窑熟料生产过程中 CO_2 年排放总量，吨；

$CO_{2\,rm}$——来自原料 CO_2 年排放总量，吨；

k——水泥制造设施水泥窑的数量。

用式(2-19)以及式(2-20)计算每一个水泥窑熟料生产过程中 CO_2 排放：

$$CO_{2\,di,m} = \sum_{j=1}^{p} [(Cli_{,j}) \times (EF_{di,j})] + \sum_{i=1}^{r} [(CKD_i) \times (EF_{CKD,i})] \quad\cdots (2-19)$$

式中：

$Cli_{,j}$——j 月水泥窑 m 产生的熟料量，吨；

$EF_{Cli,j}$——j 月水泥窑 m 熟料的排放因子(吨 CO_2/吨熟料)，计算方法详见式(2-20)；

CKD_i——i 季度水泥窑 m 产生的水泥窑灰，吨；

$EF_{CKD,i}$——i 季度水泥窑 m 部分煅烧的水泥窑灰的排放比例；

p——月份数，12；

r——季度数，4。

$$EF_{Cli} = (Cli_{CaO} - Cli_{ncCaO}) \times MR_{CaO} + (Cli_{MgO} - Cli_{ncMgO}) \times MR_{MgO} \cdots\cdots (2-20)$$

式中：

Cli_{CaO}——每月熟料中 CaO 的含量，wt%；

MR_{CaO}—— CO_2/CaO 比率，0.785；

Cli_{MgO}——每月熟料中 MgO 的含量,wt%;

MR_{MgO}——CO_2/MgO 比率,1.092;

Cli_{ncCaO}——每月熟料中非碳酸盐中 CaO 的含量,wt%;

Cli_{ncMgO}——每月熟料中非碳酸盐中 MgO 的含量,wt%。

——EF_{CKD} 必须要通过 X 射线荧光光谱仪(XRF)或者是其他更严格的方法确定;

——默认系数 1.0,假设水泥窑灰中的碳酸盐煅烧完全,可以用来代替确定 EF_{CKD};

——公式 2-20 中 CaO,MgO,非碳酸盐中 CaO,非碳酸盐中 MgO 的比重必须用 40 CFR 98.94(b)中的方法确定。

用式(2-21)计算原料 CO_2 年排放量:

$$CO_{2\ rm} = rm \times TOC_m \times 3.664 \quad\cdots\cdots\cdots\cdots\cdots\cdots (2-21)$$

式中:

rm——每年消耗的原料量,吨/年;

TOC_m——原料中有机碳含量,用 40 CFR 98.94(c)确定,或用默认值:总原料量的 0.2%;

3.664——CO_2 转化成 C 的摩尔比。

5. 监测以及 QA/QC

必须要用 X 射线荧光光谱仪或其他更严格的方法确定部分煅烧的水泥窑灰的排放系数。水泥窑必须按季度抽样进行监测。

必须要用 X 射线荧光光谱仪或其他更严格的方法确定 CaO,MgO,非碳酸盐中 CaO,非碳酸盐中 MgO 的比重。水泥窑必须按月抽样进行监测。

原料中有机碳含量必须用 ASTM 方法 C114-07 来确定或者其他被批准的类似 ASTM 的方法来确定。对每一种类型的原料都需要抽样分析。

每个水泥窑每个月产生的熟料量,必须通过测量工具直接测量,如用称量斗或传输带。

每个水泥窑每个季度产生的水泥窑灰,必须通过测量工具直接测量,如用称量斗或传输带。

设施每年使用的各种原料的量,必须通过测量工具直接测量,如用称量斗或传输带。

6. 估算丢失数据的程序

如果用 CEMS 方法确定 CO_2 排放量,则应使用 40 CFR 98.35(b)中有关丢失数据的程序,确定丢失数据。根据 40 CFR 98.83(b),估算有关丢失数据的程序不适用于水泥生产设施的生产过程中排放的 CO_2。如果碳酸盐或者有机碳含量的数据丢失,设施必须要进行新的分析。

7. 数据报告的要求

除了 40 CFR 98.3(b)部分的要求,年度报告必须包括本部分所要求的信息。

——所有水泥窑排放的 CO_2 排放量(吨);

——每年熟料的量(吨);

——水泥窑的数量;

——水泥窑灰的量(吨);

——部分煅烧的水泥窑灰的比率(百分比);

——年加权平均碳酸盐组成;

——煅烧百分比(每种碳酸盐,百分比);

——特定地点熟料的排放因子(吨 CO_2/吨熟料);

——原料中有机含碳量(百分比);

——每年原料消耗量(吨);

——使用 CEMS 的设施也必须遵循 40 CFR 98.36(d)(iv)对于数据报告的要求。

8. 数据的保存

除了 40 CFR 98.3(g)部分关于数据保存的要求之外,以下所要求的信息也需要保留。

——每月碳酸盐消耗量;

——每月熟料产生量(吨);

——每月水泥窑灰的产生量(吨);

——部分煅烧的水泥窑灰的比率(百分比);

——每月熟料中碳酸盐的组成分析(分数);

——每月煅烧产生的水泥窑灰和碳酸盐的比例分析;

——每月水泥产量;

——特定地点熟料排放因子计算的有关文件;

——用 CEMS 的设施也必须遵循 40 CFR 98.37 对于数据保存的要求。

第二节 区域温室气体减排行动 RGGI

区域温室气体减排行动(Regional Greenhouse Gas Initiative, RGGI)是美国第一个强制性的、基于市场的、旨在减少温室气体排放的区域性项目。它也是全世界第一个全部配额几乎均通过拍卖,而不是免费发放形式运作的碳排放交易体系。该体系由美国东北部与大西洋西部的 10 个州实施,这 10 个州分别是康涅狄格州,特拉华州,缅因州,马里兰州,马萨诸塞州,新罕布什尔州,新泽西州,纽约州,罗得岛与佛蒙特州。2009 年,宾州与华府特区以观察员身份参与这个计划。RGGI 的排放总量 188076976 短吨(short tons)也分配到了这 10 个州。

一、机制概述

(一)碳排放管理机制概述

区域温室气体减排行动是针对发电部门的区域性 CO_2 总量控制与排放交易计划,于 2009 年 1 月 1 日开始实施。凡是 RGGI 区域范围内以化石燃料发电且超过 25MW(含 25MW)的电厂均需加入 RGGI(RGGI 范围内约有 255 家符合要求的电厂),承担减排义务。该计划的目标是到 2018 年,发电部门的碳排放量减少到 2009 年水平的 90%。这个计划主要针对火力发电机组容量超过 25MW 的 225 个发电厂的 500～600 座机组。RGGI 的实施阶段有两个阶段:第一阶段(2009—2014)将 CO_2 排放量稳定到 2009 年的水平上;第二阶段(2015—2018)比 2009 年 CO_2 排放水平降低 10%,即每年降低 2.5%。

CO_2 排放配额的分配是该项计划的核心内容之一。首先是各州之间的分配。各州之间的配额分配是基于 2009 年以前的 CO_2 排放量,并根据用电量、人口、预测的新的排放源等因素进行调整。而发电厂之间的分配一般由各州单独进行,发电厂的配额分配计划的规则类

似于 NO_x 预算交易计划。但是各州必须将 20% 的配额用于公益事业,另外预留 5% 的配额放到策略碳基金中,以取得额外的碳排放减量。值得一提的是所有的 CO_2 排放配额均是通过每三个月一次的区域拍卖来发放。

发电厂使用 CO_2 排放配额的方式除自身使用以外,还有:(1)交易,RGGI 允许 CO_2 排放配额在无限制或政府批准下进行交易;(2)储存,企业可以将未使用完的配额储存起来供未来使用。

发电企业除了通过竞拍的形式获得总量控制下的 CO_2 排放配额外,还可以通过碳补偿获得额外的碳信用。

(二)管理办法

RGGI 公司是一家非营利性公司,于 2007 年 7 月在达拉华州成立,公司办公室设在纽约市。RGGI 公司的目的是执行和发展区域温室气体排放交易体系。公司的董事由 RGGI 10 个州的环境保护和能源利用公共部门的负责人组成,每州 2 人,共 20 人。主要责任为以下几点:

——开发和维护碳排放数据系统并跟踪配额分配与交易情况;

——运行配额拍卖平台;

——监测拍卖及配额交易市场情况;

——为各州评估碳抵偿项目提供技术支持;

——为各州评估 RGGI 提供技术支持。

这里凡是 RGGI 区域范围内、以化石燃料发电且超过 25MW(含 25MW)的电厂,均需加入 RGGI(RGGI 范围内约有 255 家符合要求的电厂),成为受 RGGI 管制的对象,需要承担减排义务。

1. 配额分配办法

配额分配的规定:(1)各州管制机构应当在 2009 年 1 月 1 日前决定 2009—2011 年第一个履约期的配额分配;(2)在 2010 年 1 月 1 日前及之后每年的 1 月 1 日前,各州管制机构将分配三年后开始为期一年的二氧化碳配额;(3)各州至少将 25% 的配额用于公益或能源战略项目。

早期减排配额,指在 2006—2008 年间采取符合条件的减排行动的管制对象将可获得可管制机构分配的早期减排配额。但要符合以下条件:(1)管制对象必须在 2009 年 5 月 1 日前提出早期减排配额分配申请;(2)管制对象必须证明在基准年内(2003 年、2004 年和 2005 年)其所属的所有排放单元都包含在申请早期减排配额分配的排放单元中;(3)管制机构必须依据方法学计算出分配给管制对象的早期减排配额数量;(4)管制对象必须证明其提交给管制机构的排放数据符合 RGGI 关于数据监测和报告的要求;(5)管制机构确认对于管制对象早期减排配额的分配后,应当在 2009 年 12 月 31 日前分配至管制对象的履约账户中。

可再生能源自愿购买保留配额:为管理和鼓励自愿购买和使用可再生能源的行为,RGGI 专门设置了可再生能源自愿购买保留账户。在每个履约期内,管制机构都应当向可再生能源自愿购买保留账户分配一定数量的配额。

管制行业豁免保留分配:"管制行业豁免"指符合 RGGI 规定的管制条件应当成为 RGGI 管制对象的电力生产企业,但因其向电网供电的比例小于或等于其年度发电总量的 10%,因而获得豁免接受 RGGI 管制。但获得豁免的电力企业应当向 RGGI 报告期年度发电量及向电网供电量,并保持相关记录达到 10 年。

为了管理管制行业中符合 RGGI 规定的豁免条件的电力企业产生的碳排放,管制机构应当设立管制行业豁免保留配额账户,从授予有关企业豁免权之日起每年的 1 月 1 日,管制机构都会从此账户中注销二氧化碳配额,注销数量为最近三年豁免对象平均年度排放量。在注销配额后,如该账户仍有剩余配额,管制机构将视情况将配额转移至其他管制对象的履约账户中。

2. 拍卖办法

RGGI 是全球第一个通过拍卖而不是免费发放的方式分配配额的总量控制与交易的体系。所有 10 个州符合条件的参与者均可以参加拍卖。首次拍卖已于 2008 年 9 月 29 日进行,此后每季度进行一次拍卖,至 2010 年 9 月已举办八次。大多数拍卖所得将用于投资能效与清洁能源项目,所以预计各州对上述项目领域的投资将翻一倍。投资可再生能源和能源效率的回报率超过 2:1。拍卖后的配额二级市场价格一直比较高,该市场目前由芝加哥气候交易所独立经营。

拍卖每个季度举行一次,每次拍卖 1000 个配额,即 1000t 二氧化碳。配额将根据各自分配年的不同指定生效日期。在每一个履约期内使用的配额,将由各州在该履约期内提前进行拍卖。对于将来生效的配额,最后可以将该分配年内可分配的配额的 50% 提前拍卖。将来生效的配额最多可提前四年进行拍卖。任何没有拍卖成功的配额将会结转到下次拍卖,以下次拍卖时的市场价格计算底价。至第一个履约期结束,RGGI 将根据对这一阶段运行情况的评估来决定是注销第一履约期内未拍卖成功的配额,还是结转至第二履约期内继续拍卖。RGGI 将在每次拍卖前至少 45 天公开拍卖的相关信息。

二、监测与报告

(一)总体规定

所有涉及的运营方,以及已获得碳排放授权的二氧化碳预算单位(budget unit)客户代表及其相关适用单位需按照 RGGI 项目规则文件和 40 CFR 75 制定的监测、记录和报告的要求来进行。

1. 安装、验证和数据审核的要求

——按照 40 CFR 75 的要求,安装所有 CO_2 排放监测系统,这需要系统监测 CO_2 浓度、烟气流速、O_2 浓度、热量输入和燃料流量;

——按照 40 CFR 75 的要求,验证所有监测系统的试运行;

——按照 40 CFR 75 的要求,对监测系统所得数据进行记录、报告和质量保证。

2. 履约日期

管制对象必须在以下日期完成监测系统的验证性运行:

——在 2008 年 7 月 1 日前开始商业运行的管制对象,必须在 2009 年 1 月 1 日前完成;

——在 2008 年 7 月 1 日及之后开始商业运行的管制对象,必须在 2009 年 1 月 1 日,或

---

① http://ecfr.gpoaccess.gov/cgi/t/text/text-idx? c=ecfr&tpl=/ecfrbrowse/Title40/40cfr75_main_02.tpl.

开始商业运行后 90 个运行日与 180 个日历日中最晚的日期完成;

——新建生产线在上述日期之后完成的,必须在新生产线第一次向空气中排放二氧化碳后 90 个运行日,或 180 个日历日中最早的日期完成。

3. 报告数据

——如果管制对象未能在前述规定的时间内完成监测系统安装,将按照 40 CFR 75.31 中的要求记录和报告 CO_2 排放量,CO_2 浓度,烟气流速,CO_2 浓度,热量输入和燃料流量的最大值;

——如果管制对象未能在规定的时间内完成监测系统安装,但管制对象能够证明监测系统按照前后的数据流是保持一致的,将按照 40 CFR 75 附录 D 中的要求用适用的缺失数据来代替相关排放量最大值的记录和报告。

4. 禁令

——未经书面批准,管制对象不得使用任何替代性监测系统、替代性监测方法或其他连续排放监测系统(CEMS)要求的措施;

——所有管制对象的 CO_2 预算账户未按照本项目规定或者 40 CFR 75 的规定履行责任,将不允许向大气中排放 CO_2;

——除按照本规定或者 40 CFR 75 的规定进行监测系统的重新验证、校准、质量保证测试和日常维护需要外,任何管制对象不得以回避对二氧化碳的排放监测和报告为目的,干扰或中断连续排放监测系统部分或全部的运行;

——除以下情况外,任何管制对象禁止报废或永久性停止连续排放监测系统部分或全部的运行:(A)管制对象按照本规定和 40 CFR 75 的规定,授权使用另一认证的并可以提供同样的污染物或排放数据参数的监测排放系统,可淘汰或中止现有的监测系统;(B)CO_2 授权账户按照相关规定提交替代的监测系统验证测试请求并获准后,在规定时效后进行现有监测系统的中止。

5. 初次认证和再认证程序

——满足以下条件的管制单位可获监测系统初次认证豁免权。

(A)监测系统之前按照 40 CFR 75 的规定进行过验证;

(B)被认证的监测系统完全满足 40 CFR 75.21 和 40 CFR 75 附件 B 和附件 D 中的质量保证和质量控制(QA/QC)的要求。

——管制单位可满足 RGGI 规则中对监测系统规定的条件,豁免再认证监测系统程序。

——如果管制方按照 40 CFR 75.72 和 40 CFR 75.16 的规定要求管制对象提交 CO_2 排放率测量值,尽管管制对象符合以上豁免认证要求,依旧需向管制机构提交申请书来确定是否需要进行认证。

——除上述豁免条件中的对象外,管制机构需按照 40 CFR 75 附件 D 的规定(如下)对连续排放监测系统(CEMS)和其他监测系统进行初次认证和再认证程序。

(A)初次认证的要求。管制对象应确保按照 40 CFR 75.20 的要求在指定时间内对 CEMS 和 DAHS(自动数据采集与处理系统)进行初次认证。另外,管制对象每安装一个新的监测系统都需按照 40 CFR 75.20 的要求进行初次认证;

(B)再认证的要求。每当管制对象对认证监测系统进行更换或者修正时,如监测系统的测量精确度、QA/QC 的要求以及 CO_2 排放记录上受到明显的影响,管制对象应按照 40 CFR 75.20 的要求对监测系统进行再认证。

(C)初次认证和再认证的审批过程。

- 认证的通知。CO_2 授权账户应按照规定向管制机构或其代理机构提交书面通知。
- 认证的申请。CO_2 授权账户应按照 40 CFR 75.63 的相关要求完成认证申请表的填写并提交给管制机构或其代理机构。
- 临时认证数据。临时认证数据的监测应按照 40 CFR 75.20 的要求来确定。临时认证监测期不可使用超过提交完整监测系统认证表后的 120 天。临时认证数据将按照 40 CFR 75.20 的要求视为有效的。管制机构在收到提交完整监测系统认证表后的 120 天内取消临时认证通知。
- 认证申请审批程序。管制机构将在收到提交完整监测系统认证表后的 120 天内书面通知管制对象申请是否批准。如果超过 120 天管制机构未发出通知，任何符合 40 CFR 75 要求的监测系统都被视为已认证。
- 认证失败程序。如果管制机构发出通知表明不批准申请者的认证申请，申请者需按照 40 CFR 75.20 的要求提交未被批准的监测系统的机组运行小时数、临时认证开始监测时间及临时认证运行时间、最大每小时热量输出值、最大 CO_2 浓度值等数据。另外管制对象应重新提交重新认证的新申请表。新申请表需在管制机构发出的未认证通知发出的 30 内提交。

——低排放量单位的认证和再认证程序需符合 40 CFR 75.19 和 40 CFR 75.20 的要求申请。

——替代的监测系统的认证和再认证程序。任何管制对象根据 40 CFR 75 附录 E 的规定被授权对其 CO_2 授权账户使用可替代的监测系统时，监测系统的认证和再认证程序将按照 40 CFR 75.20 规定进行。

6. 失控期

无论何时，一旦监测系统无法满足质量保证和质量控制规定或者数据有效性的规定，应采用其他规定中的相应流程所得数据进行替换。

一旦在对监测系统初期验证或重新验证的核查或评估结果表明存在由于无法满足质量保证和质量控制规定或者数据有效性的规定而不应获得认证的监测系统，管制机构可发出通知取消对监测系统的认证，或将已经通过认证的监测系统重新定义为认证失败。

7. 记录保存和报告

1)一般规定

CO_2 授权客户代表应符合 RGGI 规则中的所有记录和报告的要求，根据 40 CFR 75.73 的要求保存记录和报告。

2)监测计划

CO_2 预算单位的所有者或经营者应当按照 40 CFR 75.62 规定的方式提交监测计划。

3)认证申请

CO_2 授权客户代表应当在 45 天之内，根据 RGGI 规则规定以及 40 CFR 75.63 和 40 CFR 75.53(e)、(f)的要求，向监管机构提交申请，包括完成所有 CO_2 监测系统初次认证或再认证测试。

4）季度报告

获得授权的 CO_2 预算单位应提交季度报告,具体如下:

——已获得 CO_2 授权的账户代表对其 CO_2 预算单位的 CO_2 排放质量数据进行报告,除监管机构另有规定,否则在每个日历季度开始,需提交电子版报告:

(A)对于 2008 年 7 月 1 日前运行的排放单元,日历季度为 2009 年 1 月 1 日至 3 月 31 日;

(B)对于 2008 年 7 月 1 日及之后运行的排放单元,日历季度为临时验证的日期或初期验证的截止日期中较早的一个,除非该日历季度为 2008 年的第三和第四季度,则报告的日历季度也为 2009 年 1 月 1 日至 3 月 31 日。

——CO_2 的授权账户代表应在报告所涵盖的日历季度结束后 30 天内将报告提交给监管机构或者其代理人。应按照 40 CFR 75 和 40 CFR75.64 H 部分指定的方式提交季度报告。应针对每一个 CO_2 预算单位(或一组使用一个共同的协议的单位)提交季度报告,并应包括 40 CFR 75 G 部分所需的数据和信息,除了热输入、氮氧化物和 SO_2。

——合格证明。根据监管机构或者其代理机构为完成其确保所有排放单元的排放量均能得以正确且完整地监测的首要任务而提出的合理质疑,CO_2 的授权账户代表应向之提交合格证明作为其季度报告的支持材料。证书应当载明:

(A)按照 RGGI 规则规定和 40 CFR 75 部分提交的监测数据记录,包括质量保证程序和规范的适用要求。

(B)对于带有附加二氧化碳排放控制的排放单位以及所有按照 40 CFR 75.34(a)(1)规定进行了数据替换的排放时段,附加的二氧化碳排放控制应在 40 CFR 75 部分中质量保证/质量控制流程中所列出的参数范围内运行,且替换值不应造成对二氧化碳排放量的系统性低估。

(C)根据 40 CFR 75 部分替换下的丢失数据,CO_2 排放量没有系统性地低估。

8. 申请

已获得授权的 CO_2 预算单位的客户代表如果有酸雨排放限制,可按照 40 CFR 75.66 向署长提出申请,从而获得使用其他规定以替换 40 CFR 75 中所列要求的批准。根据 RGGI 规则所列内容,对 40 CFR 75 中要求进行的替代只限于获得署长书面批准的申请书,并随后获得监管机构的书面批准。

不受酸雨排放量的限制的 CO_2 的预算单位的申请书。

——若获得授权的 CO_2 预算单位的客户代表不受酸雨排放量的限制,可按照 40 CFR 75.66 给署长提出申请,要求获得替换 40 CFR 75 中要求的批准。对 40 CFR 75 中要求进行的替代只限于获得署长书面批准的申请书,并随后获得监管机构的书面批准。

——在署长拒绝批准申请书的情况下,若获得授权的 CO_2 预算单位的客户代表不受酸雨排放量的限制,可向管理机构提出申请,要求获得使用 RGGI 规则××-8 替代规定的许可。该申请书须包含所有 40 CFR 75.66 指定的有关信息。任何使用 RGGI 规则××-8 替换条款的要求只限于该申请书获得监管机构的书面许可。

获得授权的 CO_2 预算单位的客户代表受酸雨排放量的限制,可按照 40 CFR 75.66 给署长和监管机构提交申请,根据40 CFR 75.72和40 CFR 75.71(a)(2)的规定申请获得额外的CEMS。任何此类使用替代要求的申请只限于获得署长书面批准并随后获得监管机构书面批准的申请书。

9. 提供输出数据的额外要求

若排放单位需要使用已提交至独立系统运营商(ISO)的信息来记录其以兆瓦时(MWh)为单位的电力输出的CO_2预算单位,应向管理机构或其代理提交与提交给ISO相同数值的MWh值,以及一份保证书,声明其所报告的电力输出能够反映ISO在确定能源市场参与者账户资源时使用的设施内部所有CO_2预算单元的实际总电力输出。

CO_2预算单位的总输出声明也会用于提供给署长的报告中,需要用相同的电力输出数据,包括小时数和年小时数。若CO_2预算单位未按照总小时数报告,则需按照RGGI规则的要求向监管机构或者其代理人提交相关信息。

CO_2预算单位的声明中若需要净电量输出数据,需按照RGGI规则的要求向监管机构或者其代理人提交相关信息。CO_2预算资源的电量输出未在ISO能源市场使用,要向监管机构提出净电量输出的量化方法。

由于蒸汽销售造成CO_2预算的排放源应该使用表计设备计量仪器记录蒸汽净输出量。未使用的,监管机构应提出量化净蒸汽输出的替代方案。如果蒸汽输出的数据不可得,CO_2的来源可报告提供有用的热输入,作为蒸汽输出的替代。

监测。需要CO_2预算单位净输出的CO_2预算单位的业主或经营者必须符合下列要求。每个CO_2预算来源必须提交输出监测计划。输出监测计划必须包括下文所述的描述和图表。

——提交电气和/或输出蒸汽系统的监测示意图,具体包括以下内容。

(A)如果CO_2预算单位监控电力输出,图中应包含所有CO_2预算单位和所有发电机及发电机之间的关系。如果CO_2预算单位的发电机也包括非受影响的单位,应在图上标明他们的关系。图中应表明净电量输出,并应包括所有的输入和输出。如果确定使用表计设备,净电量输出的图应表明每个表计设备用于确定电力的净销售额。

(B)如果CO_2预算单位对净热输出量进行监控,则图中应包括所有进入蒸汽系统的蒸汽或热水。包括从CO_2预算单位和非受影响单位的蒸汽,蒸汽或热水的所有出口点。此外,每个输入和输出将有估计的温度,压力和相应指标。净蒸汽系统图应确定所有有用的负荷,任何其他蒸汽负荷和所有锅炉给水。该图将代表系统中的所有能量损失,可用或不可用的损失。图中也要表明所有的流量计,温度或压力传感器或其他设备,用于计算总热输出。如果存在被用来确定净热输出的销售协议,则图中应显示监控设备,用于确定蒸汽销售量。

——提交每个输出监测系统的描述。输出监测系统的描述应包括输出系统的书面说明,以及用于计算的输出方程。对于净热输出系统的描述和有效载荷的每个因素都应包括在此书面说明内。

——按照RGGI规则的要求提交的所有质量保证/质量控制活动,以对输出系统进行详细说明。

——丢失数据的输出值根据所需的监测计划,丢失的数据输出值必须是零或低于测量值。

初次认证。获得授权的 CO_2 预算单位必须提交认证声明,声明输出监测系统完全使用表计设备或输出监测系统符合本节中对于非计量设监测测系统的精度要求。此声明需与 RGGI 规则××-8.5(c)所规定的认证申请同时提交。

——表计设备。表计设备必须记录电力或热输出。设施上报的电力或热输出值,必须与表计设备上的输出值相同。作为一个商业交易中使用的测量设备,无需进行额外的认证或测试。

——非表计设备。对于非表计设备,输出监测系统精度必须满足在参考价值的 10% 以内,或输出系统的每个组件精度应低于±3% 的。

　　(A)通过系统方式实现精度。包括使用该系统的各个组成部分如何实现 10% 的系统精度,且应包括数据记录器和用于计算最后的净电力输出数据和/或任何蒸汽流量功率表,温度测量装置,绝对压力测量装置,用于测量热能的不同压力设备。

　　(B)通过组件实现准确性。若对输出测量设备的监测表明输出读数不准确,即超过量程刻度值的 3.0%,则应对设备进行修理或更换,以满足这一要求。在输出数据测量设备传输结果的准确性测试或与另一台设备传传输结果的准确性测试通过前,所得数据应保持无效。

进行中的质量保证/质量控制。必须进行持续的质量保证/质量控制活动,以维持输出系统。

——表计设备。在使用表计设备确定输出量的情况下,对于已测得读数无需进行质量保证/质量控制。

——非表计设备。某些类型的设备,如电压互感器、电流互感器和喷嘴,除非该设备的物理特征改变,否则仅需进行初始校准认证,不需要定期校准。但是需要对压力和温度变送器进行定期复检。对于其他类型的设备,要么重新调整或重新验证,至少每两年进行一次(即每 8 个季度)精度测验,除非标准允许不太频繁的校准或精度测试。对于非表计设备,输出监测系统必须满足精度在 10% 以内,或输出系统的每个组件显示器必须满刻度值的±3% 的精度。如果一块输出测量设备显示输出读数不准确,范围超过刻度值的 3.0%,则设备应修理或更换,以满足这一要求。

——失控期。如果一块输出测量设备测试显示读数不准确值,则在输出数据测量设备传输结果的准确性测试或与另一台设备传传输结果的准确性测试通过前,所得数据应保持无效。根据 RGGI 规则××-8.8(e)所规定的监测计划,丢失的数据输出值应为零或低于测量值。

记录和报告:

——一般规定。获得授权的 CO_2 预算单位应当遵守本节中的所有记录和报告的要求,以及 RGGI 规则××-1.5(e)和 RGGI 规则××-2.1(e)的要求。

——记录保存。设施应当保留监测的数据 10 年,用于计算净发电量。

——年度报告。获得授权的 CO_2 预算单位应当提交年度报告。应在每年 3 月 1 日前将电子版和纸质版报告提交给监管机构或者其代理人。年度报告应以 MWh 为单位,报告中应包括一切有用的蒸汽输出、获得授权的 CO_2 预算单位所做的如下认证声明,即"我有权代表业主和运营商的 CO_2 预算来源或 CO_2 预算。我证明,我已亲自审阅法律惩罚,我熟悉在本文件及其附件的陈述和提交的资料。根据我的调查,作为获取信息的主要责任者,我证明,我提供真实、准确、完整的报表和资料。我知道若是提交虚假陈述和信息或漏报所需的报表和资料,将面临包括罚款或监禁的可能性。"

(二)碳抵偿方法

RGGI 允许管制对象使用管制机构分配的碳抵偿配额履行碳减排义务。碳抵偿配额是由管制机构根据碳抵偿项目的开发者或所有者的申请发放的。RGGI 要求碳抵偿项目减少的碳排放量或者碳信用注销量必须是真实、额外、可验证、可执行和永久性的。

1. 合格的碳抵偿项目

1)碳抵偿项目类型

RGGI 目前认可的碳抵偿项目共有 6 种,分别是:垃圾填埋气(甲烷)捕集与销毁、六氟化硫减量(SF_6)、造林碳汇、通过提高终端能效减少或避免天然气、丙烷和燃油终端燃烧产生的二氧化碳、农田粪肥管理运行中所避免的甲烷排放。

2)碳抵偿项目发生的地点

符合规定的碳抵偿项目必须发生在 RGGI 的参与州,或与 RGGI 签署备忘录、同意承担对碳抵偿项目的管理监督责任且处于美国境内的非参与州;若碳抵偿项目同时发生在参与州以及未签署 RGGI 备忘录的非参与州,则只有当参与州的二氧化碳减排量大于非参与州的减排量时才符合碳抵偿项目的条件。

3)合格的碳信用回收

根据美国境外政府强制性的碳减排计划,碳信用回收包括永久性地回收温室气体配额或信用、或者根据"联合国气候变化框架公约"(UNFCCC)或此公约中相关协议已获得认证的温室气体排放削减信用。只有在第二阶段启动后,管制机构才可以向碳信用回收方分配碳抵偿额度。

4)关于碳抵偿的总体规定

除 RGGI 规定的特定碳抵偿项目标准外,其他项目必须符合以下抵偿要求:

——若地方、州或联邦政府法律法规、行政或司法命令中要求开展碳抵偿项目或碳信用回收项目,则不得向其授予碳抵偿配额。如果开展碳抵偿项目或碳信用回收项目成为地方、州或联邦政府法律法规、行政或司法命令的强制要求,其初期分配期内仍然符合碳抵偿项目的要求,但不得延长至其他分配期。

——任何包含发电环节的碳抵偿项目不能被授予碳抵偿配额,除非该项目的所有者将其法律权利转换为任意属性的其他碳信用抵偿,这些碳信用来源于遵守为管理机构或其代理要求的可再生能源比例标准或其他管制规定而运行的抵偿项目。

——任何接受系统受益基金(System Benefit Fund)或消费者受益或能源战略项目资助或激励的碳抵偿项目不能被授予碳抵偿配额。

——任何接受其他强制或自愿性碳减排计划分配配额的碳抵偿项目不能被授予碳抵偿配额。

2. 碳抵偿项目的最长分配期

1）最长分配期

除造林项目以外，管制机构可以给予碳抵偿项目首期 10 年的分配期。第一个 10 年分配期结束前，如果项目开发者或所有者向管制机构提出一致性申请且获得批准，管制机构可以给予第二个 10 年分配期。

2）造林项目最大分配期

管制机构可以给予造林项目首期 20 年的分配期，第一个 20 年分配期结束前，如果项目开发者或所有者向管制机构提出一致性申请且获得批准，管制机构可以给予第二个 20 年分配期。第二个 20 年分配期结束前，如果项目开发者或所有者向管制机构提出一致性申请且获得批准，管制机构可以给予第三个 20 年分配期。任何造林项目给予的分配期不得超过 60 年。

3）碳抵偿项目的时效规定

管制机构只给开始于 2005 年 12 月 20 日及以后的碳抵偿项目授予配额。

4）碳抵偿项目审查权利

项目所有者或开发者必须提供书面协议，授予管制机构或其代理机构前往碳抵偿项目实施地现场检查的权利。

5）碳抵偿配额的撤销

在任何时间如果管制机构认为项目开发者或所有者未能遵守项目规定，管制机构有权取消或注销部分或全部已经分配的碳抵偿配额，可以撤销任何已经颁发给的碳抵偿项目的批准文件。

6）碳抵偿项目的申请程序

a）开立一般账户

碳抵偿项目的开发者或所有者必须开立一般账户。

b）一致性申请（Consistency application）截止日期

——2009 年 1 月 1 日前开始的碳抵偿项目，项目开发者或所有者应当在 2009 年 6 月 30 日前提出一致性申请。

——2009 年 1 月 1 日及之后开始的碳抵偿项目，项目开发者或所有者应当在项目开始之后 6 个月内提出一致性申请。

——任何未能遵守一致性申请截止日期的碳抵偿项目都会导致一致性申请被拒，项目不再成为碳抵偿项目。

c）一致性申请的内容

——对于碳抵偿项目，一致性申请的内容应当包括：

（A）项目开发者或所有者的姓名、地址、电子邮件、电话、传真和账户号码。

（B）项目介绍。

（C）项目符合本章节规定的碳抵偿项目的证明。

（D）排放基准年确定。

（E）项目减少的碳排放或封存的排放量是如何量化、监测和验证的。

（F）完整的一致性申请声明。

（G）由项目开发者或所有者证明并签署的关于开发者或所有者已经获得的碳抵偿配额情况的声明和验证报告。

(H)由独立核查机构签署的核查报告和验证声明,证明独立核查机构已经对整体申请的内容进行了评估:第一,项目开发者或所有者提供的合规证明的充分性和有效性;第二,项目开发者或所有者提供的基准线确定方法的充分性和有效性;第三,监测和核查计划的充分性;第四,管制机构要求的其它评估和声明。

(I)披露除二氧化碳预算交易计划以外的其它碳抵偿项目已经或将要报告温室气体排放数据的自愿性或强制性交易计划。

(J)对于项目位于非参与州的碳抵偿项目,提高项目开发者和所有者已经遵守合作管制机构的所有规定的证明。

——对于碳信用收回项目,项目一致性申请必须包括充分的信息证明符合本章节规定的碳信用已经合法地、永久地、不可逆转地收回。

———致性申请的格式必须符合管制机构的要求。

d)禁止性规定

——如果已经就发生在其他参与州的同一个项目或同一个项目的某些部分提交了一致性申请,则不能再将申请提交至管理机构;除非该申请已经被其他参与州以项目产生的碳排放主要在将要提出申请的州为理由加以拒绝。

——如果同一个碳信用注销项目已经向一个参与州提交一致性申请,则不能向其他州再提出申请。

e)管制机构对申请的回应

——完整性决定:在收到一致性申请的30天内,管制机构将通知项目开发者或所有者其提交的申请是否完整。

———致性决定:在作出完整性决定的90天内,管制机构将通知项目开发者或所有者其提交的项目是否符合一致性的要求。

7)抵偿独立核查机构的委派

a)委派标准

RGGI规定独立核查机构由管制机构进行委派并需符合以下条件:

——核查机构最低条件:核查机构应当在以下领域有足够的知识与能力:应用工程原理;温室气体排放量化;气体排放清单开发和评估;核查和核查原则;信息管理系统知识;根据不同项目由管制机构指定的其他要求。

——组织资格:经认可的独立核查机构应当符合以下规定:除按照合同约定为项目提供核查服务外,核查机构与项目所有者、运营方或开发者无直接或间接利益关系;核查机构应当根据项目类型雇用具有相应专业证书、知识和经验的工作人员;核查机构具有保额大于100万美元的专业责任保险;核查机构必须证明已经采取足够的措施来防止与项目、项目开发者、所有者、运营方或其他项目利益方产生利益冲突。

——核查机构资质认定:管制机构可以要求提出核查机构申请的预备核查机构在提出申请前完成由管制机构开发的相关培训课程、研讨或测试。

b)委派申请

委派申请应当包括以下内容:申请者的名称、地址、电子邮箱、电话和传真号码;证明申请者在每个知识领域至少拥有两年的经验的文件;申请者成功完成预备培训的文件;申请者完成的至少一个项目的样本;申请者拥有专业责任险的文件;申请者已经采取足够措施防范利益冲突的文件。

c)管制机构对委派申请的回应

管制机构应当在收到完整的委派申请之日起 45 天内作出批准或拒绝的决定。一旦批准，自批准之日起核查机构被授予 3 年期的核查资格。

d)互惠规定

在任一参与州取得核查资格的机构自动获得在其他参与州开展核查的资格。

e)核查机构行为规范

——在为项目提供核查服务之前，核查机构应当向管制机构披露相关信息以供评估与项目、项目所有者、开发者、运营方间的利益冲突。披露的信息包括核查机构的所有者、过去和现在的客户、有关联的相关实体以及其他可能引起利益冲突的信息。

——核查机构有持续向管制机构披露可能引起利益冲突的信息的义务。

——管制机构有权拒绝核查机构出具的验证报告的声明，如果管制机构认定核查机构与被核查的项目、项目所有者、开发者有利益冲突。

——如果核查机构有以下行为，管制机构有权在任何时候取消核查机构的核查资格，没有完整披露可能引起利益冲突的相关信息；因人员或标准变动，核查机构不再合适担任核查工作；工作疏忽或懈怠；操纵数据或其他故意欺诈行为。

3. 碳抵偿配额的分配与记录

1)碳抵偿配额的分配及记录

——碳抵偿配额的分配：第一，碳抵偿项目：一旦管制机构作出一致性决定和批准监测和验证报告，管制机构将为每一吨减少的 CO_2 排放或排放当量或碳封存封存量分配一个配额；第二，碳信用回收：一旦管制机构作出一致性决定，管制机构将为每一吨回收的碳作用分配一个配额。

——碳抵偿配额的记录：管制机构一旦分配配额，将在碳抵偿项目的所有者或运营方的账户中加以记录。

2)提交监测和验证报告的截止日期

——对于 2009 年 1 月 1 日前开始的项目，项目所有者或运营方应当在 2009 年 6 月 30 日前提供 2009 年前的监测和验证报告。

——对于 2009 年 1 月 1 日后的(含 2009 年 1 月 1 日)开始项目，项目所有者或运营方应当在项目实现碳减排或碳封存并申请配额分配的最后一个日历年完成后 6 个月内提供监测和验证报告。

3)监测和报告的内容

——项目所有者、运营方的名称、地址、电子邮箱、电话与传真号码及账户编号。

——碳减排量或碳封存量。包括证明项目所有者、运营方遵守量化、监测和验证程序的证明。

——声明。

——项目所有者、运营方的签署的证明，表明项目所有者、运营方已经取得配额的项目完全遵守二氧化碳预算交易计划的所有规定。

——独立核查机构签署的核查报告和验证证明。证明内容包括：项目所有者、运营方计算碳减排量或碳封存量信息的充分性和有效性；量化、监测和核查碳减排量或碳封存量方法的充分性和一致性；其他管制机构要求提供的评估和核查信息的充分性和有效性。

——披露除二氧化碳预算交易计划外，项目已经或将要报告项目数据的其他自愿或强制性交易计划。

——对于位于非参与州的项目，项目所有者、运营方已经遵守合作管制机构的所有规定的证明。

禁止向多个参与州提交监测和验证报告。

管制机构对监测与验证报告的回复：管制机构应当在收到完整的监测与验证申请之日起 45 天内作出批准或拒绝的决定。

第三节　西部气候倡议 WCI

"西部气候倡议"（WCI）是美国七个州和加拿大四个省制定的一份长期承诺，目标是到 2020 年该地区的温室气体水平在 2005 年的基础上降低 15%。WCI 的成员包括亚利桑那州、不列颠哥伦比亚省、加利福尼亚州、马尼托巴省、蒙大拿州、新墨西哥州、安大略省、俄勒冈州、魁北克、犹他和华盛顿。为了解决温室气体排放所带来的全球气候变化问题，正如欧盟排放交易计划所制定的体系一样，西部气候倡议旨在制定和实施以市场为基础的碳排放权限制和交易体系。该计划将涵盖该地区多个部门近 90% 的排放量，而且不但将减少温室气体污染，也将迎来低碳和清洁的能源经济，并促进绿色技术领域的发展。该方案也将减少该地区对进口燃料的依赖。

一、机制概述

（一）碳排放管理机制概述

西部气候倡议的碳排放权限制和交易体系包括发电、工业和商业化石燃料燃烧、工业过程排放、运输天然气和柴油消耗以及住宅燃料使用所排放的二氧化碳（CO_2）、甲烷（CH_4）、氧化亚氮（N_2O）、氢氟烃（HFC）、全氟碳化物（PFC）和六氟化硫（SF_6）。

根据这一计划，公司和实体必须向政府提交与其在履约期的排放相同的排放配额。任何没有足够排放配额的公司或实体将受到每缺一项配额必须补足三项配额的"惩罚"。此项多部门的限额与交易计划有一个三年的履约期。

尽管企业和实体可以通过拍卖购买配额，在二级市场上购买和出售这些配额，或储存起来以备将来使用，但是这些配额不是产权，只是政府颁发给它们的排放指定水平的温室气体的许可。

WCI 的行业覆盖范围非常广泛，涵盖了几乎所有的经济部门。设定的减排目标为至 2020 年在 2005 年的基础上减排 15%。与 RGGI 和 EU ETS 相比，WCI 管制的气体种类更为广泛。

WCI 成员已同意于 2011 年开始报告 2010 年的气体排放量。排放权限制和交易体系的第一阶段将于 2012 年 1 月 1 日启动，覆盖电力排放（包括进口电力）、工业燃烧和工业过程排放。第二阶段于 2015 年开始，计划范围将扩大到包括运输燃料和民用燃料以及第一阶段未涵盖的工商业燃料。

(二)WCI 管理办法和管理机构

1. WCI 的管理机构

WCI 的筹备工作以专业委员会的方式进行,专业委员会再设立特别工作小组完成特定的工作任务。此外,WCI 观察员可以参加 WCI 设立的各专业委员会。

目前 WCI 共设六个工作委员会,即报告委员会、总量设置与配额分配委员会、市场委员会、电力委员会、碳抵偿委员会和补充政策委员会,以及一个模型组:经济模型组。

1)报告委员会

报告委员会负责开发温室气体报告体系,以及时、准确收集必需的数据,包括数据报告的规则、标准化的报告工具和区域性的温室气体数据库。具体的工作任务是:

——准备强制报告必需的背景资料及进度报告;

——开发碳排放报告及数据库基础设施。

2)总量控制与配额分配委员会

总量控制与配额分配委员会负责对如何给各州分配排放总量提供建议,包括 2012 年如何进行一次总量调整的方法。另外,还负责如何保持配额分配、碳抵偿履约限制和分配早期行动配额之间的协调一致。具体的工作任务是:

——数据评估和收集;

——总量设置;

——竞争力分析;

——2010 年一次性总量调整;

——碳抵偿履约限制;

——早期行动配额。

3)市场委员会

市场委员会负责如何建设一个强劲、透明的配额和碳抵偿配额交易市场,包括一级市场、二级市场以及衍生品市场。具体的工作任务是:

——总量控制与交易的关键组成部分;

——履约核查和执行;

——市场观察;

——跟踪系统和相关基础设施;

——区域性管理机构;

——拍卖设计。

4)电力委员会

电力委员会负责处理整个电力行业在 WCI 总量控制与交易体系中的相关问题。具体的工作任务是:

——电力排放报告的关键组成部分;

——评估第一个区域供应商范围;

——审查输入电力排放情况;

——审查电力行业配额分配方法以及对竞争力的影响。

5)碳抵偿委员会

碳抵偿委员会负责设计和运行一个完善的碳抵偿体系,包括碳抵偿项目的标准和如何签发等。具体的工作任务是:

——碳抵偿体系关键组成部分;

——从其他体系而来的碳抵偿配额;

——碳抵偿协议;

——碳抵偿供给分析。

6)辅助政策委员会

辅助政策委员会负责推荐其他政策,来帮助个体或区域,包括设置了总量的行业和未设置总量的行业来减少碳排放。具体的工作任务是:

——对清洁能源和能源效率政策的评估和反馈;

——评估所有 WCI 参与州、省的其他气候行动政策;

——通过经济分析寻求减少总量控制与交易体系成本的其他补充政策。

7)经济模型组

经济模型组负责为 WCI 总量控制和交易体系的政策和设计提供经济分析。具体的工作任务是:

——扩展能源 2020 模型;

——更新各项前提条件;

——提高政策案例、储备和碳抵偿分析的精度;

——增加敏感性案例分析。

2. WCI 的管理办法

1)灵活的履约机制

WCI 进一步发展了 RGGI 及其他排放交易体系关于灵活履约方面的机制设计,提供更多更灵活的履约方式,帮助 WCI 管制对象降低履约成本。

——允许限定数量的碳抵偿配额和其他认可的履约方式完成履约义务。以碳抵偿配额或其他认可的履约方式完成履约义务不超过其总配额义务的 49%。

——无限制的配额储备。WCI 对配额储备未作任何限制。

——跨年度的履约期间。WCI 借鉴 RGGI,将多个年度归为同一个履约期间。虽然目前尚未决定具体是两年、三年或四年等,但跨年度的履约期间已成定局。

——跨州、省、跨经济行业部门的碳排放交易体系。虽然 WCI 各州、省各自建立自己的排放交易体系,但均可联合在一起形成更为广阔的碳排放交易市场。另外,WCI 覆盖几乎所有经济部门,为管制对象提供更为广泛和更为充分的市场基础。

——WCI 允许各州、省建立配额储备,在市场配额价格太高时抛出,以稳定市场价格,降低履约成本。

——管制对象可以使用下一个履约期的限定数量的配额。WCI 禁止从未来的履约期借贷配额来完成现在的履约义务,但在现在的履约期将要结束后可能放宽,因为此时可能有部分未来履约期的配额已经在市场上流通。

——特殊目标配额群或其他机制可能被用来应对单独的区域或行业的高价格问题。

2)拍卖

目前 WCI 工作组建议 WCI 采取暗标、单轮、统一价格的方式进行拍卖。拍卖将以季度为单位举办。拍卖设有底价,未来履约期的配额可以提前拍卖,每 1000 配额为一个拍卖单位。为了防止市场操纵,拍卖附带有购买数量限制。

3)与其他排放交易体系的联接

为了增强 WCI 与美国其它州及联邦政府、加拿大政府的沟通和合作,WCI 特别指定了专门的美国国内合作联系人和加拿大合作联系人。此外,WCI 还特别注重与现有和正在开发的总量控制与交易体系相联接。

a)联接的条件

WCI 要求待联接的碳排放交易体系具备以下条件:

——该碳排放交易体系为总量控制与交易形式,已设定具有约束力的、逐年递减的碳排放目标;分配限定数量的配额;排放交易体系覆盖一个或多个经济部门。

——该碳排放交易体系包括以下必要机制:

　(A)透明的配额分配方法;

　(B)避免电力行业排放"双重计算"的规定;

　(C)标准化、安全的配额跟踪系统,以电子数据库的形式统计必要的信息,保证公众
　　　获得信息并保存信息的私密性;

　(D)综合性的账户注册规定;

　(E)能够在 WCI 认可的碳抵偿配额的真实性和环境完整性的规定;

　(F)限制碳抵偿配额的使用数量;

　(G)与 WCI 相当的监测、报告、核查、履约和执行规定;

　(H)自愿注销等履约方式在核查后不能在其他排放交易体系中使用的规定。

——该碳排放交易体系包括以下执行机制:

　(A)可以提供市场监察、可疑交易发现、调查、确认和执行行为;

　(B)确保不履约的惩罚机制与 WCI 相当;

　(C)在 WCI 参与州、省的管制机构的请求下,能够迅速及时提供市场参与者的相关
　　　信息;

　(D)在 WCI 参与州、省的管制机构的要求下,能够迅速传播管制执行行为必要的通
　　　知和其他信息。

——该碳排放交易体系必须能够在所有的 WCI 参与州、省之间传播所有关于区域性市
　　场的信息,包括:

　(A)所有核查过的排放数据、管制对象的履约状态和预期的碳抵偿配额分配数量;

　(B)向公众公开的协调一致的信息;

　(C)有助于市场监察合作的必要信息。

——该碳排放交易体系对商业机密信息的保护与 WCI 相同。

b)双边联接

一旦 WCI 参与州、省决定与符合以上条件的其他碳排放交易体系的参与方建立双边联接,即意味着双方承认双方的排放交易体系是兼容的,并且互相承认对方的履约工具是有效的;承认一旦某些履约工具被用来履约后,该履约工具在对方的排放交易体系中不再使用;

确保配额跟踪系统允许履约工具在双方之间的转让。

c)单边联接

在未建立双边联接之前,可建立单边联接,允许管制对象提交来自经过批准的排放交易体系的履约工具来完成履约义务。

在单边联接情况下,WCI参与州、省将建立合适的机制来保证外部的履约工具只能使用一次且不能在其他排放交易体系中使用。

(三)受管控的企业信息

WCI管控范围涉及了几乎所有的经济部门。具体标准是:

——以2009年1月1日以后最高的年排放量为准,在排除燃烧合格的生物质燃料产生的碳排放量后,任何年度排放超过25000tCO_2e的排放源均是WCI管制对象。

——任何WCI区域覆盖范围内第一个电力输送商,包括发电商、零售商或批发商,只要其2009年1月1日之后的年碳排放量超过25000t,需纳入WCI管制体系。

——从2015年开始,WCI区域覆盖范围内提供液体燃料运输、石油、天然气、丙烷、热燃料或其他化石燃料的供应商,只要其提供的燃料燃烧后年度产生的碳排放超过25000t,也需纳入WCI管制体系。

二、监测与报告

(一)监测与报告的要求

WCI管制体系下对监管对象的监测系统与报告要求按照EPA、40 CFR 60和40 CFR 75中的要求来进行。

(二)CO_2排放量的计算方法

WCI按照EPA和40 CFR 60、40 CFR 75以及40 CFR 95中方法学针对多个行业或者工业生产过程的种类界定了CO_2的排放量计算。

其中针对发电和水泥制造业的计算解读如下:

WCI.40 电力生产的CO_2的排放量计算方法

WCI.41 源类别定义

电力机组是指任何燃烧固体、液体或气体燃料的设备并用于发电,无论是为了出售还是现场使用电力。此源类别包括热电联产设备。此源类别不包括便携式或应急发电机以及在WCI.27中定义的小于10MW的发电能力的设备。

WCI.42 温室气体报告的要求

对于每个发电设备,排放数据报告应当包括下列信息:

1)年度温室气体排放量以吨计,报告如下:

——按燃料类型区分的化石燃料CO_2排放总量。

——所有的生物燃料的CO_2总排放量的总和。

——所有甲烷燃料排放量的总和。

——所有燃料的N_2O总排放量的总和。

2)年度燃料消耗量：

——气体，以标准立方米为单位报告。

——液体，以千升为单位报告。

——非生物固体，以吨为单位报告。

——生物质固体燃料，以干吨为单位报告。

3)每种燃料的碳含量年度加权平均，用来计算 CO_2 排放量。

4)每种燃料的热值年度加权平均，用于计算 CO_2 排放量。

5)设备铭牌发电容量单位为兆瓦(MW)，净发电量单位为兆瓦时(MWh)。

6)对于每一个热电联产机组，表明是否有峰值峰谷周期，并提供经证实的热输出(以 MJ 为单位)。蒸汽或热发电设施从另一方收购，需要报告收购的蒸汽或热量总数(以 MJ 为单位)。对于用于发电的其他燃烧，在 WCI.42(b)中报告这种燃料使用的类型和燃料消耗的目的。

7)烟气脱硫装置及脱硫剂的 CO_2 排放量。

8)逸散的发电冷却装置的 HFC 的排放量。

9)逸散的地热设施 CO_2 排放量。

10)储煤过程中逸散的甲烷排放，在 WCI.100 中需要量化报告。

WCI.43 温室气体排放量的计算

如果有一个以上的发电设施燃烧天然气或柴油，且不对各个设施进行单独计量(或用柴油，没有各自专门的油库)的情况下，并且没有 CEMS 装置的时候，可以根据每个设施使用的共同的表计或油库，在满足了该方法和 WCI.20 的要求下，计算 CO_2，CH_4，N_2O 的排放量。

如果要从共用的表计设备数据中分析每个设施的用量，需要采用一定的工程分析方法，包括总排放量、各设备运行小时数、运行效率等。在偏远地区的柴油发电机设施，可根据各柴油发电机生产的电力及消耗的燃料计算。

1)计算 CO_2 排放

若其他任何联邦、省、或当地的监管机构要求使用 CEMS 监测烟气体积流量和二氧化碳浓度，则运营者应当使用 CEMS。如有其他法规不要求用 CEMS 则可以使用计算方法算得。

——表 2-5 中的燃料和天然气。对于天然气发电机组(具有很高的热值介于 36.3 MJ/SCM 和 40.98MJ/SCM 之间)表 2-5 中的燃料，按照 WCI.23 的计算方法。

——煤或石油焦。若机组采用煤或石油焦发电，则用测量的燃料含碳量和 WCI.23 中的计算方法。

——未在表 2-5 中列出的馏分油，汽油，渣油，或液态石油气体。对于发电燃烧馏分油，汽油，渣油，或液化石油气(LPG)，使用 WCI.23 中的计算方法。

——炼厂气，自选气体，或伴生气。燃烧炼厂气，自选气体，或伴生气用于发电的，使用 WCI.30 中的计算方法。

——垃圾填埋气，沼气，生物质能。通过垃圾填埋气，沼气，生物质能发电的，使用 WCI.23 中的计算方法。

——城市固体废物。燃烧城市固体废物进行发电，且设施不受监管核查要求，可以测量产生的蒸汽，使用 WCI.20 表 2-11 默认的排放因子，并使用 WCI.23 中的计算方法。如果该设施受监管的核查要求,经营者应当使用 CEMS 测量 CO_2 排放量,或使用蒸汽流量和 CO_2 的排放因子,根据 WCI.23 的规定计算排放量。

——启动燃料。发电设施在启动、关机或故障运行期间燃烧化石燃料,应使用 WCI.23 和 WCI.30 中的计算方法计算化石燃料燃烧 CO_2 排放量。故障是指设备的非计划停运。它不包括在正常操作条件下,燃烧温度的变化,氧含量或水分含量的燃料变化情况。

——联合发电机组。联合发电机组使用 WCI.23 中的计算方法。

2)计算 CH_4 和 N_2O 排放

经营者应当使用 WCI.24 指定的方法来计算每年的 CH_4 和 N_2O 排放。煤的燃烧使用表 2-10 默认的排放因子。

3)计算烟气脱硫系统的二氧化碳排放

如果没有使用 CEMS 系统监测,应使用下列公式计算烟气脱硫系统的 CO_2 排放:

$$CO_2 = S \times R \times (CO_{2\ MW} / 吸附剂_{MW})$$

式中:

CO_2——报告年份吸附剂的排放,t;

S——石灰石或其他吸附剂,t;

R——酸性气体捕获后释放的二氧化碳的摩尔比;

$CO_{2\ MW}$——二氧化碳的分子量(44);

吸附剂$_{MW}$——吸附剂的分子量(如碳酸钙为 100)。

4)计算冷却装置逃逸的 HFC 排放量

经营者应使用下列两种方法之一计算在冷却装置中使用的每一种逃逸的 HFC 化合物的排放量。经营者不需要报告不包含 HFC 化合物的冷凝器或加热通风空调系统的温室气体排放量。

用下列公式计算 HFC 排放:

$$HFC = HFC_{库存} + HFC_{购买/收购量} - HFC_{销售量/支付额} + \Delta HFC_{容量}$$

式中:

HFC——每年 HFC 排放;

$HFC_{库存}$——年初、年末 HFC 储量的变化。储存的 HFC 包括在气瓶中的、车辆及其他容器中的,不包括设备使用中的 HFC。库存若增加则该变化为负数;

$HFC_{购买量/收购量}$——年内收购的其他实体提供的所有 HFC,无论储存或使用中的;

$HFC_{销售量/支付额}$——年内出售或转让给其他实体的所有 HFC,无论储存或使用中的;

$\Delta HFC_{容量}$——制冷设备铭牌容量的净变化,若年末比年初少则为负数。

使用日志记录每个冷却单元的 HFC 使用和排放。在报告年度,日志记录所有维修和服务单位,包括添加或删除的 HFC 的数量以及报告年初和年末的数量。经营者可以使用以下简化的物质平衡方程计算机组安装、使用、报废过程中的 HFC 排放(如适用)。经营者应当将 HFC 排放量的总和进行报告。

$$HFC_{安装} = R_{新} - C_{新}$$
$$HFC_{服务} = R_{填充} - R_{回收}$$
$$HFC_{报废} = R_{报废} - C_{报废}$$

式中：

HFC$_{安装}$——设备安装过程中的 HFC 排放，千克；

HFC$_{服务}$——每年设备使用过程中的 HFC 排放，千克；

HFC$_{报废}$——设备报废后回收中的 HFC 排放，千克；

$R_{新}$——用于填充新设备的 HFC(若由制造商预充则省略)，千克；

$C_{新}$——新设备铭牌容量(若由制造商预充则省略)，千克；

$R_{填充}$——维护及使用中填充的 HFC，千克；

$R_{回收}$——维护及使用中回收的 HFC，千克；

$R_{报废}$——报废设备铭牌容量，千克；

$C_{报废}$——报废设备回收的 HFC，千克。

5)地热发电逃逸的 CO_2 排放计算

地热发电的经营者使用下列方法之一计算：

使用下列公式计算：

$$CO_2 = 7.14 \times Heat \times 0.001$$

式中：

CO_2——CO_2 的排放，t/年；

7.14——地热发电的默认 CO_2 排放因子，kg/GJ；

Heat——从地热蒸汽和/或液体获得的热量，GJ/年；

0.001——千克与吨的换算。

使用特定源排放因子计算 CO_2 排放量。

WCI.44 采样,分析和测量的要求

燃料燃烧产生的 CO_2，CH_4，N_2O 排放。使用 CEMS 测算燃料燃烧产生的 CO_2 排放量的经营者应当遵守 WCI.23 的要求。使用其他方法的经营者应符合适用的燃料采样,油耗监控,热含量监测,碳含量的监测方法和在 WCI.25 指定的计算方法。

酸性气体洗涤中的 CO_2 排放。使用酸性气体洗涤器或添加酸性气体燃烧装置试剂的经营者应当报告年度期间使用的石灰石或其他吸附剂量。

地热设施的 CO_2 排放。地热设施的经营者应当测量从地热蒸汽中回收的热量。如果使用源特定的排放因子而不是默认的因素,经营者应当用监管机构批准的方法年检二氧化碳排放率。经营者应当提交一份测试计划给监管部门。一旦获得批准,每年测试应按照批准的测试计划和监管机构的监管下进行。

WCI.45 估算缺失数据的方法

当无法使用某个必需的参数时(例如在单元操作或 CEMS 的故障,所需的燃料样品不可得),应在计算中使用替代值以替换缺少的参数数据值。按照 WCI.26 中的相关规定计算。

WCI.90 水泥制造业

WCI.91 定义

水泥制造业包括所有用于制造硅酸盐水泥、天然水泥、火山灰质水泥,或其他水凝水泥的过程。

WCI.92 温室气体报告要求

除法规规定的资料外,每年的排放量数据报告应包含以下信息:

1)CO_2,CH_4 和 N_2O 的排放总量;

2)焙烧过程排放的 CO_2 年排放量以及以下信息:

——工厂特定熟料的月度排放因子;

——季度水泥窑灰(CKD)的排放因子。

3)从有机碳氧化过程排放的 CO_2 年排放量及以下的信息:

——在报告年度耗用原材料的总量;

——每年原料中的有机碳含量。

4)在所有组合窑中 CO_2,CH_4 和 N_2O 每年燃料燃烧产生的排放量,计算方法在 WCI.93;

5)从所有其他燃料燃烧产生的 CO_2,CH_4 和 N_2O 排放量;

6)如果从窑测量的 CO_2 排放量是连续监测的,则 b 和 c 部分的要求不适用,水泥厂应使用连续排放监测系统(CEMS)中窑内燃料类别使用的量来测量 CO_2 排放量;

7)水泥厂的经营者还应按照法规要求申报其他适用的源类别的报告,不仅限于以下:

——煤燃料储存的排放;

——发电的排放;

——热电联产系统的排放。

8)多次数据丢失程序被确定是熟料的生产、未燃烧的氧化钙、熟料中氧化镁含量、为重复使用的窑灰、窑灰中的氧化镁含量、有机碳含量等原材料的消耗。

WCI.93 窑中温室气体排放量的计算

1)确定 CO_2 的排放量计算方法

——使用连续排放监测系统(CEMS)以及以下 3)部分的计算方法来计算所有窑中CO2的排放量;

——用下面 2)和 3)的方法计算 CO_2 窑中生产过程排放量以及燃料燃烧排放量的总和。

2)生产过程中 CO_2 产生的计算方法

用以下方法计算从焙烧过程中产生的 CO_2 排放总量的计算,以及计算有机碳氧化的排放量。

$$E_{CO_2\text{-}P} = E_{CO_2\text{-}c} + E_{CO_2\text{-}F}$$

式中:

$E_{CO_2\text{-}P}$——CO_2 年度过程排放量;

$E_{CO_2\text{-}c}$——焙烧过程中 CO_2 年度排放量;

$E_{CO_2\text{-}F}$——原料氧化的 CO_2 年度排放量。

a)计算排放量

用以下公式中的熟料排放因子和窑灰排放因子的值来计算焙烧过程中 CO_2 年度排放量。

$$E_{CO_2\text{-}c} = \sum_{m=1}^{12} \left[Q_{Cli,m} \times EF_{Cli,m} \right] + \sum_{q}^{4} \left[Q_{CKD,q} \times EF_{CKD,q} \right]$$

式中:

$E_{CO_2\text{-}c}$——焙烧过程中 CO_2 年度排放量;

$Q_{\text{Cli},m}$——m 月的熟料生产量；

$EF_{\text{Cli},m}$——m 月时熟料生产的 CO_2 的排放因子；

$Q_{\text{CKD},q}$——q 季度时未回收的水泥窑灰数量；

$EF_{\text{CKD},q}$——q 季度时未回收的水泥窑灰产生的 CO_2 的排放因子。

另外：计算熟料的排放因子要基于月度消耗的熟料中氧化钙中钙和氧化镁中的镁在未碳化的熟料中的比重。

$$EF_{\text{Cli}} = (CaO_{\text{Cli}} - CaO_f) \times 0.785 + (MgO_{\text{Cli}} - MgO_f) \times 1.092$$

式中：

EF_{Cli}——月度熟料产生的 CO_2 的排放因子；

CaO_{Cli}——每月熟料中的氧化钙的总含钙量；

CaO_f——每月熟料中未煅烧的氧化钙总量；

MgO_{Cli}——每月熟料中的氧化镁的总含镁量；

MgO_f——每月熟料中未煅烧的氧化镁总量；

0.785——CaO 比 CO_2 的分子比率；

1.092——MgO 比 CO_2 的分子比率。

同时，计算窑灰的排放因子要基于以下公式：

$$EF_{\text{CKD}} = (CaO_{\text{CKD}} - CaO_f) \times 0.785 + (MgO_{\text{CKD}} - MgO_f) \times 1.092$$

式中：

EF_{CKD}——季度未回收的窑灰产生的 CO_2 的排放因子；

CaO_{CKD}——季度窑灰中的氧化钙的总含钙量；

CaO_f——季度窑灰中未煅烧的氧化钙总量；

MgO_{CKD}——季度窑灰中的氧化镁的总含镁量；

MgO_f——季度窑灰中为煅烧的氧化镁总量；

0.785——CaO 比 CO_2 的分子比率；

1.092——MgO 比 CO_2 的分子比率。

b)有机碳氧化的排放量

$$E_{\text{CO}_2\text{-F}} = TOC_{RM} \times RM \times 3.664$$

式中：

$E_{\text{CO}_2\text{-F}}$——原材料氧化过程中产生的 CO_2 排放量；

TOC_{RM}——原材料中有机碳的总量，用 WCI.94 中 g 的方法或者用默认的 0.002(2%)来计算；

RM——原材料消耗的总量；

3.664——CO_2 的碳摩尔比值。

3)窑内其他燃料燃烧的排放量

使用 WCI.20 指定的固定燃料燃烧方法来计算其他燃料的 CO_2，CH_4 和 N_2O 的排放。水泥厂纯生物质燃料和在启动、停机或故障期间化石燃料燃烧产生的 CO_2 排放量使用 WCI.23 中的排放因子计算方法"纯"的意思是指生物质衍生的燃料至少占燃料燃烧中碳总量的 97%。

以下表格为 WCI.20 中列出的关于燃料种类热值以及燃料种类默认的 CO_2 排放因子的数值。

表 2-4 按燃料类型的高默认热值

液体燃料	高热值/(GJ/kL)
沥青及路油	44.46
航空汽油	33.52
柴油机	38.3
航空涡轮燃料	37.4
煤油	37.68
丙烷	25.31
乙烷	17.22
丁烷	28.44
润滑油	39.16
汽油-越野	35
轻油	38.8
残余燃料油(第5号和6号)	42.5
原油	38.32
石脑油	35.17
石化原料	35.17
石油焦-炼油厂使用	46.35
石油焦-提升使用	40.57
乙醇(100%)	21.04
生物柴油(100%)	32.06
提炼动物脂肪	31.05
植物油	30.05
固体燃料	高热值(GJ/t)
无烟煤	27.7
烟煤	26.33
外国烟煤	29.82
次烟煤	19.15
褐煤	15
煤焦	28.83
实木废物	18
废制浆酒	14
都市固体废物	11.57
轮胎	31.18

续表

固体燃料	高热值/(GJ/t)
农副产品	8.6
固态产品	26.93

气体燃料	高热值(GJ/m³)
天然气	0.03832
焦炉煤气	0.01914
天然气-炼油	0.03608
燃气-升级版	0.04324
垃圾填埋气(捕获甲烷)	0.0359
沼气(捕获甲烷)	0.0281

表 2-5　可用于在任何等级的设施排放的燃料计算方法 1 或 2

燃料种类	默认高热值	默认 CO_2 排放因子
石油产品	GJ/kL	kg/GJ
馏分燃料油号 1	38.78	69.37
馏分燃料油号 2	38.50	70.05
馏分燃料油号 4	40.73	71.07
煤油	37.68	67.25
液化石油气(LPG)	25.66	59.65
丙烷(纯,不含 LPGS)	25.31	59.66
丙烯	25.39	62.46
乙烷	17.22	56.68
乙烯	27.90	63.86
异丁烷	27.06	61.48
异丁烯	28.73	64.16
丁烷	28.44	60.83
丁烯	28.73	64.15
天然汽油	30.69	63.29
车用汽油	34.87	65.40
航空汽油	33.52	69.87
煤油型喷气燃料	37.66	68.40

表 2-6 按燃料类型的默认排放因子

液体燃料	CO₂ 排放因子 kg/L	CO₂ 排放因子 kg/GJ	CH₄ 排放因子 g/L	CH₄ 排放因子 g/GJ	N₂O 排放因子 g/L	N₂O 排放因子 g/GJ
航空汽油	2.342	69.87	2.2	65.63	0.23	6.862
柴油	2.663	69.53	0.133	3.473	0.4	10.44
航空涡轮燃料	2.534	67.75	0.08	2.139	0.23	6.150
煤油						
一电力公用事业	2.534	67.25	0.006	0.159	0.031	0.823
一工业	2.534	67.25	0.006	0.159	0.031	0.823
一生产者消费	2.534	67.25	0.006	0.159	0.031	0.823
一林业,建筑,商业/机构	2.534	67.25	0.026	0.69	0.031	0.823
丙烷						
一住宅	1.51	59.66	0.027	1.067	0.108	4.267
一所有其他用途	1.51	59.66	0.024	0.948	0.108	4.267
乙烷	0.976	56.68	NA	NA	NA	NA
丁烷	1.73	60.83	0.024	0.844	0.108	3.797
润滑油	1.41	36.01	NA	NA	NA	NA
汽油一越野	2.289	65.40	2.7	77.14	0.05	1.429
轻油						
一电力公用事业	2.725	70.23	0.18	4.639	0.031	0.799
一工业	2.725	70.23	0.006	0.155	0.031	0.799
一生产者消费	2.643	68.12	0.006	0.155	0.031	0.799
一林业,建筑,商业/机构	2.725	70.23	0.026	0.67	0.031	0.799
残余燃料油(第5号和6号)						
一电力公用事业	3.124	73.51	0.034	0.800	0.064	1.506
一工业	3.124	73.51	0.12	2.824	0.064	1.506
一生产者消费	3.158	74.31	0.12	2.824	0.064	1.506
一林业,建筑,商业/机构	3.124	73.51	0.057	1.341	0.064	1.820
石脑油	0.625	17.77	NA	NA	NA	NA
石化原料	0.5	14.22	NA	NA	NA	NA
石油焦-炼油厂使用	3.826	82.55	0.12	2.589	0.0265	0.572
石油焦-提升使用	3.494	86.12	0.12	2.958	0.0231	0.569

续表

生物质能	CO_2 排放因子 kg/kg	CO_2 排放因子 kg/GJ	CH_4 排放因子 g/kg	CH_4 排放因子 g/GJ	N_2O 排放因子 g/kg	N_2O 排放因子 g/GJ
垃圾填埋气	2.989	83.3	0.6	16.7	0.06	1.671
木材废料(Env. 加拿大)	0.95	52.8	0.05	2.778	0.02	1.111
木材废料(美国环保局)	1.590	88.9	0.51	28.4	0.068	3.79
花制浆酒(Env. 加拿大)	1.428	102.0	0.05	3.571	0.02	1.429
花制浆酒(美国环保局)	1.394	99.60	0.44	31.65	0.073	5.275
农副产品	NA	112	NA	NA	NA	NA
固态产品	NA	100	NA	NA	NA	NA
沼气(捕获甲烷)	NA	49.4	NA	NA	NA	NA
乙醇(100%)	NA	64.9	NA	NA	NA	NA
生物柴油(100%)	NA	70	NA	NA	NA	NA
提炼动物脂肪	NA	67.4	NA	NA	NA	NA
植物油	NA	77.3	NA	NA	NA	NA
其他固体燃料	CO_2 排放因子 kg/kg	CO_2 排放因子 kg/GJ	CH_4 排放因子 g/kg	CH_4 排放因子 g/GJ	N_2O 排放因子 g/kg	N_2O 排放因子 g/GJ
煤焦	2.48	86.02	0.03	1.041	0.02	0.694
轮胎	NA	85	NA	NA	NA	NA
气体燃料	CO_2 排放因子 kg/m³	CO_2 排放因子 kg/GJ	CH_4 排放因子 g/m³	CH_4 排放因子 g/GJ	N_2O 排放因子 g/m³	N_2O 排放因子 g/GJ
焦炉煤气	1.6	83.60	0.037	1.933	0.035	1.829
天然气-炼油	1.75	48.50	NA	NA	0.0222	0.615
燃气-升级版	2.14	49.49	NA	NA	0.0222	0.513

表 2-7　各省默认天然气的二氧化碳排放因子

	销售天然气 kg/m³	销售天然气 kg/GJ	非销售天然气/(kg/m³)	非销售天然气/(kg/GJ)
魁北克	1.878	49.01	不适用	不适用
安大略	1.879	49.03	不适用	不适用
马尼托巴	1.877	48.98	不适用	不适用
不列颠哥伦比亚	1.916	50.00	2.151	56.13

表 2 - 8　默认天然气甲烷和氧化亚氮排放因子

	CH₄ g/m³	CH₄ g/GJ	N₂O g/m³	N₂O g/GJ
电力公用事业	0.49	12.79	0.049	1.279
产业	0.037	0.966	0.033	0.861
生产者消费(非销售)	6.5	169.6	0.06	1.566
管道	1.9	49.58	0.05	1.305
水泥	0.037	0.966	0.034	0.887
制造业	0.037	0.966	0.033	0.861
住宅,建筑,商业/机构,农业	0.037	0.966	0.035	0.913

表 2 - 9　默认煤炭的二氧化碳排放因子

	排放因子/(kg/kg)	排放因子/(kg/GJ)
魁北克		
一加拿大沥青	2.25	85.5
一美国沥青	2.34	88.9
一无烟煤	2.39	86.3
安大略		
一加拿大沥青	2.25	85.5
一美国沥青	2.43	81.5
一亚烟煤	1.73	90.3
一褐煤	1.48	98.7
一无烟煤	2.39	86.3
马尼托巴		
一加拿大沥青	2.25	85.5
一美国沥青	2.43	81.5
一亚烟煤	1.73	90.3
一褐煤	1.42	94.7
一无烟煤	2.39	86.3
不列颠哥伦比亚		
一加拿大沥青	2.07	78.6
一美国沥青	2.43	81.5
一亚烟煤	1.77	92.4

表 2 - 10　默认煤炭的甲烷和氧化亚氮排放因子

	CH_4 排放因子/(g/kg)	N_2O 排放因子/(g/kg)
电力公用事业	0.022	0.032
工业和热量和蒸汽电厂	0.03	0.02
住宅,公共管理	4	0.02

表 2 - 11　其它排放因子

	CO_2 排放因子 kg/GJ	CH_4 排放因子 g/GJ	N_2O 排放因子 g/GJ
都市固体废物	85.6	30	4
泥炭	103	1	1.5

三、核查

(一)一般性原则

1. 核查报告的要求与核查标准

WCI 核查的要求力争与 ISO 14064 - 3《温室气体　第 3 部分:温室气体声明审定与核查的规范及指南》的要求保持一致,并按照此标准来对 WCI 的碳排放交易进行核查。由于各区域的法律法规程序有所不同,核查补充要求各司法区域需要将 WCI 的核查要求以及核查标准放入各司法程序中,并且将按照这些程序强制在该区域进行碳排放的核查。WCI 的核查补充法则将直接被应用于核查中。最理想的方式是让所有管辖区域在核查和认证的过程中都强制执行这个标准,以此来保持整个 WCI 区域的数据的准确性和一致性。并且这种方式对一个直接核查管理的机构或者对一个指定的机构是有益的。

2. 适用性和范围

以 2009 年 1 月 1 日以后最高的年排放量为准,在排除燃烧合格的生物质燃料产生的碳排放量后,任何年度排放超过 25000tCO_2e 的排放源均是 WCI 管制对象。

任何 WCI 区域覆盖范围内第一个电力输送商,包括发电商、零售商或批发商,只要其 2009 年 1 月 1 日之后的年碳排放量超过 25000t,则需纳入 WCI 管制体系。

从 2015 年开始,WCI 区域覆盖范围内提供液体燃料运输、石油、天然气、丙烷、热燃料或其他化石燃料的供应商,只要其提供的燃料燃烧后年度产生的碳排放超过 25000t,也需纳入 WCI 管制体系。

业主或经营者可以将从生物质燃料燃烧产生的二氧化碳排放量在碳中和的核查范围中排除。

WCI 覆盖范围的燃料供应商或电力进口国商应当向核查机构报告每年的二氧化碳排放量的核查额。

3. 年度核查报告的要求

核查机构应按照一个合理的水平进行核查程序并设计核查步骤,以保证每个周期中单独的排放量得到验证。核查报告应按照一个合理的方式由核查小组完成,并且在符合 WCI 要求的情况下不包含重大错误。

核查机构应按照 WCI 的要求进行核查服务。

设施的业主或经营者,燃料供应商,电力出口商应在第一年全面核查并按照要求上报排放数据报告。一旦完成了完整的核查要求下的核实声明,设施的所有者或经营者,燃料供应商,或电力进口商则具有在两年内按照 WCI 核查补充要求的执行核查服务的资格。此资格可以按照 3 年一个周期进行重复,但是每 3 年必须进行一次完整核查。

如果前一年的核查机构变化了,或者一个核查机构出具了对于前一年减排量核查报告不利的证明,设施的业主或经营者、燃料供应商、电力进口商将被要求得到完整核查报告。

4. 核查机构的认可要求

在本款规定的评审要求应适用于所有根据本规则提供验证服务的核查机构。

如果一个核查机构有资格为 WCI 进行验证服务,它必须深入了解 WCI 报告要求的所有知识,并且由 ISO 14065 认可的且满足 ISO 17011 发展项目的国际认可机构。

在 2013 年 1 月 1 日之前,由加州空气资源委员会根据加利福尼亚州的第 95132 法案的第 17 条规例认证可满足要求。

5. 核查服务的要求

核查需提供以下减排数据报告:

——作为核查服务的一部分,核查小组应审查文件后提交,评估存在重大错报的风险,制定一个核查计划(即包括抽样计划),评估对核查排放数据报告要求,并评估出现错误,遗漏和错报的物质确定。

——核查小组应请求需要的任何信息和文件验证服务。这些资料应包括,但不局限于原来的记录和排放数据报告的数据支持。

6. 核查小组必须包括以下内容:

——一个核查组长。

——一个独立的同行评审。

——按照 WCI 要求提供验证服务的任何分包商。

7. 分包

以下规定适用于任何核查机构,选举转包验证服务:

——主要核查机构必须承担全部法律责任,核查服务进行转包核查或核查机构。

——分包商到主核查机构的一个核查机构或验证不会再转包,同样的工作到另一家公司或个人。

——分包商是一个核查机构或验证 WCI 利益的要求的机构。

——一个核查机构或验证作为分包商必须确定由主要核查机构核查小组的一部分。

8. 核查机构的利益冲突要求

利益冲突的规定本条适用的核查机构,相关实体的核查机构,根据 WCI 的要求进行核查小组认可 WCI 的方案验证服务。本节中会员是指任何核查机构或有关实体的核查机构的雇员或分包商。会员还包括在核查机构的多数股权份额或任何个人相关实体的核查机构。

(1)在司法管辖区接受核查的声明之前,并在司法管辖区接受审议批准的相关排放报告之前,AVA 必须确定核查机构根据 WCI 的要求有利益冲突的低潜力。AVA 要确定这个信息,自身评价核查机构的任何利益潜力,与实体存在潜在相关的冲突的核查机构,核查小组的成员,包括分包商,可能具有的所有者或经营者或相关实体将验证服务,或已提供应提交的 AVA。这些自我评价必须包括可能造成威胁的核查机构的独立评估,包括:

——由编写核查报告核查机构,分包商或核查小组成员积极的意见所产生的威胁;

——核查机构的成员,核查小组成员,分包商或分包商或团队成员中的家庭成员对报告操作或运营商的有投资兴趣所造成的威胁。

——由核查机构的审查工作的核查机构,分包商,核查小组的成员,或相关公司,包括成员,但不局限于任何机构,分包商,团队成员或公司提供与温室气体排放有关的情况下创建的威胁。

——核查机构,核查小组成员,或分包商有密切的关系,例如,他们可能会变得过于同情报告操作的利益与报告操作的成员创建的威胁。

——核查机构的成员,核查小组成员,或分包商却不客观行事或不专业的核查所产生威胁。

(2)验证机构应视为低潜在的利益冲突,如果不存在以上的威胁或者核查机构提供服务的所有者或经营者在过去 3 年内任何非核查,核查机构在这些年来,每年的年度收入不到 5% 的价值。

(3)验证机构应认为潜在的利益冲突,要高,如果存在 1 中第一条和最后一条的威胁。

(4)核查机构应认为利益冲突的潜在利益冲突的可能性是中等,如果存在 1 中的中间 2 条威胁。

(5)如果核查机构认为属中型及愿望的所有者或经营者提供验证服务的利益冲突的可能性,那么应提交的核查机构,除了自我评价,一个计划,以避免、压制、或减轻的潜在利益的情况冲突。

(6)利息冲突的裁定。AVA 应审查核查机构提交的自我评价,并确定核查机构的所有者或经营者在执行验证服务的潜在利益冲突。

——AVA 应以书面形式通知核查机构当利益冲突信息被核实。AVA 应在 45 天之后,认为评估的完整资料,确定潜在利益冲突和潜在的利益冲突,如果被确定为中等或高,应通知核查机构或所有者或经营者。

——如果 AVA 确定核查机构或核查小组的任何成员存在以上指定的任何威胁,AVA 如果找一家潜在高冲突风险的验证服务机构将不会通过。

——如果 AVA 确定之前,有一个潜在的低利益冲突提供核查服务,可进行核查服务。

——如果 AVA 确定的核查机构和核查小组存在中等潜力的利益冲突,应做出评估利息冲突的缓解计划和要求申请人提供其他完整的信息。为了确定潜在的利益冲突,AVA 可能考虑的因素包括:核查机构以前的工作执行情况,目前和过去的核查机构与分包商与业主或经营者之间的关系,并且核查服务的费用已经执行完毕。AVA 将按照这些因素来确定是否考虑与缓解计划相结合,对潜在的利益冲突是高层次还是低等级的进行判断。如果 AVA 在核查前判定该核查机构的潜在的利益冲突是低等级的,此核查服务便会启动。如果判定是高等级的,则此核查服务将不得批准进行。

(7)利益冲突的监测:

——核查服务开始后,核查机构应监测并立即书写给 AVA 关于任何潜在的利益冲突的情况出现风险的报告。此披露应完整的包括该核查机构已采取或即将采取的回避,压制,或减轻潜在的利益冲突的行为说明。

——核查机构应尽可能地在完成核查服务后的一年内出示其核查安排以及关系的报告。在此期间,核查机构的所有者或经营者的关系如果在安排提供核查服务前30天内改变,可能造成中度或高度利益冲突的威胁,核查机构应当通知 AVA 此变化,并提供一个对此变化的性质描述。AVA 将按照 WCI 规定的关于利益冲突等级进行磋商。

——核查机构应当及时向 AVA 报告其组织内的任何结构更改,包括兼并,收购,或可能在一年内进行的资产剥离完成所产生中度或高度利益冲突威胁。对潜在的利益冲突影响的评价应在核查服务一年后的 30 日内提交。

——AVA 可以使核查结果无效,如果一个由核查机构或任何核查小组成员构成的中等或高等级的利益冲突的威胁提升时,在中等威胁的情况下,此威胁仍没有被适当地减轻。在这种情况下,所有者或经营者可以在 180 天内提供由另外核查机构出示的核查减排量报告。

——如果核查机构或其分包商发现有违反以上利益冲突的情况时,AVA 可以在任何适当的时间内撤销对其的认可。

9. 验证服务的通知

开始对业主或经营者,燃料供应商,电力进口商进行核查服务之前,核查机构应提交核查服务的通知给 AVA。核查活动,应在提交通知的 15 个工作日后,或核查机构收到 AVA 的书面批准才可进行,这两者中的较早者为准。如果的 AVA 不响应,15 个工作日后核查机构可以开始进行核查活动。

10. 核查计划

按照 WCI 的要求,核查计划应有以下记录:

——核查的范围;

——精确的程度;

——核查一般标准;

——核查规范;

——核查的目标;

——核查的时间,包括现场核查;

——一般通讯需求;

——核查所需资源,包括各种职责的核查人员;

——核查的时间,性质,程度,以及抽样调查。

核查机构应保留在纸质版,电子版,或者其他格式提交的核查计划,核查机构至少保留项目的核查计划至少 7 年。

11. 现场核查

按照 WCI 要求,在核查的几年中,至少一个核查小组成员要进行一次完整核查的现场核查服务。如果业主是电厂且总部与核查现场不在同一地方,核查小组成员还应进行一次业主总部的实地考察。

业主或者经营者应当对核查小组提供对计算和报告排放量所需的所有的信息和文档,

包括电量结算单,以及其他 WCI 规则所要求的资料。

对于电力进口商,核查小组应检查电量交易记录,包括归属于的电力公司电量收益的电子结算单。

12. 数据检查

为了准确的核查减排量数据报告,核查小组需安装 WCI 要求进行数据检查,并用专业核查工具精确计算出合理的减排量额度。

13. 减排数据报告的修改

如果核查小组在对之前完整核查报告进行核查时,业主或经营者对减排量数据进行了更新、补充或者更改,此时核查小组安装 WCI 办法可以进行修改。业主或经营者需要将更新的数据以及相关文件和证据提交给核查小组。

14. 实质的评估标准

核查人员应编制年度核查报告,并按照以下方式进行:

(1)核查小组应判断减排量数据是否存在重大错报,按照以下方法评估:

根据核查小组核查的取样计划基础上的排放水平自行确定,核查小组得出结论认为,总报告的排放量的准确率低于95%的,使用下列公式:

$$PA = 100 - (SOU/TRE \times 100)$$

式中:

PA——准确率;

SOU——误差,错误,遗漏,多报等的总量;

TRE——减排总量。

在核查过程中的一个或多个错误、遗漏或错报、有关核查人员自认为合理的判断都是造成误差的原因。

(2)为了评估此规则的一致性,核查小组应审查的方法和用于遵守本规则的要求制定的排放量数据报告的因素。

(3)核查小组应保存在核查活动可能影响重大错报和不合格的测定过程中发现的任何问题,以及如何解决这些问题的日志。

15. 完成核查服务

应包括:

——核查报告。

——核查机构向 AVA 提供的正面的或者建议性的核查报告,此核查报告基于核查过程中发现的数据。

——独立的审查代表会对核查机构所有的核查服务过程以及核查报告进行独立的审查。如果独立的审查代表没有确认核查机构出示的核查报告,或者拒绝此核查报告,那么这个核查报告将不会发布。

——核查机构应向业主或经营者提供详细的核查报告。核查报告应当至少包括业主所提交的排放数据与核查的排放数据的详细的比较,以及在每次核查过程中,所发现的任何更正、错误、遗漏和错报等结果的比较。

如果核查报告是不利业主或者经营者的,那么在核查机构对业主或者经营者提供不利的核查报告前,业主或者经营者应在 14 个工作日内提供改正好的排放数据给核查机构以更

正重要的数据错误或者误差。修改报告和核查报告都应在核查截止期前完成,除非经营者提出以下要求:

——如果业主或者经营者和核查机构没有对修改后的数据达成一致结果,经营者可以把排放数据已经核查报告交与 AVA 进行最后裁决。

——如果 AVA 判断排放数据报告不符合 WCI 规定要求的,业主或经营者有机会可以在 60 个工作日内向 AVA 提供重新核查排放数据的报告。此修订报告依旧由核查机构按照 WCI 核查办法进行。

——核查报告发出后,数据没有再次更改,视为此次核查报告完成。

另外,除了发起 WCI 的争端解决程序,经营者和核查机构必须将任何争议通知符合要求的认证机构。

AVA 可以核查机构提供的积极的核查报告判定无效,在以下条件下:

——AVA 发现核查机构与业主间存在高等级的利益冲突。

——AVA 对接收到的积极的核查报告审查失败。

AVA 可以要求,业主或经营者应将提供的用于生成排放数据报告的数据,包括一个核查机构提供的所有数据提供给 AVA。也可以要求核查机构给业主或经营者出具的全面核查报告提供给 AVA。

经 AVA 通知,核查机构需在任何时间进行 AVA 的审查。

核查机构核查服务期限。

设施的业主或经营者,燃料供应商,或电力进口商的年度核查不得连续 6 年使用相同的核查机构。如果设施所有者或运营商,燃料供应商,或电力进口国要求,选择与之前使用过的核查机构再签合同时,此核查机构必须在之前的 3 年中未与业主签过合同。如果核查机构或核查小组成员已为业主件下构决程序,经营者和核查至少包括与效应营者应提供核查服务或者撰写温室气体排放报告,此时间将被计入连续 6 年使用年限中。

16. 撤销认可

管辖权可以修改或取消一个核查机构的认可。如果一个公认的核查机构被暂停进行对温室气体排放报告或交易,则此机构不被允许提供核查服务,直到停牌结束。如果已认可的核查机构被撤销对强制性或自愿性的温室气体排放报告或交易进行评审,那么此机构将不再为 WCI 进行核查服务。

第四节　芝加哥气候交易所 CCX

芝加哥气候交易所(Chicago Climate Exchange,CCX)是世界上第一个、北美唯一的、自愿的、独立的、第三方的、可核查的具有法律约束力的温室气体减排交易体系。CCX 体系的突出特点是,企业自愿加入一个由第三方认证的强制减排系统,并签订具法律约束力的减排目标协议,形成独特的自愿性质的总量限制交易体系。尽管现在 CCX 上该项业务已经停滞,考虑到 CCX 在历史上的意义,依然将其收入本书之中。

一、机制概述

它的创办人和主席是经济学家、金融改革的先锋理查·桑德尔博士,他因在 2002 年创建 CCX 的创举而被称为"碳交易之父",更曾被《时代》杂志评为"地球英雄"。

CCX 系由美国乔伊斯基金会(the Joyce Foundation)赞助成立,目前会员达到数百个,包括公司企业及各地乡镇城市,交易范围主要是美洲(美国、加拿大、墨西哥及巴西),但并不排除未来扩及全球。CCX 系统系以 1998 年—2001 年之温室气体排放量为基线,第一阶段(2003 年～2006 年)计划已于 2006 年年底结束,此阶段所有 CCX 会员须使其温室气体排放量低于该基线的 4％。2007 年—2010 年 CCX 则进行第二阶段温室气体排放减量,会员在此阶段时间的温室气体排放量须低于该基线的 6％。

CCX 的目标为:促进温室气体交易,成为价格透明,设计合理,环境友好的交易。建立管理温室气体排放的成本效益分析的技巧和制度。促进公共和私营部门温室气体排放能力建设。加强成本效益和有效温室气体减少知识框架。帮助在管理全球气候变化带来的风险等方面的公共讨论。

CCX 成立的重大意义是开启美国温室气体排放交易计划正式启动的先例,不但可提供未来全球温室气体排放交易价格透明化机制的经验,并帮助政府及民间部门温室气体减量的能力建构、强化有经济效益的温室气体减量施行架构,及全球暖化危机管理的公共政策资讯。

(一)基准线

CCX 以排放总量控制基准线为基础开展减排权贸易。CCX 产品的交易仍建立在总量—交易(cap-trade)原则的基础上进行,根据会员以前的温室气体排放情况,按照交易所公布的基准线标准确定其本年度排放基准线,所有的排放量计算都建立在此基准线的基础上。

基准线的确立标准分两种:一期合约的会员(2003 年～2006 年减排目标为每年 1％,4 年 4％):1998 年、1999 年、2000 年和 2001 年每年的排放量的平均值作为基准线;二期合约(2007 年～2010 年):对于一期的老会员年平均减排 0.5％,4 年共计 2％的减排义务,基准线仍旧。对于二期会员要求承担年减排 1.5％,4 年减排 6％的义务,基准线为 1998 年～2001 年平均值或 2000 年的排放量。

基准线可以调整以反映会员排放温室气体的变化情况。在 1998 年 1 月 1 日后至 2000 年 1 月 1 日前付诸使用的基准线为其前两年排放量的年平均值。在 2000 年 1 月 1 日至 2002 年 1 月 1 日前付诸使用的基准线为其第一个完整的操作年度的排放量。

(二)CCX 的交易机制的基本框架

CCX 的交易机制建立在"总量与贸易"基础上,并以排放抵偿项目为补充。CCX 基于会员以前年度及现阶段排放情况订立减排计划,若会员超额完成其减排目标,则可以将多余减排份额卖出或存储,而未能达到减排目标的会员,则需购买排放权。以 CCX 的碳金融工具合约为例,其交易标的包括交易所配额(Exchange Allowances)和交易所抵偿信用(Exchange Offsets credits)两大类,配额由交易所依据每个会员的减排基准和减排时间表分配给一般会员,而抵偿信用则由合格的抵偿项目所产生。

CCX 温室气体排放权交易体系下的排放抵偿项目,是该交易体系的重要补充,与排放配额共同构成交易体系的核心要素。从本质上来说,CCX 的排放抵偿项目与清洁发展机制(CDM)项目及联合履约机制(JI)下的项目是一致的,都是能够减少温室气体等排放的项目,并将经核查的此类项目产生的减排量纳入交易体系,对于被限制排放的企业来说,购买减排量也就相当于得到了排放配额。

依据CCX《交易所规则》,每一年度有一个结算期,在这一期间,对每一会员当年的排放量是否跟其拥有的即账户上的配额数相当进行检测。如果其当年实际温室气体排放量超过了其排放限额,该会员还有一次机会从公开市场上购买配额。但是,其所购买的配额数量是受到一定限制的,依据CCX《交易所规则》第4条,在减排的第一阶段,每个会员用于履约的净购买量为:2003年至多为3‰,2004年至多为4‰,2005年至多为6‰,2006年至多为7‰。

二、监测与报告

对CCX会员的温室气体排放量进行监测、报告、核查是重要的基础性工作,此项工作决定了交易体系的登记结算环节能否合理、顺利地进行。

(一)会员温室气体排放量监测

监测应包括所有由排放源造成的温室气体排放量。2003/87/EC规定,温室气体排放许可证中,应包含对排放行为、排放监测装置安装的描述,应包含监测要求、具体的监测方法和频率。监测方法应当经过主管当局,按照CCX标准核准。会员国或其主管当局,应确定监测方法要在许可证或在符合指令2003/87/EC情况下进行详述。

监测计划应包含以下内容:
——对安装和被监测的装置所进行活动的说明;
——监测责任和监测装置所报告的信息;
——排放量来流清单;
——采用的计算方法或测量方法说明;
——排放活动水平、排放对象和每个被监测来源流的转换系数说明和清单;
——测量系统介绍,以及每个被监测来源流的说明,确切位置和转换系数;
——展示符合每个来源流的排放活动水平和其他参数(如适用)的证据;
——每一个来源流测定的净热值、碳含量、排放因子、氧化因子、转换因子或生物量分析
　　方法说明;
——数据采集、处理、控制和说明活动程序描述。

(二)会员温室气体排放量报告

排放量报告覆盖了报告期间每年的排放量。该报告应按照会员国根据2003/87/EC所设立的详细规定核实。操作者应在每年3月31日之前向主管部门提交核查过去一年排放量的报告。每家营办商均应包括下列资料。
——确定安装的规定以及其独特的许可证号码数据(2003/87/EC)。
——对所有排放源和/或来源流排放总量,选择的方法(测量或计算)、活动水平、排放因素和氧化/转换因素。下列不能用排放量说明的项目应报告为备忘项目:燃烧或用于过程的生物的总量;生物质释放的二氧化碳排放(tCO_2);活动过程释放的二氧化碳(tCO_2);作为部分燃料的固有二氧化碳。

——如果有使用连续排放监测的情况,操作者应报告化石燃料二氧化碳每年的排放量以及生物质能所排放的二氧化碳。此外,经营者应报告每种燃料,或其他用于材料和产品的相关参数的每年平均净热值及排放因子的补充资料。

——临时或永久性变化的原因,变化的开始日期和结束日期。

——任何其他在安装方面可能相关的变化。

三、核查

核查的目标是确保排放量已按照指导方针被监测以及确保是根据 2003/87/EC 报告的可靠、正确的排放数据。会员国应考虑 European Cooperation for Accreditation 发表的指导意见。

核查者应以专业的怀疑态度计划和执行核查。核查者应意识到年度排放报告中的资料会有重大误报的可能性。作为验证过程的一部分,核查者应采取下列步骤。

（一）战略分析

——验证监测计划已被主管部门批准以及验证它是否是正确版本;

——了解装置、装置内的来源流,用于监测或量度数据的表计设备,应用的排放系数和氧化/转换因素,任何其他用于计算或量度排放量的数据,设备安装操作环境里的每个活动;

——了解运营商的监测计划、数据流以及它的控制系统,包括其组织的监测和报告工作。

（二）风险分析

核查者应完成以下工作:

——分析固有风险,控制风险经营活动和排放源来源的范围和复杂性,以及可能导致重大误报和不符合有关规定的风险;

——制订与风险分析相称的核查计划。核查计划应描述核查活动如何进行,也包含核查方案和数据采集计划。

（三）核查

核查者应完成以下工作:

——以收集数据来执行核查计划。数据依照确定抽样方法、随机测试、文件审查、分析程序和数据审查程序来操作;

——确认核准的监测计划已实施,并了解监测计划是否为最新的;

——达成最后核查意见前,要求经营者提供任何丢失的核查线索,解释排放数据的变数,若有这些问题,或修改计算,或调整报告数据。核查者应报告所有不符合和误报。

（四）核查报告

——内部核查报告。核实过程最后阶段,核查员应编写一份内部核查报告。核查报告应包括战略分析、风险分析和核查计划，并提供足够信息以支持核查意见。内部核查报告也应能够促进主管机关及认证机构的评价；

——核查报告。核查员应在核查报告中提出验证方法、调查结果和核查意见。核查报告将由经营者提交，年度排放报告则交给主管当局。如果总排放量没有重大误报，核查员认为没有任何资料不符合，每年排放报告会被核查为合格。

核查采用国际标准化的第三方核查体系，具有公正性特点。由交易所认定具有资质的核查机构，制作名录予以公布，会员可以从名录中自行选择核查机构。如果会员委托的核查机构不在名录之内，则需要该机构向交易所申请，经审查批准后方可确认并将其加入交易所的名录内。

核查者应完成以下工作：

——以收集数据来执行核查计划。数据依照确定抽样方法、随机测试、文件审查、分析程序和数据审查程序来操作；

——确认核准的监测计划已实施，并了解监测计划是否为最新的；

——达成最后核查意见前，要求经营者提供任何丢失的核查线索，解释排放数据的变数，若有这些问题，或修改计算，或调整报告数据。核查者应报告所有不符合和误报。

第三章　澳大利亚碳排放管理

根据澳大利亚 2007 年 9 月通过的《国家温室气体与能源报告法》(The National Greenhouse and Energy Reporting Act)(2007)的规定。自 2008 年 7 月 1 日起,所有温室气体排放及能源生产和消耗的大户,都必须按规定监控、测量及报告其温室气体排量及能源生产和消耗量。须在 2009 年 10 月前提交第一份温室气体排放和能量消耗年度报告。此后每年 10 月提交上一年度数据。不遵守规定的企业将面临最高 20 万澳元(约合 19 万美元)罚款。报告工作由澳大利亚政府气候变化与能源效率部负责。

第一节　机制概述

一、管理机构及管理办法

澳大利亚《全国温室气体与能源报告法》法案于 2007 年 9 月通过,此后经历了重新修订,2009 年 9 月 18 日编制完成。与其他几个文件一起共同组成"澳大利亚国家温室气体和能源报告制度",包括:

——《国家温室气体与能源报告法》(National Greenhouse and Energy Reporting Act)(2007);

——《国家温室气体与能源报告规则》(The National Greenhouse and Energy Reporting Regulations)(2008);

——《国家温室气体与能源报告(计量)决定》(The National Greenhouse and Energy Reporting (Measurement) Determination)(2008);

——《国家温室气体与能源报告(核查)决定》(National Greenhouse and Energy Reporting (Audit) Determination)(2009)。

相关法规及支持文件如图 3-1 所示。

根据该法案的要求,自 2008 年 7 月 1 日起,所有温室气体排放及能源生产和消耗的大户,都必须按规定监控、测量及报告其温室气体排量及能源生产和消耗量。

"澳大利亚国家温室气体和能源报告制度"由澳大利亚政府气候变化与能源效率部负责。该部门设立了温室气体与能源数据官(简称"气能数据官")专门负责实施"国家温室气体与能源报告法"。气能数据官是澳大利亚气候变化与能效部秘书长任命的澳大利亚公务员。气能数据官的工作由气能部监管司支持。

达到报告标准的公司须向气能数据官登记并报告:

——公司的温室气体排放情况;

——公司的能源生产情况;

——公司的能源使用情况;

——气能报告立法规定的其他信息。

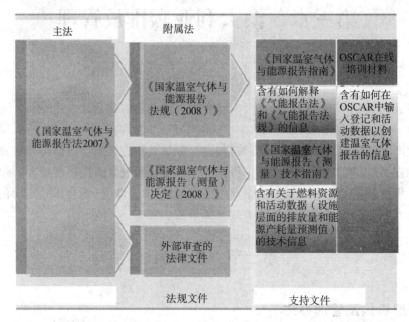

图 3-1　"澳大利亚国家温室气体和能源报告制度"相关法规及支持文件

二、受管控的企业信息

根据《国家温室气体与能源报告法》的要求,符合以下标准的企业纳入受控标准:

——第一年(2008/2009 年):CO_2 排放当量在 12.5 万吨以上,生产或消耗 500 万亿焦以上能量的工厂和企业;

——第二年(2009/2010 年):CO_2 排放当量在 8.75 万吨以上,生产或消耗 350 万亿焦以上能量的工厂和企业;

——第三年(2010/2011 年):CO_2 排放当量在 5 万吨以上,生产或消耗 200 万亿焦以上能量的工厂和企业。

——以及 2008/2009 年度所有 CO_2 排放当量在 2.5 万吨以上,生产或消耗 100 万亿焦以上能量的设施单元。

受控机构每年 10 月提交上一年度数据。不遵守规定的企业将面临最高 20 万澳元(约合 19 万美元)罚款。具体受控标准如图 3-2 所示。

第二节　监测与报告

一、报告流程

《国家温室气体与能源报告法 2007》规定了温室气体和能源消耗量和生产量达到一定标准的控制公司的登记和报告义务。图 3-3 说明了气能报告流程的一般周期,包括从首次登记至编写,和提交国家温室气体与能源报告给温室气体与能源数据官(简称"气能数据官")。

注：TJ = 太焦耳（10^{12}焦耳）使用或生产的能源；kt = 千吨（10^6千克）；CO_2-e：排放的温室气体等量对照气体。换算因子：能源——1太焦耳=1000个十亿焦耳,1个十亿焦耳= 1000百万焦耳,1百万焦耳=1000千焦耳,1千焦耳=1000焦耳；CO_2-排放气体——1千吨=1000吨，1吨=1000千克。

图 3 - 2 "澳大利亚国家温室气体和能源报告制度"受控企业标准

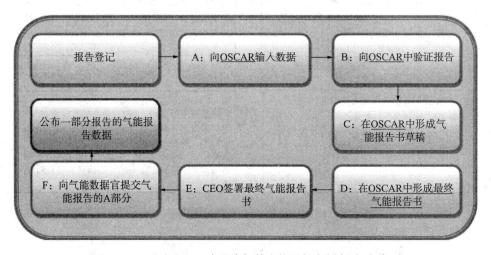

图 3 - 3 "澳大利亚国家温室气体和能源报告制度"报告流程

（一）报告登记

受控公司明确需要报告后,须使用在线登记申请工具（OSCAR）完成登记。登记须在首次达到标准的报告期（财年）后的 8 月 31 日前提交给气能数据官。

受控公司被要求仅进行一次登记,在向气能数据官提交注销登记申请表并经批准前,一直须登记在册,登记过程可能持续数周。

在满足一定条件的情况下,企业也可指定其他组织承担气能报告责任,或撤销对该组织的指定；请求气能数据官做出经营性控制或设施的认定；或提交报告转让证。相关表格可在线获取。

　　企业将以挂号信的形式收到其综合活动报告在线（OSCAR）的登录账户详细信息，其后可开始创建报告。

　　企业登记后，即使未达到标准，亦须报告（称作"低限报告"）。

（二）在 OSCAR 中创建国家温室气体与能源报告书

　　已登记公司须在每一公历年的 10 月 31 日前向气能数据官提交前一报告年（财年）的气能报告书。澳大利亚气体变化与能源效率部开发了专门用于录入数据和生成最终气能报告书的工具"综合活动报告在线系统"（OSCAR）[3]。报告范本可从网站获取。

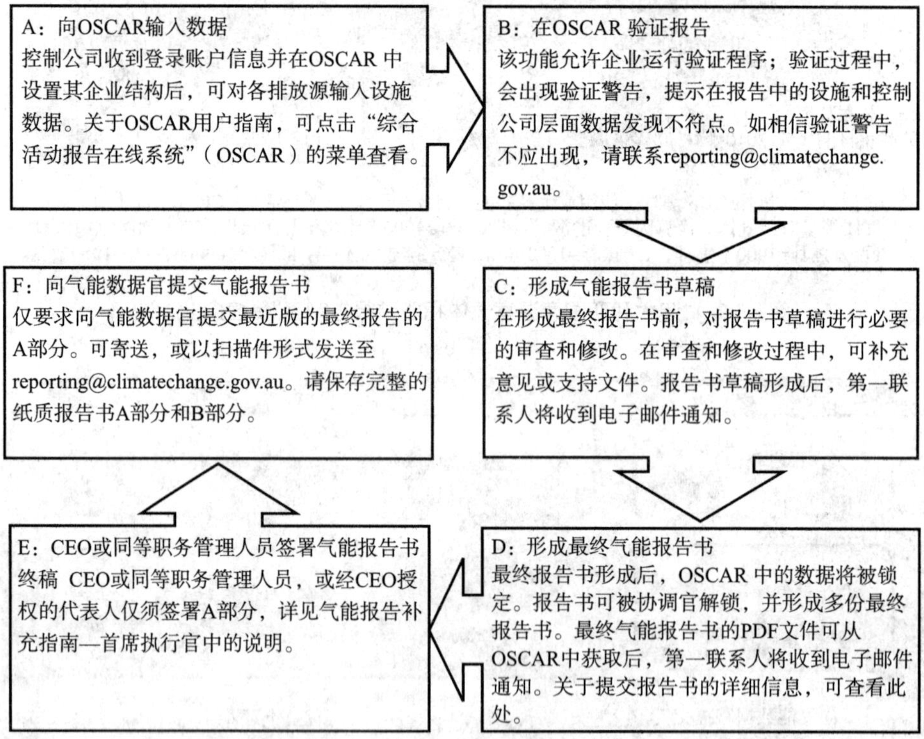

A：向OSCAR输入数据
控制公司收到登录账户信息并在OSCAR中设置其企业结构后，可对各排放源输入设施数据。关于OSCAR用户指南，可点击"综合活动报告在线系统"（OSCAR）的菜单查看。

B：在OSCAR 验证报告
该功能允许企业运行验证程序；验证过程中，会出现验证警告，提示在报告中的设施和控制公司层面数据发现不符点。如相信验证警告不应出现，请联系reporting@climatechange.gov.au。

C：形成气能报告书草稿
在形成最终报告书前，对报告书草稿进行必要的审查和修改。在审查和修改过程中，可补充意见或支持文件。报告书草稿形成后，第一联系人将收到电子邮件通知。

D：形成最终气能报告书
最终报告书形成后，OSCAR 中的数据将被锁定。报告书可被协调官解锁，并形成多份最终报告书。最终气能报告书的PDF文件可从OSCAR中获取后，第一联系人将收到电子邮件通知。关于提交报告书的详细信息，可查看此处。

E：CEO或同等职务管理人员签署气能报告书终稿　CEO或同等职务管理人员，或经CEO授权的代表人仅须签署A部分，详见气能报告补充指南—首席执行官中的说明。

F：向气能数据官提交气能报告书
仅要求向气能数据官提交最近版的最终报告的A部分。可寄送，或以扫描件形式发送至reporting@climatechange.gov.au。请保存完整的纸质报告书A部分和B部分。

图 3-4　OSCAR 在线报告流程

（三）气能报告数据的公布

　　根据报告法第 24 条要求，气能数据官须公布达到受控公司公布标准的已登记公司报告的排放总量和能源消耗总量。气能数据官将于每年 2 月 28 日前公布前一报告期的相关信息，并可酌情公布其他信息。

---

[3]　http://www.climatechange.gov.au/en/government/initiatives/national-greenhouse-energy-reporting/oscar.aspx.

二、计算方法概述

该法案采用了由世界资源研究所(World Resource Institute)与世界可持续发展委员会(World Business Council for Sustainable Development)共同拟制的"温室气体协定"(GHG Protocol)。

(一)温室气体排放分类

将温室气体排放分为三大类:
——第一大类:通过发电、燃料燃烧,以及空气污染等方式直接产生温室气体。
——第二大类:在生产链过程中,通过诸如生活生产用电等间接方式产生的温室气体。
——第三大类:在生产链过程中比较隐藏地通过诸如原料采购、物流配送和垃圾处理等过程无形的温室气体排放。

目前只强制要求报告第一大类和第二大类的排放数据,第三大类数据企业可自愿选择是否报告。

第一大类又分为四种:
——燃料燃烧排放:来自于燃料燃烧,包括固体燃料、气体燃料、液体燃料及行业特定燃料。
——逸散性排放:来自于化石燃料的提取、生产、处理和运输。如煤、石油、天然气的开采、生产、运输、提炼等,以及CCS所生产的排放。
——工业过程排放:来自于碳酸盐和化石燃料作为原材料或还原剂产生的排放,以及人工合成物的排放。如水泥、熟料、纯碱、化学制品、铁合金等所产生的排放。
——废弃物排放:来自于垃圾填埋场或废水处理的排放。如垃圾填埋、焚烧、废水处理产生的排放。

对于每个分类下面又有细分。

(二)计量方法

针对不同的排放类型,法案中包括四种计量方法:
——方法一:默认方法,基于国家平均值的国家温室气体计算方法(IPCC)。
——方法二:针对特定设施,采用行业惯例进行抽样,采用澳大利亚国家标准或同等标准进行分析。
——方法三:与方法二类似,不同之处是抽样和分析都要基于澳大利亚国家标准或同等标准。
——方法四:对于特定设施,采用连续监测或定期监测的方法直接进行测量。

对于第二大类的排放,来自于购电消耗产生的排放,分为两种:购电来自国家电网,和购电来自其他来源。均采用方法一进行计算,即消耗电量与排放因子的乘积。

计算每种大类排放时,必须采用以上四种方法中的一种或几种,特定情况下禁止使用的除外。

第三节　核　查

由澳大利亚政府气体变化与能源效率部指定认可的第三方认证机构及个人,并接受其的监督。认可的核查机构包括安永、毕马威等多家机构,在澳大利亚"国家温室气体和能源报告"官方网站上按区域划分,列出了每个区域的审核员的信息,包括联系方式和负责范围。

澳大利亚政府气体变化与能源效率部发布了《国家温室气体与能源报告(核查)决定》及《国家温室气体与能源报告核查指南》具体核查标准及相关方法可参照执行。

一、核查目的

温室气体及能源核查(包括核查、核证工作),是《国家温室气体及能源申报法》中规定的一项关键符合性监测措施。温室气体及能源核查、核证工作,主要是为温室气体数据核查员(GEDO)或被核查单位提供《国家温室气体及能源申报法》所要求事项进行核查和核证。

法案规定了两种不同类型的温室气体及能源核查,即:提供合理受限担保的核查工作和不提供担保的核证工作。

核查、核证工作可对被核查单位是否符合《国家温室气体及能源申报法案》及其他附属法规的任何或所有方面进行调查。主要包括鉴证和鉴定两种方式:

鉴证(assurance engagements),其目的就是被核查单位是否在完全实质性符合《国家温室气体及能源申报法》的规定要求方面做出独立的结论。

鉴定(verification engagements),目的是对实际核查结果符合性的具体方面进行独立评价。

二、鉴证程序

鉴证程序分为4个关键阶段,鉴证工作程序如图3-5所示,根据《国家温室气体及能源申报法》第73章或第74章规定的核证工作或被核查鉴证单位主动开展的核证工作进行的核查鉴证类型予以说明。

(一)准备

鉴证工作阶段,核查鉴证小组组长完成接受或保持程序,以评估接受鉴证工作的风险。与制造过程中的质量控制程序相似,执行鉴证工作验收程序以保证高标准的最终产品,以免核查员提出不合格的货物要求。鉴证程序很重要,原因是鉴证工作的价值部分来自于核查小组组长的廉正与洞察力。核查鉴证委托人(可能是温室气体数据核查员或被核查单位本身)对于鉴证要求及鉴证工作风险评估不当会对核查工作的价值及核查小组组长的声誉造成损害。

核查小组组长还决定是否可能根据标准与数据事项开展鉴证工作,制定符合鉴证工作条款、《国家温室气体及能源申报法案》和《核查指南》的有效核查执行计划。

如核查小组组长不同意或签字确认核查工作条款,核查小组组长必须通知温室气体数据核查员[《核查指南》s3.4(3)]。

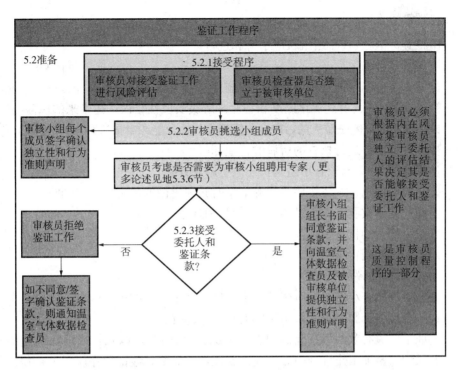

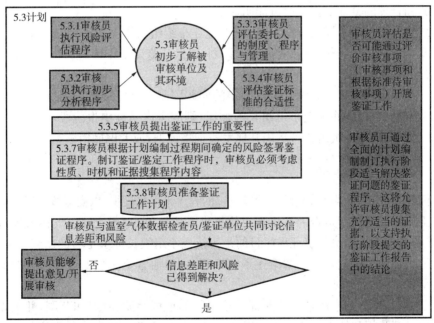

图 3-5 鉴证工作程序图

（二）计划编制

依照《核查指南》，执行《国家温室气体及能源申报法案》核查工作标准的须《国家温室气体及能源申报法案》及其附属法规。如根据《国家温室气体及能源申报法案》s19 之规定核查温室气体及能源申报报告，则主要运用温室气体及能源申报测定指南中所规定的标准。其他鉴证工作的标准可符合该法案的特殊要求。

要提出核查标准,核查小组组长应了解和进行评估:

——被核查单位的运行、经营目标及经营策略与核查工作的核查事项有关;

——被核查单位制定被核查事项运用的制度与程序;

——被核查单位确定并运用该制度和程序来解决实质性错误论述带来的风险,且该错误论述带来的风险是重大的,并与《国家温室气体及能源申报法案》的申报要求有关;

——被核查单位要进行核查的所属的行业部门。

作为本程序的一部分,核查小组组长还应了解和评估:

——搜集和申报温室气体排放及能源信息时必须遵循的法定要求(标准);

——温室气体排放及能源信息的范围、数量和变率(待核查事项);

——最关乎经营的核查事项范围;

——是否明晰声明待核查事项,以免误解。

然后,利用此信息评估和评价:

——将会影响核查小组组长对待核查事项做出结论能力的风险(核查风险);

——不符合性将会影响个人做出决定的程度(实质性)。

开展鉴证工作最有效的方法是制定专门的综合鉴证程序,以减轻或消除确定的实质性误述的重大风险。鉴证工作计划中必须提供鉴证程序概要。鉴证程序应反映获得的鉴证水平。受限的和合理的鉴证工作程序可能明显地不同。

如计划的鉴证程序结果与预期不符,核查鉴证小组组长需要重新评估其对于上述要素的了解程度,进行核查鉴证并更新鉴证工作计划,以保证鉴证工作计划仍然代表最有效的鉴证工作的开展方式。

如核查小组组长决定计划编制阶段确定的问题限制了其完成核查工作的能力,且被核查单位未做出修正,以解除核查小组组长的顾虑,则应考虑继续申报阶段,因为其可能不会提出意见。另外,核查小组组长可运用其他手段搜集证据,或考虑撤销核查工作。

（三）执行

在执行阶段,核查员根据计划编制阶段制定的程序来搜集证据,以支持核查得出的结论。

鉴证工作目的是关于是否为被核查单位提供实质性符合《国家温室气体及能源申报法案》的要求的独立结论。执行鉴证程序目的是为核查小组组长提供足够的适当信息,以便核查鉴证小组组长做出结论。第5章论述了鉴证程序,但通常至少包括详细检验源文件及分析预期结果。

在计划编制阶段,初步评估支持鉴证结论必需的证据性质、时机和范围,并根据核查小组组长对于经营分析和核查分析的了解程度制订。评估需要根据执行的程序结果以及核查程序如何影响核查小组组长对于经营分析和核查分析的了解程度进行修改。

（四）申报

核查小组组长获得管理人员关于其提交给核查小组组长的信息或其他方面的完整性和准确性的书面声明,包括发布核查工作报告之前被核查单位是否符合《国家温室气体及能源申报法案》。核查小组组长应与被核查单位共同讨论核查结果,以确定有关任何认识问题的事实准确性。

《核查指南》3.4规定了有关鉴证工作报告的要求。

根据核查小组组长确定的支持申报信息结果是否符合《国家温室气体及能源申报法案》的证据做出核查工作报告结论。如申报的温室气体及能源信息的确被核查小组组长判定含为实质性错误,那么,这些错误的普遍性将会决定做出的结论性质。核证工作报告实例参见指南附件B。

三、鉴定程序

在鉴定工作中,核查小组组长执行其与温室气体数据核查员或被核查单位之间在开始鉴定工作之前达成一致的预定程序。鉴定工作类似于财务申报和核查中常用的"商定程序"工作。

由于核查小组组长根据规定要求的特殊程序提供一份事实结论报告,鉴定工作成果不同于鉴证工作,它不提供鉴证结论,而是由报告使用者自行评估执行的程序和报告的结果,以得出使用者自己的结论。

鉴定程序可细分成如图3-6所示的关键要素。

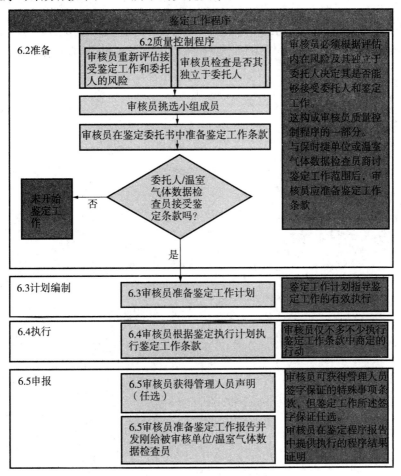

图3-6 鉴定工作程序图

（一）准备

在鉴定工作阶段期间，核查小组组长完成质量控制步骤，以评估接受被核查公司和核查工作条款的风险。

本条规定为核查工作通用规定要求。详情参见上述鉴证规定部分。

（二）计划编制

核查小组组长必须准备一份鉴定工作计划，以便有效执行核查小组组长与温室气体数据核查员或被核查单位之间就鉴定工作条款商定的程序。

（三）执行

核查小组组长认真地实施核查委托书中商定的鉴定工作条款规定的行动。

鉴定工作与鉴证工作迥异；在鉴定工作中，核查小组组长制订鉴定工作期间执行的综合核查程序。

（四）报告

在鉴定工作报告中，核查小组组长提供其按照委托书执行的鉴定程序结果。这应是一个基于事实结论的报告。核查小组组长不应在报告中给予超出《核查指南》关于鉴定工作报告要求之外的结论、建议或评论。

第四章　日本碳排放管理

日本国内目前尚无全国性的温室气体排放交易市场,但在应对气候变化、温室气体排放等管理政策和制度上已经非常完善。日本在 1998 年 10 月就通过了《全球气候变暖对策推进法》,该法是世界上第一部旨在防止全球气候变暖的法律,显示了日本积极应对气候变化的姿态。该法将国家、地方公共团体、事业者、国民作为一个整体确定了应对温室气体的基本职责,规定了抑制温室效应气体排出的基本措施。此外以《全球气候变暖对策推进法》为中心,日本制定和修订了相关配套法律,包括《全球气候变暖对策推进法实施细则》、《能源利用合理化法》、《氟利昂回收破坏法》、《电力事业者利用新能源等的特别措施法》、《新能源利用促进特别措施法》等法律法规为内容构建了的日本应对气候变化法律体系。

在温室气体排放管理方面,除国家层次上的"温室气体排放强制计算、报告和披露系统",针对一定数量以上的温室气体排放大户要求进行强制申报外,日本国内还开展了经济团体联合会环境自愿行动计划、日本自愿排放交易体系以及东京都强制总量控制与交易体系等针对温室气体减排措施和排放交易活动。

第一节　温室气体排放强制计算、报告和披露系统

在 2005 年《京都议定书》生效后,同年 4 月日本内阁批准了《京都议定书目标达成计划》,同时按照修订后的《全球气候变暖对策推进法》(1998 年 117 号)的要求,日本政府决定正式引入针对排放大户的"温室气体排放强制计算、报告和披露系统"(以下简称"申报系统"),系统于 2006 年 4 月正式生效执行。2008 年 3 月日本政府第一次公布了该方面的数据(2006 财年),此后每年 7 月 30 日前报告上一年排放数据。

一、机制概述

（一）管理机构及管理办法

"温室气体排放强制计算、报告、披露系统"由日本环境省和经济产业省共同负责,日本环境省地球局主管。

该申报系统中所涵盖的内容由"全球气候变暖对策推进法"(以下简称"温对法")和"节约能源法"(以下简称"节能法")共同确立并相互补充,并配套报告方式、计算标准等相关一系列法规,相关内容可在其官方网站查询下载[①]　,见表 4-1。

表 4-1　"温对法"和"节能法"中涵盖的温室气体报告内容

内容	节约能源法	全球气候变暖对策推进法
类别 1-能源活动	CO_2	—

---

① http://www.env.go.jp/earth/ghg—santeikohyo/material/。

续表

内容	节约能源法	全球气候变暖对策推进法
类别1-非能源活动	—	CO_2 及其他温室气体
类别2	CO_2	—

注:类别1是指发电、燃料燃烧、工业过程等直接排放温室气体的活动,类别2是指外部购买电力或其他能源而在生产过程中间接排放温室气体的活动。

日本温室气体强制申报系统的确立,其目的在于通过排放企业对自身排放量进行计算,作为进一步开展减排工作和制定相关政策的基础;通过报告披露和公开化,促进日本国民及企业形成主动减排的观念。

根据该制度要求,一定数量以上的温室气体排放者须承担计算温室气体排出量并向国家报告的义务,国家对所报告的数据汇总并予以公布。根据规定,伴随着事业活动而在相当程度上排出较多温室气体,并由政令规定的排出者(称为"特定排出者"),每年度必须由各事业所分别就温室气体的排出量向事业所管大臣进行报告。事业所管大臣,将报告事项及集中计算的结果向环境大臣及经济产业大臣予以通知,与此同时,要适当保护特定排出者的权利利益,国家对所报告的数据集中计算并公布。环境大臣及经济产业大臣,在采用文档记录事业所管大臣等通知的报告事项等的同时,集中计算、公布该记录内容,以便任何人均能够请求公开该记录文档。

报告方式如下:

——分析和确定机构所有的排放活动;

——按照相关要求计算每项活动的排放量:项目活动水平×排放因子;

——每种温室气体的排放量及总和;

——每种温室气体的 CO_2 排放当量及总和;

——报告完成后提交政府。

该报告系统流程图如图4-1所示:

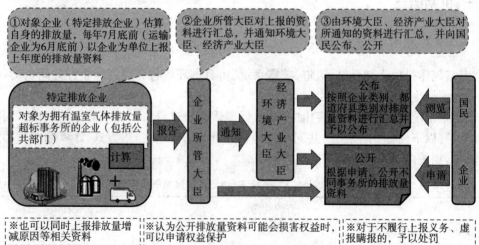

图4-1 日本"温室气体排放强制计算、报告、披露系统"整体流程

(二)受管控的机构信息

日本"温室气体排放强制计算、报告、披露系统"管制的温室气体共有 6 种,包括 CO_2、CH_4、N_2O、HFCs、PFCs、SF_6。

概括来说,日本地区所有满足以下条件的企业机构必须上报其温室气体排放量:

——能源消耗引起的 CO_2 排放:在节能法所规定的能源消耗超过 1500kL 原油当量/年的企业、大学、地方政府、运输公司等机构;

——其他温室气体:员工超过 21 人且所有办公室年排放超过 3000tCO_2 的机构。

更详细的受控机构信息如表 4-2 所示,根据该体系的要求,满足表 4-2 所示条件的企业,无论其经营范围如何,都是本制度的受控企业(即特定排放企业)。

表 4-2 日本"温室气体排放强制计算、报告、披露系统"管制机构信息

温室气体种类	对象企业(＊)
能源消耗带来的 CO_2 (燃烧燃料、使用外部供给电或热时排放的 CO_2)	【特定事业所排放企业】 所有事业所的能源使用总量超过 1500kL 原油/年的企业 (节能法规定的特定企业)。 ★设置有以原油进行折算且能源使用量在 1500kL 原油/年以上的事业所 (节能法规定的能源管理特定工厂等)时,该事业所的排放量也应上报。
	【特定运输排放企业】 节能法所规定的以下任一企业: • 特定货运企业(列车 300 车厢、卡车 200 辆、船舶 2 万吨以上); • 特定客运企业(列车 300 车厢、公交车 200 辆、出租车 350 辆、船舶 2 万吨以上); • 特定航空运输企业(最大总起飞重量 9000t 以上); • 特定货主(3000 万吨公里以上)。
其他温室气体(5 种气体) 非能源类二氧化碳(CO_2) 甲烷(CH_4) 一氧化二氮(N_2O) 氢氟碳化合物(HFCs) 四氟甲烷(PFCs) 六氟化硫(SF_6)	【特定事业所排放企业】 满足以下①及②条件的: ①整个企业的 6 种温室气体排放总量超过 3000tCO_2e; ②企业员工人数超过 21 人。 ★所有温室气体折算为 CO_2 当量后排放量在 3000t 以上的事业所时,该事业所的排放量也应作为上报内容。
注:即使是满足条件的特许经营连锁企业,所加盟的全部事业所的事业活动也应视为特许经营连锁企业的事业活动,由本部进行上报。	

对于特定事务所排放企业,需每年 7 月底报进行上报,对于特定运输排放企业,每年度 6 月底进行上报。

如果受控机构未进行报告或提供错误报告,处 20 万日元以下的过失罚款(对于违反"节能法"的报告义务的受控机构,处 50 万日元以下的罚金)。

二、监测与报告

（一）报告内容及要求

根据日本"温室气体排放强制计算、报告、披露系统"要求，受控单位须对以下内容进行报告：

1. 温室气体排放量（实际排放量）

按照以下(1)~(4)的流程进行计算：

(1)排放活动的选取；

(2)每项排放活动的排放量，用环境省指令中规定的计算方法即活动水平与排放系数乘积进行计算：

$$温室气体排放量＝活动水平×排放系数$$

(3)对不同活动的同一种温室气体，计算出排放量并求和；

(4)每种温室气体的排放量换算成 CO_2 当量：

$$温室气体排放当量(t)＝温室气体排放量(t)×全球增温潜势(GWP)$$

2. 调整后的温室气体排放量（经过调整的排放量）

按照以下(1)＋(2)＋(3)－(4)的计算方式进行调整：

其中(1)~(3)为必须上报的温室气体对象调整后的实际排放量，小于零时，取零。

(1)能源活动引起的 CO_2 排放（外部提供的电力或热能除外），包括：

——燃料及热能使用时产生的排放；

——外部供给的电力使用量×调整后的排放系数。

(2)非能源类 CO_2 排放；

(3) CH_4、N_2O、HFCs、PFCs 及 SF_6 的实际排放量；

(4)购买的京都议定书碳排放指标及未使用的国内认可的减排量指标。

注：国内认可的减排量指标，一般是指经过认证的碳减排指标（JVER）。

3. 权益保护的申请

企业如果担心由于公开发布排放量报告而损害企业利益时，可根据以下情况向企业管理大臣提出申请：

——企业全体或特定事务所的实际排放量及每种温室气体排放量；

——调整后的排放量；

——京都碳减排指标的交易量及日本国内认可的碳减排量。

需要注意的是日本主管机构有可能会拒绝企业所申请的权益保护。

4. 提供的其他相关资料

特定排放企业如希望排放量的变化情况与其他相关资料一起提供时，可提供以下资料：

——报告的排放量变化情况相关资料；

——每种温室气体排放增减状况等相关信息；

——温室气体减排措施实施情况；

——温室气体排放量的计算方法；

——其他相关资料。

（二）计算方法概述

根据"温室气体排放强制计算、报告、披露系统"的要求,温室气体排放量的计算（实际值）按以下步骤进行计算。

1. 排放活动的选取

选取受控企业的温室气体各项排放活动。

2. 计算每种活动的排放量

对选取的排放活动,根据环境省规定的计算方法、排放系数进行排放量的计算。（具体可参照官方网站发布的"计算、报告、披露系统温室气体计算方法和排放系数一览"）

$$温室气体排放量＝活动水平×排放系数$$

注:活动水平:指生产量、使用量、焚烧量等排放活动的规模;

排放系数:单位活动水平的排放量。

3. 计算排放总量

计算每种温室气体、每项活动的排放量并求和。

4. 折算为 CO_2 排放当量

将每种温室气体的排放量以 CO_2 为单位进行折算。

$$温室气体排放当量(t)＝某种温室气体排放量×全球增温潜势 GWP$$

注:全球增温潜势（GWP:Global Warming Potential）:某种温室气体与导致地球变暖的 CO_2 量之比。

关于调整后的温室气体排放量,根据上述计算的实际排放量进行计算。

（三）具体方法学

受控机构的温室气体排放,可根据日本环境省在其官方网站发布的"计算、报告、披露系统温室气体计算方法和排放系数一览"进行计算。

1. 能源活动产生的 CO_2 排放

分为能源的直接使用、使用外部供给的电力、使用外部供给的热能三种,但是,事务所包含发电或热能供给设施时,除了自身消耗带来的排放量之外,事务所内所有燃料使用带来的排放量（包含向外部供给电力或热能的所有直接排放量）一并进行计算和报告。

1）能源的直接使用

直接使用燃料的活动是指焚烧煤、石油、天然气等化石燃料时,燃料中的碳转化为 CO_2,排放至大气中。

计算公式为:

CO_2 排放量(t)＝各类燃料的使用量(t,kL,1000m³)×热值(GJ/t,GJ/kL,GJ/1000m³)×单位热量的排放量(t/GJ)×44/12。

排放系数（单位燃料的排放量）参照日本环境省公布的数据执行。

"节约能源法定期报告书"中记入了各种类燃料使用量。在定期报告书中未公布的燃料,则暂时不考虑。对于外销部分按照上述计算公式从排放总量中扣除。

2）使用外部供给的电力

使用外部供给的电力时,发电带来的 CO_2 排放视为使用电力者的间接排放。

计算公式为：

$$CO_2 \text{排放量}(t) = \text{电力使用量}(kWh) \times \text{电力排放系数}(t/kWh)$$

其中电力排放系数为所计算年份前一年公布的数据，按照节约能源法的要求，定期报告书中的电力使用量，应为除自备电厂发电之外的所有购电量。自备电厂发电带来的排放量按照燃料的直接使用进行计算。

计算过程中使用的排放系数，根据电力供给形态等可分为以下三种：

——使用电力企业（包括十大电力公司在内的一般电力企业和特定规模电力企业）供给的电力时，按照国家发布的电力企业实际排放系数计算。

——使用上述企业以外提供的电力时，排放系数采用类似于以上方法的实际测量值。

——无法用以上两种方法计算时，采用由环境部和经济产业部公布的替代系数（替代值根据综合的能源消耗计算出近五年的平均排放系数）。

3）使用外部供给的热能

使用外部供给的热能时，热能生产所排放的 CO_2 视为使用者的间接排放。

计算公式为：

$$CO_2 \text{排放量}(t) = \text{热能使用量}(\text{热能种类})(GJ) \times \text{单位热能的排放量}(t/GJ)$$

排放因子取值如下：

工业蒸气　　0.060t/GJ

其他蒸气、温水、冷水　　0.057t/GJ

4）对外供电/供热的扣除方法

对于自身发电的企业，供给外部使用的电力或热能要从其能源 CO_2 排放量中扣除。扣除方法：

$$CO_2 \text{扣除量}(t) = \text{供给外部使用的电量或热量}(kWh, GJ) \times \text{单位供给量的排放量}(t/kWh, t/GJ)$$

排除系数要使用该企业中实际发电及产生热能相关的排放系数。

2. 非能源活动产生的 CO_2 排放及其他温室气体排放

1）受控对象

满足以下两个条件的企业，要报告其非能源活动产生的 CO_2 排放及其他温室气体排放量：

——年温室气体排放当量总和超过 3000t 的企业。

——企业员工人数超过 21 人。

对于第一类企业，该企业的详细排放量要进行报告。

2）活动类别

对于非能源活动产生的 CO_2 排放，主要包括以下企业活动：

——矿业：原油或天然气的开采和生产；

——渔业和化学工业：水泥生产，生石灰制造，苏打、石灰、玻璃或钢铁的生产；

——苏打、石灰的使用，氨气生产，硅碳化合物生产，乙炔原料碳化钙的使用；

——二氧化碳的使用：干冰的使用，喷雾器使用；

——废弃物处理：废弃物焚烧或制品生产中使用废弃燃料。

其他温室气体排放活动，涉及甲烷（CH_4）的排放活动有：

——焚烧燃料用设施机器中的燃料使用；

——电气炉中电器的使用；

——煤矿开采；

——原油或天然气的挖掘生产；

——都市燃气制造；

——碳黑等化学制品的制造；

——家畜饲养；

——家畜排泄物管理；

——水稻；

——农业废弃物的焚烧；

——废弃物填埋处理；

——工业废水处理；

——污水、粪便处理；

——废弃物焚烧或制造制品使用废弃物燃烧。

涉及 N_2O、HFC、PFC、SF_6 排放的非能源活动类别参见图 4-2。

氧化亚氮（N_2O）
焚烧燃料用设施、机器中的燃料使用
原油或天然气的挖掘、生产
脂肪酸等化学制品的制造
麻醉剂的使用
家畜排泄物管理
耕地肥料使用
耕地农作物作为残留肥料使用
农业废弃物焚烧
工厂废水处理
污水，粪便处理
废弃物焚烧或制造制品使用废弃物燃烧

氢氟碳化合物（HFC）
二氢氟甲烷（HCFC-22）制造
氢氟碳化合物（HFC）制造
家用电器电冰箱等HFC封入制品制造时HFC的封入
业务用冷冻空调和机器使用开始时HFC的封入
业务用冷冻空调和机器整备时HFC的封入及回收
家用电器电冰箱等废弃时HFC的回收
塑料制造中作为发泡剂使用HFC
喷雾器及灭火器制造时HFC封入
喷雾器使用
半导体等加工工程中蚀刻法使用HFC
溶剂等使用HFC

全氟化碳（PFC）
铝的制造
PFC制造
半导体等加工工程中蚀刻法使用PFC
溶剂等用途PFC使用

六氟化碳（SF_6）
镁合金铸造
SF_6制造
变压器等家用电器机械器具的制造及使用开始时SF_6的封入
变压器等家用电器机械器具的使用
变压器等家用电器机械器具点检中SF_6的回收
变压器等家用电器机械器具废弃时SF_6的回收
半导体等加工工程中蚀刻法使用PFC

关于具体对象活动及计算方法，请阅览环境省Web网站登录的「企业排放活动，计算方法一览」及「计算·报告指南」。

图 4-2 非能源活动排放其他温室气体的活动类别

3) 计算方法

计算方法如下：

——鉴别企业的温室气体排放活动；

——计算每项活动的排放量：温室气体排放量＝活动水平×排放系数

——计算每种温室气体的排放总量；

——转换成 CO_2 排放当量：

温室气体排放量(t)＝温室气体排放量(t)×全球增温潜势（GWP）

对于具体对象活动及计算方法,可以参考日本环境省在其官方网站发布的"计算、报告、披露系统温室气体计算方法和排放系数一览"及"计算报告指南"进行计算。

三、核查

参加强制申报系统的企业需要向日本环境省和经产省报告其温室气体排放量,并接受其监督。但根据目前政策,受控机构的温室气体排放量并不需要通过第三方机构的核查。

四、附件

计算、报告、披露系统温室气体计算方法和排放系数见表4-3~4-9,其中所述附表是指"温室气体排放强制计算、报告和披露系统"所列的计算方法和排放系数一览中的附表。具体可参考日本环境省在其网站发布的文件。

表4-3　能源产生的二氧化碳(CO_2)

列入对象的排放活动	计算方法	单位生产量的排放量(排放系数)		
		划分	单位	数值
燃料的使用	(按照不同燃料种类)燃料使用量×单位使用量的发热量×单位发热量的碳排放量×44/12	附表1及附表2		
外部供给电力的使用	电力使用量×每单位使用量的排放量	(请在计算报告公开制度主页处确认)		
外部供给热的使用	(按照不同热种类)热使用量×每单位使用量的排出量	产业用蒸汽	t/GJ	0.060
		蒸汽(产业用蒸汽除外)、温水、冷水	t/GJ	0.057

【依据条文】政令第6条第1项第1号、计算省令第2条。

表4-4　非能源产生的二氧化碳(CO_2)

列入对象的排放活动	计算方法	单位生产量的排放量(排放系数)		
		划分	单位	数值
原油或天然气的试采	试采的坑井数×每单位井数的排放量	—	t/井数	0.000028
原油或天然气性状相关测试的实施	进行性状相关测试的井数×单位实施井数的排放量	—	t/井数	5.7
原油或天然气的生产	原油(冷凝液除外)生产量×单位生产量的排放量	生产时的通气阀	t/kL	0.000012
		生产时通气阀以外的设施	t/kL	0.00027
		进行伴生气体的焚烧时	t/kL	0.067

续表

列入对象的排放活动	计算方法	单位生产量的排放量（排放系数）		
		划分	单位	数值
原油或天然气的生产	天然气生产量×单位生产量的排放量	生产时的生产井设施	t/m³	0.000000095
		生产时的成分调整等的处理设施	t/m³	0.000000027
		在提取天然气时实施伴生气体焚烧时	t/m³	0.0000018
		在处理天然气时进行伴生气体焚烧时	t/m³	0.0000021
		在提取及处理天然气时实施伴生气体焚烧时	t/m³	0.0000039
	生产的坑井数×实施每单位井数检查时所伴生的排放量	—	t/井数	0.00048
水泥的制造	水泥熔块制造量×单位制造量的排放量	—	t/t	0.502
生石灰的制造	（不同原料种类）使用量×单位使用量的排放量	石灰石	t/t	0.428
		白云石	t/t	0.449
钠钙玻璃或钢铁的制造	（不同原料种类）使用量×单位使用量的排放量	石灰石	t/t	0.440
		白云石	t/t	0.471
纯碱的制造	纯碱制造产生的 CO_2 使用量	—	—	—
纯碱的使用	纯碱使用量×单位使用量的排放量		t/t	0.415
氨的制造	（不同原料种类）原料使用量×单位使用量的排出量	附表3		
碳化硅的制造	石油焦炭使用量×单位使用量的排放量	—	t/t	2.3
电石的制造	电石制造量×单位制造量的排出量	生石灰的制造	t/t	0.76
		生石灰的还原	t/t	1.1
乙烯的制造	乙烯制造量×单位制造量的排放量	—	t/t	0.014
使用以电石为原料的乙炔	乙炔使用量×单位使用量的排放量	—	t/t	3.4

续表

列入对象的排放活动	计算方法	单位生产量的排放量（排放系数）		
		划分	单位	数值
制造使用电炉制成的粗钢	电炉中的粗钢制造量×单位制造量的排出量	—	t/t	0.0050
干冰的使用	CO_2作为干冰使用时的使用量	—	—	—
喷雾器的使用	喷雾器的使用造成的CO_2排放量	—	—	—
废弃物等的焚烧或者产品制造用途的使用、废弃物燃料的使用	（按照不同炉种类、废弃物种类）焚烧、使用量×单位焚烧、使用量的排放量	附表4		

【依据条文】政令第6条第1项第2号以及附表第7、计算省令第3条。

表 4-5　甲烷（CH_4）

列入对象的排放活动	计算方法	单位生产量的排放量（排放系数）		
		划分	单位	数值
供燃料燃烧用的设施以及机械器具中燃料的使用	（按照不同燃料种类、炉种类）燃料使用量×单位使用量的发热量×单位发热量的排放量	附表1及附表5		
电炉（炼铁用、炼钢用、合金铁制造用、碳化物制造用）中电力的使用	电力使用量×单位使用量的排放量	—	t/kWh	0.000000020
石炭的开采	坑内开采生产量×（按照不同排放时期）单位生产量的排放量	开采时	t/t	0.0014
		开采后的工程时	t/t	0.0016
	露天开采生产量×（按照不同排放时期）单位生产量的排放量	开采时	t/t	0.00077
		开采后的工程时	t/t	0.000067
原油或天然气的试采	试采的坑井数×单位井数的排放量	—	t/井数	0.00043
原油或天然气的性状相关测试的实施	进行性状相关测试的坑井数×单位实施井数的排放量	—	t/井数	0.27
原油或天然气的生产	原油（冷凝液除外）生产量×单位生产量的排放量	生产时的通气阀	t/kL	0.0014
		生产时的通气阀以外的设施	t/kL	0.0015
		进行伴生气体焚烧时	t/kL	0.00014

续表

列入对象的排放活动	计算方法	单位生产量的排放量(排放系数)		
		划分	单位	数值
原油或天然气的生产	天然气生产量×单位生产量的排放量	生产时的生产井设施	t/m³	0.0000028
		生产时的成分调整等的处理设施	t/m³	0.00000088
		在焚烧提取天然气时伴生的气体时	t/m³	0.000000011
		在焚烧处理天然气时伴生的气体时	t/m³	0.000000013
		焚烧在提取及处理天然气时伴生的气体时	t/m³	0.000000024
	生产的坑井数×在进行单位井数检测时伴随的排出量	—	t/井数	0.064
原油的提炼	冷凝液提炼量×单位提炼量的排放量	储藏时	t/kL	0.000000025
		提炼时	t/kL	0.0000030
	原油(冷凝液除外)提炼量×单位提炼量的排放量	储藏时	t/kL	0.000000027
		提炼时	t/kL	0.0000033
城市燃气的制造	(不同原料种类)原料使用量×单位使用量的排出量	液化天然气(LNG)	t/PJ	0.26
		天然气(液化天然气(LNG)除外)	t/PJ	0.26
炭黑等化学产品的制造	(按照不同产品种类)产品制造量×单位制造量的排放量	附表6		
家畜的饲养(消化系统内发酵)	(按照不同家畜种类)平均饲养头数×单位饲养头数的体内排放量	附表7		
家畜的排泄物管理	(按照不同家畜的粪尿管理方法)粪尿中的有机物量×伴随单位有机物量管理而产生的排放量	附表8		
	(按照不同家畜种类)平均饲养头数×单位饲养头数的粪尿排放量			
	放牧牛的平均头数×单位放牧头数的粪尿排放量			

续表

列入对象的排放活动	计算方法	单位生产量的排放量（排放系数）		
		划分	单位	数值
种植水稻	（按照不同水田种类）播种面积×单位面积的排放量	间歇性灌溉水田	t/m²	0.000016
		持续性湛水田	t/m²	0.000028
农业废弃物的焚烧	（按照不同农业废弃物种类）农业废弃物的室外焚烧量×单位焚烧量的排放量	附表9		
废弃物的填埋处理	（按照不同废弃物种类）在最终处理场填埋的废弃物量×单位废弃物量的排放量	附表10		
工厂废水的处理	工厂废水处理设施流入水中含有的生物化学性氧气（BOD）要求量表示的污浊负荷量×单位生物化学性氧伴随单位要求量工厂废水处理的排放量	—	t/kg	0.0000049
污水、屎尿等的处理	在中断处理厂进行的污水处理量×单位处理量的排放量	附表11		
	（按照不同屎尿处理方法）屎尿以及净化槽污泥处理量×单位处理量的排放量			
	（按照不同设施种类）处理对象人员×单位人员的排出量			
废弃物等的焚烧或者产品用于制造用途、废弃物燃料的使用	（按照不同炉种类、废弃物的种类）焚烧、使用量×单位焚烧、使用量的排放量	附表12		

【依据条文】政令第6条第1项第3号以及附表第8、计算省令第4条以及附表。

表4-6 氧化亚氮（N₂O）

表4-6 氧化亚氮(N_2O)

列入对象的排放活动	计算方法	单位生产量的排放量（排放系数）		
		划分	单位	数值
供燃料燃烧的设施以及机械器具中燃料的使用	（按照不同燃料种类、炉种类）燃料使用量×单位使用量的发热量×单位发热量的排放量	附表1以及附表13		
原油或天然气性状相关测试的实施	实施性状相关测试的井数×单位实施井数的排放量	—	t/井数	0.000068
原油或天然气的生产	原油（冷凝液除外）生产量×单位生产量对应的燃烧时排放量	进行伴生气体焚烧时	t/kL	0.00000064

续表

列入对象的排放活动	计算方法	单位生产量的排放量(排放系数)		
		划分	单位	数值
原油或天然气的生产	天然气生产量×单位生产量对应的燃烧时排放量	仅在提取天然气之际焚烧伴生气体时	t/m³	0.000000000021
		仅在天然气处理之际焚烧伴生气体时	t/m³	0.000000000025
		提取并处理天然气之际焚烧伴生气体时	t/m³	0.000000000046
己二酸等化学产品的制造	(按照不同产品种类)产品制造量×单位制造量的排放量	己二酸	t/t	0.28
		硝酸	t/t	0.0032
麻醉剂的使用	作为麻醉剂时 N_2O 使用量	—	—	—
家畜排泄物的管理	(按照家畜粪尿的管理方法)粪尿中的含氮量×伴随单位含氮量的管理产生的排放量	附表14		
	(按照家畜粪尿的管理方法)平均饲养头数×单位饲养头数的粪尿排放量			
	放牧牛平均头数×单位放牧头数的粪尿排放量			
耕地中肥料的使用	(按照作物种类)使用的肥料中所含氮量×单位氮量的排放量	附表15		
耕地中将农作物残留作为肥料使用	(按照作物种类)土壤中犁入作物残留的干物量×单位作物残留的干物量排放量	附表16		
农业废弃物的焚烧	(按照农业废弃物的种类)农业废弃物的室外焚烧量×单位焚烧量的排放量	附表17		
工厂废水的处理	工厂废水处理设施流入水中的氮量×伴随单位氮量处理而产生的排放量	—	t/tN	0.0043

续表

列入对象的排放活动	计算方法	单位生产量的排放量（排放系数）		
		划分	单位	数值
污水、屎尿等的处理	终端处理场中污水处理量×单位处理量的排放量	附表18		
	（按照屎尿处理方法）屎尿以及净化槽污泥中的氮量×伴随单位氮量处理而产生的排放量			
	（按照设施种类）处理对象人员×单位人员排出量			
废弃物等的焚烧或者产品制造用途的使用、废弃物燃料的使用	（按照炉种类、废弃物的种类）焚烧、使用量×单位焚烧、使用量的排放量	附表19		

【依据条文】政令第6条第1项第4号以及附表第9、计算省令第5条。

表4-7 氢氟碳化合物（HFC）

列入对象的排放活动	计算方法	单位生产量的排放量（排放系数）		
		划分	单位	数值
氯甲烷（HCFC-22）的制造	HCFC-22制造量×单位制造量的HFC-23生成量－回收/合理处理量	—	tHFC-23/tHCFC-22	0.019
氢氟碳化合物（HFC）的制造	制造量×单位制造量的排放量	—	tHFC/tHFC	0.0049
家庭用电冰箱等装入HFC产品的制造中HFC的装入	（按照产品种类）制造时的使用量×单位使用量的排放量	家庭用电冰箱	tHFC/tHFC	0.00050
		家庭用空调	tHFC/tHFC	0.0019
		业务用制冷空调设备（自动售货机除外）	tHFC/tHFC	0.0020
	（按照产品种类）制造台数×单位台数的排放量	自动售货机	tHFC/台	0.00000065
		汽车用空调	tHFC/台	0.0000025
开始使用业务用制冷空调设备时HFC的装入	机器使用开始时的使用量×单位使用量的排放量	业务用制冷空调设备（自动售货机除外）	tHFC/tHFC	0.017

续表

列入对象的排放活动	计算方法	单位生产量的排放量(排放系数)		
		划分	单位	数值
业务用制冷空调设备保养时 HFC 的回收以及装入	回收时残存量—回收、合理处理量+再装入时使用量×单位使用量的排放量	业务用制冷空调设备(自动售货机除外)	tHFC/tHFC	0.010
	回收时残存量—回收、合理处理量+再装入台数×单位台数的排放量	自动售货机	tHFC/台	0.0000011
家庭用电冰箱等装入 HFC 产品在废弃时 HFC 的回收	(按照产品种类)回收时残存量—回收、合理处理量	家庭用电冰箱	—	—
		家庭用空调	—	—
		业务用制冷空调设备(自动售货机除外)		
		自动售货机	—	—
在塑料制造中 HFC 用作发泡剂的使用	制造聚乙烯泡沫时的使用量	聚乙烯泡沫	—	—
	(按照产品种类)制造时的使用量×单位使用量的排放量	挤压法制造的聚苯乙烯泡沫塑料	tHFC/tHFC	0.25
		聚氨酯泡沫	tHFC/tHFC	0.10
喷雾器以及灭火剂的制造中 HFC 的装入	产品制造时的使用量×单位使用量的排放量	喷雾器	tHFC/tHFC	0.028
		灭火剂	tHFC/tHFC	0.000020
喷雾器的使用	伴随产品使用产生的排放量	—	—	—
实施半导体元件等的加工工序时干蚀刻等中 HFC 的使用	使用量×单位使用量的排放量—回收、合理处理量	—	tHFC/tHFC	0.30
HFC 用于溶剂等用途中	使用量—回收、合理处理量	—	—	—
【依据条文】政令第 6 条第 1 项第 5 号以及附表第 10、计算省令第 6 条。				

表 4-8　全氟化碳(PFC)

列入对象的排放活动	计算方法	单位生产量的排放量(排放系数)		
		划分	单位	数值
铝的制造	铝制造量×单位制造量的排放量	PFC—14(CF_4)	tPFC—14/tAl	0.00030
		PFC—116(C_2F_6)	tPFC—116/tAl	0.000030
氟碳(PFC)的制造	制造量×单位制造量的排放量	—	tPFC/tPFC	0.039

续表

列入对象的排放活动	计算方法	单位生产量的排放量(排放系数)		
		划分	单位	数值
实施半导体元件等的加工工序时干蚀刻等中 PFC 的使用	使用量×单位使用量的排放量－回收、合理处理量	PFC－14(CF$_4$)	tPFC/tPFC	0.80
		PFC－116(C$_2$F$_6$)	tPFC/tPFC	0.70
		PFC－218(C$_3$F$_8$)	tPFC/tPFC	0.40
		PFC－c318 (c－C$_4$F$_8$)	tPFC/tPFC	0.30
		PFC－116 使用时,PFC－14 的副生	tPFC－14/tPFC－116	0.10
		PFC－218 使用时,PFC－14 的副生	tPFC－14/tPFC－218	0.20
PFC 用于溶剂等用途中	使用量－回收、合理处理量	—	—	—

【依据条文】政令第 6 条第 1 项第 6 号以及附表第 11、计算省令第 7 条。

表 4－9　六氟化硫(SF$_6$)

列入对象的排放活动	计算方法	单位生产量的排放量(排放系数)		
		划分	单位	数值
镁合金的铸造	铸造镁合金时产生的 SF$_6$ 使用量	—	—	—
六氟化硫(SF$_6$)的制造	制造量×单位制造量的排放量	—	tSF$_6$/tSF$_6$	0.019
开始制造及使用变压器等电力机械器具时 SF$_6$ 的装入	开始机器制造、使用时的使用量×单位使用量的排放量	—	tSF$_6$/tSF$_6$	0.027
变压器等电力机械器具的使用	开始使用机器时的装入量×单位装入量的年度排放量×使用期间一年的比率	—	(tSF$_6$/tSF$_6$)/年	0.0010
检测变压器等电力机械器具时 SF$_6$ 的回收	检测机器时的残存量－回收、合理处理量	—	—	—
变压器等电力机械器具的废弃中 SF$_6$ 的回收	机器废弃时残存量－回收、合理处理量	—	—	—
实施半导体元件等的加工工序时干蚀刻等中 SF$_6$ 的使用	使用量×单位使用量的排放量－回收、合理处理量	—	tSF$_6$/tSF$_6$	0.50

【依据条文】政令第 6 条第 1 项第 7 号以及附表第 12、计算省令第 8 条。

第二节 日本经济团体联合会环境自愿行动计划

日本经济团体联合会（Nippan Keidanren 或 Japan Business），简称经团联，是日本最重要、影响力最大的商业联合组织。经团联 1997 年 6 月推出的经团联环境自愿行动计划（Keudanren Voluntary Action Plan on the Environment）是全世界较早、影响范围较广的企业界自愿减排行动计划。

一、机制概述

（一）日本环境政策的自愿性特点

20 世纪 50、60 年代，日本接连出现重大环境污染事件。日本政府出于经济发展的需要，在政策层面未能对日本企业的环境保护提出足够的管制要求。而日本各类民间环境保护团体、地方社区及地方政府一直致力于寻求更严格的环境保护措施与政策，并与日本经济界进行了数年磋商和斗争，最后双方达成一致意见并得到日本政府的支持。从 70 年代开始，日本经济界在日本政府财政机制，如补贴、低息贷款和税收减免等的大力支持下，大力开发环境保护技术并进行推广应用，使得日本环境质量得到明显改善和提升，并由此形成了领先于世界的环境保护技术优势，为日本 90 年代向全球输出环境技术奠定了基础。例如，日本 70 年代即为火力发电厂安装脱硫装置，而欧洲采取这一措施比日本晚了 10 年，美国则晚了 20 年。

这段历史形成了日本环境政策的一大特点，即环境政策的自愿性较强，政策的实施不依靠惩罚机制来实现。这一点与美国和欧洲极为不同。日本政府鼓励企业遵从中央的行政指导，政府与企业共同协商环境保护问题，在双方达成一致的基础上为企业执行环境政策提供各项便利。日本的自愿性环境政策有如下特点：

——自愿协议使得企业以对环境关爱的态度吸引消费者。

——政府可能给予优惠的税收和财政支持。

——帮助企业维持与政府和公众的良好关系。

（二）经团联的努力

1991 年，日本经济团体联合会制定并公布了《全球环境宪章》，宣称："与全球环境问题作斗争是公司生存和活动的精髓。"基于此，宪章要求日本经济团体联合会采取积极和自愿措施促进全球环境保护。1996 年 7 月，日本经济团体联合会发布了"请愿书"。请愿书致力于鼓励工业界采取更加具体的措施与全球环境挑战作斗争，应对全球变暖，建立循环型社会。

（三）参与行业与组织

1997 年 7 月，在 UNFCCC COP3 京都会议之前，以"环境请愿书"为基础，日本经济团体联合会向日本商业界发出呼吁，组织开展"日本经济团体联合会环境自愿行动计划"。1997 年该计划第一次公布时，有 35 个行业加入，并公布了具体的环境目标。到 2007 年，有 50 个行业协会、1 个企业集团和 7 个铁路公司积极参与该计划。所有的参与行业 1990 年共排放 5.05 亿吨二氧化碳,占工业和能源行业总排放量(5.15 亿吨)的 82% 和全国温室气体排放总量(11.2 亿吨)的 45%。

经团联环境自愿行动计划具体内容可在其网站查询①,参与的行业协会及其网站内容如表 4 - 10 所示:

表 4 - 10　参与经团联环境自愿行动计划的协会

团体名	英文名称	网站
电力事业联合会	Federation of Electric Power Companies	http://www. fepc. or. jp/future/warming/environment/index. html
水泥协会	Japan Cement Association	http://www. jcassoc. or. jp/cement/1jpn/jg1a. html
日本染色协会(经团联非参加)	Japan Textile Finishers' Association	http://www. nissenkyo. or. jp/page01e. html http://www. nissenkyo. or. jp/pdf/topic_20100309. pdf
日本通信和信息网络协会	Communications and Information network Association of Japan	http://www. ciaj. or. jp/jp/category/kankyou/
电子情报技术产业协会	Japan Electronics and Information Technology Industries Association	http://www. jeita. or. jp/japanese/
日本电机工业协会	Japan Electrical Manufacture's Association	http://jema-net. or. jp/Japanese/kankyou/kankyou_m. htm
日本商业机构和情报产业协会	Japan Business Machine and Information System Industries Association	http://www. jbmia. or. jp/english/index. htm
日本汽车工业联合会	Japan Automobile Manufacturers Association Body	http://www. jabia. or. jp/environment/index. html
日本汽车工业协会	Japan Automobile Manufacturers Association	http://www. jama-english. jp/ http://www. jama. or. jp/lib/jamareport/093/index. html
日本工业车辆协会	Japan industrial Vehicles Association	http://www. jiva. or. jp/environment/plan. html
日本自动车部品工业协会	Japan Auto Parts Industries Association	http://www. japia. or. jp/

(四)主要特征

行动计划是完全自愿,每个行业自行判断是否参与,不受任何政府或管制机构的强制性要求。

---

① http://www. kkc. or. jp/ondanka/action/page1－2. html。

覆盖范围广,不局限于制造业和能源业,还涵盖非常广泛的其他行业,包括配送、交通、建筑、对外贸易、非寿险保险业等。反映出日本商业平等主义的思想,这也是日本商业文化的重要特征之一。

许多参与的行业已经制定了定量性的目标和措施来应对全球变暖问题和废弃物处理问题。

行动计划每年均须进行评估,评估结果向公众公布。通过这种定期性评估,行动计划将建立机制确保工业界继续采取措施进一步保护环境。

政府深度参与了行动计划的执行。虽然该计划是自愿参与的,但该计划的目标与政府的规划紧密相连,因此无形中迫使各行业必须遵守。另外,在《京都议定书》制定之后,日本自愿行动中增加了"步骤法"。该方法规定在国内努力不足以达到环境质量目标时允许引进新的履约工具。言下之意即是可能引进管制手段,如环境税或强制性总量控制与交易体系。

二、目标和措施

1. 应对气候变化的目标和措施

目标:许多工业部门已经设定了具体的目标,包括到 2010 年的完成目标,作为自愿行动计划的一部分。18 个行业已经将目标转化为单位产量能源投入或单位产量二氧化碳排放;14 个行业确定了能源使用总量或二氧化碳排放总量减排目标;8 个行业已经采取节能措施来降低服务提供过程中或生产过程中的能源消耗。

措施:就具体措施而言,许多行业将提高能源使用效率作为首选。其他行业采取诸如废热利用、利用废弃物发电、混合发电、应用新能源和燃料替换等措施。在发电行业,增加核电使用量并提高其性能也是措施之一。其他行业还注意到从产品设计阶段评估产品,即产品生命周期的重要性。此外还有节能国际合作和促进再造林等措施。

2. 废弃物处理的目标和措施

目标:6 个行业已经采取措施减少废弃物的产生;17 个行业声称它们将提高循环使用率并增加循环物质的使用量;10 个行业已经将最后处理阶段的废弃物减少量设定为目标;5 个行业已经将最后处理阶段处理率提高设定为目标。许多行业将 2010 年设为实现目标的目标年。

措施:具体措施很多,如减少生产过程废弃物的产生;通过将废弃物作为路基或水泥混合物质的原料提高副产品或废弃物的再循环率;开发利用再循环产品的技术或加强与其他行业的合作提高综合利用率;开发对环境影响最小的产品,通过应用产品生命周期法则或开发容易循环使用的产品;在办公空间,分类收集废弃物,为环境增加绿色,鼓励减少纸张使用的行为等。

在《京都议定书》签署后,日本根据《京都议定书》的目标要求,重新修订了经团联环境自愿行动计划。

三、执行效果

经团联承诺每年开展后续评估活动,并公布评估结果,以进一步改进行动计划,促进环境目标的实现。经团联每年进行自我后续评估时,由自然资源和能源顾问委员会和工业结构理事会联合成立的委员会也对各行业提交的后续报告进行年度评估。另外,自 2001 年起,经团联成立了专门的评估委员会开展评估工作,使得各行业的努力更加透明和可信。目前规模较大的评估活动发生在 2002 年—2005 年。现以 2005 年的评估为例说明经团联环境自愿行动计划的执行效果。

(一)参加后续评估的行业与组织

在 58 个参与者中,35 个来自工业和能源行业,而且所有的工业和能源行业的参与者都提交了"后续报告"给经团联,作每年的评估。此外,113 的商业行业和 7 个铁路公司没有参加经团联的后续评估活动,虽然它们的行动也是经团联行动计划的一部分。总体来讲,48 个行业中有 35 个来自工业和能源行业,7 个来自商业和家庭行业,6 个来自交通运输行业,加入了经团联的后续评估活动中。

在 48 个参加 2005 年评估的行业中,16 个选择减少二氧化碳减排活动作为目标,5 个选择能源消耗量减少作为目标,12 个选择降低二氧化碳排放强度作为目标,19 个选择降低能源消耗强度作为目标。

(二)评估标准

经团联评估行业表现的第一个标准是因素分解法(Factor Decomposition)。经团联的研究表明,0.5% 的碳排放下降是二氧化碳因子提高 0.1%、产量排放提高 8.6% 以及能源效率降低 9.2% 的结果。而能源效率的提高正是参与行业共同努力的结果。

经团联评估的第二个标准是进行能源效率方面的国际比较。根据火力发电的能源效率比较,发现日本从 20 世纪 90 年代开始已经在发达国家中处于能源效率的最高端。

(三)排放情况

经团联 2005 年后续评估报告称,参加评估的 35 个来自工业和能源协会的协会 2004 年共排放 5.02 亿吨二氧化碳,略低于 1990 年基准年的排放水平。2002 年—2004 年,日本部分核电站因为安全原因被迫关闭。因此,核电发电下降的部分必然由石油发电厂或燃煤发电厂弥补,日本发电行业的碳排放强度进一步提高。据日本电力公司联合会估计,每千瓦时增加了 41g 二氧化碳排放。如果核电发电维持原有水平,35 个工业与能源行业的协会实际排放量为 4.93 亿吨,比基准年下降 2.4%。

(四)评估结论

经团联的评估结论认为,总体上来说,环境自愿行动计划已经在降低碳排放强度、能源消耗强度和转向低碳能源来源方面取得了一定的成绩。工业和能源行业正处于正常的减排状态。在 35 个行业中,20 个报告称与 1990 年相比,碳排放已经下降,11 个已经设定了碳排放降低的目标。在以能源或碳排放的强度为目标的 24 个行业中,14 个报告称与 1990 年相比强度表现已经有所提高。

第三节　日本自愿排放交易体系

2005 年 5 月,日本环境省(Ministry of Environment of Japan)发起了日本自愿排放交易

体系(Japan Voluntary Emissions Trailing Scheme，JVETS)。该体系允许环境省给予其选择的参与者一定数额的补贴,支持参与者安装碳减排设备。作为交换,参与者承诺承担一定量的碳减排责任。该体系同样允许参与者互相交易配额来实现减排目标。参与者必须是非KVAP企业。

一、机制概述

(一)日本自愿排放交易体系简介

日本自愿排放交易体的目的是以较低成本减排二氧化碳,积累与国内碳排放体系相关的知识和经验。自 2008 年开始,JVETS 成为日本国内排放交易综合市场的一部分。

该体系的基本框架如图 4-3 所示。

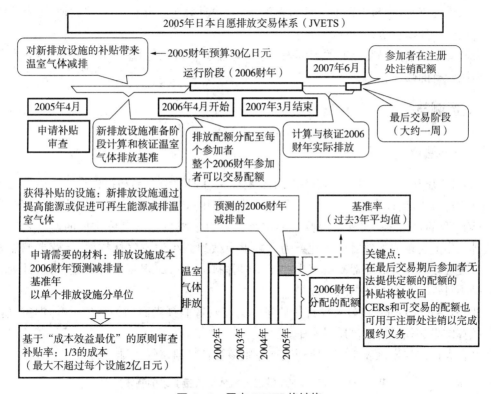

图 4-3 日本 JVETS 的结构

(二)参与者与激励

环境省对参与自愿排放交易体系的参与者实行公开邀请,然后根据被邀请企业提交的较低成本减排的建议书选择参与者。2006 年—2010 年,共 303 个公司参与自愿排放交易体系。中小企业构成了参与者的主体,这表明即使小型企业也有很大的减排潜力。

在前 3 年(2006 年—2008 年)里,主要参与者为有色金属、机械和其他制造行业的企业,占 26%;其次为食品和饮料行业,占 21%;再次为办公楼宇、酒店、大学、医院、超市等服务行业占 19%。

（三）基准排放的计算和减排目标

基准线设定在参与者前三年的平均排放，即 2002 年、2003 年、2004 年三年的平均排放值。

所有参与者的基准年排放都由环境省核证认可的核证实体进行核查。

（四）配额分配

环境省按照基准年核证的结果分配配额。每个参与者的配额等于基准年的平均排放值减去该年承诺减排的额度。

（五）报告、核证和履约

在每年结束时，参与者在下一年的 4 月—6 月底计算上一年的实际排放，并提交给第三方进行核证。环境省负责核证的费用。

参与者如果不能提交足够的配额来抵消实际排放量，将成为违约方。如果违约，参与者必须退回所有的政府补贴。

二、监测与报告

（一）方法概述

JVETS 开发了专门的"日本自愿减排交易体系（JVETS）监测和报告指南"，以期对温室气体排放进行正确核算和报告。在标准上参考了国际标准 ISO 14064 系列及 ISO 14065。

JVETS 的目标之一是保证那些自愿进行并致力于减少温室气体排放的经营者们能够在减排工作上实现成本效益最大化。为了能够有效地减少温室气体排放，经营者们需要做到：（1）准确核算自身商业活动所产生的温室气体排放量；（2）根据准确的核算量，计划并实施减排项目；（3）监测并评估减排效果。

此外，鉴于 JVETS 将最大允许排放量作为经营者们买卖商品的衡量标准，温室气体排放量核算结果必须维持在高质量水平。

经营者们需要遵循表 4-11 所列五项原则核算自身温室气体排放量。

表 4-11　JVETS 对核算温室气体排放量要求的基本原则

原则	描述
合理性	确立场地内温室气体排放量的合理核算范围
完整性	确定每一场地边界内的所有排放源，所有排放源的温室气体排放量都需要进行核算
一致性	使用相同方法和数据对温室气体排放量进行核算，以便在实施减排措施的任一财政年度里的温室气体排放量可与基准年度里的排放量进行比较
透明性	对所有监控数据进行记录、管理以及存档，以便重现温室气体排放量的计量过程
准确性	温室气体排放量需要按照规定进行准确核算

JVETS的一个特点是由工厂或商业设施单位对温室气体排放量进行核算。就这一方面而言,此体系与欧盟排放贸易体系(EUETS)有所不同。EUETS采用设备单元对温室气体排放量进行核算。通过遵循现有法律制度,利用工厂或商业功能单位计算温室气体排放量可以保证高质量的核算水平。

原则上,温室气体排放量可使用下列任一等式进行核算:

——燃料燃烧:温室气体排放量=项目活动量×单位热值×排放系数;

——其他:温室气体排放量=项目活动量×排放系数。

活动量是指根据活动类型所确定的活动量大小,活动类型主要包括:

——能源的使用(例如燃料、电或热);

——垃圾焚烧或废物处理;

——原材料的使用(例如石灰岩和白云岩);

——产成品和半成品的生产(包括炉渣或金刚砂)。

核算温室气体排放量需要通过适当的方法对上述等式中的每一项(活动量、单位热值、排放系数)进行确定(或监测)。

为了准确核算某一特定工厂或商业设施内所有的温室气体排放量,经营者们需要按照手册中的流程图(如图4-3所示)进行核算。由于在很多情况下可以使用预设值(默认值)来计算单位热值以及排放系数,活动量主要是通过监测得出。在实施减排措施的任一财政年度里,为了计算温室气体排放量,经营者们首先需要向行政主管部门提交监测方案,在获得批准后再根据监测方案进行核算。鉴于监测数据将用于核算,在基准年里,经营者们没有必要在其监测方案获批后进行排放量核算。

(二)具体方法学

在"(JVETS)监测和报告指南"中,将二氧化碳排放可分为能源使用和供应类、废弃物燃烧类、工业活动类和工艺流程类。

经营者按照表4-12,计算相关活动的排放量。

表4-12 需计算活动的列表

二氧化碳排放类别	活动类型
使用燃料的二氧化碳排放	燃料消耗
使用电力/热能的二氧化碳排放	使用其他方提供的电力
焚烧/使用废弃物的二氧化碳排放	使用其他方提供的热能
工业生产过程中的二氧化碳排放	废弃物焚烧、将废弃物用于生产,或使用废燃料
	水泥的生产
	生石灰的生产
	钠钙玻璃或钢铁的生产
	纯碱的生产
	纯碱的使用
	氨的生产

续表

二氧化碳排放类别	活动类型
工业生产过程中的二氧化碳排放	碳化硅的生产
	碳化钙的生产
	乙烯的生产
	碳化钙生产的乙炔的使用
	使用电炉进行粗钢的生产
	干冰的使用
	二氧化碳喷射器的使用

步骤一 确定场地边界

■ 通过使用呈递行政主管部门处的通知或报告里的地图确认场地边界（例如依据《工厂立地法》和《建筑标准法》所做的通知）。

步骤二:确认排放源并确立场地边界

■ 监测场地边界内的所有活动。

■ 通过使用符合适用法律的通知，如符合《消防法》和《高压气体安全阀》的相关规定，设备存货清单、购货单据或其他文件来确认排放源。

■ 如在场地边界内存在经营者无法控制的排放源，则需要判断这一排放源是否应该纳入排放量核算范围中。

步骤三:确认低污染源

■ 如步骤二所示对低污染源进行确认。所有低污染源将不纳入排放量核算范围内。

步骤四:建立监测方法

■ 对纳入排放量核算内的每一排放源的活动量（如燃料消耗量）监测模式进行审查。

■ 根据确立的监测模式，建立活动量监测点。

■ 基于每一监测点内预计的活动量，确认所建立的检测方法（每一监测模式和监测点）是否符合要求。

步骤五: 发展监测和核算体系

■ 委派工厂或商业设施主管人员负责温室气体排放量核算工作以及监测点监测工作。

■ 明确各部门的工作方法、作用及职责；换言之，即谁使用何种方法进行监测和核算？谁使用何种方法保持并控制数据的可靠性？

步骤六:数据监测和排放量核算

■ 根据监测方案（方法和体系）对数据进行监测。使用收集来的数据核算温室气体排放量：

核算使用燃料、电力和热能所产生的温室气体排放量。 →P. II-2~24

核算由垃圾焚烧、生产废物回收及废物燃料的使用所产生的温室气体排放量。 →P. II-25~29

核算由工业生产过程所产生的温室气体排放量。 →P. II-30~57

注：红字部分应由所涉及的经营者实施。

图 4-4 温室气体排放量核算流程图（纲要）

1. 固体燃料的使用

(1)活动信息和排放形式

如燃烧固体燃料,如煤或焦炭等,此类燃料中的碳会转化成二氧化碳,然后排放到大气中。

(2)计算方法

固体燃料燃烧的二氧化碳排放量可通过如下公式进行计算:

二氧化碳排放量(tCO_2)＝燃料消耗量(t)×单位热值(GJ/t)×排放系数(tCO_2/GJ)

(3)活动水平

此活动水平有三种监测模式。各监测模式计算方法如下所示:

模式 A:基于进货量和库存变化的方法。

模式 B:基于测量的方法。

模式 C:逼近法(仅当模式 A 和模式 B 无法使用时,可选此法)。

a)基于进货量和库存变化的方法

燃料使用通过如下方程来进行计算,并考虑了在计算期内燃料的进货量和库存变化:

计算周期内燃料的消耗量＝计算周期内燃料的进货量＋(计算周期开始时的燃料库存－计算周期结束时的燃料库存)

对于模式 A,使用燃料供应商交货单中记录的进货量,以及通过采用测量仪器确定的库存区(如庭院)的库存来进行燃料消耗量的计算。

监测点是燃料接收点(使用交货单)和储存单位(如庭院)的测量仪器,所用数据为交货单上的数据以及测量仪器的读数。

等级 4:进货量采用卡车来衡量。

等级 3:进货量采用除卡车以外的仪器来进行衡量。

b)基于测量的方法

对于模式 B,经营者的燃料消耗量采用经营者的仪器来进行衡量,如皮带输送机或料斗秤。所用测量仪器应已按照测量法规进行过认证/定期检查(且应在有效期限内)。监测点是经营者安装的各测量仪器,所用数据为测量仪器的读数。

应检查如下项目:使用的各测量仪器的最大误差,以及使用最大误差值设置的各等级,后者是为了确定各等级达到相关的要求。

等级 4:燃料用量采用最大误差±1.0％的仪器来进行度量。

等级 3:燃料用量采用最大误差±2.0％的仪器来进行度量。

等级 2:燃料用量采用最大误差±3.5％的仪器来进行度量。

等级 1:燃料用量采用最大误差±5.0％的仪器来进行度量。

c)逼近法

逼近法的选用取决于经营者的状况。但是,此法可能无法通过 CA 的批准,除非能证明其正当。

如选择模式 C,不能设置该等级(无必要对进行该等级的评估)。

(4)单位热值

可选择如下任一单位热值:

等级 3:经营者测量和使用单位热值。

等级 2:选择和使用任何其他单位热值,如由燃料供应商和行业标准值提供的单位热值。

等级 1:使用指南中规定的默认单位热值。

注:默认的单位热值采用干煤热值表示。因此,如使用默认值,应将活动量转化为干煤热值。

（5）排放因子

可选择如下任一排放因子:

等级 3:使用经营者按照其成分分析计算所得的排放系数。

等级 2:使用任何其他排放系数,如由燃料供应商的成分分析表和行业标准值提供的排放系数。

等级 1:使用指南中规定的默认排放系数。

2. 固定排放源液体燃料的使用

（1）活动信息和排放形式

如在固定排放源（如锅炉）燃烧煤油、轻油或重油 A、B 或 C 等液体燃料,此类燃料中的碳会转化成二氧化碳,然后排放到大气中。此活动还包括在现场服务站进行的车辆加油。

（2）计算方法

液体燃料燃烧的二氧化碳排放量可通过如下公式进行计算:

二氧化碳排放量(tCO_2)＝燃料消耗量(t)×单位热值(GJ/kL)×排放系数(tCO_2/GJ)

（3）活动量

有下列三种方法可监测液体燃料消耗量:

模式 A－2:基于进货量和库存变化的方法。

模式 B:基于测量的方法。

模式 C:逼近法（仅当模式 A 和模式 B 无法使用时,可选此法）。

各监测模式计算方法如下所示:

固定排放源系指锅炉或发电设备。除现场车辆,所有排放源均属于此类。

a）基于进货量和库存变化的方法

燃料使用通过如下方程来进行计算,并考虑了在计算期内燃料的进货量和库存变化:

计算周期内燃料的消耗量＝计算周期内燃料的进货量＋（计算周期开始时的燃料库存－计算周期结束时的燃料库存）

对于模式 A－2,使用燃料供应商交货单中记录的进货量,以及通过采用测量仪器确定的库存（如油罐或任何其他装置上的液位计）来进行燃料消耗量的计算。如现场车辆在现场服务站加油,则所加油量也是视为与燃料消耗量相等,因为油罐中剩余油量远比消耗量小。

监测点是燃料接收点（使用交货单）和液位计,所用数据为交货单上的数据以及液位计的读数。

等级 4:进货量采用非燃油流量测微计的测量仪器来衡量。

等级 3:进货量采用燃油流量测微计来衡量。

b）基于测量的方法

对于模式 B,经营者的燃料消耗量采用经营者的流量计来进行衡量,所用流量计应已按照测量法规进行过认证/定期检查,且应在有效期限内。监测点是经营者安装的各流量计,所用数据为流量计的读数。

应检查如下项目:使用的测量仪器的最大误差,以及使用最大误差值设置的各等级,后者是为了确定各等级达到相关的要求。

等级4:燃料用量采用最大误差±1.0%的仪器来进行度量。

等级3:燃料用量采用最大误差±2.0%的仪器来进行度量。

等级2:燃料用量采用最大误差±3.5%的仪器来进行度量。

等级1:燃料用量采用最大误差±5.0%的仪器来进行度量。

c)逼近法

在许多情况下,采用的都是家用煤油罐,并非消防法中规定的大型固定油罐。但并未对用于加热的煤油库存进行监测。因此,对燃料用量进行计算,这样燃料进货量等于燃料用量。在此情况下,使用监测模式C,逼近法。

逼近法的选用取决于经营者的状况。但是,此法可能无法通过CA的批准,除非能证明其正当。

如选择模式C,不能设置该等级(无必要对该等级进行评估)。

(4)单位热值

可选择如下任一单位热值:

等级3:经营者测量和使用单位热值。

等级2:选择和使用任何其他单位热值,如由燃料供应商和行业标准值提供的单位热值。

等级1:使用指南中规定的默认单位热值。

(5)排放因子

可选择如下任一排放因子:

等级3:使用经营者按照其成分分析计算所得的排放系数。

等级2:使用任何其他排放系数,如由燃料供应商的成分分析表和行业标准值提供的排放系数。

等级1:使用指南中规定的默认排放系数。

3. 现场车辆(供油车进行加油)燃油(汽油、煤油、或液化石油气)的使用

(1)活动信息和排放形式

如现场车辆使用燃油,燃油的碳会转化成二氧化碳,然后排放到大气中。此计算排放量的方法仅适用于采用小型加油车加油的现场车辆的情况。对于在现场服务站添加汽油的车辆,其相关信息请参阅指南1.1.2。

(2)计算公式

液体燃料燃烧的二氧化碳排放量(如汽油、煤油或液化石油气)可通过如下公式进行计算:

二氧化碳排放量(tCO_2)=燃料消耗量(kL 或 t)×单位热值(GJ/kL 或 t)×排放系数(tCO_2/GJ)

对于需要将LPG重量转换为其他单位的公式,请参阅指南1.1.4。

(3)活动量

对于监测现场车辆的液体燃料消耗,可使用如下两种方法计算:

模式A-1:基于进货量的方法。

模式C:逼近法(仅当模式A无法使用时,可选此法)。

各监测模式计算方法如下所示：

a)基于进货量的方法

因为每辆车的油箱残余油量远比汽车的消耗量小,故没有必要将油箱残余油量视为库存的一部分。因此,如采用基于进货量的方法,则与模式A-1对应。

加油量也是视为与燃料消耗量相等,因为油罐中剩余油量。

等级4:进货量采用非燃油流量测微计的测量仪器来衡量。

等级3:进货量采用燃油流量测微计来衡量。

b)逼近法

逼近法的选用取决于经营者的状况。但是,此法可能无法通过CA的批准,除非能证明其正当。

如选择模式C,不能设置该等级(无必要对该等级进行评估)。

(4)单位热值

可选择如下任一单位热值:

等级3:经营者测量和使用单位热值。

等级2:选择和使用任何其他单位热值,如由燃料供应商和行业标准值提供的单位热值。

等级1:使用指南中规定的默认单位热值。

(5)排放因子

可选择如下任一排放系数:

等级3:使用经营者按照其成分分析计算所得的排放系数。

等级2:使用任何其他排放系数,如由燃料供应商的成分分析表和行业标准值提供的排放系数。

等级1:使用指南中规定的默认排放系数。

4.气体燃料的使用(液化石油气或市政燃气)

(1)活动信息和排放形式

如燃烧燃气(液化石油气或市政燃气),燃气中的碳会转化成二氧化碳,然后排放到大气中。

(2)计算公式

燃气(诸如市政燃气)燃烧的二氧化碳排放量可通过如下公式进行计算:

二氧化碳排放量(tCO_2)＝燃料消耗量$(1000m^3N)$×单位热值$(GJ/1000Nm^3)$×排放系数(tCO_2/GJ)

(3)活动量

燃气消耗(如液化石油气或市政燃气)可通过四种方式来进行监测:

模式A-1:基于进货量的方法(气态)。

模式A-2:基于进货量和库存变化的方法(气态)。

模式B:测量的方法。

模式C:逼近法(仅当模式A和模式B无法使用时,可选此法)。

各监测模式计算方法如下所示:

a)基于进货量的方法

使用模式A-1和模式A-2时,使用燃料供应商交货单中记录的进货量来进行燃料消耗量的计算（以及库存变化）。

监测点是燃气供应商安装的煤气表和测量仪器，如油罐上的液位计。等级的设置取决于各测量仪器的精度。

＜市政燃气＞（以气态形式购买）

等级2：进货量采用非温度转换计的测量仪器来衡量。

等级1：进货量采用温度转换计来衡量。

等级4：进货量采用卡车来衡量。

等级3：进货量采用除卡车以外的测量仪器来进行确定。

＜液化石油气＞

（以气态形式购买）

等级3：进货量采用石油气计来衡量。

（以气态形式购买）

等级4：进货量采用卡车来衡量。

等级3：进货量采用除卡车以外的测量仪器来进行确定。

b）基于测量的方法

燃料用量通过燃气表来衡量，其中所述燃气表已按照测量法规进行过认证/定期检查（且应在有效期限内）。应检查如下项目：使用的各测量仪器的最大误差，以及使用最大误差值设置的各等级，后者是为了确定各等级达到相关的要求。

等级4：燃料用量采用最大误差±1.0％的仪器来进行度量。

等级3：燃料用量采用最大误差±2.0％的仪器来进行度量。使用转子流量计、涡轮流量计或温度转换式流量计来进行度量。

等级2：燃料用量采用最大误差±3.5％的仪器来进行度量。可使用非转子流量计、涡轮流量计或温度转换式流量计以外的其他测量仪器来确定。

等级1：燃料用量采用最大误差±5.0％的仪器来进行度量。

使用下列公式，可将测量所获消耗量转换为标准条件：

$$标准条件下的体积（m^3）=273×\frac{测量过程中的压力（atm）}{273+测量过程中的温度（℃）}×测量过程中的体积 \, m^3$$

如测量气态液化石油气的消耗量，则使用下式所规定之适当标准产气量数值，来计算标准条件下的体积。

产气量计算：

$$V(m^3/10kg)=10×\frac{10.33}{(10.33+H)}×\frac{22.4}{273}×\frac{273+t}{\frac{M_p×X_p}{100}+(M_b×X_b)}$$

式中：

H——燃气压力，mmH_2O；

t——燃气温度，℃；

M_p——丙烷分子量，44.1；

M_b——丁烷分子量，58.1；

X_p——丙烷体积，Vol.％；

X_b——丁烷体积，Vol.％。

但是,在如下情况下,可计算并采用适当的产气量:

——当任何地区的年均大气温度与该地区所在区块的年均大气温度差异甚大;

——当采用了配备温度补偿器的燃气表。

c)逼近法

如燃气供应商仅可提供没有燃气表的液化石油气钢瓶装液化石油气,则此液化石油气的用量采用所用液化石油气钢瓶的数量来确定。在此情况下,此监测模式为模式 C,即逼近法。

逼近法的选用取决于经营者的状况。但是,此法可能无法通过 CA 的批准,除非能证明其正当。

如选择模式 C,不能设置该等级(无必要对该等级进行评估)。

(4)单位热值

可选择如下任一单位热值:

等级 3:经营者测量和使用单位热值。

等级 2:选择和使用任何其他单位热值,如由燃料供应商和行业标准值提供的单位热值。

等级 1:使用指南中规定的默认单位热值(参阅指南表 10)。

(5)排放因子

可选择如下任一排放系数:

等级 3:使用经营者按照其成分分析计算所得的排放系数。

等级 2:使用任何其他排放系数,如由燃料供应商的成分分析表和行业标准值提供的排放系数。

等级 1:使用指南中规定的默认排放系数(参阅指南表 10)。

5. 单位热值/排放系数的测量方法

将采用相关实测数值的方法来计算燃料的单位热值,将采用相关测量值或其他数值的方法来计算燃料的排放系数,具体信息如下所示:

(1)单位热值

按照日本工业标准的规定,以测量方法为基础来进行成分分析,从而计算燃料的单位热值。日本工业标准中有关主要燃料的单位热值信息,见表 4 − 13。较高的发热量(HHV)适合用作热值。

表 4 − 13

燃料类型	日本工业标准
煤炭	M8814
油基燃料	K2279
市燃气	K2301
液化石油气	K2240

(2)排放因子

按照适用的日本工业标准规定,假设燃料中的所有的碳含量都会变成二氧化碳的(CO_2),随后排放到大气中,排放系数可通过使用供应商的成分分析表来进行设置,或者通过经营者的成分分析结果来进行设置。

如燃料供应商提供了燃烧产物的数据,则排放系数可通过使用此类数据来计算。

对于单位热值/排放系数,可使用实测数值、指南中规定的默认数值,或其他数值,如燃料供应商提供的数值,或用作行业标准的数值。但是,如需使用此数值,应确定使用该等数值的责任人。

6. 电力公司供电的使用

1)活动信息和排放形式

如使用电力公司提供的电力,由于公司进行的发电活动,会导致二氧化碳的间接排放。

2)计算方法

如使用他方所供电力,其二氧化碳排放量可通过以下公式计算:

$$二氧化碳排放量(tCO_2)＝用电量(kWh)×排放系数(tCO_2/kWh)$$

3)活动量

监测用电量有三种监测模式,如下所示:

模式 A-1:基于进货量的方法。

模式 B:测量的方法。

模式 C:逼近法(仅当模式 A 和模式 B 无法使用时,可选此法)。

各监测模式计算方法如下所示:

(1)基于进货量的方法

电力用量可通过使用电力进货量来监测。对于模式 A-1,监测点是电力公司安装的瓦特计。任何电力使用过程中的监测误差均由瓦特计误差所致。因此,该方法取决于所安装的瓦特计类型,如下所示:

等级 4:购电量采用定制的高精度瓦特计来进行度量。

等级 3:购电量采用高精确的瓦特计来进行度量。

等级 2:购电量采用普通瓦特计来进行度量。

(2)基于测量的方法

测量用电量。对于模式 B,监测点是电力用户安装的瓦特计。任何电力使用过程中的监测误差均由瓦特计误差所致。因此,该方法取决于所安装的瓦特计类型,如下所示:

等级 4:用电量采用最大误差±1.0%的瓦特计来进行度量。(定制的高精度瓦特计)。

等级 3:用电量采用最大误差±2.0%的瓦特计来进行度量。(高精度的瓦特计)。

等级 2:用电量采用最大误差±3.5%的瓦特计来进行度量。(普通瓦特计)。

等级 1:用电量采用最大误差±5.0%的瓦特计来进行度量。

应检查如下项目:所用测量仪器的最大误差,以及使用最大误差值设置的各等级,后者是为了确定各等级达到相关的要求。

(3)逼近法

逼近法的选用取决于经营者的状况。但是,此法可能无法通过 CA 的批准,除非能证明其正当。

如选择模式 C,不能设置该等级(无必要对该等级进行评估)。

(4)排放因子

对于与电力公司供电量相关的排放系数,仅可使用默认数值(与供应商无关,所有此类排放系数均为相同的默认数值)。

等级 1:使用指南中规定的默认排放系数数值:

电力公司所供电力 0.000391tCO₂/kWh

二氧化碳排放量可以通过准确监测燃料或能源的用量来进行计算,但仅适合如下情况:电力由安装在现场内部且非现场业主所有的发电设备供应,因为在现场内部,ESCO 经营者会安装多个不相关的电源。在此情况下应测量燃料用量和等级设置。

7. 热能供应商所供热能的使用(温水、冷水或蒸汽)

1)活动信息和排放形式

如使用由热能供应商提供的工业或非工业蒸汽、温水或冷水,此热能供应商排放的二氧化碳则视为间接排放。

2)计算公式

对于各类型热能,可将热能用量乘以排放系数来计算二氧化碳的排放量。二氧化碳的排放量可通过使用下列公式来计算:

$$二氧化碳排放量(tCO_2) = 热能用量(GJ) \times 排放系数(tCO_2/GJ)$$

3)活动量

有如下三种监测模式,可用于监测热能供应商所供热能的用量(温水、冷水、或蒸汽):

模式 A-1:基于进货量的方法。

模式 B:基于测量的方法。

模式 C:逼近法(仅当模式 A 和模式 B 无法使用时,可选此法)。

(1)基于进货量的方法

对于模式 A-1,使用燃料供应商交货单中记录的进货量来进行热能消耗量的监测。

监测点是热能接收点(使用交货单),所用数据为交货单上的数据。

等级 1:进货量采用累积式热量计来衡量。

(2)基于测量的方法

对于模式 B,热量用量是通过使用经营者安装的测量仪器来测量的,诸如气体流量计。应定期检查用于监测热量用量的气体流量计。

监测点是气体流量计等测量仪器,所用数据为测量仪器的读数。应检查如下项目:使用的测量仪器的最大误差,以及使用最大误差值设置的各等级,后者是为了确定各等级达到相关的要求。

等级 4:热量用量采用最大误差±1.0%的仪器来进行度量。

等级 3:热量用量采用最大误差±2.0%的仪器来进行度量。

等级 2:热量用量采用最大误差±3.5%的仪器来进行度量。

等级 1:热量用量采用最大误差±5.0%的仪器来进行度量。

(3)逼近法

逼近法的选用取决于经营者的状况。但是,此法可能无法通过 CA 的批准,除非能证明其正当。如选择模式 C,不能设置该等级(无必要对该等级进行评估)。

(4)排放因子

对于与热能供应商提供的热能用量相关的排放系数,仅可使用默认数值(与供应商无关,所有此类排放系数均为相同的默认数值)。

等级1:使用指南中规定的默认排放系数数值:

热能类型　　排放因子

工业蒸汽　　$0.060\text{tCO}_2/\text{GJ}$

温水、冷水、蒸汽(非工业型)　　$0.057\text{tCO}_2/\text{GJ}$

二氧化碳排放量可以通过准确监测热能的用量来进行计算,但仅适合如下情况:热能由安装在现场内部且非现场业主所有的热能设备供应,因为在现场内部,ESCO 经营者会安装多个锅炉。在此情况下,可根据 JVETS 规定,来测量热能用量和等级设置。

8. 特殊情况

使用提供给工厂/商业机构外围燃料进行电力/热能生产所致排放。

1)说明

对于使用提供给工厂/商业机构外围的燃料进行电力/热能生产所导致的直接二氧化碳排放量,可从经营者的工厂/商业机构内部的总排放量中扣除,只要提供该给外围的电力或热能供应采用符合如下条件的测量仪器的监测:位于认证有效期内,或者按照测量法规进行了定期检查。

2)计算公式

如果工厂/商业机构采用了位于其内部,但提供给外围的化石燃料进行电力/热能生产,二氧化碳排放量可按照工厂/商业机构消耗量与提供给外围的用量之比来进行计算。

$$工厂/商业机构的二氧化碳排放量(\text{tCO}_2) = \frac{E_i \times 0.0036(\text{GJ/kWh}) + T_i}{(E_i + E_0) \times 0.0036(\text{GJ/kWh}) + (T_i + T_0)} \times 燃$$

料消耗$\times$排放系数

式中:

E_i——工厂/商业机构内部的耗电量,kWh;

E_0——提供给外围的电力供应,kWh;

T_i——工厂/商业机构内部的热能消耗量,GJ;

T_0——提供给外围的热能,GJ。

如未对工厂/商业机构内部热能的用量进行监测,可将废热利用的计算值(T_d)用作该数值($T_i + T_0$)。在此情况下,应使用如下公式:

$$工厂/商业机构的二氧化碳排放量(\text{tCO}_2) = \frac{E_i \times 0.0036(\text{GJ/kWh}) + (T_d - T_0)}{(E_i + E_0) \times 0.0036(\text{GJ/kWh}) + (T_d)} \times 燃$$

料消耗$\times$排放系数

3)活动量

在进行燃料用量计算时,可使用上述按燃料类型分类的计算方法。如下方法则用于监测向外围提供的电力/热能供应量:

——基于销售量的方法:

(电力)

等级4:特别精密电表计量的售电量。

等级3:精密电表计量的售电量。

等级2:普通电表计量的售电量。

(供热)

等级 1：累积式热表计量的购热量。

——基于实测的方法（在掌握向外部供给量的情况下，除销售量以外的实测值）：

确认所使用计量器具的最大公差值，根据最大公差值确定等级：

等级 1b：向外部供给量计量器具的最大公差在±5.0%以内。

等级 2b：向外部供给量计量器具的最大公差在±3.5%以内。

等级 3b：向外部供给量计量器具的最大公差在±2.0%以内。

等级 4b：向外部供给量计量器具的最大公差在±1.0%以内。

9. 水泥的生产

1）活动信息和排放形式

在水泥生产过程中，生产中间产品的熟料时，由于燃烧含有碳酸钙（$CaCO_3$）的石灰石（水泥的主要成分），会产生二氧化碳。

$$化学反应式：CaCO_3 \rightarrow CaO + CO_2$$

2）计算公式

二氧化碳排放量可通过将熟料产量乘以各熟料单位产量的排放量来进行计算：

二氧化碳排放量（tCO_2）＝熟料产量（t）×各熟料单位产量的排放量（tCO_2/t）×水泥窑灰的补偿系数（CKD）

可将下文"4）排放因子"项中规定的排放系数，用作"各熟料单位产量的排放量"。采用 1.00 的水泥窑灰的补偿系数（CKD），因为在任何国内水泥厂，都会补偿 CKD 的总量。

3）活动量

下文列出了两种监测熟料产量的监测模式。各监测模式计算方法如下：

模式 B：基于测量的方法。

模式 C：逼近法（仅当模式 B 无法使用时，可选此法）。

（1）基于测量的方法

对于模式 B，经营者的熟料产量采用经营者的仪器来进行衡量。所用测量仪器应已按照测量法规进行过认证/定期检查（且应在有效期限内）。监测点是经营者安装的测量仪器，所用数据为测量仪器的读数。

应检查如下项目：使用的测量仪器的最大误差，以及使用最大误差值设置的各等级，后者是为了确定各等级达到相关的要求。

等级 4：熟料产量采用最大误差±1.0%的仪器来进行度量。

等级 3：熟料产量采用最大误差±2.0%的仪器来进行度量。

等级 2：熟料产量采用最大误差±3.5%的仪器来进行度量。

等级 1：熟料产量采用最大误差±5.0%的仪器来进行度量。

（2）逼近法

逼近法的选用取决于经营者的状况。但是，此法可能无法通过 CA 的批准。

如选择模式 C，不能设置该等级（无必要对进行该等级的评估）。

4）排放因子

可从下文选择排放系数：

等级 3：使用经营者按照其成分分析计算所得的排放系数。

等级 2：使用任何其他排放系数，如行业标准值。

等级 1:使用指南中规定的默认排放系数。0.510 tCO_2/t 熟料。

熟料生产的排放系数计算方法,不包括废弃物和副产品中的非碳酸盐氧化钙:

第 1 步:预估材料生产过程中含有非碳酸盐氧化钙的废弃物的干重

对于材料生产过程中的废弃物/副产品含量,可通过废弃物/副产品的类型来进行监测。如监测废弃物/副产品的湿重,则通过含水量补偿,转换为干重①。表 4 - 14 中的数值可用作含水量。

废弃物/副产品的干重(按类型)(t)①=废弃物/副产品的湿重(按类型)(t)×[1-废弃物/副产品的干重(按类型)中的含水量(%)/100]

表 4 - 14　废弃物/副产品的含水量　　　　　　　　　　　　　　%

类别	废弃物/副产品的类型	含水量(2000 年~2003 年的平均值)
焚烧残渣	煤灰渣	10.2
炉渣	鼓风炉炉渣(高压水粉碎)	7.1
	鼓风炉炉渣(逐渐冷却)	6.0
	炼钢渣	8.2
	不含铁的炉渣	6.9
粉尘(采用除尖器吸附)	煤灰渣	2.7
	粉尘	12.0
资料来源:日本水泥协会。		

第 2 步:预估熟料中含有非碳酸盐氧化钙的废弃物/副产品类氧化钙的数量和含量

对于非碳酸盐类氧化钙数量(按废弃物/副产品类型划分),可通过将废弃物/副产品的干重①(预估数值见第 1 步)乘以氧化钙含量来计算。其次,对于熟料中非碳酸盐氧化钙的总量②,可通过将非碳酸盐氧化钙相加(按废弃物/副产品类型划分)来进行预估。表 4 - 15 中的数值可用作氧化钙含量数值。

非碳酸盐类氧化钙总量(t)② = $\sum$[废弃物/副产品的干重(按类型)(t)①×氧化钙含量(%)/100]

表 4 - 15　废弃物/副产品的氧化钙含量　　　　　　　　　　　%

类别	废弃物/副产品的类型	含水量(2000 年~2003 年的平均值)
焚烧残渣	煤灰渣	5.3
炉渣	鼓风炉炉渣(高压水粉碎)	41.2
	鼓风炉炉渣(逐渐冷却)	41.2
	炼钢渣	39.0
	不含铁的炉渣	7.7
粉尘(采用除尘器吸附)	煤灰渣	4.8
	粉尘	11.8
资料来源:日本水泥协会。		

熟料中非碳酸盐氧化钙的含量③可通过将上文预估的非碳酸盐氧化钙总量②除以熟料产量来计算获得。

非碳酸盐氧化钙的含量(%)③＝非碳酸盐氧化钙总量(t)②÷熟料产量(t)×100

第3步：预估熟料中不包含非碳酸盐类氧化钙的氧化钙含量

不包含非碳酸盐类氧化钙的氧化钙含量④，可通过将熟料中的氧化钙含量减去非碳酸盐类氧化钙含量(预估数值见第2步)来获得。

熟料中不包含非碳酸盐类氧化钙的氧化钙含量④＝熟料中的氧化钙含量(%)－非碳酸盐类氧化钙含量(%)③熟料中的氧化钙含量：65.0%

资料来源：1996年IPCC指南修订版。

第4步：确定熟料的排放系数

排放系数计算方式如下：将氧化钙与二氧化碳的分子量之比(0.785)，乘以不包含非碳酸盐类氧化钙的氧化钙含量④(预估数值见第3步)。所得计算数值中应四舍五入到小数点后第四位。

不包含非碳酸盐类氧化钙的熟料的排放系数$(tCO_2/t)＝0.785×$不包含非碳酸盐类氧化钙的氧化钙含量(%)④

三、核查

(一)核查机构

根据JVETs的要求，所有参与者的年排放都由日本环境省认可的核证实体进行核证。目前共有20余家成为JVETS的第三机构。

(二)核查方法

JVETS开发了专门的"日本自愿减排交易体系(JVETS)排放量核查指南"，用于指导针对自主参加型国内排放量交易制度的排放量的核查工作，汇总了核查机构以及从隶属于该机构的人员当中选出的核查人(包括与该机构签订有合同关系的外部核查人，以下简称为"核查人"。)实施核查业务时通用的有关核查规格及指南等。该指南参考了ISO 14064—3以及其他国家的类似文件。

该指南不定期地进行更新，目前最新版本为2010年9月进行修订的第4版。

根据"日本自愿减排交易体系(JVETS)排放量核查指南"，核查流程如图4-5所示。

具体核查方法和相关细节，可参考"日本自愿减排交易体系(JVETS)排放量核查指南"。

第四节　东京都总量控制与交易体系

日本东京都的巨大的都市圈实际上很类似于一个国家。东京都每年消耗的能源和整个北欧相当，东京都的GNP与GNP排在全球第15位的国家相当。2008年批准的东京都总量控制与交易体系的建立对于推进日本应对气候变化的政策进程和全球二氧化碳减排具有重大意义。

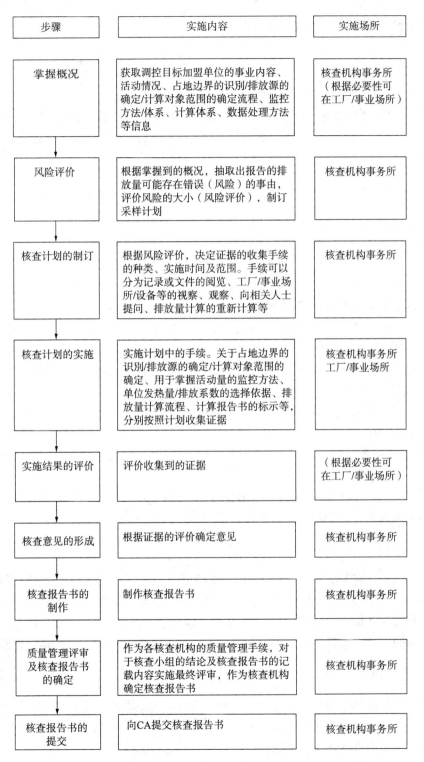

步骤	实施内容	实施场所
掌握概况	获取调控目标加盟单位的事业内容、活动情况、占地边界的识别/排放源的确定/计算对象范围的确定流程、监控方法/体系、计算体系、数据处理方法等信息	核查机构事务所（根据必要性可在工厂/事业场所）
风险评价	根据掌握到的概况，抽取出报告的排放量可能存在错误（风险）的事由，评价风险的大小（风险评价），制订采样计划	核查机构事务所
核查计划的制订	根据风险评价，决定证据的收集手续的种类、实施时间及范围。手续可以分为记录或文件的阅览、工厂/事业场所/设备等的视察、观察、向相关人士提问、排放量计算的重新计算等	核查机构事务所
核查计划的实施	实施计划中的手续。关于占地边界的识别/排放源的确定/计算对象范围的确定、用于掌握活动量的监控方法、单位发热量/排放系数的选择依据、排放量计算流程、计算报告书的标示等，分别按照计划收集证据	核查机构事务所工厂/事业场所
实施结果的评价	评价收集到的证据	（根据必要性可在工厂/事业场所）
核查意见的形成	根据证据的评价确定意见	核查机构事务所
核查报告书的制作	制作核查报告书	核查机构事务所
质量管理评审及核查报告书的确定	作为各核查机构的质量管理手续，对于核查小组的结论及核查报告书的记载内容实施最终评审，作为核查机构确定核查报告书	核查机构事务所
核查报告书的提交	向CA提交核查报告书	核查机构事务所

图4-5 JVETS核查流程

一、机制概述

（一）制定过程

2008 年 6 月，东京都强制总量控制与交易体系议案获得批准，于 2010 年 4 月正式启动。2009 年 3 月，东京都政府设定了第一个履约期（2010—2014 年）的目标，即在基准年的基础上减排 6％或 8％。另外，第二履约期（2015—2019 年）的目标也已经宣布，在基准年的基础上减排 17％。

（二）重要意义

东京都总量控制与交易体系具有重要意义：

（1）东京都每年碳排放总量为 5960 万吨二氧化碳，相当于某些国家的排放总最。如丹麦或挪威。因此，从碳排总量来说具有重要意义。

（2）东京都的特殊性注定碳交易体系对日本具有重要意义。

——东京都是日本的首都，也是日本政治、经济、文化中心。

——东京都是世界上最大的城市群之一，与纽约、伦敦等大城市相当。东京都政府不仅仅是一个都市政府，它还是一个由 62 个更小的都市组成的区域的行政管理机构，包括城市、城镇和农村。东京都是日本政府之下最大的政府机构，管辖超过 1300 万人口。

——超过 50％在东城证券交易所上市的公司在东京都范围内。2005 财年东京都的 GNP 为 5000 亿美元，约占日本总 GDP 的 20％。

（3）东京都碳交易体系意味着碳交易直接被引进到口本最大的经济区域，同时也是日奉的经济中心。

（4）几乎所有的东京都的摩天大楼都在这个碱交易体系的范围内，其中有许多中央政府的行政和立法机构，如首相府邸、环境省、商务省等。

（三）启动日期

东京都总量控制与交易体系干 2010 年 4 月启动。它是全球第三个总量控制与交易体系，居于欧盟 EUETS 和美国 RGGI 之后。但它是全球第一个为商业行业设定减排目标的总量控制与交易体系，也是亚洲第一个强制性总盘控制与交易体系，更是全球第一个以城市为覆盖范围的碳排放交易体系。东京都计划可以成为未来全日本和亚洲其他城市的模板。

（四）覆盖范围

行业覆盖范围为工业和商业领域。这两个领域约占东京都总排放的 40％。

对象覆盖范围为年消耗燃料、热和电力至少 1500kL 原油当量的大型设施（建筑或工厂）。大约 1400 个设施在这个范围内（按地点而不是公司分）。

这 1400 个设施年排放量约为 1300 万吨二氧化碳，占工业和商业领域总排艘的 40％，占东京都总排放的 20％。这 1400 个设施中，商业设施 1100 个，工业设施 300 个。

（五）履约期

东京都体系的履约期为 5 年。目前设两个履约期,分别是 2011—2014 年和 2015—2019 年。5 年履约期长于欧盟排放空易体系的 1 年和 RGGI 的 3 年履约期。主要是为了便于建筑物或设施进行节能设备的改造和投资。

配额允许储备,但不允许借贷。

（六）温室气体覆盖

第一阶段只覆盖与能源相关的二氧化碳排放。其他温室气体将视发展情况逐步增加。

虽然其他温室气体暂不在强制减排的范畴之内,但建筑物和设施每年向东京都政府报告排放情况时必须包括其他温室气体。该报告不需要第三方核证。如果建筑物和设施采取措施降低了其他温室气体的排放,可以经第三方核证后取得配额,用于抵消自己的二氧化碳排放或用于交易。

（七）总量设置

本计划的总量是绝对总量,而不是强度目标。总量是从实现东京都总体减排目标的角度设置的,即到 2020 年在 2000 年的基础上减少碳排放量 20%。

第一阶段的减排目标为减少 6%(工厂和接受区域性供暖制冷工厂直接供能的建筑物),其他建筑物 8%。第二阶段的减排目标为减少 17%。

（八）配额分配

除为新进入者预留的配额外,其他所有 5 年内的配额在每个履约期开始时全部免费分配给负有减排责任的设施。

新进入者是指 2010 年之后开始运营的设施,并满足每年 1500kL 石油当量的消费量。

配额分配按照祖父式方法分配。基准年为前 3 年实际排放的平均值。

配额数量等于基准年排放值乘以履约因子乘以 5 年。

履约因子由东京都政府的管制规则制定。第一履约期的履约因子在 2009 年 3 月前确定。第二履约期的履约因子在 2015 年前确定,并比第一履约期的更为严格。

2010 年后新建的办公建筑和其他新进入者将从预留的新进入者配额中免费获得。它们的基准年排放值在东京都政府规定的节能措施执行后两到三年的实际排放值的平均值基础上确定。

（九）退出或结业

任何建筑物或设施如果连续 3 年每年能源消耗小于 1500kL 石油当量,可以退出总量控制与交易体系。

任何建筑物或设施在履约期间因为各种原因关闭或结业,可以向东京都政府提出申请退出总量控制与交易体系。建筑物或设施在履约期内退出交易体系的,总的减排义务会根据建筑物或设施退出的该年进行调整。例如,如果某个设施在 2013 财年退出交易体系,它的义务将根据之前 3 年(2010 年～2012 年)的实际排放进行调整。

（十）监测、报告和核证

在 5 年履约期内,建筑物或设施必须每年向东京都政府报告前一年的温室气体排放情况,并经第三方核证机构核证。第三方核证机构必须在东京都政府登记注册。不遵守该报告及披露义务的建筑物或设施将受到惩罚。

2009 年 7 月,东京都政府制定了《温室气体计算指南》《温室气体核查指南》和《核证机构注册申请程序指南》规范温室气体计算、核证和核证机构的注册登记行为。

2009 年 7 月,东京都政府组织了核证人员研讨会,培训核证人员。2009 年 8 月,东京都政府开始接受核证机构的申请,到 8 月底已有 30 家核证机构注册登记。

（十一）履约评估及惩罚机制

建筑物或设施必须在 2015 年向东京都政府报告 5 年的排放情况。如果没有完成减排责任,将要支付最高 50 万日元的罚款。东京都政府将把没有完成任务的建筑物或设施向公众公开。东京都政府将在市场上购买建筑物或设施超额排放的配额来帮助履行义务。购买的成本由建筑物或设施承担,通常由东京都政府以每吨多少日元的标准确定。

（十二）东京都计划中的交易机制

排放配额在日本尚未有大量交易的先例。因此,金融机构和其他公司对配额交易并无多少经验。但是,许多机构,包括金融机构和东京证券交易所,都对东京都配额交易表现出强烈的兴趣。

东京都政府已经在着手建立排放注册处,于 2010 年底建成,用于管理配额交易记录。

（十三）碳抵消

东京都总量控制与交易体系允许利用碳抵消项目产生的信用额度来完成履约义务。允许的碳抵消项目基本上是工业和商业领域项目。

以下项目产生的碳信用额度可以用做碳抵消:

(1)东京都范围内中小型建筑物或设施碳信用额度。即东京都范围内不属于东京都计划覆盖对象的中小型建筑物或设施通过节能措施产生的碳减排信用,必须经过第三为核证。

(2)东京都以外的信用额度:

——年排放少于 15 吨的大型设施。

——在东京都计划在覆盖范围内的大型设施其减排超过强制减排义务部分可视为碳抵消额度。

——只允许最多占基准年排放值的 1/3 的信用额度用于交易。

(3)可再生能源证书。日本已经建立单独的系统评估可再生能源发电产生的环境价值,并将该价值以证书形式进行交易。东京都计划承认并允许此类证书在东京都计划范围内交易并用于履约。

（十四）防止配额价格过分上涨的措施

一个健全合理的碳市场必须防止配额交易价格的过度上涨。东京都总量控制与交易体系采取以下措施防止配额价格的过分上涨：

——东京都政府将采取措施增加配额的供给。

——在配额交易价格有异常上涨的可能时，东京都政府将增加东京都以外的碳信用额度的供给。

——东京都政府从2009年开始向4万个家庭提供补贴，支持安装家庭用太阳能设备，唯一的条件是这些家庭同意将由此产生的10年环境收益转让给防止气候变暖促进活动中心。该中心将这些环境收益储存在太阳能银行，然后以绿色电力证书的形式加以销售。东京都政府将确保这些绿色电力证书的供给。

二、监测与报告

2009年7月，东京都政府制定颁布了《东京都总量控制与交易体系温室气体排放计算指南》和《汽车温室气体排放计算指南》，对温室气体的具体测算标准及相关方法进行了规定。并根据实际运行情况对指南进行定期或不定期的更新。

(一)受控对象

在本制度中，具有减排义务的对象是事业所的温室气体排量中属于能源产生的二氧化碳(伴随燃料、热、电力的使用而排出的二氧化碳)排量，我们称之为"特定温室气体"。只要是特定温室气体排量，就有义务将注册审定机构的"审定结果"作为附件添加后向东京都提交报告。

而若为非能源产生的二氧化碳及除二氧化碳以外的温室气体，则在本制度中称为"其他气体"，事业所有义务对其排量做到基本掌握及报告(见表4-16)。

表4-16 受控对象温室气体类别

特定温室气体	能源产生的二氧化碳	·使用发电公司供给的电力 ·使用城市燃气 ·使用重油 ·使用供热公司供给的热 ·使用其他能源等	成为报告对象的温室气体排量	具有减排义务
其他气体	非能源产生的二氧化碳	·烧毁废弃物 ·在制造、加工产品过程中产生的二氧化碳 ·使用废弃物燃料等		没有减排义务
	除二氧化碳以外的气体	·在锅炉的燃料如重油等燃烧时伴随产生的甲烷或 N_2O 等		
	使用水、向下水道排水			

1. 属于本制度对象的事业所

本制度的对象是使用的能源油当量每年达到1500kL以上的大规模事业所。这些对象事业所根据不同分类，具有计算(审定)特定温室气体排量及减排的义务。分类方面包括以下所示"指定全球变暖措施事业所"及"特定全球变暖措施机构"两大类(见表4-17)。

表 4 - 17 受控对象的标准

分类	主要条件
指定全球变暖措施机构	燃料、热、电力使用量的油当量年度总计超过 1500kL 以上的事业所
特定全球变暖措施机构	连续三个年度(在年度内开始使用的年度除外)燃料、热、电力使用量总计超过油当量年度总计 1500kL 以上的事业所

各事业所首先要根据本方针指南所记述的方法来计算并判断自己是否属于指定全球变暖措施机构,也就是说事业所的油当量是否超过每年 1500kL 以上。

此外,石油当量若超过每年 1500kL 以上时,就要接受指定全球变暖措施机构的指定。接受指定的事业所需计算每年度的特定温室气体排量,接受审定并报告给东京都。

另外,在年度内开始使用的年度除外,石油当量若连续三年超过 1500kL 以上时,需要接受特定全球变暖措施机构的指定。特定全球变暖措施机构除了要对排量进行计算、审定外,还具有减排义务。

2. 本制度涉及的责任方

在本制度中,原则上来讲"事业所的所有者"是责任承担方。责任承担方需要根据本方针计算特定温室气体排量并报告。

不过,若符合以下所示条件,可通过申报代替所有者或与所有者共同承担义务:

——区分所有权中相关的管理组合法人;

——受信托时的信托受益人(资产证券化,且受信托时的 SPC(特定目的公司)=含信托受益人;

——资产证券化且 SPC 直接所有时的资产经理;

——资产证券化且受信托时的资产经理;

——PFI 事业完善时的 SPC;

——主要租赁者等事业者;

注:仅限与所有者等共同承担义务时:①特定租赁者等事业者;②本身排量占总排量 5 成以上的租赁者;③数目为多个,总计排量超过 5 成时的租赁者。

——根据其他合约,具有更新设备等权限者。

"指定全球变暖措施机构"及"特定全球变暖措施机构"被赋予义务实施的主要事项如表 4 - 18 所示。

指定全球变暖措施机构根据本方针第 2 部分计算上一年度油当量、特定温室气体排量(能源产生的二氧化碳排量),并就其接受审定与申报。此外,根据该结果,还要设定减排目标、措施计划,同时选任统括管理人、技术管理人,若租赁者已入住大厦或建筑物时,要构建与租赁者合作的体制,并提交填写好这些内容后的计划书。

特定全球变暖措施机构除了要实施指定全球变暖措施机构需要做的事项外,还具有特定温室气体排量的减排义务。

表 4 - 18 对象事业者的主要实施事项

分类	定位	实施事项
指定地球变暖措施事业所	需要特别推进全球变暖措施的事业所	• 上一年度的石油当量、特定温室气体排量的计算(需要审定) • 计算上一年度的其他气体排量(无需审定) • 设定减排目标与减排计划 • 统括管理者、技术管理者的选任 • 与租赁者等事业者的推进合作体制 • 提交并发布公布了上述内容的计划书
特定地球变暖措施事业所	有特定温室气体减排义务的事业所	• 上述"指定全球变暖措施机构"的实施事项 • 特定温室气体的减排义务 • 申请基准排量 • 实施减排措施 • 减排义务量不足部分可通过交易进行筹措(可再生能源的有效利用、其他事业所减排量的筹措等)

(二)实施时期

上一年度的石油当量超过 1500kL 以上的事业所以及接受指定地球温暖化措施机构指定的事业所在每年度都要根据本方针规定的方法计算上一年度的能源使用量及特定温室气体排量,该计算结果需接受审定机构的审定(2009 年度提交的下述 1 及 2 的申报等相关内容除外)。

填写该计算结果的具体申报及其提交时期如图 4 - 6 及以下所示。

1. 指定全球变暖措施机构的指定相关确认书

2009 年度以后,提交时限为首次在上一年度石油当量超过 1500kL 以上的那一年度 10 月末前。

2. 全球变暖措施计划书

从接受"指定全球变暖措施机构"指定的年度开始,在每年度 11 月末前提出。

此外,在 1 的申报中,已经计算、审定完的年度排量等无需重新接受审定。

3. 基准排放量决定申请书

减排义务开始年度的 9 月末前提出。

此外,在 1 及 2 的申报等中,已经计算、审定完的年度排量等无需重新接受审定。

(三)计算方法概述

1. 基本计算公式

特定温室气体排量使用以下公式计算得出。直接排放(燃料燃烧):

$$温室气体排量＝燃料等使用量×单位发热量×排放系数×44/12※$$

间接排放(电力以及热):

$$温室气体排量＝燃料等使用量×排放系数$$

※燃料的排放系数是由碳量设定的,因此可以乘以二氧化碳分子量(44)/碳分子量(12),

153

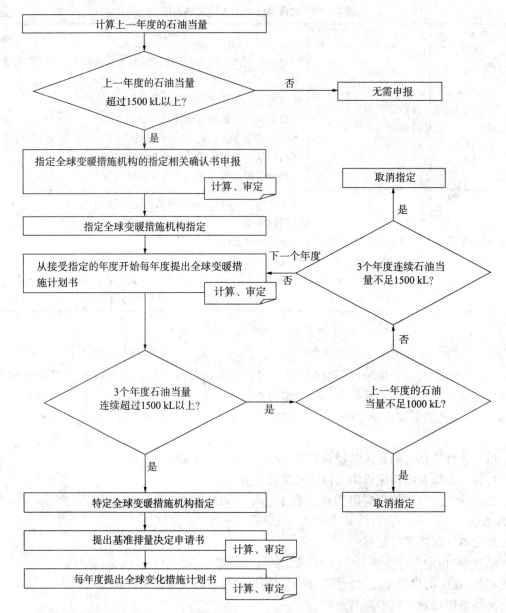

图4-6 主要手续的流程与计算、审定的实施时期

换算为二氧化碳量。

石油当量要使用以下公式计算得出。

直接排放（燃料燃烧）：

石油当量＝燃料等使用量×单位发热量×原油换算系数

间接排放（电力以及热）：

石油当量＝燃料等使用量×一次能源换算系数×原油换算系数

2. 单位发热量、排放系数（直接排放）

指南中规定了各种燃料（非城市燃气）的单位发热量和排放系数的缺省值以及城市燃气

的单位发热量。

1)固体、液体、气体燃料(城市燃气的发热量除外)

各燃料的单位发热量以及排放系数(城市燃气的单位发热量在指南中规定所示的缺省值)如表4-19所示。此外,在该表中未记载的燃料,使用供给事业者个别证明的发热量与排放系数。

此外,根据温室气体排量的实测等,若认为可以将其作为在该表中表示的单位发热量或排放系数相当值申请东京都的许可时,可以使用基于该实测的树脂来代替在该表中表示的值。

表4-19　燃料的单位发热量以及排放系数

燃料种类		单位	单位发热量	排放系数
原油		kL	38.2GJ/kL	0.0187t C/GJ
原油中的冷凝液(NGL)		kL	35.3GJ/kL	0.0184 t C/GJ
挥发油(汽油)		kL	34.6GJ/kL	0.0183t C/GJ
挥发油		kL	33.6GJ/kL	0.0182t C/GJ
煤油		kL	36.7GJ/kL	0.0185t C/GJ
轻油		kL	37.7GJ/kL	0.0187t C/GJ
A重油		kL	39.1GJ/kL	0.0189t C/GJ
B、C重油		kL	41.9GJ/kL	0.0195t C/GJ
石油沥青		t	40.9GJ/t	0.0208t C/GJ
石油焦炭		t	29.9GJ/t	0.0254t C/GJ
石油燃气	液化石油燃气(LPG)	t	50.8GJ/t	0.0163t C/GJ
	石油系烃类气体	km³	44.9GJ/km³	0.0142t C/GJ
可燃性天然气	液化天然燃气(LNG)	t	54.6GJ/t	0.0135t C/GJ
	其他可燃性天然燃气	km³	43.5GJ/km³	0.0139t C/GJ
煤炭	原料炭	t	29.0GJ/t	0.0245t C/GJ
	一般炭	t	25.7GJ/t	0.0247t C/GJ
	无烟煤	t	26.9GJ/t	0.0255t C/GJ
炼焦煤		t	29.4GJ/t	0.0294t C/GJ
煤焦油		t	37.3GJ/t	0.0209t C/GJ
炼焦炉燃气		km³	21.1GJ/km³	0.0110t C/GJ
高炉燃气		km³	3.41GJ/km³	0.0266t C/GJ
转炉燃气		km³	8.41GJ/km³	0.0384t C/GJ
城市燃气(6A)		km³	—	0.0138t C/GJ
城市燃气(13A)		km³	—	0.0138t C/GJ
喷气式发动机燃气		kL	36.7GJ/kL	0.0183t C/GJ

2）城市燃气的单位发热量

东京都内的城市燃气事业者供给的城市燃气单位发热量如表 4 - 20 所示。

使用对象年度的城市燃气事业者的数值进行发热量换算（排放系数使用了表 4 - 19 中的缺省值）。

表 4 - 20　东京都内城市燃气事业者的单位发热量　　　　　　　　GJ/km³

事业者名	燃气集团	H14 2002	H15 2003	H16 2004	H17 2005	H18 2006	H19 2007
东京燃气	13A	46.04655	46.04655	46.04655	46.04655 / 45	45	45
青梅燃气	6A	29.30235	29.30235			—	—
	13A	46.04655	46.04655	46.04655	46.04655 / 43.12	43.12	43.12
	6A	29.30235	29.30235	29.30235	29.30235	—	—
武阳燃气	13A	62.79075	62.79075 / 46.04655	62.79075 / 46.04655	62.79075 / 46.04655 / 45	45	45
昭岛燃气	13A	46.04655	46.04655	46.04655	46.04655 / 45	45	45

3. 排放系数（间接排放）

1）他人供给的电力

他人（电力事业者以及电力事业者以外的其他事业所）供给的电力排放系数在减排计划期间内为固定，不管电力事业者等的个别因素，一律使用以下缺省值。

他人供给的电力排放系数：0.382(tCO$_2$/kWh)

注：根据能源环境计划书制度，基于报告内容中向都内供电的一般电力事业者以及特定规模电力事业者实际业绩值计算得出。

2）他人供给的热

他人（供热事业者以及供热事业者以外的其他事业所）供给的热（蒸汽气、温水以及冷水）排放系数在减排计划期间内为固定，不管电力事业者等的个别因素，一律使用以下缺省值。

他人供给的热（蒸汽、温水、冷水）的排放系数：0.052(tCO$_2$/GJ)

注：根据全球变暖措施计划书制度，基于报告内容中向都内供热的供热事业者实际业绩值计算得出。

此外，在清洁工厂等内，对随着烧毁废弃物而产生的热或使用该热能进行发电的电力直接接收使用时，该热及电力使用量划为排量计算对象外。

4. 在发电的电力或产生的热供给到事业所外时的排放量计算

1）计算方法

将发出的电力或产生的热供给事业所外（以下称"事业所外供给"）时，要针对制度对象者自身发的电力或产生的热制成单位供给量排放系数，再乘以事业所外供给量，得到事业所外供给相关排量,可将该量从特定温室气体排量中划出。此时的排放系数要以年度为单位制成。此外,通过供热事业者供给蒸汽或冷水时,将其作为本来业务进行供给时的外部供给不可划为计算对象外,因此也不适用于本计算。

事业所外供给相关排量(tCO_2)=电力供给量或供热量(kWh,GJ)×每单位供给量的排放系数$(tCO_2/kWh,tCO_2/GJ)$

2)事业所外供给相关单位供给量的排放系数制作

根据以下公式,制作事业所外供给相关单位供给量排放系数,使用 A 的计算公式。

电力:

$$单位电力供应量的排放量(tCO_2/kWh)=\frac{A×单位发热量(GJ/t,GJ/kL,GJ/Nm^3)×排放系数(tCO_2/GJ)×44/12}{相应设备的发电量(k\cdot Wh)}$$

热能:

$$单位热能供应量的排放量(tCO_2/GJ)=\frac{B×单位发热量(GJ/t,GJ/kL,GJ/Nm^3)×排放系数(tCO_2/GJ)×44/12+C×排放系数[tCO_2/(kW\cdot h)]}{相应设备的产热量(GJ)}$$

式中:

A——发电所用的燃料使用量(t,kL,Nm^3);

B——生产热能所用的燃料使用量(t,kL,Nm^3);

C——目标组织中生产热能所使用的电力使用量$(kW\cdot h)$。

3)热电联产系统中事业所外供给相关单位供给量排放系数的制作

将通过热电联产系统制造的热或电力供给事业所外时,将根据投入的燃料使用量计算的排量按比例分配给热和电力,制作热和电力各自的事业所外供给相关单位供给量排放系数,用于 A 中的计算公式。

在按比例分配热和电力时使用的热电比率为以下比率。

热电联产系统中的热电比率=(2.17×相应的设备发电效率):相应的设备排热利用率

注:发电效率使用高位发热量标准(HHV)。

热电联产系统中的单位供给量排放系数的计算:

$$排放系数(电力)=\frac{投入的燃料引起的所有排量×2.17×A/2.17×A+B}{该设备的所有发电量}$$

$$排放系数(热)=\frac{投入的燃料引起的所有排量×B/2.17×A+B}{该设备的所有发热量}$$

式中:

A——相应的设备发电效率;

B——相应的设备排热利用率。

5. 石油当量的计算

计算石油当量时,若为化石燃料,则将换算为发热量的值乘以下的原油换算系数得出;若为电力以及热,则将一次能源换算值乘以下所示原油换算系数得出。

原油换算系数:0.0258kL/GJ

此外,电力以及热要乘以表 4－21 的一次能源换算系数进行一次能源换算。

表 4 – 21　一次能源换算系数

种类	划分		一次能源换算系数
电力	从一般电力事业者处买电	白天(8点～22点)	9.97[GJ/千 kWh]
		夜间(22点～第二天8点)	9.28[GJ/千 kWh]
		不分昼夜	9.76[GJ/千 kWh]
	从一般电力事业者以外处买电		9.76[GJ/千 kWh]
热	产业用蒸汽		1.02[GJ/GJ]
	产业用途以外的蒸汽		1.36[GJ/GJ]
	温水		1.36[GJ/GJ]
	冷水		1.36[GJ/GJ]

(四)具体方法

1. 计算报告格式机制

在计算温室气体排量以及石油当量时,除了其中的一部分外,在计算报告格式(Excel)中,可以输入掌握的燃料等使用量,选择排放活动、选择单位,所有因素恰当选择后,进行自动计算。

在使用温室气体排量、石油当量时,无需处理计算途中的尾数,在计算好整个事业所的总计值后,直接将小数点的第一位舍掉,取整数值。

2. 计算报告格式的填写事项

1)输入燃料等使用量

输入燃料等使用量时,基本上输入值与购买票据等中的记载值为相同值,不过相同燃料时,可能燃料等使用量监测点为多个,这时除了要明确记载燃料等使用量监测点的对应值外,还可以输入同一燃料使用量的总计值。此时,可直接将购买票据等中记载的总计值输入进去,无需进行四舍五入等的处理。在进行实测时,要考虑到计测方法中可确保的有效位数并输入。不过,若有效位数不明时,有效位数默认为三位数。输入时,要在相应的下拉菜单中选择输入的数值是与"购买票据等中记载的数值相同",还是为"自己计测的数值"。

此外,关于各燃料等使用量监测点方面,要在计算报告格式的"事业所区域以及燃料等使用量监测点"中所示的燃料等使用量监测点对应的监测点位置栏处明确记载。

2)单独计算所需的数据

以下项目需要根据 1)中所示规定进行恰当计算,并在计算报告格式中加以填写。这些项目需要与计算报告格式分别放置,汇总计算步骤后出示给审定机构。

——换算 LPG 以及城市燃气以外单位后的燃料等使用量;

——向事业所外供给的相关排放系数;

——热电联产系统制造的事业所外供给用电力以及热的排放系数。

三、核查

在东京都强制总量控制与交易体系的 5 年履约期内,建筑物或设施必须每年向东京都政府报告前一年的温室气体排放情况,并经第三方核证机构核证。第三方核证机构必须在东京都政府登记注册。不遵守该报告及披露义务的建筑物或设施将受到惩罚。

2009 年 7 月,东京都政府组织了核查人员研讨会,培训核查人员。2009 年 8 月,东京都政府开始接受核证机构的申请,目前已有 30 家核查机构注册登记。

2009 年 7 月,东京都政府制定颁布了制定了《温室气体核查指南》和《核证机构登记申请指南》规范温室气体计算、核证和核证机构的注册登记行为。具体核查方法和相关事项需参照指南中的要求执行。

（一）核查流程

根据《温室气体核查指南》,本制度中对温室气体排放量的审核,是指由第三方机构对组织按照上述顺序实施的温室气体排放量计算,是否符合《温室气体排放量化指南》规定,量化结果是否正确进行确认、判断。

在《温室气体排放计算指南》中规定,温室气体排放的量化需要按以下顺序实施。

——明确组织边界；

——明确温室气体排放活动、燃料等使用量监测点；

——掌握燃料等的使用量；

——计算温室气体排放量以及原油使用当量。

为了使审核工作顺利进行,指南中不仅规定了审核程序、确认方法以及判断标准,还制定了审核实施计划以及审核结果报告等文件的格式。审核机构在实施审核作业时需遵守指南中的相关规定,并使用规定的文件格式制订计划、实施审核及提交报告。同时,允许审核机构为增加规定文件中的内容,则增加使用自行设计的文件格式等。

根据《温室气体核查指南》,东京都强制总量控制与交易体系中规定的审核作业流程包括审核计划、实施审核以及审核结果的总结和汇报三个阶段,如图 4-7 所示。具体内容可参照《温室气体核查指南》中的详细介绍。

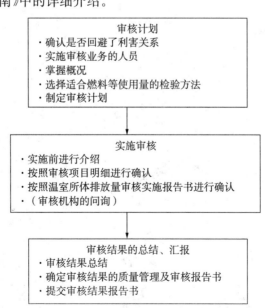

图 4-7　东京都强制总量控制与交易体系核查流程

（二）排放量的审核方法和判断标准

核查机构需按照图 4-7 所示程序对组织的温室气体排放量实施审核。同时，核查机构还需要按照温室气体排放计算指南及核查指南的第 2 部分规定的内容判断组织是否按规定标准计算温室气体排放量。

在《温室气体核查指南》第 2 部分中，详细规定了温室气体排放量审核的具体方法审核重点，包括组织边界的确定方法、排放活动及燃料使用量、燃料使用量的计算、温室气体排放量及换算原油能源使用量的计算以及其他温室气体排放量的计算方法等四个章节方面的内容。

第五章　韩国碳排放管理

《低碳、绿色增长基本法》是韩国有关能源和气候变化的最高法案。该法案于2008年开始制定,并于2010年4月获得批准实施。该基本法规定对温室气体达到一定排放规模以上的企业强制确定其排放配额并向政府报告,同时促进排放权的交易。2011年3月韩国环境部颁布了《关于实施温室气体和能源目标管理指南》,对韩国"能源及温室气体目标管理制度"提出了具体细则和指导方案,并自2011年起由韩国环境部开始组织实施。

第一节　机制概述

一、"能源及温室气体目标管理制度"的背景

（一）《低碳、绿色增长基本法》

为积极应对气候变化和2013年"后京都体系"的到来,建立"绿色低碳"的增长模式,韩国制定了《低碳、绿色增长基本法》(以下简称"基本法"),并于2010年4月13日获得批准实施,这是韩国有关能源和气候变化的最高法案。本法案阐述了"低碳"和"绿色增长"的涵义,旨在通过整合和实施各政府部门依照本部门法案或附属法规制定的相关措施,来有效的解决能源和气候变化的问题,能有效地、系统地来推动国家的可持续发展(即低碳、绿色经济增长)。

基本法的主要内容包括制定绿色增长国家战略、绿色经济产业、气候变化、能源等项目以及各机构各单位具体的实行计划。此外,还包括实行气候变化和能源目标管理制、设定温室气体中长期的减排目标、构筑温室气体综合信息管理体制以及建立低碳交通体系等有关内容。

《低碳、绿色增长基本法》包括7个章节,规定了有关推动经济和工业遵循有关低碳、绿色经济增长和可持续发展国家战略的原则,包括:

——制定和实施有关低碳和绿色经济增长的国家战略;

——建立针对绿色经济增长的总统制委员会;

——培育和支持绿色经济及绿色工业;

——运行基于环境的税收体系;

——应对气候变化,制定和通过能源规划;

——设定中长期的减排目标;

——建立温室气体排放报告制度,并建立温室气体综合管理体系;

——引入"总量控制与交易制度";

——开展绿色经济增长规划制定方面的咨询工作;

——鼓励企业投资绿色工业等。

《低碳绿色增长基本法》规定,在2020年以前,韩国温室气体排放量在"温室气体排放预

计量(BAU)"基础上减少 30％,明确要求建立温室气体报告管理制度,对温室气体一定排放规模以上的企业强制确定其排放配额,同时促进排放权的交易;对于大量排放的企业(包括公共企业)强制要求其向政府报告。按照基本法第 42 条"应对气候变化及能源目标管理"中要求建立温室气体报告的制度,列入韩国温室气体受控名录的机构须建立企业温室气体清单,报告其 GHG 排放情况并进行减排管理。

(二)管理办法及管理机构

根据《低碳绿色增长基本法》及相关法规的要求,韩国环境部 2011 年 3 月颁布了《关于实施温室气体和能源目标管理的指南》,对韩国"能源及温室气体目标管理制度"提出了具体细则和指导方案。规定所有进入韩国 GHG 管理计划的受控企业必须建立企业的温室气体清单,报告其 GHG 排放情况,并接受第三方机构进行核查。此外列出了不同阶段受控标准的变化趋势,根据该法案受控标准会不断变严格。

韩国"能源及温室气体目标管理制度",制定该制度的目的是为有效实现减排目标。消耗一定能源的大宗用户、公共机构、大型建筑等单位应与政府进行双边协商,设定减排目标。政府部门应使用激励机制和惩罚措施来促使完成减排的目标。受控单位制定减排实施规划和管理系统来确保目标的完成,法案框架也对此作了相应规定。作为完成目标的措施之一,自 2011 年起韩国环保部就开始组织实施该项措施。

"能源及温室气体目标管理制度"主要内容如下表所示。

表 5－1　能源及温室气体目标管理制度主要内容

范畴	详情	备注
目标水平	设定与国家中期减排目标相对应的目标	在基准线 1％～2％左右浮动
目标选项	选择能耗或能源强度目标	选择生产领域的能源强度
目标设定方法	自上而下和自下而上	参考国家中期减排目标来设定自身目标,且根据公司能力进行调整
基于平台的目标	公共机构(能耗)或生产领域(能源强度)	"生产领域"指能耗量是商业网点能耗量 95％或以上的领域
基线	被选中单位近三年能耗或能源强度的平均值(2005 年～2008 年)	
实施期限	3 年	若 2010 年通过,则实施期为 2011 年～2013 年
验证方法	第三方验证	到 2012 年,补贴每个商业网点的验证评审费用最多为 1500 万韩元
相关机构	韩国能源管理机构	设置和运行磋商委员会来设定和管理减排目标
有关的现有系统	KCER 被认为是最早的节能行动	详细的认可方法正在审阅之中

续表

范畴	详情	备注
有关的减排交易	当减排交易系统投入使用后,之前减排的二氧化碳不计算在内,可被认为是早期活动的成果	
激励机制	支持采用能源管理系统和能源测量设备,补贴能源技术和验证费用	
处罚条例	1000 万韩元	

由于减排目标管理体系已在 2010 年 4 月生效的《低碳、绿色增长基本法》中提及。因此,只选择了受控单位,而未设定 2010 年的目标。目标管理系统最早将于 2011 年投入使用。

根据 2011 年 3 月 16 日发布的《关于实施温室气体和能源目标管理等的指南》(公共环境部门公告 2011－29),韩国环境部是"能源及温室气体目标管理制度"的协调管理机构,食品、农业、林业、渔业、知识经济部、国土资源部、运输及海事部,为各个领域的具体管理机构。

各领域受控单位、相关政府部门及运行体系的具体说明如表 5－2 所示。

表 5－2　能源及温室气体目标管理制度运行结构

来源:韩国知识经济部新闻稿(2011 年 6 月 29 日)

协调部门:环境部					
	食品、农业、林业、渔业部	知识经济部		环境部	国土、交通、海事部	
	农业/牧业	工业	生产领域	废物	建筑交通	总计
受控单位数量	27	345	33	21	45	471
比例/%	5.7	73.2	7	4.5	9.8	100.0
目标商业网点数量	68	838	133	332	246	1617
比例/%	4.2	51.8	8.2	20.5	15.2	100.0
排放量/1,000CO$_2$ton	2,238	240,733	186,372	7,562	6,368	443,274
比例/%	0.5	54.2	42.2	1.7	1.4	100.0
能耗量/TJ	36,312	3,160,090	2,260,012	33,858	96,217	5,586,490
比例/%	0.7	56.6	40.5	0.6	1.7	100.0

注:包括因电力使用而产生的减排量(能耗)重复计算。

二、受管控的企业信息

"能源及温室气体目标管理制度"自 2011 年起韩国环境部开始组织实施,该制度要求 2011 年前企事业单位的温室气体排放超过 12.5 万吨或能耗超过 500 万亿焦耳、公共机构的温室气体排放超过 2.5 万吨或能耗超过 100 万亿焦耳,将进入企业 GHG 管理受控名录,此后受控标准会逐年不断变严格。具体标准如表 5－3 所示。

表 5-3 "能源及温室气体目标管理制度"受控机构的指标规定

	截至 2011 年 12 月 31 日		自 2012 年 1 月 1 日开始		自 2014 年 1 月 1 日开始	
	企事业单位	公共机构	企事业单位	公共机构	企事业单位	公共机构
温室气体/tCO₂	125,000	25,000	87,500	20,000	50,000	15,000
能源/TJ	500	100	350	90	200	80

在验证完过去四年(2007 年~2010 年)的减排和能耗情况后,受控单位应于 2011 年 5 月前向其所处行业的主管机构递交说明报告,2011 年 9 月前设定温室气体减排和节能目标,将于 2011 年 12 月前上报实施期限,2012 年起开始正式实施。

选择受控单位的标准是过去 3 年中其在商业网点的排放量和平均能耗量应满足所描述的水平。从 2011 年 6 月起至 2011 年底,符合上述标准且进行申请的受控单位有 471 个,其排放量之和为 2007 年全国排放量(620Mt)的 61.3%,能耗之和为 2008 年全国总能耗量(10087TJ)的 42.4%。

工业部门有 372 个受控单位。其中,163 个为企业,209 个为商业网点(business site)。这些受控单位的排放量占整个工业的 96.3%,能耗占 97%。各行业受控单位比例及排放耗能量如下表所示:

表 5-4 各行业受控单位现状

	受控单位数量			排放量/MtCO₂			能耗/1000TJ		
	行业	企业数量 (中小企业)	%	行业	温室气体	%	行业	能源	%
1	石化	78(16)	16.7	发电	212	47.9	发电	2,651	47.5
2	造纸	57(36)	12.2	钢铁	59	13.3	钢铁	927	16.6
3	钢铁	35(10)	7.5	石化	43	9.6	石化	605	10.8
4	发电	34(9)	7.3	水泥	41	9.3	炼油	364	6.5
5	半导体显示	31(2)	6.6	炼油	26	5.9	半导体显示	229	4.1
6	机械	27(6)	5.8	半导体显示	19.857	4.5	水泥	210.418	3.8
7	制陶	26(15)	5.6	造纸	6.610	1.5	造纸	124.474	2.2
8	汽车	19(6)	4.1	制陶	4.568	1.0	有色金属	67.212	1.2
9	有色金属	19(8)	4.1	有色金属	3.984	0.9	汽车	64.204	1.1
10	水泥	17(8)	3.6	纺织	3.306	0.7	纺织	57.068	1.0
11	纺织	12(3)	2.6	汽车	3.294	0.7	制陶	47.820	0.9
12	造船	8(一)	1.7	机械	1.823	0.4	机械	32.846	0.6
13	炼油	4(一)	0.9	造船	1.712	0.4	造船	31.052	0.6
14	通信	3(一)	0.6	通信	0.366	0.1	通信	7.072	0.1
15	采矿	2(一)	0.4	采矿	0.250	0.1	采矿	1.540	0.0
合计		372(116)	79.7		425.814	96.3		5,420.102	97

三、组织机构

根据工业领域的任务系统,韩国知识经济部承担者管理部门的职责,指派和选择受控单位,设定和管理减排目标的。此外,知识经济部对受控单位的实施情况进行评估,并要求他们对不妥之处进行改善。在此过程中,韩国能源管理机构提供大量支持工作,至 2011 年5 月已有 13 个验证机构和 133 个评审员。组织机构设置及分工见表 5-5

表 5-5 组织机构设置及分工

知识经济部 主管机构 ——分配和选择受控单位; ——设置和管理的目标; ——评估执行绩效,对性能和命令进行改善; ——经营私人和公共目标管理委员会。		
评估机构	韩国能源管理公司(KEMCO)	综合管理系统温室气体盘查及韩国研究中心(GIR)
——13 家碳仲裁机构(2011 年5 月); ——验证执行绩效报告; ——验证规范; ——向公众开放(原则上)	——选择受控单位,并支持他们的目标设定; ——实行目标管理,并建立运作的基础设施; ——制定和分发报告的方向及相关格式; ——现场管理公司的研究的支持	——2010 年 6 月启动; ——负责目标、实施及温室气体的信息的管理
受控单位 ——372 家(2010); ——制定和执行目标管理计划; ——创建和提交的实施成果及说明报告		

注:资源来自 MKE(知识经济部)。

第二节 监测与报告

一、计算和报告程序

在韩国环境部颁布的《关于实施温室气体和能源目标管理指南》中,对于温室气体排放的计算和报告程序进行了详细规定,根据指南要求,受控机构应将温室气体排放划分为直接排放(第一类排放)和间接排放(第二类排放)之后进行计算和报告,其他间接排放(第三类排放)则不包括在内。

受控机构应按法人企业、营业场所单位、排放设施单位及排除活动,计算、报告温室气体排放量。管理企业如表 5-6 所示计算、报告温室气体排放量的排出活动种类。

报告对象排出设施中,年排放量不足 $10tCO_2$ 当量的小规模排放设施,经部门主管确认,无需按第2项排出设施单位进行划分报告,可以含在营业场所单位总排放量中进行报告。但是,小规模排出设施排放量之和不得超过营业场所总排放量的5%。

表5-6　排放量计算、报告程序

1阶段	设定组织界限
根据《关于产业直接活性化及设立工厂的法律》《建筑法》,向政府申请许可或者通过申报文件,以此来识别营业场所占地界限	
2阶段	确认、区分排放活动
根据《关于实施温室气体和能源目标管理指南》(以下简称"指南")中规定的排放量计算方法,区分、识别营业场所内温室气体排放活动,根据指南第41条第4项确认少量排放源。 确认报告对象的活动时,可以使用的资料为工程设计资料、设备目录、燃料等采购凭证	
3阶段	监控类型及方法的设定
对于每个排放活动及排放设施,参考指南附表15选定活动资料的监控类型。 确认监控类型、活动资料的不确定程度、试料采取、分析方法及频率等,是否满足要求的管理标准(区分等级等)。	
4阶段	排放量的计算及构建监控体系
确定营业场所内温室气体计算责任人(最高负责人)、计算负责人和监控地点管理责任人及负责人。 根据指南第53条(品质管理及品质报告)确定"谁"、"采用什么方法"监视、计算活动资料或者排放气体等的详细方法、作用及责任	
5阶段	选择排放活动别排放量计算方法
根据排放量计算方法(计算方法及连续测量方法)及附表13最少计算等级(等级)要求标准,经营者选择排放活动别排放量的计算方法。 对于排放量详细计算方法中规定的活动资料、排放系数、排放气体浓度、流量等每个变数,确定搜集资料的方法并监控资料	
6阶段	计算排放量(计算方或者连续测量方法)
按附表14排放活动别详细计算方法,利用搜集的数据,计算温室气体排放量等,编制排放量计算报告书(明细书)	
7阶段	编制明细书
根据指南规定第52条(编制及提交明细书),管理企业按附表第8号格式,编制温室气体排放量等明细书。 根据第54条(资料的记录及管理)排放量等的计算报告和相关资料等,为了在下一年度的排放量计算及检验阶段能够使用改资料,在内部进行记录及管理	
8阶段	第三方审查排放量
选用环境部馆长指定、告示的检查机关,对于管理企业编制的明细书,由第三方对此进行检验	
9阶段	提交明细书及检验报告书
第三方检查结束之后,每年3月31日前,管理企业以电子文件形式向部门别主管机关提交温室气体排放量等明细书和检查报告书	

二、计算方法

(一)报告对象

根据韩国环境部颁布的《关于实施温室气体和能源目标管理指南》,韩国"能源及温室气体目标管理制度"将温室气体的排放分为 6 个领域共计 33 项排放活动,6 个领域包括固定燃烧和移动燃烧、逸散性(计算和报告从 2013 年开始)、过程排放、废弃物处理以及间接排放。详细如下所示:

1. 利用固定燃烧设施能量,排放温室气体

——燃烧固体燃料;

——燃烧气体燃料;

——燃烧液体燃料。

2. 在移动设施通过使用的能量排放温室气体

——航空;

——道路运输;

——铁路运输;

——船舶。

3. 逸散性温室气体排放(自 2013 年 1 月 1 日起,计算、报告)

——挖掘、处理及储藏煤炭;

——原油(石油)及天然气体系统。

4. 产品的生产工程及使用过程中温室气体的排放

——生产水泥;

——生产石灰;

——在其他工程使用碳酸盐;

——生产氨;

——生产硝酸;

——生产己二酸;

——生产碳化物;

——生产苏打灰;

——石油提炼活动;

——生产石油化学产品;

——生产氟化合物;

——生产钢铁;

——生产合金铁;

——生产锌;

——生产钠;

——电子产业;

——使用臭氧层破坏物质(ODS)的替代物;

——其他工程的排放(使用地球暖化物质等)。

5. 废弃物处理过程中温室气体的排放

——固体废弃物填埋；

——固体废弃物的生物学性处理；

——河水、废水的处理及排放；

——销毁废弃物。

6. 从外部供给的电气、热、蒸汽等而产生的间接排放温室气体

——使用外部供给的电；

——使用外部供给的热及蒸汽。

（二）分类标准

对于排放量的计算，可分为计算和直接测量的两种方法：

对于计算的方法，排放系数分为 IPCC 基本系数、国家规定系数和设备系数 3 种，根据活动所处的不同等级，进行排放因子取值。对于根据测量方法得出排放量的方法，需要安装测量仪器用于持续排放监测。4 个等级（等级）具体如下：

——等级 1：使用活动资料、IPCC 基本排放系数（含基本氧化系数、热值等），计算排放量的基本方法。

——等级 2：通过使用比等级 1 资料更精确的活动资料、国家固有排放系数及热值等部分测试、分析，开发、使用每个变数排放量的计算方法。

——等级 3：通过使用比等级 2 更精确的活动资料、营业场所排放设施及减缩技术单位排放系数等相当部分测试及分析，开发、使用每个变数值排放量的计算方法。

——等级 4：使用自动测量仪器等连续测量排放气体方法，计算排放量。

受控机构根据排放设施规模及详细排放活动种类，按照所处的不同的等级（等级）计算的报告排放量。共分为 3 个等级：

——A 组：每年 CO_2 的排放量少于 50000t；

——B 组：每年 CO_2 的排放量介于 50000t～500000t 之间；

——C 组：每年 CO_2 的排放量超过 500000t。

不同等级项目活动的不确定性依次为 $\pm 7.5\%$，$\pm 5.0\%$，$\pm 2.5\%$。

受控机构根据计算等级 1（等级 1）计算、报告排放量时，使用指南（《关于实施温室气体和能源目标管理指南》）规定的排放系数和热值取值，但在附表里未提示的原料等排放系数，请参考具体每种活动排放计算方法学。

受控机构根据计算等级 2（等级 2）计算、报告排放量等时，使用由相关中心确认、验证并公布的国家固有排放系数。但是，国家固有的每种燃料发热量值，应优先根据指南附表规定取值。

受控机构根据计算等级 3（等级 3）计算、报告排放量时，排放设施及工程单位固有的排放系统，根据指南的规定，需经部门主管同意使用与否之后，方可使用。

对于直接测量的方法，需要安装一个测量仪器进行连续测量。如果采用该方法的话，那么第 4 个等级（等级 4）也将被使用。

三、具体方法学

（一）固定燃烧（固体燃料）

1. 排放活动的概要

固体燃料是指，向特定设施提供热能，或者通过机械工作向工程提供热能，为远距离使用而内设在装置的，无烟煤、烟煤、褐煤、焦炭等，从固体化石燃料的燃烧产生的温室气体。该活动中产生 CO_2、CH_4 和 N_2O。

2. 报告对象排放设施

固体燃料燃烧排放设施如下，详细内容请参考附表 7 的排放活动的排放设施概要。

1）火力发电设施；

2）热电联产设施；

3）发电用内燃机；

4）一般锅炉设施；

——圆筒型锅炉；

——水管式锅炉；

——铸铁型锅炉。

5）工程燃烧设施；

——干燥设施；

——加热设施；

——溶解设施；

——热处理炉；

——其他炉。

6）防止大气污染物质设施：

——排烟气脱硫设施；

——排烟气脱硝设施。

3. 报告对象的温室气体

报告的温室气体包括 CO_2、CH_4 和 N_2O。

4. 排放量计算方法

根据燃料种类及生产地不同，固体燃料对碳含量、灰分含量、水分及挥发物等具有氟均衡性，特别是烟煤等煤炭类，含有水分及挥发物的燃料，从采煤至燃烧前，随着保管期限而变化，其中成分挥发到大气中，由于含量的变化较大，所以燃料的分析对温室气体排量计算非常重要，计算方法见式（5-1）。

1）等级 1～3

$$E_{i,j} = Q_i \times EC_i \times EF_{i,j} \times f_i \times F_{eq,j} \times 10^{-6} \quad\quad\quad (5-1)$$

式中：

$E_{i,j}$——随燃料（i）燃烧，温室气体（j）排放量（tCO_2eq）；

Q_i——燃料（i）使用量（测量值，t 燃料）；

EC_i——燃料（i）的热量系数（燃料纯发热量，MJ/kg 燃料）；

$EF_{i,j}$——燃料(i)的温室气体(j)的排放系数$(kgGHG/TJ$燃料$)$；

　　f_i——燃料(i)的氧化系数；

$F_{eq,i}$——温室气体(CO_2,CH_4,N_2O)的CO_2等价系数$(CO_2=1,CH_4=21,N_2O=310)$。

2)等级4

使用连续测量方式(CEM)。

5. 每个变数别管理标准

1)活动资料(燃料使用量,Q_i)

等级1

使用由经营者或者燃料供应者测量的不确定性在±7.5%以内的燃料使用量资料。

等级2

使用由经营者或者燃料供应者测量的不确定性在±5.0%以内的燃料使用量资料。

等级3

使用由经营者或者燃料供应者测量的不确定性在±2.5%以内的燃料使用量资料。

等级4

使用连续测量方式(CEM)。

2)热量系数(纯发热量,EC_i)

等级1

使用附表18中的IPCC指标中基本发热量值。

等级2

使用附表19中国家固有的发热量值。

等级3

根据第47条,使用经营者自己开发的或者燃料供应者分析并提供的发热量值。

等级4

使用连续测量方式(CEM)。

3)排放系数($EF_{i,j}$)

等级1

使用指南附表17中IPCC默认值。

等级2

使用指南第46条第2项中,国家固有排放系数。

等级3

根据指南第47条,使用经营者自己开发的或者燃料供应者分析并提供的固有排放系数。

根据式(5-2)开发并使用排放系数。

$$EF_{i,CO_2}=EF_{i,C}\times\frac{44}{12} \qquad\cdots\cdots\cdots\cdots\cdots\cdots\cdots\cdots\cdots\cdots\cdots\cdots(5-2)$$

$$EF_{i,C}=\frac{C_{ar,i}}{100}\times\frac{1}{EC_i}\times1000$$

$$C_{ar,i}=\frac{C_{daf,i}\times(100-M_{ar,i}-A_{ar,i})}{100}$$

式中:

EF_{i,CO_2}——燃料(i)的CO_2排放系数$(kg\ CO_2/GJ$燃料$)$；

$EF_{i,c}$——燃料(i)的碳排放系数(kg C/GJ 燃料);

$C_{ar,i}$——燃料(i)中碳的比例(接收式或者燃烧式,计算值,%);

EC_i——燃料(i)的热量系数(燃料纯发热量,GJ/t 燃料);

$C_{daf,i}$——燃料(i)的无水无灰标准碳素含量(测量值,dry ash-free,%);

$M_{ar,i}$——燃料(i)的水分含量(接收式或者燃烧式,测量值,%);

$A_{ar,i}$——燃料(i)灰含量(接收式或者燃烧式,测量值,%)。

等级 4

使用连续燃烧方式(CEM)。

4)氧化系数(f_i)

等级 1

氧化系数(f)使用基本数值1.0。

等级 2

发电部分适用的氧化系数(f)为0.99,其他部分适用0.98。

等级 3

根据指南第47条,使用经营者自己开发的或者燃料供应者分析并提供的固有氧化系数。

根据下式(5-3)开发并使用氧化系数(f_i)。

$$f_i = 1 - \frac{C_{a,i} \times A_{ar,i}}{(100 - C_{a,i}) \times C_{ar,i}} \quad\cdots\cdots\cdots\cdots\cdots\cdots (5-3)$$

式中:

$C_{a,i}$——灰中碳的含量(粉煤灰和底灰的加权平均值,测量值,%);

$A_{ar,i}$——燃料灰的含量(收到基或可燃基,测量值,%);

$C_{ar,i}$——燃料中碳的比例(收到基或可燃基,计算值,%)。

等级 4

使用连续测量方式(CEM)。

(二)固定燃烧(液体燃料)

1.排放活动概要

向特定设施提供热能,或者通过机械工作(mechanical work)向工程提供热能,为远距离使用而内设在装置的原油、汽油、灯油、轻油、B-A/B/C相似的油,从液体燃料的燃烧产生的温室气体。该活动中产生 CO_2、CH_4 和 N_2O。

2.报告对象排放设施

气体燃料燃烧的排放设施如下,详细内容请参考指南附表7的不同排放活动排放设施概要。

1)火力发电设施;

2)热电联产设施;

3)发电用内燃机;

4)一般锅炉设施;

——圆筒型锅炉;

171

——水管式锅炉；

——铸铁型锅炉。

5)工程燃烧设施：

——干燥设施；

——加热设施；

——石脑油分解设施(NCC)；

——溶解设施；

——热处理炉；

——其他炉。

6)防止大气污染物质设施：

——排烟脱磺设施；

——排烟脱硝设施。

3. 报告对象温室气体

报告的温室气体包括 CO_2、CH_4 及 N_2O。

4. 排放量计算方法

1)等级 1~3

$$E_{i,j} = Q_i \times EC_i \times EF_{i,j} \times f_i \times F_{eq,j} \times 10^{-9} \quad\cdots\cdots\cdots\cdots\cdots\cdots\quad (5-4)$$

式中：

$E_{i,j}$——根据(i)不同温室气体(j)排放量(CO_2-et)；

Q_i——燃料(i)的使用量(测量值，L 燃料)；

EC_i——燃料(i)的热量系数(燃料纯发热量，MJ/L 燃料)；

$EF_{i,j}$——燃料(i)的温室气体(j)排放系数(kg GHG/TJ 燃料)；

f_i——燃料(i)的氧化系数；

$F_{eq,j}$——不同温室气体(j)CO_2 的系数($CO_2=1$，$CH_4=21$，$N_2O=310$)。

2)等级 4

使用连续测量方式(CEM)。

5. 不同变数的管理标准

1)活动资料(燃料使用量，Q_i)

等级 1

使用由经营者或者燃料供应者测量的不确定性在±7.5%以内的燃料使用量资料。

等级 2

使用由经营者或者燃料供应者测量的不确定性在±5.0%以内的燃料使用量资料。

等级 3

使用由经营者或者燃料供应者测量的不确定性在±2.5%以内的燃料使用量资料。

等级 4

使用连续测量方式(CEM)。

2)热量系数(纯发热量，EC_i)

等级 1

使用指南附表中，IPCC指标基本发热量值。

等级 2

使用指南附表中,国家固有发热量数值。

等级 3

根据指南第 47 条,使用经营者自己开发的或者燃料供应者分析并提供的发热量数值。

等级 4

使用连续测量方式(CEM)。

3)排放系数(EF_i)

等级 1

使用指南附表 17 中,IPCC 默认值。

等级 2

根据指南第 46 条第 2 项,使用国家固有的排放系数。

等级 3

根据指南第 47 条,使用经营者自己开发的或者燃料供应者分析并提供的排放系数。

根据下式(5-5)开发、使用排放系数。

$$EF_{i,CO_2} = \frac{C_i}{100} \times \frac{D_i}{EC_i} \times \frac{44}{12} \quad \cdots\cdots\cdots\cdots\cdots\cdots\cdots \quad (5-5)$$

式中:

$EF_{i,CO2}$——燃料(i)的 CO_2 排放系数(kgCO_2/GJ 燃料);

C_i——燃料(i)的碳含量(比例,%);

D_i——燃料(i)的密度(kg 燃料/kL 燃料);

EC_i——燃料(i)的热量系数(燃料纯发热量,GJ/kL 燃料)。

等级 4

使用连续测量方式(CEM)。

4)氧化系数(f_i)

等级 1

氧化系数(f_i)适用基本值 1.0。

等级 2

氧化系数(f_i)适用 0.99。

等级 3

氧化系数(f_i)适用 0.99。

等级 4

使用连续测量方式(CEM)。

(三)移动燃烧(航空)

1. 排放活动概要

是航空器的发动机中燃烧的航空燃料(Jet Kerosene)或航空汽油(Aviation Gasoline)所发生的温室气体的排放活动。航空器发动机的燃烧气体以 70%CO_2,30%以下的 H_2O,1%以内的其他大气污染物构成。使用最新技术的航空器几乎不排放 CH_4 和 N_2O。

温室气体的排放量根据航空器的航运次数,操纵条件,发动机的效率,飞行距离,飞行阶段类型的航运时间,燃料种类及排放高度等的条件发生变化。航空器的航运分为起降阶段(LTO,Landing/Take-off)和巡航阶段(Cruise),航空器所排放的污染物质的约10%在机场内的运行和起降中发生,剩余90%左右在高空巡航中发生。

2. 报告对象排放设施

航空部门的报告对象排放设施如下,详细内容可参考指南附件7的各种排放活动的排放设施概要。但国际航运(装燃料)的温室排放量等不包含在此估算报告中。

——民航机;

——其他航空器。

3. 报告对象温室气体

报告的温室气体包括CO_2、CH_4、N_2O。

4. 排放量估算方法

1)方式1

主要适合于使用汽油的小型飞机,在不能利用航空燃料航空器航运资料时使用。以燃料消耗量作为变量,燃料消耗量主要分为国内航空和国际航空。排放系数使用基本值计算方式见式(5-6)。

$$E_{i,j} = \sum (Q_i \times EC_i \times EF_{i,j} \times f_i \times F_{eq,j} \times 10^{-9}) \quad\cdots\cdots\cdots\cdots\cdots (5-6)$$

式中:

$E_{i,j}$——燃料(i)使用中发生的温室气体(j)的排放量(CO_2-eton);

Q_i——燃料(i)的使用量(测试值,L 燃料);

EC_i——燃料(i)的热量系数(燃料瞬发热量,MJ/L 燃料);

$EF_{i,j}$——燃料(i)的温室气体(j)排放系数(kg GHG/TJ 燃料);

f_i——燃料(i)的氧化系数(适用=1.0);

$F_{eq,j}$——温室气体(j)的CO_2当量系数($CO_2=1$,$CH_4=21$,$N_2O=310$)。

2)方式2

适合于使用航空燃料的航空器上,分别估算其起降过程(LTO 模式)和顺航过程(Cruise 模式)。

排放估算过程顺序为:估算总燃料消耗量→估算起降过程中发生的燃料消耗量→估算巡航过程中发生的燃料消耗量→估算起降和顺航过程中的温室气体排放量计算方式见式(5-7)。

$$E_{i,j} = \sum [(E_{i,j,\text{LTO}} + E_{i,j,\text{cruise}}) \times F_{eq,j}] \quad\cdots\cdots\cdots\cdots\cdots (5-7)$$

$$E_{i,j,\text{cruise}} = \sum [(Q_i - Q_{i,\text{LTO}}) \times EC_i \times EF_j] \times 10^{-9}$$

式中:

$E_{i,j}$——使用燃料(i)中发生的温室气体(j)的排放量(CO_2 eton);

$E_{i,j,\text{LTO}}$——使用燃料(i)中发生的温室气体(j)的 LTO 排放量(ton)(=LTO 次数×LTO 排放系数);

$E_{i,j,\text{cruise}}$——在巡航过程燃料使用(i)发生的温室气体(j)排放量(ton);

Q_i——燃料(i)的使用量(测试值,L 燃料);

$Q_{i,\text{LTO}}$——燃料(i)的 LTO 使用量(L 燃料)

(=LTO 次数×(燃料消费量/LTO),L 燃料);

EC_i——燃料(i)的热量系数(燃料瞬发热量,MJ/L 燃料);

$EF_{i,j}$——燃料(i)的温室气体(j)排放系数(kg GHG/TJ 燃料);

$F_{eq,j}$——温室气体(j)的 CO_2 等值系数($CO_2=1$,$CH_4=21$,$N_2O=310$)。

5. 参数的管理基准

1)变量(Q_i,$Q_{i,LTO}$等)

(1)方式 1

使用由测试误差在±7.5%以内的企业或燃料供应商测试的燃料消耗量数据。

(2)方式 2

使用由测量误差在±5.0%以内的企业或燃料供应商测试的燃料消耗量,起降次数等数据。

2)排放系数($EF_{i,j,LTO}$排放系数等)

(1)方式 1

按燃料和温室气体种类,根据下表使用基本排放系数。

表 5-7　燃料种类,温室气体种类的基本排放系数

燃料	基本排放系数/(kg/TJ)		
	CO_2	CH_4	N_2O
航空汽油(Aviation Gasoline)	69,300	—	—
航空油(Jet Kerosene)	71,500	—	—
所有燃料	—	0.5	2

注:资料出处为《2006 IPCC 国家温室气体指南》。

(2)方式 2

按照飞机的种类起降(LTO)排放系数使用下面(表 5-8、表 5-9 和表 5-10)的值,没有在此标示的机种系数需要参照资料(资料出处为《2006 IPCC 国家温室气体库存指导方针》)。

顺航模式的排放系数由各个国家确定使用默认值,若没有国家默认值,使用下面的基本排放系数。

表 5-8　航空巡航模式排放系数(国内航班航运)

区分	排放系数/(kg/tFUEL)						
	CO_2	CH_4	N_2O	NO_x	CO	NMVOC	SO_2
顺航模式(Cruise)	3,150	0	0.1	11	7	0.7	1.0

表 5-9　航空器按种类每次起降(LTO)中的排放系数

航空器		LTO 排放系数/(kg/LTO)			LTO 燃料消耗/(kg/LTO)
		CO_2	CH_4	N_2O	
大型商业航空器	A300	5450	0.12	0.2	1720
	A310	4760	0.63	0.2	1510
	A319	2310	0.06	0.1	730

续表

航空器		LTO 排放系数/(kg/LTO)			LTO 燃料消耗/(kg/LTO)
		CO_2	CH_4	N_2O	
大型商业航空器	A320	2440	0.06	0.1	770
	A321	3020	0.14	0.1	960
	A330－200/300	7050	0.13	0.2	2230
	A340－200	5890	0.42	0.2	1860
	A340－300	6380	0.39	0.2	2020
	A340－500/600	10600	0.01	0.3	3370
	B707	5890	9.75	0.2	1860
	B717	2140	0.01	0.1	680
	B727－100	3970	0.69	0.1	1260
	B727－200	4610	0.81	0.1	460
	B737－100/200	2740	0.45	0.1	870
	B737－300/400/500	2480	0.08	0.1	780
	B737－600	2280	0.10	0.1	720
	B737－700	2460	0.09	0.1	780
	B737－800/900	2780	0.07	0.1	880
	B747－100	10401	4.84	0.3	3210
	B747－200	11370	1.82	0.1	3600
	B747－300	11080	0.27	0.1	3510
	B747－400	10240	0.22	0.3	3240
	B757－200	4320	0.02	0.1	1370
	B757－300	4630	0.01	0.1	1460
	B767－200	4620	0.33	0.1	1460
	B767－300	5610	0.12	0.2	1780
	B767－400	5520	0.10	0.2	1750
	B777－200/300	8100	0.07	0.3	2560
	BDC－10	7290	0.24	0.2	2310
	DC8－50/60/70	5360	0.15	0.2	1700
	DC－9	2650	0.46	0.1	840
	L－1011	7300	7.40	0.2	2310

续表

航空器		LTO 排放系数/(kg/LTO)			LTO 燃料耗/(kg/LTO)
		CO_2	CH_4	N_2O	
大型商业航空器	MD-11	7290	0.24	0.2	2310
	MD-80	3180	0.19	0.1	1010
	MD-90	2760	0.01	0.1	870
	TU-134	2930	1.80	0.1	930
	TU-154-M	5960	1.32	0.2	4890
	TU-154-B	7030	11.90	0.2	2230
短距离JET机	RJ-RJ85	1910	0.13	0.1	600
	BAE146	1800	0.14	0.1	570
	CRJ-100ER	1060	0.06	0.03	330
	ERJ-145	990	0.06	0.03	310
	Fokker 100/70/28	2390	0.14	0.1	760
	BAC111	2520	0.15	0.1	800
	Dornier 328 Jet	870	0.06	0.03	280
	Gulfstream IV	2160	0.14	0.1	680
	Gulfstream V	1890	0.03	0.1	600
	YAK-42M	2880	0.25	0.1	910
JET机	Cessna 525/560	1070	0.33	0.03	340
涡轮螺旋桨式飞机	Beech King Air	230	0.06	0.01	70
	DHC8-100	640	0.00	0.02	200
	ATR72-500	620	0.03	0.02	200

注:资料出处为《2006 IPCC 国家温室气体指南》。

(四)移动燃烧(道路)

1. 排放活动概要

包括公路车辆使用燃料所发生的所有燃烧排放。

汽车发动机燃烧天然(化石)燃料所排放的 CO_2、CH_4、N_2O 等温室气体。建筑机械、农用机械等非公路车辆的温室气体排放也同样按此规定的方法估算排放量。

2. 报告对象的排放设施

公路部门的报告对象排放设施如下,详细内容参考指南附表 7——排放活动类型的排放设施概要:

——乘用车;

——面包车;

——货车;

——特殊机动车;

——二轮机动车;

——非公路及其他机动车。

3. 报告对象温室气体(表 5 - 10)

表 5 - 10　报告温室气体及估算方法

区分	CO_2	CH_4	N_2O
估算方法	方式 1,2	方式 1,2,3	方式 1,2,3

4. 排放量估算方法

1)方式 1

方式 1 估算方法以各种燃料的消耗量为变量,使用基本排放系数估算排放量的方法,计算方法见式(5-8)。

$$E_{i,j} = \sum (Q_i \times EC_i \times EF_{i,j} \times F_{eq,j} \times 10^{-9}) \quad\cdots\cdots\cdots (5-8)$$

式中:

$E_{i,j}$——按燃料种类(i)的温室气体(j)排放量(tCO_2);

Q_i——燃料种类(i)的燃料消耗量(e);

EC_i——燃料种类(i)的瞬发热量(MJ/L 燃料);

$EF_{i,j}$——按燃料种类(i)的温室气体(j)排放系数(kg/TJ);

$F_{eq,j}$——温室气体(j)的 CO_2 等值系数($CO_2=1$,$CH_4=21$,$N_2O=310$)。

2)方式 2

方式 2 估算方法是以燃料类别、车辆种类以及控制技术的燃料消耗量为变量,使用国家默认值估算排放量的方法计算方法见式(5-9)。

$$E_{i,j} = \sum (Q_{i,k,l} \times EC_i \times EF_{i,k,l} \times F_{eq,i} \times 10^{-9}) \quad\cdots\cdots (5-9)$$

式中:

$E_{i,j}$——按燃料使用种类(i)的其温室气体(j)排放量(tCO_2);

$Q_{i,k,l}$——燃料种类(i),车辆种类(k),控制技术种类(l)的燃料消耗量(e);

EC_i——燃料种类(i)的瞬发热量(MJ/L 燃料);

$EF_{i,k,l}$——燃料种类(i),车辆种类(k),控制技术种类(l)的排放系数(kg/TJ);

$F_{eq,j}$——温室气体(j)的 CO_2 等值系数($CO_2=1$,$CH_4=21$,$N_2O=310$)。

3)方式 3

方式 3 估算方法是以车辆的车程为变量,开发和使用不同的燃料、车辆种类以及控制技术的固有排放系数进行估算的方法,但此估算法针对 CH_4,N_2O 有效计算方式见(5-10)。

$$E_{CH_4/N_2O} = \sum_{i,j,k,l,m} (Distance_{i,k,l,m} \times EF_{i,j,k,l,m} \times F_{eq,j} \times 10^{-6}) \quad\cdots\cdots (5-10)$$

式中:

E_{CH_4/N_2O}——CH_4 或者 N_2O 排放量(tCO_2);

$Distance_{i,j,k,l,m}$——车程(km);

$EF_{i,j,k,l,m}$——排放系数(g/km);

$F_{eq,j}$——温室气体(j)的 CO_2 等值系数($CO_2=1$,$CH_4=21$,$N_2O=310$);

    i——燃料种类(例:汽油,柴油,LPG 等);

    j——温室气体种类(CH_4,N_2O);

    k——车辆种类;

    l——排放控制技术(或者车辆生产年度);

    m——驾驶条件(移动时的平均车速)。

5. 参数的管理基准

1)变量

(1)方式 1

以在公路或非公路车辆运行中使用的燃料消耗量作为变量,利用由企业或燃料供应商测量误差在±7.5%以内的燃料消耗量。

(2)方式 2

以在公路或非公路车辆运行中使用的燃料消耗量作为变量,利用由企业或燃料供应商测量误差在±5.0%以内的燃料消耗量。

(3)方式 3

根据车辆的种类、使用的燃料、排放控制技术等的各个运行距离(车程)作为变量,利用测量误差在±2.5%以内的变量。

2)排放系数

(1)方式 1

使用下表中提供的燃料种类,温室气体种类的基本排放系数。

表 5-11　燃料种类,温室气体种类的基本排放系数

燃料种类	基本排放系数/(kg/TJ)		
	CO_2	CH_4	N_2O
汽油	69,300	25	8.0
柴油	74,100	3.9	3.9
LPG	63,100	62	0.2
煤油	71,900	—	—
润滑油	73,300	—	—
CNG	56,100	92	3
LNG	56,100	92	3

注:资料出处为《2006 IPCC 国家温室气体指南》。

(2)方式 2

使用指南第 46 条第 2 项的不同燃料和温室气体的国家固有排放系数。

(3)方式 3

使用下表提供的国内车种类 CH_4,N_2O 的排放系数。

表 5-12　汽车的 CH₄ 排放系数计算公式

车种		燃料	生产日期区分	排放系数计算公式
乘用车		汽油	2000 年以前	$y=0.3561x^{-0.7619}$
			2000 年～2002 年 6 月	$y=0.2625x^{-0.817}$
			2002 年 7 月～2005 年	$y=0.0859x^{-0.7655}$
			2006 年～2008 年	$y=0.0351x^{-0.7754}$
		LPG	2002 年 6 月以前	$y=0.2324x^{-0.704}$
			2002 年 7 月～2005 年	$y=0.1282x^{-0.7798}$
			2006 年～2008 年	$y=0.0913x^{-0.956}$
		柴油	2006 年～2008 年	$y=0.052x^{-0.8767}$
出租车		LPG	2002 年 6 月以前	$y=0.6813x^{-0.8049}$
			2002 年 7 月～2005 年	$y=0.3267x^{-0.7956}$
面包车	轻型	LPG	2006 年～2008 年	$y=0.0305x^{-0.5298}$
	小型	柴油	2000 年～2002 年 6 月	$y=0.0650x^{-0.8969}$
			2000 年 7 月～2005 年	$y=0.1004x^{-1.0693}$
			2006 年～2008 年	$y=0.0248x^{-0.6378}$
		LPG	2000 年～2002 年 6 月	$y=0.6372x^{-0.8366}$
			2000 年 7 月～2005 年	$y=0.1794x^{-0.9135}$
	中型	柴油	2002 年 7 月～2005 年	$y=14.669x^{-1.9562}$
	租赁巴士	柴油	2000 年以前	$y=0.173x^{-0.734}$
			2000 年～2002 年 6 月	$y=2.9097x^{-1.3937}$
			2002 年 7 月～2005 年	$y=1.34x^{-1.748}$
	公共汽车	柴油	2002 年 7 月以前	$y=0.173x^{-0.734}$
			2002 年 7 月～2005 年	$y=0.1744x^{-1.0596}$
		CNG	2005 年以前	$y=46.139x^{-0.6851}$
			2006 年～2008 年	$y=117.64x^{-1.0596}$
货车	小型	柴油	2002 年～2002 年 6 月	$y=0.0185x^{-0.3837}$
			2002 年 7 月～2005 年	$y=0.0328x^{-0.5697}$
	中型	柴油	—	$y=0.4064x^{-0.6487}$
	大型	柴油	—	$y=0.402x^{-0.6179}$

注①：排放系数公式的 y=排放量(g/km)，x=车速(km/h)；
注②：没有列出排放系数的车种，根据车种及生产日期使用类似项目的值。
注③：资料出处为国立环境科学院。

表 5-13 汽车的 N_2O 排放系统计算公式

车种		燃料	生产日期区分	排放系数计算公式
乘用车		汽油	2000 年以前	$y=0.6459x^{-0.741}$
			2000 年~2002 年 6 月	$y=0.9191x^{-0.9485}$
			2002 年 7 月~2005 年	$y=0.1262x^{-0.8382}$
			2006 年~2008 年	$y=0.0307x^{-0.8718}$
		LPG	2002 年 6 月以前	$y=2.0024x^{-0.2053}$
			2002 年 7 月~2005 年	$y=0.191x^{-0.9666}$
			2006 年~2008 年	$y=0.1162x^{-1.1582}$
		柴油	2006 年~2008 年	$y=0.1479x^{-0.9224}$
白士		LPG	2002 年 6 月以前	$y=0.4397x^{-0.7735}$
			2002 年 7 月~2005 年	$y=0.6240x^{-1.0010}$
面包车	轻型	LPG	2006 年~2008 年	$y=0.12x^{-1.1688}$
	小型	柴油	2000 年~2002 年 6 月	$y=0.0991x^{-0.672}$
			2002 年 7 月~2005 年	$y=0.1088x^{-0.8582}$
			2006 年~2008 年	$y=0.2225x^{-1.0293}$
		LPG	2000 年~2002 年 6 月	$y=0.4366x^{-0.9723}$
			2002 年 7 月~2005 年	$y=0.2808x^{-1.2565}$
	中型	柴油	2002 年 7 月~2005 年	$y=0.2742x^{-0.5359}$
	租赁巴士	柴油	2000 年~2002 年 6 月	$y=2.08x^{-0.8055}$
			2002 年 7 月~2005 年	$y=1.2359x^{-0.785}$
	公共汽车	柴油	2002 年 7 月~2005 年	$y=0.5268x^{-0.4932}$
		CNG	2005 年以前	$y=0.5438x^{-0.556}$
			2006 年~2008 年	$y=0.1248x^{-0.5754}$
货车	小型	柴油	2002 年 7 月~2005 年	$y=0.0984x^{-0.7969}$
	中型	柴油	—	$y=0.0522x^{-0.5206}$
	大型	柴油	—	$y=2.0311x^{-0.8501}$

注①:排放系数计算公式的 $y=$ 排放量(g/km), $x=$ 车速(km/h)。

注②:资料出处为国立环境科学院。

(五)水泥生产

1. 排放活动的概要

水泥生产温室气体排放源是生产熟料的煅烧过程中通过碳酸钙的脱碳酸反应来排放二氧化碳。

$$CaCO_3 + Heat \rightarrow CaO + CO_2$$

水泥的生产过程中,CO_2 排放量受到窑(kiln)的生石灰产出量和燃料使用量及废弃物销毁量影响,除此之外还会受到主原料石灰石和粘土使用量的影响。燃料中如木材,生物能源利用的燃料,不应含在排放量的计算中,但是合成树脂及废轮胎等废燃料,计算排放量时应含在其中。

作为参考,烧制炉中产生的发散灰尘(Cement Kiln Dust(CKD)),也与温室气体排放有着密切联系。CKD 被烧制工程的回收系统大量回收,重新在烧制工程使用,未被回收的 CKD 内碳酸盐成分,未含在脱碳酸反应之中,需要补偿。CKD 完全被烧制或者完全被干燥回收的话,无需补偿 CKD,不考虑未烧制的 CKD 时,排放量的计算将会过多。

可以用进口的熟料生产(粉碎)水泥,此时水泥生产工程(烧制工程)中 CO_2 的排放量为 0。为了生产砖头用水泥(masonry cement),将粉碎的石灰石追加到水泥或者熟料中进行生产时,石灰的排放已经在生产石灰时考虑到,视为没有追加 CO_2 排放。

2. 报告对象的排放设施

水泥生产的燃烧排放设施如下,详细内容请参考指南附表 7 中不同排放活动的排放设施概要。

3. 温室气体报告对象(表 5－14)

表 5－14　报告温室气体及估算方法

区分	CO_2	CH_4	N_2O
计算方法	等级 1，2，3，4	等级 1	等级 1

4. 排放量计算方法

1)等级 1~2

$$E_i = (EF_i + EF_{toc}) \times (Q_i + Q_{CKD} \times Q_{CKD}) \quad\cdots\cdots\cdots\cdots\cdots \quad (5-11)$$

式中:

E_i——生产熟料(i)生产时 CO_2 排放量(tCO_2);

EF_i——每个熟料(i)生产量的 CO_2 排放系数(tCO_2/t 熟料);

EF_{toc}——投入原料(碳酸盐、制钢矿渣等)中,非碳酸盐成分的其他碳酸成分导致的 CO_2 排放系统(适用 $0.010tCO_2/t$ 熟料基本值);

Q_i——熟料(i)生产量(t);

Q_{CKD}——干燥炉中水泥干燥灰尘(CKD)的流失量(t);

F_{CKD}——在干燥炉中流失的水泥干燥灰尘(CKD)烧成率(%)。

2)等级 3

等级 3 计算方法,根据活动资料的收集及试料分析等方法,划分为等级 3A(熟料生产量为基础的计算方法)和等级 3B(投入原料量为基础的计算方法)。

(1)等级 3A

$$E_i = (Q_i \times EF_i) + (Q_{CKD} \times EF_{CKD}) + (Q_{toc} \times EF_{toc}) \quad\cdots\cdots\cdots\cdots \quad (5-12)$$

式中:

E_i——随熟料(i)生产量的 CO_2 排放量(tCO_2);

Q_i——熟料(i)生产量(t);

EF_i——每吨熟料(i)生产量的CO_2排放系数(tCO_2/t 熟料)；

Q_{CKD}——水泥干燥灰尘(CKD)生产量(ton)；

EF_{CKD}——水泥灰尘(CKD)排放系数(tCO_2/t CKD)；

Q_{toc}——原料投入量(t)；

EF_{toc}——投入原料(碳酸盐、制钢矿渣等)中,非碳酸盐成分的其他碳酸成分导致的CO_2排放系数(适用基本值为 0.0073tCO_2/t 原料)。

(2)等级 3B

$$E_i = (Q_i \times EF_i \times F_i) - (Q_{CKD} \times EF_{CKD} \times (1 - F_{CKD})) + (Q_{toc} \times EF_{toc}) \quad \cdots\cdots (5-13)$$

式中:

E_i——干燥炉中碳酸盐原料(i)的烧制引起的CO_2排放量(tCO_2)；

Q_i——投入到干燥炉的纯碳酸盐(i)消耗量(t)；

EF_i——随纯碳酸盐原料(i)烧制CO_2排放系数(tCO_2/t 碳酸盐)；

F_i——干燥炉中纯碳酸盐的(i)烧成率(%)；

Q_{CKD}——干燥炉中水泥灰尘(CKD)的生产量(t)；

EF_{CKD}——干燥炉中流失的水泥灰尘(CKD)的基本排放系数；

F_{CKD}——干燥炉中流失的水泥灰尘(CKD)的烧成率(%)；

Q_{toc}——原料投入量(t)；

EF_{toc}——投入原料(碳酸盐、制钢矿渣等)中非碳酸盐成分的其他碳酸成分导致的CO_2排放系数(适用基本值为 0.0073tCO_2/t 原料)。

5.每个变数的管理标准

1)活动资料

(1)等级 1

使用测量不确定性在±7.5%以内的熟料(i)生产量等活动资料。

(2)等级 2

使用测量不确定性在±5.0%以内的熟料(i)生产量等活动资料。

(3)等级 3A

使用测量不确定性在±2.5%以内的熟料(i)生产量资料及原料投入量(toc)等活动资料。

(4)等级 3B

使用测量不确定性在±2.5%以内的纯碳酸盐(i)原料使用量等活动资料。此时,根据指南第 47 条,对原料及辅料成分进行分析,并决定纯碳酸盐(i)的活动资料。根据原料物质内非碳酸盐成分的碳含量,是产业界最优的分析方法。

(5)等级 4

使用连续测量方式(CEM)。

2)排放系数

(1)等级 1

每吨熟料生产量排放系数(EF_i),使用 IPCC 指标线的基本排放系数,即每吨熟料排放 0.510tCO_2。水泥灰尘(CKD)的烧成率(F_{CKD}),如果工程内有测量值就适用该测量值,如果没有测量值就使用 1.0(假定 100%烧成)。

（2）等级 2

根据第 46 条第 2 项，每吨熟料生产量适用国家固有排放系数。但是，没有该资料时，经营者根据第 47 条规定测量、分析熟料的 CaO 及 MgO 成分，根据下列公式开发、使用排放系数（EF_i）。

水泥灰尘（CKD）的烧成率（F_{CKD}），如果工程内有测量值就适用该测量值，如果没有测量值就使用 1.0（假定 100％烧成）计算方法见式 5-14。

$$EF_i = F_{CaO} \times 0.785 + F_{MgO} \times 1.092 \quad\cdots\cdots\cdots\cdots\cdots\cdots\cdots (5-14)$$

式中：

F_{CaO}——生产的熟料（i）中 CaO 含量（％）；

F_{MgO}——生产的熟料（i）中 MgO 含量（％）。

（3）等级 3A

经营者根据第 47 条规定，测量、分析熟料的 CaO 及 MgO 成分，根据下列公式开发并使用排放系数（EF_i）。CaO 及 MgO 成分，根据产业最优方法进行分析。

a）熟料排放系数（EF_i）

$$EF_i = (Cli_{CaO} - Clin_{CaO}) \times 0.785 + (Cli_{MgO} - Clin_{MgO}) \times 1.092 \quad\cdots\cdots (5-15)$$

式中：

EF_i——每吨熟料（i）生产量的排放系数（tCO_2/t 熟料）；

Cli_{CaO}——已生产的熟料（i）中含有的 CaO 含量（wt％）；

$Clin_{CaO}$——已生产的熟料（i）中含有的未烧成的 CaO 含量（wt％）（未烧成的 CaO，以 $CaCO_3$ 形式留在熟料中的 CaO 及非碳酸盐，进入到干燥炉中留在熟料上的 CaO）；

Cli_{MgO}——已生产的熟料（i）中含有的 MgO 含量（wt％）；

$Clin_{MgO}$——已生产的熟料（i）中含有的未烧成的 MgO 含量（wt％）（未烧成的 MgO，以 $MgCO_3$ 形式留在熟料中的 MgO 及非碳酸盐，进入到干燥炉中留在熟料上的 MgO）。

b）水泥干燥灰尘的排放系数（EF_{CKD}）

$$EF_{CKD} = (CKD_{CaO} - CKD_{nCaO}) \times 0.785 + (CKD_{MgO} - CKD_{nMgO}) \times 1.092 \cdots\cdots\cdots (5-16)$$

式中：

EF_{CKD}——水泥干燥灰尘（CKD）排放系数（tCO_2/t-CKD）；

CKD_{CaO}——干燥炉中不再使用的 CKD 的 CaO 含量（wt％）；

CKD_{nCaO}——干燥炉上不再使用的 CKD 的未烧成的 CaO 含量（wt％）（未烧成的 CaO，以 $CaCO_3$ 形式留在 CKD 中的 CaO 及非碳酸盐，进入到干燥炉中留在 CKD 上的 CaO）；

CKD_{MgO}——干燥炉中不再使用的 CKD 的 MgO 含量（wt％）；

CKD_{nMgO}——干燥炉上不再使用的 CKD 的未烧成的 MgO 含量（wt％）（未烧成的 MgO，以 $MgCO_3$ 形式留在 CKD 中的 MgO 及非碳酸盐，进入到干燥炉中留在 CKD 上的 MgO）。

（4）等级 3B

经营者根据指南第 47 条规定，分析原料及辅料成分，按下列公式开发并使用对纯碳酸盐（i）成分的 CO_2 排放系数。

纯碳酸盐（i）的分子式由 $X_Y(CO_3)_2$ 组成时，根据化学量论，如下对排放系数进行确定。

c)纯碳酸盐的排放系数(EF_i)

$$EF_i = MW_{CO_2} \div (Y \times MW_X + Z \times MW_{CO_3^{2-}}) \quad\cdots\cdots\cdots\cdots (5-17)$$

式中：

EF_i——以原料投入的碳酸盐(i)的 CO_2 排放系数(tCO$_2$/t-碳酸盐原料)；

MW_{CO_2}——CO_2 的分子量(44g/moL)；

MW_X——X(碱金属或者碱土金属)的分子量(g/moL)；

$MW_{CO_3^{2-}}$——CO_3^{2-} 的分子量(60g/moL)；

Y——X 的化学量论系数(碱土金属类"1"，碱金属类"2")；

Z——CO_3^{2-} 的化学量论系数。

表 5-15　纯碳酸盐成分的 CO_2 排放系数

碳酸盐(i)	矿物质名称	排放系数(tCO$_2$/t 碳酸盐)
$CaCO_3$	石灰石	0.4397(tCO$_2$/tCaCO$_3$)
$MgCO_3$	菱镁矿	0.5220(tCO$_2$/tMgCO$_3$)
$CaMg(CO_3)_2$	白云石	0.4773[tCO$_2$/tCaMg(CO$_3$)$_2$]
C	碳	3.6640(tCO$_2$/tC)

注：资料出处为《2006 IPCC 国家温室气体指南》。

d)水泥干燥灰尘排放系数(EF_{CKD})

$$EF_{CKD} = (CKD_{CaO} - CKD_{nCaO}) \times 0.785 + (CKD_{MgO} - CKD_{nMgO}) \times 1.092 \quad\cdots\cdots (5-18)$$

式中：

EF_{CKD}——水泥干燥灰尘[CKD 排放系数(tCO$_2$/t CKD)]；

CKD_{CaO}——干燥炉中不再使用的 CKD 的 CaO 含量(wt%)；

CKD_{nCaO}——干燥炉中不再使用的 CKD 未烧成的 CaO 含量(wt%)(未烧成的 CaO，以 CaCO$_3$ 形式留下了 CKD 中的 CaO 及非碳酸盐，进入到干燥炉中留在 CKD 上的 CaO)；

CKD_{MgO}——干燥炉中不再使用的 CKD 的 MgO 含量(wt%)；

CKD_{nMgO}——干燥炉上不再使用的 CKD 的未烧成的 MgO 含量(wt%)(未烧成的 MgO，以 MgCO$_3$ 形式留在 CKD 中的 MgO 及非碳酸盐，进入到干燥炉中留在 CKD 上的 MgO)。

(5)等级 4

使用连续测量方式(CEM)。

(六)电子产业

1. 排放活动的概要

电子产业的温室气体主要有 CF_4、C_2F_6、C_3F_8、c-C_4F_8、c-C_4F_8O、C_4F_6、C_5F_8、CHF_3、CH_2F_2、NF_3、SF_6 等氟化合物，主要为含硅的物质，即等离子蚀刻、沉淀硅的化学蒸着(CVD)器具内壁的洗涤中使用。还有，还在生产过程中使用的氟化合物中部分副产物转换为 CF_4、C_2F_6、CHF_3、C_3F_8。

2. 排放设施报告对象

电子产业报告对象的排放设施包括：

——蚀刻设施；

——成膜设施（CVD等）。

3. 报告对象温室气体（表5-16）

表5-16 报告温室气体及估算方法

区分	氟化合物（FCs）
半导体/LCD/PV生产部分	等级1，2a，2b，3
热导流体部分	等级2

4. 排放量计算方法

1）半导体/LCD/PV生产部分

（1）等级1

等级1计算方法没有经营场所资料时使用的方法，最佳正确性较弱的方法。各种含氟温室气体同时排放，难以另行计算，排放的各种含氟温室气体组成一组进行计算。所以计算整个工程排放量时，各类的FC气体排放量合计在一起计算，计算方法见式（5-19）。

$$FC_{gas} = Q_i \times EF_{FC} \times F_{eq,j} \times 10^{-3} \quad\cdots\cdots\cdots\cdots\cdots\cdots\cdots\cdots \quad (5-19)$$

式中：

FC_{gas}——FC气体（j）排放量（CO_2-eton/yr）；

Q_i——产品生产实绩（m^2/yr）；

EF_{FC}——排放系数，每m^2产品生产实绩使用的气体量（kg/m^2）；

$F_{eq,j}$——温室气体（j）的CO_2等系数（GWP）。

（2）等级2a

等级2a以气体消耗量和控制排放技术等数据为基础，使用每个FC排放量进行计算的方法。适用的变数为在半导体或者TFT-FPD生产工程中使用的气体量，使用之后在气体Bombe上残留的气体量等，适用控制技术时应考虑低减效率。工程中被转换成CF_4、C_2F_6、CHF_3、C_3F_8，生产工程中产生的逸散气体量也计算在内。

等级2a方法中不区分工艺的种类（蚀刻或者成膜）。

a）半导体/LCD/PV生产部门计算公式——等级2a

$$FC_{gas} = (1-h) \times FC_j \times (1-U_j) \times (1-a_j \times d_j) \times F_{eq,j} \times 10^{-3} \quad\cdots\cdots (5-20)$$

式中：

FC_{gas}——FC气体（j）的排放量（CO_2-eton/yr）；

FC_j——气体（j）的消耗量（kg）；

h——气体Bombe内残留比率、比率（基本值为0.10）；

U_j——气体（j）的使用比率、比率（忠诚中销毁或者变换的比率）；

a_j——具有排放控制技术的工程中气体（j）的体积分率、比率；

d_j——根据排放控制技术气体（j）的递减效率、比率；

$F_{eq,j}$——温室气体（j）的CO_2等价系数（GWP）。

b）逸散气体排放量计算公式——等级2a

$$BPE_{CF_4,j} = (1-h) \times B_{CF_4,j} \times FC_j \times (1-a_j \times d_{CF_4}) \times F_{eq,j} \times 10^{-3} \quad\cdots\cdots (5-21)$$

式中：

$BPE_{CF_4,j}$——随着 FC 气体(j)使用情况,逸散气体 CF_4 的排放量(tCO_2e);

h——气体 Bombe 内的气体(j)的残留比率、比率;

$B_{CF_4,j}$——排放系数、CF_4 产生量(kg)/气体(j)的使用量(kg);

a_j——具有排放控制技术的工程中,气体(j)的体积分率、比率;

d_{CF_4}——根据排放控制技术,CF_4 的低减效率、比率;

$F_{eq,j}$——温室气体(j)的 CO_2 等价系数(CF_4=21)。

C_2F_6,CHF_3,C_3F_8 适用相同的方法合计计算,以此来计算总逸散气体的量。

（3）等级 2b

等级 2b 采用工程系数的方法,不区分每个详细工程,大体划分成蚀刻和 CVD 成膜工艺之后使用系数。设置排放控制技术的工程,使用为 0。

a) 半导体/LCD/PV 生产部门计算公式——等级 2b

$$FC_{gas} = (1-h) \times \sum [FC_{j,p} \times (1-U_{j,p}) \times (1-a_{j,p} \times d_{j,p})] \times F_{eq,j} \times 10^{-3} \cdots\cdots (5-22)$$

式中：

FC_{gas}——FC 气体(j)的排放量(CO_2-eton);

p——工程种类(蚀刻或者 CVD 洗涤);

$GF_{j,p}$——工程 p 中注入的气体(j)的质量(kg);

h——气体 Bombe 内,气体(j)的残留比率、比率;

$U_{j,p}$——工程 p 中每个气体(j)的使用比率、比率;

$a_{j,p}$——具有排放控制技术的工程 p 中,气体(j)的体积分率、比率;

$d_{j,p}$——根据排放控制技术,在工程 p 中气体(j)的低减效率、比率;

$F_{eq,j}$——温室气体(j)的 CO_2 等价系数(GWP)。

注：一个以上控制技术时,根据控制技术使用平均低减效率。

b) 逸散气体排放量计算公式——等级 2b

$$BPE_{CF_4,j} = (1-h) \times \sum_p [B_{CF_4,j,p} \times FC_{j,p} \times (1-a_{j,p} \times d_{CF_4,j})] \times F_{eq,j} \times 10^{-3} \cdots\cdots (5-23)$$

式中：

$BPE_{CF4,j}$——随着 FC 气体(j)使用,逸散气体 CF_4 的排放量(CO_2-eton);

h——气体 Bombe 内的(j)的残留比率、比率;

$B_{CF_4,j,p}$——排放系数,工程(p)中,根据气体(j)的使用,副产物 CF_4 的排放量、CF_4 生产量(kg)/气体(j)的使用量(kg);

$FC_{j,p}$——工程(p)中装入的气体(j)的质量(kg);

$a_{j,p}$——具有排放控制技术的工程(p)中,气体(j)的体积分率、比率;

$d_{CF_4,p}$——工程(p)里,通过排放控制技术 CF_4 的破坏率、比率;

$F_{eq,j}$——温室气体(j)CO_2 等价系数(CF_4=21)。

注：C_2F_6,CHF_3,C_3F_8 适用相同的方法,合计算出总逸散气体量。

（4）等级 3

等级 3 与等级 2b 一样,使用工程别固有系数方法,或者使用工厂设施的固有值;此方法与等级 2b 是有区别的。小规模单位工程,个别使用固有系数的方法。使用与等级 2b 相同的计算公式,但是等级 2b 中变数(p)在等级 3 中替代固有系数。

2)热传导流体部分

等级 1 作为热传导流体使用的氟温室气体排放量的计算方法等级 2,使用年度液体氟化合物的使用量来计算。当需要每个场所的资料时,才能适用。

$$FC_j = p_j \times (I_{j,t-1(l)} + P_{j,t(l)} - N_{j,t(l)} - R_{j,t(l)} - I_{j,t(l)} + D_{j,t(l)}) \times F_{eq,j} \quad \cdots (5-24)$$

式中:

FC_j——液体 FC_j 的排放量(CO_2-et);

p_j——液体 FC_j 的密度(kg/L);

$I_{j,t-1(l)}$——计算期初所有液体 FC_j 的库存总量(L);

$P_{j,t(l)}$——计算时液体 FC_j 的采购量和回收量的合计(L);

$N_{j,t(l)}$——计算时新设设备的总填充量(L);

$R_{j,t(l)}$——计算时报废设备和销售设备填充量合计(L);

$I_{j,t(l)}$——计算期末液体 FC_j 的库存总量(L);

$D_{j,t(l)}$——计算期中报废的设备上残留导致排放的 FC_j 总量;

$F_{eq,j}$——温室气体(j)的 CO_2 等价系数(GWP)。

5. 每个变数的管理标准

1)半导体/LCD/PV 生产部门

(1)活动资料

a)等级 1

使用测量不确定性±7.5%以内的产品生产量等活动资料。

b)等级 2a,2b

使用测量不确定性±5.0%以内的不同地点 FC 气体使用量等活动资料。

c)等级 3

使用测量不确定性±2.5%以内的不同地点 FC 气体使用量等活动资料。

(2)排放系数

a)等级 1

表 5-17　使用 IPCC 排放系数默认值

电子产业	排放系数(基板单位面积的氮量)					
	CF_4 (PFC-14)	C_2F_6 (PFC-116)	CHF_3 (HFC-23)	C_3F_8 (PFC-218)	SF_6	C_6F_{14} (PFC-51-14)
半导体 kg/m²	0.9	1.0	0.04	0.05	0.2	NA
TFT-FPDs g/m²	0.5	NA	NA	NA	4.0	NA
PV-cells g/m²	5	0.2	NA	NA	NA	NA

注:资料出处为《2006 IPCC 国家温室气体指南》。

b)等级 2a

根据第 46 条第 2 项,使用国家固有排放系数(FC 气体使用比率、浮生气体排放系数等)。但是,无法使用国家固有系数时,使用下列 IPCC 指标线的基本排放系数。

表 5 - 18　半导体生产工程等级 2a IPCC 排放系数默认值

电子产业		排放系数（基本每单位面积的氮量）						
		CF_4 (PFC - 14)	C_2F_6 (PFC - 116)	CHF_3 (HFC - 23)	CH_2F_2 (HFC - 33)	C_3F_8 (PFC - 218)	$c - C_4F_8$ (PFC - 318)	SF_6
1 - Ui		0.9	0.6	0.4	0.1	0.4	0.1	0.2
逸散气体排放系数	CF_4	NA	0.2	0.07	0.08	0.1	0.1	NA
	C_2F_6	NA	NA	NA	NA	NA	0.1	NA
	C_3F_8	NA	NA	NA	NA	NA	NA	NA

注 1：NA：不适用。

注 2：资料出处为《2006 IPCC 国家温室气体指南》。

表 5 - 19　LCD 生产工程的等级 2a 排放系数

电子产业		排放系数（基本每单位面积的氮量）						
		CF_4 (PFC - 14)	C_2F_6 (PFC - 116)	CHF_3 (HFC - 23)	CH_2F_2 (HFC - 33)	C_3F_8 (PFC - 218)	$c - C_4F_8$ (PFC - 318)	SF_6
1 - Ui		0.6	NA	0.2	NA	NA	0.1	0.6
逸散气体排放系数	CF_4	NA	NA	0.07	NA	NA	0.009	NA
	C_2F_6	NA	NA	0.05	NA	NA	0.02	NA
	C_3F_8	NA	NA	NA	NA	NA	NA	NA

注 1：NA：不适用。

注 2：资料出处为《2006 IPCC 国家温室气体指南》。

表 5 - 20　PV 生产工程等级 2a 排放系数

电子产业		排放系数（基本每单位面积的氮量）						
		CF_4 (PFC - 14)	C_2F_6 (PFC - 116)	CHF_3 (HFC - 23)	CH_2F_2 (HFC - 33)	C_3F_8 (PFC - 218)	$c - C_4F_8$ (PFC - 318)	SF_6
1 - Ui		0.7	0.4	0.4	NA	NA	0.2	0.4
逸散气体排放系数	CF_4	NA	0.2	NA	NA	0.2	0.1	NA
	C_2F_6	NA	NA	NA	NA	NA	0.1	NA
	C_3F_8	NA	NA	NA	NA	NA	NA	NA

注 1：NA：不适用。

注 2：资料出处为《2006 IPCC 国家温室气体指南》。

表 5 - 21　根据不同排放控制技术，FC 气体低减效率使用下列基本系数

排放控制技术	CF_4 (PFC - 14)	C_2F_6 (PFC - 116)	CHF_3 (HFC - 23)	C_3F_8 (PFC - 218)	$c - C_4F_8$ (PFC - 318)	SF_6
分解（Destruction）	0.9	0.9	0.9	0.9	0.9	0.9
回收/再生 (Capture/Recovery)	0.75	0.9	0.9	NT	NT	0.9

注 1：NT：不适用.

注 2：资料出处为《2006 IPCC 国家温室气体指南》。

c) 等级 2b

根据指南第 46 条第 2 项,使用国家固有排放系数(FC 气体使用比率、浮生气体排放系数等)。但是,无法使用国家固有系数时,使用下列 IPCC 指标线的基本排放系数。

表 5 - 22　半导体生产工程的等级 2b 排放系数

电子产业			排放系数(基本每单位面积的氮量)						
			CF_4 (PFC - 14)	C_2F_6 (PFC - 116)	CHF_3 (HFC - 23)	CH_2F_2 (HFC - 33)	C_3F_8 (PFC - 218)	c - C_4F_8 (PFC - 318)	SF_6
蚀刻工艺	1 - Ui		0.7	0.4	0.4	0.06	NA	0.2	0.2
	逸散气体排放系数	CF_4	NA	0.4	0.07	0.08	NA	0.2	NA
		C_2F_6	NA	NA	NA	NA	NA	0.2	NA
		C_3F_8	NA	NA	NA	NA	NA	NA	NA
成膜工艺 (CVD)	FC 气体使用比率		0.9	0.6	NA	NA	0.4	0.1	NA
	逸散气体排放系数	CF_4	NA	0.1	NA	NA	0.1	0.1	NA
		C_2F_6	NA	NA	NA	NA	NA	NA	NA
		C_3F_8	NA	NA	NA	NA	NA	NA	NA

注 1:NA:不适用。

注 2:资料出处为《2006 IPCC 国家温室气体指南》。

表 5 - 23　LCD 生产过程的等级 2b 排放系数

电子产业			排放系数(基本每单位面积的氮量)						
			CF_4 (PFC - 14)	C_2F_6 (PFC - 116)	CHF_3 (HFC - 23)	CH_2F_2 (HFC - 33)	C_3F_8 (PFC - 218)	c - C_4F_8 (PFC - 318)	SF_6
蚀刻工艺	1 - Ui		0.6	NA	0.2	NA	NA	0.1	0.3
	逸散气体排放系数	CF_4	NA	NA	0.07	NA	NA	0.009	NA
		C_2F_6	NA	NA	NA	NA	NA	0.2	NA
		C_3F_8	NA	NA	NA	NA	NA	NA	NA
成膜工艺 (CVD)	1 - Ui		NA	NA	NA	NA	NA	NA	0.9
	逸散气体排放系数	CF_4	NA	NA	NA	NA	NA	NA	NA
		C_2F_6	NA	NA	NA	NA	NA	NA	NA
		C_3F_8	NA	NA	NA	NA	NA	NA	NA

注 1:NA:不适用。

注 2:资料出处为《2006 IPCC 国家指南》。

表 5－24　PV 生产过程的等级 2b 排放系数

电子产业		排放系数(基本每单位面积的氮量)						
		CF₄ (PFC－14)	C₂F₆ (PFC－116)	CHF₃ (HFC－23)	CH₂F₂ (HFC－33)	C₃F₈ (PFC－218)	c－C₄F₈ (PFC－318)	SF₆
蚀刻工艺	1－Ui	0.7	0.4	0.4	NA	NA	0.2	0.4
	逸散气体 CF₄	NA	0.2	NA	NA	NA	0.1	NA
	排放系数 C₂F₆	NA	NA	NA	NA	NA	0.2	NA
成膜工艺 (CVD)	1－Ui	NA	0.6	NA	NA	0.1	0.1	0.4
	逸散气体 CF₄	NA	0.2	NA	NA	0.2	0.1	NA
	排放系数 C₂F₆	NA	NA	NA	NA	NA	NA	NA
	C₃F₈	NA	NA	NA	NA	NA	NA	NA

注 1:NA:不适用。

注 2:资料出处为《2006 IPCC 国家温室气体指南》。

d)等级 3

根据指南第 47 条,使用经营者自己开发的固有排放系数(FC 气体使用比率、逸散性气体排放系数、根据适用排放低减技术的低减效率等)。

2)热传导流体部分

(1)活动资料

a)等级 1

使用测量不确定性±7.5％以内的,各个场所液体氟化合物使用量等活动资料。

b)等级 2

使用测量不确定性±5.0％以内的,各个场所液体氟化合物使用量等活动资料。

c)等级 3

使用测量不确定性±2.5％以内的,各个场所液体氟化合物使用量等活动资料。

(2)排放系数(等级 2)

热传导流体蒸发产生排放量计算公式等级 2 方法的排放系数不存在。

第三节　核查

根据韩国"能源及温室气体目标管理制度"的要求,对于计算结果,将组织第三方机构进行核查。核查小组由两个或两个以上验证核查师组成,其中包括一个或多个是相应的专业领域的验证核查师。审定机构可以指定一个技术专家,为核查小组提供专业指导。核查报告是为了验证概况,验证内容、研究成果,验证结果、内部审议结果以及其他内容。关于验证报告的质量管理,内部审议小组包括一个不参加今年核查程序是否被遵守的再检验的验证核查员将复审核查结果。为确保负责核查的机构的独立性,确保 5 个及以上的全职核查员。

一、核查程序

根据韩国环境部颁布的《关于实施温室气体和能源目标管理指南》,韩国"能源及温室气

程序		概要	执行主体
第1阶段	掌握核查概要	掌握被核查方的情况； 确认核查范围； 协商现场核查日程； 排放量计算标准； 确认数据管理系统	核查组 + 被核查方
第2阶段	文件审核	研究履行计划及明细表/履行业绩； 根据排放量计算标准评估温室气体排放量的适宜性； 评估重要数据和信息； 评估数据管理和报告系统； 确认与上一年度相比变更的事项； 按文件审核结果，采取更正措施	核查组 + 被核查方
	风险分析	评估出现重要误差的可能性及与履行计划相关的误差风险	核查组
	制定数据抽样计划	反映风险的重要采样对象数据及方法等	核查组
	制定数据计划	核查执行对象及方法； 谈话对象及核查日程等	核查组
第3阶段	现场核查	核查数据及信息； 测定仪校验管理； 确认数据及信息系统管理情况； 确认之前核查的结果及变更事项等	核查组 + 被核查方
	核查结果的整理及评估	整理文件审核及现场核查结果； 误差的评估； 确定需要处理的事项，并要求被核查方更正； 审核确认更正结果的妥当性	核查组

图5-1 "能源及温室气体目标管理制度"温室气体排放量核查程序

体目标管理制度"的对温室气体排放量的核查程序如上图所示：

二、核查程序的具体方法

根据指南要求，核查程序的具体方法如下所示：

（一）掌握核查概要

1. 概要

1）掌握被核查公司的运转情况、工序全程及温室气体排放源情况；

2）告知被核查公司核查目的、标准及范围，协商核查的具体日程；

3）收集核查时需要的相关文件资料。

2. 收集相关资料

1）掌握被核查公司的情况，确认主要排放源：

——组织的归属、管理结构情况；

——产品、服务及客户情况；

——使用的原材料及使用的能源；

——厂房工序及设备情况；

——主要温室气体排放源及测定设备情况与位置等。

2）确认核查范围：

——能否按温室气体排放量等的计算及报告方法确定其用地边界；

——能否按温室气体排放量等的计算及报告方法掌握排放活动（直接、间接）的类别；

——计算期间发生用地或设备变更时，能否根据温室气体排放量等的计算及报告方法掌握到变更情况。

3）确认温室气体计算标准及数据管理系统：

——收集被核查方拟定的温室气体计算标准的简要情况和数据管理系统的基本信息；

——确认数据管理系统中的原材料投入、排放量测定记录及数据统计等内容，并掌握其与现有管理系统（ERP 等）的关系；

——掌握运行和维护数据系统的组织结构。

3. 协商现场核查等的具体日程

1）以所掌握的组织结构及排放源为基础，与被核查方的主管人员协商进行现场核查的日程及核查的项目；

2）但日后可根据书面审核及风险分析的结果进行调整。

（二）文件审核

1. 概要

通过精确分析排放活动的相关信息、被核查方的温室气体计算标准及明细表/履行业绩和履行计划，查找在温室气体数据及信息管理中可能出现漏洞的情况，从而掌握出现误差的可能性及不确定程度等。

2. 评估温室气体计算标准

1）确认是否执行了温室气体排放量等的计算及报告方法的标准，是否遵守了相关计划；

2）评估过程中发现的异常及违规事项，应在核查确认列表中记录备案并在制定核查计划时有所反映；

3）相关确认项目：

——各排放活动的运行边界分类情况；

——排放量的计算方法；

——是否使用恰当的参数；

——数据管理系统；

——是否根据执行计划实施相关数据监测；

——数据质量管理方案等。

3. 掌握对明细表/履行业绩的评估情况及主要排放源

1）核查组应针对被核查方拟定的明细表等了解以下内容：

——了解温室气体的排放设施及吸收源；

——是否符合温室气体计算标准等；

——温室气体活动资料的选择与收集是否妥当；

——温室气体排放系数的选择是否妥当；

——利用计算法计算出的排放量结果是否准确；

——利用实测法计算排放量时，确认相关测定仪的型式批准证书及精度检查是否合格。

2)核查组要找出主要排放设施(占温室气体排放总量95%的排放设施)的数据，进行区分管理，并在制定核查计划时优先分配核查时间。

4. 数据管理及报告系统的评估

1)核查组需要了解被核查方在计算、收集、加工、报告温室气体排放设施相关数据过程中使用的方法及责任权限，从中计算出数据管理过程中可能发生的重要风险。

2)核查组在核查中发现下列事项时，作为风险可能性较高的问题反映在核查计划中：

——数据计算及管理系统未记录在案的；

——未明确数据管理业务的责任权限的；

——使用其他信息系统另外编制计算排放量所需数据的；

（例如，区分排放量信息系统与一般资产管理系统）

——未将计算、分析、确认、报告业务分工负责，而由同一人执行的。

5. 确认同比运行情况及排放设施的变更事项

1)核查组需要将核查内容与被核查方的上一年度明细表等相比较，了解组织运行情况及排放设施、排放量数据的变更事项等，找出可能存在主要风险的部分并反映在核查计划中。

2)关联项目：

——设备、设施的新建或废弃等变更事项；

——监测及报告过程中的变更事项；

——排放设施及排放量的变更事项；

——数据管理系统及质量管理程序的变更事项；

——以往年度核查报告书中提及的改善需求内容等。

6. 向被核查方提出整改要求

1)核查组长应向被核查方通知文件审核过程中发现的问题及需要完善的事项，并要求对方提供相关资料及补充说明。

2)在此过程中未确认的事项，应当在制定核查计划时进行反映，并通过现场核查进行确认。

（三）风险分析

1. 目的

1)以文件审核结果为基础，找出温室气体排放设施相关数据管理方面的不足，对因数据不准确或误差引起前后矛盾的可能性进行评估，从而确定适当的应对程序。

2)核查组评估由被核查方引起的风险时，需要根据风险程度制定核查计划，将整体风险降至较低水平。

2. 风险的分类

1)被核查方引起的风险

——固有风险：核查对象的行业本身带有的风险（行业的特性及计算方法的特殊性等）；

——控制风险：因核查对象内部的数据管理结构原因而无法发现误差的风险。

2)在核查组核查过程中发生的风险

——检查风险:核查组在核查中无法发现误差的风险。

3. 风险评估

1)为了评估明细表中出现重要误差的可能性和不遵守履行计划的风险,需要考虑下列事项。

2)评估风险时考虑的事项:

——排放量的适宜性及排放设施产生的温室气体比率;

——管理系统及其运行方面的复杂性;

——数据流量、管理系统及数据管理环境的合适性;

——提交履行计划时一并上报的监测计划;

——之前核查活动中的相关证据。

3)核查组长应在核查检查表中记录风险评估结果,并在现场核查中进行重点确认,或者在掌握客观资料后确认不会发生重要误差。

（四）数据抽样计划的制定

1. 概要

为了在实施现场核查之前拿出核查意见,应针对需现场确认的数据(活动资料、参数计算中使用的资料及应当走访的厂房等)种类、数据抽样方法及核查方法制定计划(数据抽样计划)。

因核查时间限制及资料过多而难以确认所有资料时,抽样有代表性的数据。

2. 用以制定数据抽样计划的方法论——以风险为依据的方法

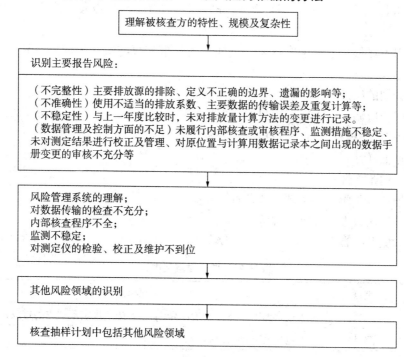

图5-2　以风险分析为依据的判定数据抽样计划的方法论

3. 制定数据抽样计划时需要考虑的事项

1)保证等级

核查机构应根据本方针制定可保持"合理保证等级"的数据抽样计划。

2)核查范围及核查标准

如果被核查单位的排放量不足企业全部排放量的5％，且多个厂房拥有类似工序及排放设施，则可求出厂房总数的算术平方根作为抽样的最少样品数进行核查。

属于2-D-2或风险分析结果认为出现误差的可能性高的项目，应增加抽样样品数等，在抽样计划中优先安排主要排放设施(温室气体排放量占排出总量95％的排放设施)。

3)得出核查意见所需证据的数量及类型

难以对所有数据进行确认时，应分析数据的种类及分布情况，找出可以代表母群体的样本。

若对抽样数据的审核结果未发现误差，可以结束确认。若发现误差，则需要增加样品数量进行补充确认，以确认计划的准确度。

4)潜在误差、遗漏或失实陈述等的风险

数据管理系统效率越高，则风险越小，抽样数量也会减少。发生风险的可能性越高的部分，需要核查的数据样品数量也越多。

(五)核查计划的制定

1. 概要

1)核查组长应以文件审核及风险分析结果为基础，决定现场确认的数据及核查对象、适用的核查方法、所需时间及数据抽样计划。

2)核查组长至少应提前1周向被核查方通报核查计划，以便有效进行审核和现场核查。

3)核查组长在核查过程中发现业务进展及新的事实等与最初情况不一致的情况时，可修改核查计划。

2. 核查计划的制定

1)核查组长应制定包含以下项目的核查计划：

——核查对象、核查重点、核查执行方法及核查程序；

——数据抽样计划；

——信息的重要性；

——现场核查阶段谈话的部门或负责人；

——包括现场核查的核查日程等。

2)核查对象及核查重点

表5-25　核查重点及内容

核查对象	重点	概要
排放源	适当性	是否包含温室气体排放量计算、报告方法中规定范围内的排放设施
	完整性	是否包含所有排放设施
计算公式	适当性	各排放设施是否使用适当的计算公式

续表

核查对象	重点	概要
活动数据	适当性	是否应用适当的计算公式及等级
	准确性	测定、统计及数据处理是否准确
	完整性	是否包含所有活动数据
系数	适当性	相应计算公式及等级中是否应用适当的系数
计算	准确性	计算是否准确

3)核查方法

表 5-26 核查方法

方法	概要
查阅资料	确认文件和记录
实地查看	确认通过测定仪等收集的数据及信息等
观察	确认业务处理过程和程序
谈话	向核查对象的负责人提问,并要求其进行说明或应答(包含与外部有关人员的谈话)
重新计算	为了判断记录和文件的准确性,核查审核员直接进行计算和确认
分析	利用温室气体活动数据相互间或与其他数据之间存在的关系,计算预测值并进行比较和审核
回溯	选择代表性的数据或排放设施的排放量,追踪从原始数据的发生到排放量的计算整个流程

4)评估监测的实施情况

核查组应确认被核查方是否对履行计划进行合理的监测及不确定度管理。

(六)现场核查

1. 概要

1)核查组为了确认被核查方在明细表等文件上填写的内容和相关数据的准确性,应按事前制定的核查计划进行现场核查;

2)需要重点确认风险分析结果中认为可能发生重大误差的部分,从而在规定期限内保证核查的可靠性;

3)现场核查过程中发现的事项,在掌握客观证据后记录在核查检查表中。

2. 数据核查

1)活动资料的跟踪核查

通过审核该年度被核查方的会计资料等,确认电/蒸汽/油类/天然气的购买量、库存管理记录、油类/天然气的配送记录及电量。

账物相符的,则进一步确认原料消费数据,以核实生产数据或物料平衡。

原料消费数据包括生产物质的重量及体积、生产的电量、工序工作日志及原料、采购发票、配送记录簿等。

2)活动资料的抽样

根据抽样计划确认采集的数据是否准确。

3)单位发热量、排放系数等的核查:

——履行计划与明细表/履行业绩上的系数是否一致;

——明细表/履行业绩中记载的燃料、废弃物等是否属实;

——被核查方自己确定的排放系数是否妥当;

——确认物质(油类、天然气、投入的化学物质等)成分分析记录等计算排放系数及排放量时使用的原始数据和分析结果及记录的妥当性及准确性等。

4)确认数据的质量管理状态

根据抽样计划进行数据抽样,以此确认在现场收集的数据处理的准确性及可靠性。

5)按监测类型进行的审核事项,参见表 5 - 27。

表 5 - 27　不同监测类型所需进行的审核事项

监测类型	主要审核事项
采购标准	• 可以信任的底账数据的根据; • 数据处理的正确性; • 数据测定方法及出处的变更; • 数据收集期间和计算期间是否一致; • 库存量的变化等
实测标准	• 测定仪的校验状态; • 是否使用与监测计划同样的测定方法; • 记录的准确性/单位操作的适当性/有效数字的处理等
近似法	• 使用与监测计划同样的计算方法; • 基础数据的适当性、合理性等

3. 测试仪器的校验管理

1)核查组应确认在现场使用的监测及测定装备的校验管理状态。

2)确认项目:

——各测定设备的校验管理标准及校验周期;

——校验责任与权限;

——测定设备出现故障时的数据管理方案;

——校验记录(校正成绩书等)管理方案;

——是否满足校验结果规定的不确定度等。

4. 确认系统管理状态

1)核查组应确认核查对象的温室气体管理业务是否持续运行。

2)确认项目:

——温室气体工作程序的标准化及责任权限;

——温室气体相关文件及记录的系统管理体系;

——对温室气体相关业务执行人员的培训管理体系;

——旨在持续改善温室气体管理工作的内部审核体系等。

5.确认以前的核查结果及变更事项

核查组应参考以往年度明细表、履行业绩及核查报告书资料,对重要排放设施的变化因素、温室气体排放量等的变化状态及其他需要确认的事项进行确认,进而确认排放量等的变化是否妥当。

(七)核查结果的整理及评估

1.评估收集的证据

核查组在文件审核及现场核查结束后,对收集的证据是否足以恰当表明核查意见进行评估,若不足则应进一步收集证据。

2.误差的评估

1)核查组收集的证据中包含误差时,应评估该误差的影响。

表 5-28 检验测试及管理误差的方法

发生误差的领域	检验测试及管理误差的方法
输入	• 记录计数测试 • 有效特性测试 • 缺失数据测试 • 边缘及效度测试 • 误差再报告管理
变换	• 空白测试 • 稳定性测试 • 边缘及效度测试 • 主文卷的管理
结果	• 结果分散管理 • 输入及输出测试

2)在测定仪的不确定度方面发现如下事项时,应综合评估对计算排放量的影响,并反映在核查报告书上:

——使用未进行不确定度控制的测定仪时;

——履行计划和实际监测方法之间出现差异时;

——遗漏与活动资料相关的测定仪时;

——使用与计划不同的测定仪时;

——没有对测定仪进行不确定度控制时(校验等)。

3)在抽样数据中发现误差时,实际数据中也可能有同样的误差(潜在误差),所以必须通过检查进行修改,直到潜在误差降低到许可范围内为止。

3.重要性评估

1)重要性的理想标准值为管理公司 CO_2 eq 总排放量的 5%;

2)总排放量 50 万 tCO_2 eq 以上的管理公司为 2.5%。

4.核查结果的整理

核查组进行完文件审核,并对现场核查过程中收集到的资料进行评估之后,对发现的事项分类整理如下。

——要求处理的事项:温室气体排放量、能量消耗量以及对其计算产生影响的误差,因为这些误差会直接影响排放总量的计算。

——建议改善的事项:为管理温室气体相关数据,改善报告系统,提高运行效率而需要改善的事项(不需要立即改善,为了系统的稳定及有效运行,可由组织部门推动改善工作)。

5. 对发现事项的整改措施

1)温室气体排放量、能量消耗量以及对其计算产生影响的误差会直接影响排放总量的计算,因此应将之作为"要求处理的事项"立即通知核查对象并要求采取措施进行整改。

2)建议改善的事项是为了改善温室气体与能量计算及管理方案而提出的建议,所以没有进行整改的义务。

三、指定核查机构的要求

(一)一般事项

——核查机关应为法人。在法人章程或登记簿上的项目内容中应注明《低碳绿色增长基本法》规定的核查业务。

——关于核查活动,应就可能发生的风险准备财政补偿等对策(加入责任保险等)。

(二)人力及组织

——核查机构应有 5 名以上的常设核查审核员。

——核查机构所属的核查审核员只能执行其专业领域的核查业务。但常设审核人员具备多个专业领域知识的,同样承认。

——核查机构为了公平、独立地开展核查业务,负责核查的组织与提供行政支援的组织应明确区分。

(三)核查业务的运行体系

——法人的最高负责人为使核查业务的公平性和独立性不受到破坏,应采取必要的措施。

——核查机构为了保持执业资格,提高核查业务的效率,防止利害冲突,应具有相关业务评估、反馈功能及力量强化手册。

——核查机构应具有本方针规定的核查程序需要的具体运行手册。

——核查机构应具有在业务执行过程中收集被核查方的意见及消除异议的方案程序。

——为防止核查过程中取得的信息被用作其他用途及对外泄露,应当有相关设施及内部管理程序。

——核查机构为了保障核查业务的公平性和独立性,应明确区分内部处理规定及责任分工。

——与核查机构运行体系相关的所有程序和手册等,应在获得法人最高负责人的批准后制作成文件形式。

四、审核员的资格要求

(一)学历及工作经历标准

——拥有专门学士以上学位或同等学历且有3年以上工作经历者。

——高中毕业且具有5年以上工作经历者。

——在中央行政机关等单位从事与环境或能源审核相关工作7年以上者。

——拥有《工程师法》、《国家技术资格法》规定的工业工程师以上资格且有3年以上工作经历者。

(二)工作经历认定范围

——从事过清洁发展机制(CDM)项目相关可行性评估工作或从事过联合国气候变化框架公约(UNFCCC)登记的清洁发展机制(CDM)项目核查工作的。

——直接开发清洁发展机制(CDM)测量方法或参与开发的,但是仅限于联合国(UN)清洁发展机制(CDM)认定委员会认定的方法。

——从事过《能源利用合理化法》第32条规定的能源审核相关工作的。

——发明《环境技术发明及支援相关法律》第7条之新技术的,或者从事过新技术检验工作的。

——从事过《环境技术发明及支援相关法律》第2条之防护设施法等环境产业工作的,或者从事过第18条之环境标志认证相关工作的。

——担任《水质及水生态界保全相关法律》、《大气环境保全法》或者《废弃物管理法》之环境管理人(仅限于水质及大气排放厂房分类标准规定的1到3种厂房)从事过相关工作的。

——作为《国家技术资格法》规定的工程师、工业工程师、技工资格拥有人或者国家专门资格持有人(仅限交通、航空、海运、船舶领域)依法在相关领域任职从事过相关工作的,或者虽未依法获得职位但从事过相关工作的,但是信息处理领域及工业设计领域等除外。

——在中央行政机关等部门从事过环境(包括气候、海洋、农畜产、山林环境等)或能源审核相关工作的。

——从事过《促进产业向环境友好型结构转换相关法律》第10条之环境领域质量认证工作或第16条之绿色经营认证工作的。

——拥有排放权交易制度试验项目及温室气体减排业绩登记项目合理性评估及核查业绩的。

——根据国际标准化组织ISO14064的规定,拥有编制企业温室气体排放量清单或核查业绩的。

第六章　国际碳排放管理经验与启示

根据对以上主要发达国家在温室气体排放管理上的调研结果,我们可以得到以下经验。

第一节　完善的法律法规体系保证

目前主要发达国家都已经初步建立了的国家层次的针对排放机构温室气体排放测算、报告和核查的统一的管理制度,这与各国完善的法律法规体系是密切相关的。

目前日本、韩国、澳大利亚、美国以及欧盟等均已经在气候变化上立法,如日本于 1998 年就批准了《全球气候变暖对策推进法》,将国家、地方公共团体、事业者、国民作为一个整体确定在日本地球温暖化对策,该法是世界上第一部旨在防止全球变暖的法律,显示了日本积极应对气候变化的姿态。韩国于 2008 年开始制定了《低碳、绿色增长基本法》,并于 2010 年 4 月获得批准进行实施。是韩国有关能源和气候变化的最高法案。本法案阐述了"低碳"和"绿色增长"的涵义,旨在通过整合和实施各政府部门依照本部门法案或附属法规制定的相关措施,来有效的解决能源和气候变化的问题,有效地、系统地来推动国家的可持续发展。在日本和韩国的气候变化立法中,将温室气体报告制度作为已经作为应对气候变化的重要工作纳入其中。而澳大利亚,更是明确将其企业级温室气体排放和能源生产、消耗量上报制度进行立法,在 2007 年 9 月通过了《全国温室气体与能源报告法》,并配套《全国温室气体与能源报告规则》、《全国温室气体与能源报告(计量)决定》以及《全国温室气体与能源报告(核查)决定》等附属法,组成了非常完善的温室气体报告制度法规体系。美国于 2002 年创建了芝加哥交易会所;环境保护署于 2009 年制定了强制性温室气体报告制度;2009 年 1 月 1 日开始,美国实施了区域温室气体减排行;根据西部气候倡议,到 2020 年该地区的温室气体水平在 2005 年的基础上降低 15%。2005 年 1 月,欧盟排放交易体系开始运行,帮助欧盟成员国遵守其在京都议定书中给出的承诺。该制度通过国家配额计划确定成员国在交易期内准予企业排放的二氧化碳总量,企业可以出售或购买排放配额。

完善的法律法规体系,不仅从制度上保障了企业温室气体管理制度的可行性,也从具体内容和操作规程上确保了温室气体管理制度的顺利实施。

第二节　统一、成熟的测算方法和核查指南

目前国际上温室气体的相关标准已经相对成熟和完善,涵盖企业或组织层次、项目层次、产品和服务足迹以及针对整个企业价值链等多个层次。其中适用于企业和组织层次的,主要有 WRI 的如 WRI 的《公司量化并报告其温室气体排放量的指导》、ISO 14064—1、PAS 2060《碳中和证明规范》。

日本、韩国、澳大利亚、美国以及欧盟等国家在企业层次上采用的温室气体标准和规范也大都利用了已有的标准和规范,如 WRI 的温室气体核算体系和 ISO 14064 系列,并在相

应基础上推出了适合本国国情的各行业的统一温室气体报告指南、计算方法、排放因子及核查标准和规范等。如日本环境省针对"能源及温室气体目标管理制度"发布了的"计算、报告、披露系统温室气体计算方法和排放系数"指南，韩国环境部公布的《关于实施温室气体能源目标管理指南》中，包括 6 个领域共计 33 项排放活动，不同具体行业的计算方法和相关参数。澳大利亚发布"全国温室气体与能源报告（计量）决定"以法规形式对温室气体计算进行了约定，并发布了《温室气体排放核算技术指南》供企业采用，该指南每年定期进行更新。美国环境保护署制定的强制性温室气体报告制度，对温室气体排放的监测和质检做出具体要求。在美国，CO_2 的排放量还有按照 EPA、40 CFR 60、40 CFR 75 和 40 CFR 95 以及 2003/87/EC 指令中的方法学进行计算。欧盟委员会于 2004 年 1 月 29 日通过了一项关于监测报告温室气体排放量的指导方针（MRG 2004），作为 EU ETS 第一阶段实施时执行的数据监测、报告与核查方法。其后经过复杂的公众评议和政策讨论过程，对 MRG 2004 进行修改，最终欧盟委员会于 2007 年 7 月 18 日采纳了新的监测报告指导方针（MRG 2007），应用于 EU ETS 第二阶段的温室气体排放数据监测、报告与核查。

此外，结合本国国情，在温室气体排放量计算方法上大都分为 4 个等级，将活动水平的排放系数分为国际默认值（IPCC 系数）、国家固定值及抽样测定，以及温室气体在线连续测量等 4 种方法，以满足不同行业和排放量水平的要求。

第三节　完善的管理机构和配套体系

完善的温室气体管理制度，涉及到计算、报告、核查、管理、咨询等诸多环节，需要政府机构、企业、第三方机构和咨询机构等多方面的支持。涉及不同行业、不同部门的协调沟通工作，需要建立一个或若干专门的管理机构来进行全局的把控和协调工作，才能确保该制度的良好运转。强有力的政府主管部门是能成功推行强制温室气体报告系统的关键所在。日本、韩国、澳大利亚、美国以及欧盟等国家在温室气体排放强制申报制度的负责部门，都是本国环境和气候变化以及经济方面的主管部门，并同其他行业主管部门密切协调配合。

目前这些发达国家的温室气体管理制度都成立了专门的机构进行管理和协调工作，在具体组织方式依据国情不同则有一定的差异，如日本排放大户"温室气体排放强制计算、报告和披露系统"，由日本环境省和经产省共同负责，二者互有分工和侧重，目前已经运转了近 6 年，由于日本受控机构的温室气体排放量不要求通过第三方机构的核查，环境省和经产省只需对报告数据进行监督即可。韩国"能源及温室气体目标管理制度"环境部为其协调管理机构，食品，农业，林业，渔业，知识经济部、国土资源部、运输及海事部为各个领域的具体管理机构，韩国能源管理机构则提供大量支持工作。澳大利亚成立了专门的气候变化主管部门气体变化与能源效率部，企业温室气体的计算、报告、核查等方面的管理事务全部由该部门进行负责，该部门还专门开发了在线网站申报系统（OSCAR）方便受控机构进行数据上传和报告。这对于建立我国企业层次的温室气体管理制度的提供借鉴。

第四节　与碳减排交易制度的合理接轨

建立碳交易市场的前提是必须建立起企业和设施层次的温室气体排放统计体系，用准确可靠的排放数据保证排放交易手段的有效性和可信性。在初步建立国家温室气体排放管理制度的基础上,目前韩国、澳大利亚已宣布了其国家层次的碳交易计划。澳大利亚于2010年7月宣布决定自2012年7月1日起开征碳排放税,2015年开始逐步建立完善的碳排放交易机制,与国际碳交易市场挂钩。韩国也于最近2012年5月2日通过了《温室气体排放权分配和交易法案》,该法案明确韩国将于2015年1月1日起在全国范围内实施"排放交易计划"。日本虽然还没有建立全国级的碳排放交易市场,但东京都已经建立了强制总量控制与交易体系,并于2010年4月正式启动。

从国内外经济发展和国际气候谈判形势来看,最终形成全球统一碳市场是趋势所在。温室气体强制报告制度的建立和实施,从政府到企业层面可以为日后国内碳排放交易制度的建立可靠的技术基础和准备工作。

第七章　我国碳排放管理政策

一、提出我国中长期减排目标

2009 年,在哥本哈根国际会议前夕,国务院常务会议宣布了"2020 年单位国内生产总值二氧化碳排放比 2005 年下降 40%～45%"的目标。会议称,这一目标将作为约束性指标,纳入国民经济和社会发展中长期规划,并制定相应的国内统计、监测、考核办法。这是我国根据国情采取的自主行动,是我国首次明确提出在温室气体控制方面的国家目标,不仅向国际社会表明了我国走绿色低碳发展道路、积极应对全球气候变化的负责任态度和巨大决心,也成为指导我国经济社会中长期发展的又一项重要的宏观指标。

2011 年,在《国民经济和社会发展第十二个五年规划纲要》中,将"2020 年 40%～45%"的减排目标做出了阶段性量化,明确规定到 2015 年我国单位国内生产总值二氧化碳排放比 2010 年降低 17%,并且将该指标纳入约束性指标范畴。

2011 年,国务院下发了《关于印发"十二五"控制温室气体排放工作方案的通知》(国发〔2011〕41 号),明确将"十二五"时期全国 17% 的减排指标,分配至我国大陆地区 32 个省、直辖市和自治区。

二、开展国家低碳省区和城市试点

自国务院提出我国 2020 年控制温室气体排放行动目标后,全国各地纷纷主动采取行动落实中央决策部署。不少地方提出发展低碳产业、建设低碳城市、倡导低碳生活,一些省市还向国家提出申请开展低碳试点工作。积极探索我国工业化城镇化快速发展阶段既发展经济、改善民生又应对气候变化、降低碳强度、推进绿色发展的做法和经验,因此,非常必要。在这种背景下,国家发展改革委于 2010 年 7 月正式下发了《关于开展低碳省区和低碳城市试点工作的通知》。

根据地方申报情况,统筹考虑各地方的工作基础和试点布局的代表性,国家发展改革委确定首先在广东、辽宁、湖北、陕西、云南五省和天津、重庆、深圳、厦门、杭州、南昌、贵阳、保定八市开展低碳试点工作。并提出了如下要求:

一是编制低碳发展规划。要求试点省和试点城市将应对气候变化工作全面纳入本地区"十二五"规划,研究制定试点省和试点城市低碳发展规划。要开展调查研究,明确试点思路,发挥规划综合引导作用,将调整产业结构、优化能源结构、节能增效、增加碳汇等工作结合起来,明确提出本地区控制温室气体排放的行动目标、重点任务和具体措施,降低碳排放强度,积极探索低碳绿色发展模式。二是制定支持低碳绿色发展的配套政策。要求试点地区发挥应对气候变化与节能环保、新能源发展、生态建设等方面的协同效应,积极探索有利于节能减排和低碳产业发展的体制机制,实行控制温室气体排放目标责任制,探索有效的政府引导和经济激励政策,研究运用市场机制推动控制温室气体排放目标的落实。三是加快建立以低碳排放为特征的产业体系。要求试点地区结合当地产业特色和发展战略,加快低碳技术创新,推进低碳技术研发、示范和产业化,积极运用低碳技术改造提升传统产业,加快发展低碳建筑、低碳交通,培育壮大节能环保、新能源等战略性新兴产业。同时要密切跟踪低碳领域技术进步最新进展,积极推动技术引进消化吸收再创新或与国外的联合研发。四是建立温室气体排放数据统计和管理体系。要求试点地区加强温室气体排放统计工作,建立完整的数据收集和核算系统,加强能力建设,提供机构和人员保障。五是积极倡导低碳绿色生活方式和消费模式。要求试点地区举办面向各级、各部门领导干部的培训活动,提高决策、执行等环节对气候变化问题的重视程度和认识水平。大力开展宣传教育普及活动,鼓励低碳生活方式和行为,推广使用低碳产品,弘扬低碳生活理念,推动全民广泛参与和自觉行动。

第一批低碳试点实施后,在地方政府的高度重视下,各地积极推进本地区低碳试点工作,以先行先试为契机,探索创新有利于低碳发展的体制机制,编写完善了低碳试点工作实施方案,逐步建立健全了低碳试点工作机制。大部分试点省市开展了多层面的低碳试点工作,探索不同类型、不同层次的低碳发展实践形式,积累了大量对不同地区和行业分类指导的工作经验,从整体上带动和促进了全国范围的低碳绿色发展。

2012年11月,国家发展改革委启动了第二批低碳试点工作,将河北省石家庄市、秦皇岛市、山西省晋城市、内蒙古自治区呼伦贝尔市、吉林省吉林市、黑龙江省大兴安岭地区、江苏省淮安市、苏州市、镇江市、浙江省温州市、宁波市、安徽省池州市、福建省南平市、江西省景德镇市、赣州市、山东省青岛市、河南省济源市、湖北省武汉市、广东省广州市、广西桂林市、四川省广元市、贵州省遵义市、云南省昆明市、陕西省延安市、甘肃省金昌市、新疆自治区乌鲁木齐市等29个城市纳入第二批低碳试点。

三、探索建立碳排放交易市场

《国民经济和社会发展第十二个五年规划纲要》中明确提出逐步建立碳排放交易市场,发挥市场机制在推动经济发展方式转变和经济结构调整方面的重要作用。

《国务院关于印发"十二五"控制温室气体排放工作方案的通知》(国发〔2011〕41号)中也对探索建立碳排放交易市场做了明确部署。一是建立自愿减排交易机制。制定温室气体自愿减排交易管理办法,确立自愿减排交易机制的基本管理框架、交易流程和监督办法,建立交易登记注册系统和信息发布制度,开展自愿减排交易活动。二是开展碳排放权交易试点。根据形势发展并结合合理控制能源消费总量的要求,建立碳排放总量控制制度,开展碳排放权交易试点,制定相应法规和管理办法,研究提出温室气体排放权分配方案,逐步形成区域碳排放权交易体系。三是加强碳排放权交易支撑体系建设。制定我国碳排放权交易市场建设总体方案。研究制定减排量核算方法,制定相关工作规范和认证规则。加强碳排放交易机构和第三方核查认证机构资质审核,严格审批条件和程序,加强监督管理和能力建设。在试点地区建立碳排放权交易登记注册系统、交易平台和监管核证制度。充实管理机构,培养专业人才。建立统一的登记注册和监督管理系统。

为贯彻落实以上政策要求,2012年国家发展改革委发布了《关于印发〈温室气体自愿减排交易管理暂行办法〉的通知》(发改气候〔2012〕1668号),规范自愿减排项目及交易活动各个环节,建立健全自愿减排交易监管制度,维护自愿减排市场的健康发展。

2011年,国家发展改革委发布了《国家发展改革委办公厅关于开展碳排放权交易试点工作的通知》（发改办气候〔2011〕2601号），同意北京市、天津市、上海市、重庆市、广东省、湖北省、深圳市开展碳排放权交易试点。并且要求各试点单位认真组织编制碳排放权交易试点实施方案，明确总体思路、工作目标、主要任务、保障措施及进度安排。同时，要求各试点地区要着手研究制定碳排放权交易试点管理办法，明确试点的基本规则，测算并确定本地区温室气体排放总量控制目标，研究制定温室气体排放指标分配方案，建立本地区碳排放权交易监管体系和登记注册系统，培育和建设交易平台，做好碳排放权交易试点支撑体系建设，保障试点工作的顺利进行。

四、建立温室气体排放统计核算体系

《国民经济和社会发展第十二个五年规划纲要》中明确提出建立完善温室气体排放统计制度，加强应对气候变化统计工作。

《国务院关于印发"十二五"控制温室气体排放工作方案的通知》（国发〔2011〕41号）中也对建立完善温室气体排放统计制度做了明确部署。一是建立温室气体排放基础统计制度。将温室气体排放基础统计指标纳入政府统计指标体系，建立健全涵盖能源活动、工业生产过程、农业、土地利用变化与林业、废弃物处理等领域，适应温室气体排放核算的统计体系。根据温室气体排放统计需要，扩大能源统计调查范围，细化能源统计分类标准。重点排放单位要健全温室气体排放和能源消费的台账记录。二是加强温室气体排放核算工作。制定地方温室气体排放清单编制指南，规范清单编制方法和数据来源。研究制定重点行业、企业温室气体排放核算指南。建立温室气体排放数据信息系统。定期编制国家和省级温室气体排放清单。加强对温室气体排放核算工作的指导，做好年度核算工作。加强温室气体计量工作，做好排放因子测算和数据质量监测，确保数据真实准确。构建国家、地方、企业三级温室气体排放基础统计和核算工作体系，加强能力建设，建立负责温室气体排放统计核算的专职工作队伍和基础统计队伍。实行重点企业直接报送能源和温室气体排放数据制度。

五、推动全社会低碳行动

一是发挥公共机构示范作用。各级国家机关、事业单位、团体组织等公共机构要率先垂范，加快设施低碳化改造，推进低碳理念进机关、校园、场馆和军营。逐步建立低碳产品政府采购制度，将低碳认证产品列入政府采购清单，完善强制采购和优先采购制度，逐步提高低碳产品的比重。

二是推动行业开展减碳行动。钢铁、建材、电力、煤炭、石油、化工、有色、纺织、食品、造纸、交通、铁路、建筑等行业要制定控制温室气体排放行动方案，按照先进企业的排放标准对重点企业要提出温室气体排放控制的要求，研究确定重点行业单位产品（服务量）温室气体排放标准。选择重点企业试行"碳披露"和"碳盘查"，开展"低碳标兵活动"。

三是提高公众参与意识。利用多种形式和手段，全方位、多层次加强宣传引导，研究设立"全国低碳日"，大力倡导绿色低碳、健康文明的生活方式和消费模式，宣传低碳生活典型，弘扬以低碳为荣的社会新风尚，树立绿色低碳的价值观、生活观和消费观，使低碳理念广泛深入人心，成为全社会的共识和自觉行动，营造良好的舆论氛围和社会环境。

六、开展其他试点活动

一是开展低碳产业试验园区试点。依托现有高新技术开发区、经济技术开发区等产业

园区,建设以低碳、清洁、循环为特征,以低碳能源、物流、建筑为支撑的低碳园区,采用合理用能源技术、能源资源梯级利用技术、可再生能源技术和资源综合利用技术,优化产业链和生产组织模式,加快改造传统产业,集聚低碳型战略性新兴产业,培育低碳产业集群。

二是开展低碳社区试点。结合国家保障性住房建设和城市房地产开发,按照绿色、便捷、节能、低碳的要求,开展低碳社区建设。在社区规划设计、建材选择、供暖供冷供电供热水系统、照明、交通、建筑施工等方面,实现绿色低碳化。大力发展节能低碳建材,推广绿色低碳建筑,加快建筑节能低碳整装配套技术、低碳建造和施工关键技术及节能低碳建材成套应用技术研发应用,鼓励建立节能低碳、可再生能源利用最大化的社区能源与交通保障系统,积极利用地热地温、工业余热,积极探索土地节约利用、水资源和本地资源综合利用的方式,推进雨水收集和综合利用。开展低碳家庭创建活动,制定节电节水、垃圾分类等低碳行为规范,引导社区居民普遍接受绿色低碳的生活方式和消费模式。

三是开展低碳商业、低碳产品试点。针对商场、宾馆、餐饮机构、旅游景区等商业设施,通过改进营销理念和模式,加强节能、可再生能源等新技术和产品应用,加强资源节约和综合利用,加强运营管理,加强对顾客消费行为引导,显著减少试点商业机构二氧化碳排放。研究产品"碳足迹"计算方法,建立低碳产品标准、标识和认证制度,制定低碳产品认证和标识管理办法,开展相应试点,引导低碳消费。

四是加大对试验试点工作的支持力度。加强对试验试点工作的统筹协调和指导,建立部门协作机制,研究制定支持试点的财税、金融、投资、价格、产业等方面的配套政策,形成支持试验试点的整体合力。研究提出低碳城市、园区、社区和商业等试点建设规范和评价标准。加快出台试验试点评价考核办法,对试验试点目标任务完成情况进行跟踪评估。开展试验试点经验交流,推进相关国际合作。

第八章 ISO 14064 系列标准的理解

第一节 ISO 14064 系列标准的背景

一、标准背景以及介绍

气候变化是未来世界各国、政府部门、经济领域和公众所面临的最大挑战之一,它对人身健康和自然界都会带来影响,并可能导致资源的使用、生产和其他经济活动的方式发生巨大变化。为此,人们正在国际、区域、国家和地方等各个层次上制定措施并采取行动,以限制大气层中的温室气体(GHG)浓度。这些措施和行动有赖于对 GHG 排放和(或)清除进行量化、监测、报告和核查。

2006 年 3 月 1 日,国际标准化组织发布 ISO 14064 标准。ISO 14064 是由来自 45 个国家的 175 位国际专家以及商业,发展和环境组织共同努力来完成的。作为一个实用工具,它使得政府和企业能够测量和控制温室气体(GHG)的排放,并且可用来服务于减排量交易。

ISO 14064:2006 包含以下 3 部分:

——ISO 14064-1:组织层次上对温室气体排放和清除的量化与报告的规范及指南;

——ISO 14064-2:项目层次上对温室气体减排或清除增加的量化、监测和报告的规范及指南;

——ISO 14064-3:温室气体声明审定与核查的规范及指南。

ISO 14064-1:2006《温室气体 第 1 部分:组织层次上对温室气体排放和清除的量化与报告的规范及指南》。本标准详细规定了在组织(或公司)层次上 GHG 清单的设计、制定、管理和报告的原则和要求,包括确定 GHG 排放边界、量化 GHG 的排放和清除以及识别公司改善 GHG 管理具体措施或活动等方面的要求。此外,本标准还包括对清单的质量管理、报告、内部审核、组织在核查活动中的职责等方面的要求和指导。

ISO 14064-2:2006《温室气体 第 2 部分:项目层次上对温室气体减排或清除增加的量化、监测和报告的规范及指南》。该标准针对专门用来减少 GHG 排放或增加 GHG 清除的项目(或基于项目的活动)。它包括确定项目的基准线情景及对照基准线情景进行监测、量化和报告的原则和要求,并提供进行 GHG 项目审定和核查的基础。

ISO 14064-3:2006《温室气体 第 3 部分:温室气体声明审定与核查的规范及指南》。详细规定了 GHG 排放清单核查及 GHG 项目审定或核查的原则和要求,说明了 GHG 的审定和核查过程,并规定了其具体内容,如审定或核查的计划、评价程序以及对组织或项目的 GHG 声明评估等。组织或独立机构可根据该标准对 GHG 声明进行审定或核查。

图 8-1 展示了 ISO 14064 3 个部分之间的关系。

ISO 14064 期望使 GHG 清单和项目的量化、监测、报告、审定和核查具有明确性和一致性,供组织、政府、项目建议方和其他利益相关方在有关活动中采用。ISO 14064 的作用具体

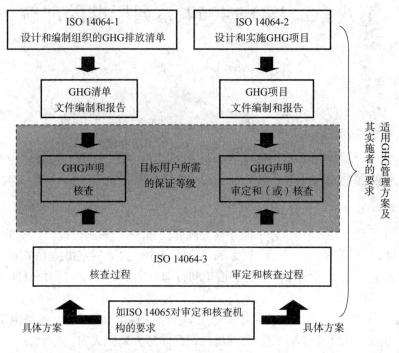

图 8-1　ISO 14064 3 个部分关系图

可包括：

　　——在整体环境框架下加强 GHG 量化工作；

　　——提高 GHG(包括 GHG 项目中 GHG 的减排和清除增加)量化、监测和报告的可信性、透明性和一致性；

　　——为制定和实施组织 GHG 管理战略和规划提供帮助；

　　——为 GHG 项目的制定和实施提供帮助；

　　——便于提高跟踪检查 GHG 减排和清除增加的绩效和进展的能力；

　　——便于 GHG 减排和清除增加信用额度的签发和交易。

ISO 14064 可应用于下列方面：

　　——公司风险管理：如识别和管理机遇和风险；

　　——自愿行动：如加入自愿性的 GHG 登记或报告行动；

　　——GHG 市场：对 GHG 配额和信用额的买卖；

　　——法规或政府部门要求提交的报告，例如因超前行动取得信用额度，通过谈判达成的协议，或国家报告制度。

　　ISO 14064 系列标准发布以来，世界上许多国家和地区，已经将其转化为国家标准。当前，我国正处于经济发展的高峰期，由于长时间持续的能源消费和温室气体排放的增长，面临着越来越大的国际减排压力。

　　鉴于该标准是建立在现行的有关公司 GHG 清单的国际标准和准则的基础上，因此其中的许多重要概念和要求在世界可持续发展工商理事会和世界资源研究所的有关文献中有明确的陈述。目前国内外使用最广泛的碳盘查标准是世界资源研究所(WRI)和世界可持续发展工商理事会(WBCSD)发布的《温室气体议定书企业准则》(GHG Protocol)。

越来越多的公司正在寻求了解并控制其温室气体(GHG)的排放,为了使各公司更加胸中有数,ISO(国际标准化组织)、WRI(世界资源研究所)和 WBCSD(世界可持续发展工商理事会)宣布将联手推广 GHG 核算和报告标准。这 3 个组织签署了一份谅解备忘录(MoU),同意共同推广 ISO 14064 标准以及 WRI 和 WBCSD《GHG 议定书》标准。ISO、WRI 和 WBCSD 已经就多项关于 GHG 核算和报告的全球公认的标准进行了合作。2006 年出版的 ISO 14064 标准与 WRI 和 WBCSD 于 2004 年出版的 GHG 议定书是一致并且协调的。3 个组织鼓励企业、政府和其他各方将这些标准作为互补性工具使用。ISO 14064 详述了进行 GHG 核算和验证时所需做的各项工作,这些要求是与全球一致的;而 GHG 议定书不仅概述了需要做什么,还阐述了该怎样去做。

二、标准实施的意义

《哥本哈根协议》明确了发展中国家采取的减排措施,需要每两年通过国家间进行沟通,结果在国内衡量、报告和审核。这将促使发展中国家的企业真正体会到减少碳排放的重要性,因为碳排放可能会成为所在国对企业的约束性指标。因此,中国的企业现在更要在清醒的认识下,有意识、有计划地通过低碳经济提升企业的竞争力,这样才可能在未来全球经济游戏规则的制定方面获得话语权。

国内企业发展低碳经济,除了生产领域中技术革新的压力之外,还有来自国际市场带来的压力。我们知道,"绿色贸易"是以美国为代表的"低碳经济"和"绿色经济"的重要组成部分。然而,绿色贸易的实质是以绿色为名的贸易保护主义。以碳减排贸易壁垒为例,它的实质是发达国家在微观层面上向发展中国家转移减排责任。尽管国际气候变化公约遵循"共同但有区别的责任"这一基本原则,但在 WTO 的组织规则中并没有与之相适应的条款。这两套规则将会同时发生作用,也可能会出现一些矛盾和冲突。这或许是中国企业面临的最大风险。

总之,国际商业社会的游戏规则正在发生深刻变革,中国企业需要尽快适应低碳经济,主动将低碳约束内化为企业的竞争力。发展低碳经济,绝不是一句简单的口号。相反,它首先是一个涉及企业生产方式革命的复杂工程。企业要想快速向低碳经济进军,还需要充分了解自己的碳排放是由哪些因素造成的,排放的责任有多大,减排的潜力有多高。这就需要以企业信息化为基础。从某种意义上说,没有高度的信息化也就难有成功的低碳经济。只有实现了"可测量、可报告、可核证",充分了解了企业的实际排放情况,才有可能通过行政或经济手段进行有效的减排控制。

我国政府正积极地采取各项措施,希望在新一轮的经济竞争中占得先机。而从经济及供应链的层次来看,企业是各种措施的实际执行者,国家的总体减排目标最终将分解到各个企业。随着"十二五"政策的发布,明确地把碳排放指标纳入考核企业产能先进与落后的标准当中,并按照这个综合指标来淘汰落后产能,未来 80% 以上的企业将被纳入政府节能减排的管理范围,企业必须由"被减排"走向"自觉减排"。

企业实施应用 ISO 14064 有如下重要意义:

——管理温室气体风险并找出减量机会,编撰一份全面性的温室气体排放清册可以让企业了解本身的温室气体排放状况,以及可能的责任与风险。同时也能透过温室气体排放的估算、会计,协助企业将最具有成本有效性的减量机会挖掘出来。

——提升能源与物料使用效率,降低营运成本。更借由开发新的商品与服务,来降低客户或供货商的温室气体排放。

——树立良好社会责任形象:随着对气候变迁的关注愈来愈多,愈来愈多的非政府组织、投资人或其他的利害相关者都要求公司披露更多的温室气体排放相关信息。公开披露企业的温室气体排放信息可以强化与利害相关者间的良好关系,来建立企业在顾客和一般大众间的"社会责任,环境经营"声望。

——加入温室气体排放权交易市场:近年来在一些地区开始实行具备市场机制的方法,用以进行温室气体排放的抵减。这些交易方案需要较实际的排放与既定的排放目标或上限,来决定是否要购买或可卖出排放权,且通常都会要求仅估算直接排放的部分。同时,为了协助进行独立查验的工作,这些排放交易系统都要求参加的企业,对其提报的温室气体信息,建立一个可供认证的线索。

——规避未来温室气体总量超标限额风险:实施 ISO 14064 将是企业提升能源使用效率,降低成本,满足客户环保要求,展现社会责任形象的必由之路,可以预见不远的将来,越来越多的企业将在温室气体排放量及报告方面力求获得第三方认证,以增强在全球"绿色"采购中的竞争力,尽早在全球贸易中获得"绿色"通行证。

实施 ISO 14064 等国际标准和准则对于温室气体排放监测统计报告具有重要意义,同时为有效实施基于市场机制的温室气体减排政策措施提供了制度和物质保障。

为了对温室气体减排措施的实施成果进行跟踪,一些国家针对某些行业和企业建立了强制性的温室气体排放报告机制,如美国、英国、德国、日本、澳大利亚、加拿大等。另外某些国家政府、地方政府以及非营利机构也制定了各种形式的自愿性温室气体管理计划。

第二节 ISO 14064 - 1 的介绍

ISO 14064 - 1《温室气体 第 1 部分:组织层次上对温室气体排放和清除的量化与报告的规范及指南》共分为九部分:范围、术语和定义、原则、GHG 清单的设计和编制、GHG 清单的组成、GHG 清单的质量管理、GHG 报告、组织在核查活动中的作用、参考文献。以下内容为根据 ISO 14064 - 1 英文版本翻译后的内容。

ISO 14064 - 1 规定了组织层次上对 GHG 排放和清除进行量化与报告的原则及要求,其中包括设计、编制、管理、报告和核查某一组织的 GHG 清单的要求。ISO 14064 对 GHG 方案无倾向性。当某一 GHG 方案适用时,该方案的要求可作为 ISO 14064 的附加要求。组织或 GHG 项目建议方实施 ISO 14064 时,如果标准中的某项要求和其参与的 GHG 方案有冲突,后者的要求优先。

一、术语和定义的理解要点

1. 温室气体 greenhouse gas(GHG)

大气层中自然存在的和由于人类活动产生的能够吸收和散发由地球表面、大气层和云层所产生的、波长在红外光谱内的辐射的气态成份。

注:GHG 包括二氧化碳(CO_2)、甲烷(CH_4)、氧化亚氮(N_2O)、氢氟碳化物(HFCs)、全氟碳化物(PFCs)和六氟化硫(SF_6)。

理解要点：

温室气体的种类包括很多,目前根据京都议定书(Kyoto Protocol)只针对上述六大类温室气体进行量化,不在此范围内的可以不进行量化和报告。

2. 温室气体源(简称为 **GHG 源**) **greenhouse gas source**

向大气中排放 GHG 的物理单元或过程。

理解要点：

温室气体源是指温室气体成分从地球表面进入大气,如燃烧过程向大气中排放 CO_2 或者大气中 CO 被氧化成 CO_2 的化学过程,对于 CO_2 叫做源。

3. 温室气体汇(简称为 **GHG 汇**) **greenhouse gas sink**

从大气中清除 GHG 的物理单元或过程。

理解要点：

温室气体汇是指温室气体移出大气,到达地面或逃逸到外部空间,如大气 CO_2 被地表植物光合作用吸收或者大气中 N_2O 经光化学反应过程转化成 NO_x,对 N_2O 构成了汇。

4. 温室气体库(简称为 **GHG 库**) **greenhouse gas reservoir**

生物圈、岩石圈或水圈中的物理单元或组成部分,它们有能力储存或积累 GHG 汇。

从大气中清除的 GHG,或者直接从 GHG 源捕获 GHG。

注 1:GHG 库在特定时间点的含碳量(以质量计)可称为 GHG 库的碳库存。

注 2:一个 GHG 库可将其中的 GHG 转移到另一个 GHG 库。

注 3:GHG 捕获和贮存是指在 GHG 进入大气层以前从 GHG 源将其收集,并将收集的 GHG 贮存到 GHG 库。

5. 温室气体排放(简称为 **GHG 排放**) **greenhouse gas emission**

在特定时段内释放到大气中的 GHG 总量(以质量单位计算)。

6. 温室气体清除 greenhouse gas removal

在特定时段内从大气中清除的 GHG 总量(以质量单位计算)。

7. 温室气体排放因子,温室气体清除因子 greenhouse gas emission factor,greenhouse gas removal factor

将活动水平数据与 GHG 排放或清除相关联的因子。

注:GHG 排放或 GHG 清除因子可包含氧化成分。

理解要点：

量化温室气体排放时通常将组织在特定时间段内消耗的物质的量如消耗的电量、消耗的柴油量或消耗的柴油热量作为活动水平数据,反映组织以常见的单位统计出来的测量值;而将活动水平数据如消耗的电量、消耗的柴油量或消耗的柴油热量与温室气体之间的转换关系作为排放因子和清除因子,如每度电的二氧化碳排放量、每吨柴油的二氧化碳排放量、单位热量柴油的二氧化碳排放量。

一般来说排放因子和清除因子是固定的或在某个阶段是固定的。

8. 直接温室气体排放 direct greenhouse gas emission

组织拥有或控制的 GHG 源的 GHG 排放。

注:本标准从财务和运行控制的角度确定组织运行的边界。

9. 能源间接温室气体排放 energy indirect greenhouse gas emission

组织所消耗的外部电力、热或蒸汽的生产而造成的 GHG 排放。

10. 其他间接温室气体排放 other indirect greenhouse gas emission

因组织的活动引起的，而被其他组织拥有或控制的 GHG 源所产生的 GHG 排放，但不包括能源间接 GHG 排放。

> 理解要点：
> 在确定组织的直接温室气体排放、能源间接温室气体排放和其他间接温室气体排放之前首先要确定组织对设施层次 GHG 的排放和清除汇总的方式，是基于控制权还是基于股权比例。

11. 温室气体活动水平数据 greenhouse gas activity data

GHG 排放或清除活动的测量值。

注：GHG 活动水平数据例如能源、燃料或电力的消耗量，物质的产生量、提供服务的数量或受影响的土地面积。

12. 温室气体声明（简称为 GHG 声明）greenhouse gas assertion

责任方所作的宣言或实际客观的陈述。

注 1：GHG 声明可以针对特定时间，或覆盖一个时间段。

注 2：责任方做出的 GHG 声明宜表述清晰，并使审定者或核查者能根据适用的准则进行一致的评估或测量。

注 3：GHG 声明可通过 GHG 报告或 GHG 项目策划的形式提供。

> 理解要点：
> 温室气体声明是对 ISO 14064－1 中组织的温室气体报告、ISO 14064－2 中项目策划书和报告的统称，针对 ISO 14064－1 可以直接理解为是组织的温室气体报告。

13. 温室气体信息体系 greenhouse gas information system

用来建立、管理和保持 GHG 信息的方针、过程和程序。

> 理解要点：
> 组织与温室气体管理、温室气体报告和清单的编制相关的所有信息。

14. 温室气体清单（简称为 GHG 清单）greenhouse gas inventory

组织的 GHG 源、GHG 汇以及 GHG 排放和清除。

> 理解要点：
> 温室气体清单是组织的温室气体源排放量和温室气体汇清除量的详细信息，通常包括排放源和清除汇、设施及用途、排放的温室气体种类、活动水平数据、排放因子或清除因子数值、每个源的各种温室气体排放量计算过程、每个汇的各种温室气体清除量计算过程、排放总量、清除总量等。
> 温室气体清单应是温室气体报告的附件或是其报告结果的支持依据。

15. 温室气体项目（简称为 GHG 项目）greenhouse gas project

改变基准线情景中的状况，实现 GHG 减排和清除增加的一个或多个活动。

> 理解要点：
> 温室气体项目是与 ISO 14064－2 有关的信息。

16. 温室气体方案 greenhouse gas programme

组织或 GHG 项目之外的,用来对 GHG 的排放、清除、减排、清除增加进行注册、计算或管理的,自愿的或强制性的国际、国家或以下层次的制度或计划。

> 理解要点:
> 目前国际上强制的温室气体方案有《京都议定书》、欧盟排放交易体系;国际上自愿的温室气体方案有碳披露(CDP)等;国内强制的温室气体方案有目前国家发改委指定的北京、上海、天津、成都、武汉、广州、深圳七个试点碳交易省市推出的碳排放权制度;国内自愿的温室气体方案有国家发改委推出的自愿温室气体减排放项目。

17. 温室气体报告(简称为 GHG 报告) greenhouse gas report

用来向目标用户提供的有关组织或项目 GHG 信息的专门文件。

注:GHG 报告中可包括 GHG 声明。

18. 全球增温潜势 global warming potential(GWP)

将单位质量的某种 GHG 在给定时间段内辐射强迫的影响与等量二氧化碳辐射强迫影响相关联的系数。

注:附录 C 给出了政府间气候变化专门委员会提供的全球增温潜势。

19. 二氧化碳当量 carbon dioxide equivalent(CO$_2$e)

在辐射强迫上与某种 GHG 质量相当的二氧化碳的量。

注 1:GHG 二氧化碳当量等于给定气体的质量乘以它的全球增温潜势。

注 2:附录 C 给出了政府间气候变化专门委员会所提供的全球增温潜势。

20. 基准年 base year

用来将不同时期的 GHG 排放或清除,或其他 GHG 相关信息进行参照比较的特定历史时段。

注:基准年排放或清除的量化可以基于一个特定时期(例如一年)内的值,也可以基于若干个时期(例如若干个年份)的平均值。

> 理解要点:
> 基准年的设定目的是为了便于组织比较温室气体排放绩效,提供可以比较的基准信息。

21. 设施 facility

属于某一地理边界、组织单元或生产过程中的,移动的或固定的一个装置、一组装置或生产过程。

22. 组织 organization

具有自身职能和行政管理的公司、集团公司、商行、企事业单位、政府机构、社团或其结合体,或上述单位中具有自身职能和行政管理的一部分,无论其是否具有法人资格、公营或私营。

23. 责任方 responsible party

有责任提供 GHG 声明和有关 GHG 支持信息的人。

注:责任方可以是个人,或一个组织或项目的代表,同时他们可以是雇用审定者或核查者的一方。审定者或核查者可以由委托方或其他有关方(如 GHG 项目主管部门)雇用。

24. 目标用户 intended user

发布 GHG 信息报告的组织所识别的依据该信息进行决策的个人或组织。

注：目标用户可以是委托方、责任方、GHG 项目管理者、执法部门、金融机构或其他受影响的利益相关方，如当地社区、政府机构、非政府组织。

25. 委托方 client

要求进行审定或核查的组织。

注：委托方可以是责任方、GHG 项目管理者或其他利益相关方。

26. 直接行动 directed action

由组织实施的，旨在减少或防止直接或间接的 GHG 排放，或增加 GHG 清除，但未按 GHG 项目来组织的具体活动或主动行为。

注 1：ISO 14064 - 2 给出了 GHG 项目的定义。

注 2：直接行动可以是持续进行的，也可以是间断性的。

注 3：直接行动导致的 GHG 排放或清除的变化可以发生在组织的边界内，也可以发生在组织的边界外。

27. 保证等级 level of assurance

目标用户要求审定或核查达到的保证程度。

注 1：保证等级是用来确定审定者或核查者设计审定或核查计划的细节深度，从而确定是否存在实质性偏差、遗漏或错误解释。

注 2：保证等级可分为两类，即合理保证等级和有限保证等级。不同的保证等级，其审定或核查陈述的措辞也有区别（关于审定陈述和核查陈述的示例，参看 ISO 14064.3 中的 A.2.3.2）。

理解要点：

保证等级是在对组织的 GHG 报告进行核查的过程开始时，应委托方要求根据目标用户的需求确定。保证等级规定了核查者对 GHG 报告作出结论的相对置信度。由于受到一些不确定性因素的影响，无法作出绝对的保证。例如判断、试验和控制的固有局限性，以及某些类型的证据只能是定性的。核查者对所收集的证据进行评价，然后在核查陈述中作出结论。

保证等级一般分为两级：

——合理保证承诺；

——有限保证承诺。

对"合理保证"，核查者提供一个合理但不是绝对的保证等级，它表示责任方的 GHG 报告是实质性的正确。

例 1：核查陈述中可以对一个合理保证这样措辞：

根据所实施的过程和程序，GHG 报告

——实质性地正确，并且公正地表达了 GHG 数据和信息。

——系根据有关 GHG 量化、监测和报告的国际标准，或有关国家标准或通行作法编制的。

"有限保证"与"合理保证"的区别是它不像前者那样强调对支持 GHG 报告的 GHG 数据和信息进行具体的试验。对于有限保证，核查者要作到不使目标用户将其误认为合理保证。

例 2:核查陈述中可以对一个有限保证这样的措辞:

根据所实施的过程和程序,无证据表明 GHG 报告

——不是实质性正确的,或未公正地表达 GHG 数据和信息。

——未根据有关 GHG 量化、监测和报告的国际标准或有关国家标准或通行作法编制。

根据独立性原则,核查者不能帮助责任方编制 GHG 报告。如有违反,就不宜颁发任何保证。所需的保证等级宜由 GHG 方案决定,此时宜考虑到所要求的实质性。

28. 实质性 materiality

由于一个或若干个累积的错误、遗漏或错误解释,可能对 GHG 声明或目标用户的决策造成影响的情况。

注 1:在设计审定、核查或抽样计划时,实质性的概念用于确定采用何种类型的过程,才能将审定者或核查者无法发现实质性偏差的风险(即"发现风险")降到最低。

注 2:那些一旦被遗漏或陈述不当,就可能对 GHG 声明做出错误解释,从而影响目标用户得出正确结论的信息被认为具有"实质性"。可接受的实质性是由审定组、核查组或 GHG 方案在约定的保证等级的基础上确定的(关于上述关系的进一步解释见 ISO 14064.3 中的 A.2.3.8)。

29. 实质性偏差 material discrepancy

GHG 声明中可能影响目标用户决策的一个或若干个累积的实际错误、遗漏和错误解释。

理解要点:

所有 GHG 报告的核查目的都是要让核查者能够做出正确判断,以确定组织所制定的 GHG 报告是否在实质性方面符合其实施的内部或任何所遵从的 GHG 方案的要求。对实质性的评价要依赖专业判断。应当认识到,在责任方根据其内部或 GHG 方案要求如实做出 GHG 报告时,实质性概念表明一些事项(个别的或累积的)是非常重要的。

在给定条件下,如果声明中的某个偏差或多个偏差的累计,导致一个具备行业和 GHG 活动相关的专业知识的人(目标用户)在该声明的基础上所做出的决策发生改变或受到影响,则这些偏差被认为具有实质性。

原则上说,核查者应根据其对目标用户信息需求的了解来确定对实质性的要求,但事实上,一方面事先很难确切知道都有哪些目标用户,另一方面,即使对已知用户,也往往难以了解他们的具体需求。在某些情况下,宜就此与最终用户进行磋商,否则对实质性偏差的判断就只能取决于核查者的专业判断。可接受的实质性偏差由 GHG 方案的核查者根据商定的保证等级来确定,通常商定的保证等级越高,实质性偏差越小。

为了保证一致性,并避免可能产生的误判,一些 GHG 方案或内部方案通过设定实质性偏差的限值,作为上述决策的辅助。例如在总体上,对组织 GHG 排放的偏差不超过 5%。同时,对于不同的层次,可以规定不同的限值,如在组织层次上为 5%,设施层次上为 7%,GHG 源层次上为 10% 等。另外,如果某一层次上的误差或遗漏,单独看虽然低于所规定的限值,但加在一起就超过了,也被认为具有实质性。发现的大于规定限值的误差和遗漏肯定是"实质性偏差",并视为不符合。

对实质性的确定涉及到定量,也涉及到定性的考虑,对各种偏差进行综合考虑后,可能会发现一些相对较小的偏差也能对 GHG 报告发生实质性影响。

30. 监测 monitoring

对 GHG 排放和清除或其他有关 GHG 的数据的连续的或周期性的评价。

31. 审定 validation

根据约定的审定准则对一个 GHG 项目策划中 GHG 声明进行系统的、独立的评价,并形成文件的过程。

注 1:在某些情况下,例如进行第一方审定的情况下,独立性可体现在不承担收集 GHG 数据和信息的责任。

注 2:ISO 14064.2 的 5.2 中对 GHG 项目策划的内容作了说明。

> 理解要点:
> 与审定相关的内容是针对 ISO 14064 - 2 的,在理解 ISO 14064 - 1 可以不予考虑。

32. 审定准则 validation criteria　核查准则 verification criteria

在对证据进行比较时作为参照的方针、程序或要求。

注:审定准则或核查准则可以是政府部门、GHG 方案、自愿报告行动、标准或良好实践指南等规定的。

33. 审定陈述 validation statement　核查陈述 verification statement

向目标用户出具的为责任方 GHG 声明提供保证的正式书面声明。

注:审定者或核查者所作的声明可涵盖 GHG 排放、清除、减排或清除增加。

34. 审定者 validator

负责进行审定并报告其结果的具备能力的独立人员。

注:本术语也用于从事审定的机构。

35. 核查 verification

根据约定的核查准则对 GHG 声明进行系统的、独立的评价,并形成文件的过程。

注:在某些情况下,例如进行第一方核查的情况下,独立性可体现在不承担收集 GHG 数据和信息的责任。

36. 核查者 verifier

负责进行核查并报告其过程的具备相关能力的独立人员。

注:本术语也用于从事核查的机构。

37. 不确定性 uncertainty

与量化结果相关的、表征数值偏差的参数。该数值偏差可合理地归因于所量化的数据集。

注:不确定性信息一般要给出对可能发生的数值偏离的定量估算,并对可能引起差异的原因进行定性的描述。

二、原则的理解要点

为了确保对 GHG 相关信息进行真实和公正的说明,应当遵守下列原则。这些原则既是 ISO 14064 - 1 所规定的要求的基础,也是应用 ISO 14064 - 1 的指导原则。

1. 相关性

选择适应目标用户需求的 GHG 源、GHG 汇、GHG 库、数据和方法学。

理解要点：

在编制组织的温室气体报告时应体现与组织相关的、在运行边界内的、与编制温室气体报告目的相一致的排放源和清除汇，确保温室气体排放清单能恰当地反映企业的温室气体排放情况，服务于企业内部和外部用户的决策需要。

2. 完整性

包括所有相关的 GHG 排放和清除。

理解要点：

在编制组织的温室气体报告时应体现组织运行边界内所有相关的排放源和清除汇，不应有遗漏，如有排除的排放源或清除汇，应说明理由。

3. 一致性

能够对有关 GHG 信息进行有意义的比较。

理解要点：

在编制组织的温室气体报告时如进行了某些数据与基准年、其他年、排放源之间的比较，要保证比较的内容具有可比性，如采用一致的方法学，以便可以对长期的排放情况进行有意义的比较。按时间顺序，清晰记录有关数据、排放清单边界、方法和其他相关因素的任何变化。

4. 准确性

尽可能减少偏见和不确定性。

理解要点：

组织温室气体的量化结果应当准确，并且尽可能的减少量化结果的不确定性，有助于提高量化结果的可信度。

5. 透明性

发布充分适用的 GHG 信息，使目标用户能够在合理的置信度内做出决策。

理解要点：

组织公布的温室气体报告应考虑到目标用户即读者的要求，提供的信息应当充分。

三、GHG 清单设计和编制的理解要点

1. 组织边界

组织可能拥有一个或多个设施。设施层次上的 GHG 排放或清除可能发生在一个或多个 GHG 源或汇。图 8-2 展示了 GHG 源、汇和设施之间的关系。

说明：

x——组织边界内设施的编号；

n——设施内源或汇的编号。

注 1：对组织 GHG 排放或清除的计算，是将设施的 GHG 源和汇量化后再进行累加。

注 2：组织应认识到，GHG 源和 GHG 汇是可以互相转换的，某一个时期的汇在另一个时期可能变成源，反之亦然。

组织应在下列 2 种方式中选择一种，对设施层次 GHG 的排放和清除进行汇总。

（1）基于控制权的：对组织能从财务或运行方面予以控制的设施的所有定量 GHG 排放

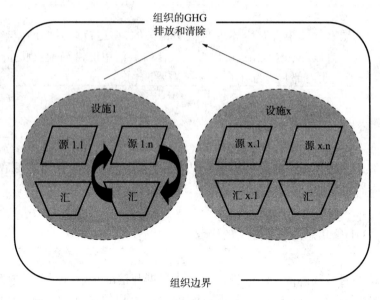

图 8-2 GHG 源、汇和设施之间的关系

和(或)清除进行计算;

(2)基于股权比例的:对各个设施的 GHG 排放和(或)清除按组织所有权的份额进行计算。

当有关 GHG 方案或有法律效力的合同有具体规定时,组织可以采用不同于上述思路的汇总方法学。

当一个设施处于若干个组织的控制之下时,它们应使用相同的汇总方法学。

组织应以文件形式规定其应用的汇总方法。

所采用的汇总方法发生变更时组织应做出解释。

附录 A 对采用基于控制权和基于股权比例两种方式将设施层次上 GHG 排放和清除数据汇总到组织层次提供了指导。

理解要点:

如果在设施层次上对 GHG 的排放和清除进行了量化,同时明确组织 GHG 报告的目的和 GHG 方案的要求,宜选择下列提供的两种方法之一,以便将设施层次上的数据汇总成组织层次上的数据,在选择时应遵循“实际重于形式”的原则,即对 GHG 的量化与报告宜以组织的物质和经济实际情况为基础,而不仅限于组织的性质。

1. 基于控制权的汇总

在基于控制权进行汇总时,组织只考虑它控制下的运行所产生的所有 GHG 排放或清除,而不考虑它虽拥有利益但无控制权的运行所产生的 GHG。所谓控制权,可以是财务上的,也可以是运行上的。进行基于控制权的排放或清除汇总时,组织可选择采用财务控制准则或运行控制准则。

如果从获取经济利益的角度,组织有能力控制某一运行的财务和运行方针,则组织对该运行拥有财务控制权。如果组织或其下属有权对某一运行在运行层次上推行和贯彻其运行方针,则视为组织对该运行拥有运行控制权。

2.基于股权比例的汇总

股权代表组织在某一设施中的经济利益或从中获利的百分比。基于股权进行汇总,使不同的用户增加了 GHG 信息的可用性,并有助于反映更多的财务审计和报告标准所采用的方法。股权方式尤其适用于跨国公司,跨国公司通常在很多不同管理体下运行,而这些运行希望确定自己的 GHG"足迹"。

基于股权的汇总要求针对每一个设施确定所有权的份额,并根据这一份额,包括关于生产份额的协定,计算各个设施的 GHG 排放或清除的百分比。

2. 运行边界

(1)确定运行边界

组织应确定运行边界并形成文件。确定运行边界包括识别与组织的运行有关的 GHG 排放和清除,按直接排放、能源间接排放和其他间接排放进行分类。其中包括选择那些须要量化与报告的其他间接排放。如果运行边界发生变化,组织应做出解释。

(2)直接 GHG 排放和清除

组织应对组织边界内设施的直接 GHG 排放予以量化。

组织宜对组织边界内设施的 GHG 清除予以量化。

组织生产、输出或配送的电力、热和蒸汽所产生的直接 GHG 排放可单独报告,但不应从组织的直接 GHG 排放总量中扣除。

注:"输出"是指由组织向其边界外的用户供应的电力、热或蒸汽。

生物质燃烧产生的二氧化碳排放应单独计算。

(3)能源间接 GHG 排放

组织应对其消耗的外部输入的电力、热或蒸汽的生产所产生的间接 GHG 排放予以量化。

注:"输入"是指由组织边界外提供的电力、热或蒸汽。

(4)其他间接 GHG 排放

组织还可根据有关 GHG 方案的要求、内部报告的需求或 GHG 清单的预定用途对间接 GHG 排放进行量化。

注:可能产生其他间接 GHG 排放的组织活动的示例见 ISO 14064-1 附录 B。

理解要点:

由于组织量化清除汇的情况比较少,以下的分析仅针对排放源进行分析。

直接温室气体排放是指组织拥有或控制的排放源,例如某企业拥有或控制的锅炉、车辆等产生的燃烧排放、拥有或控制的工艺设备产生的排放等。通常组织可以按照能源(E)、工艺过程(P)、运输(T)、逸散(F)进行分类管理:

- 能源类:固定设备内部的燃料燃烧,如锅炉、熔炉、燃烧器、涡轮、加热器、焚烧炉、引擎和燃烧塔等。
- 工艺过程:物理或化学工艺产生的排放,如水泥生产过程中煅烧环节产生的二氧化碳,石化工艺中催化裂化产生的二氧化碳,以及炼铝产生的全氟碳化物等。
- 运输类:运输工具的燃料燃烧,如汽车、卡车、巴士、火车、飞机、汽船、轮船、驳船、船舶等。

- 逸散类：设备的接缝、密封件、包装和垫圈等发生的有意和无意的泄漏，以及煤堆、废水处理、维修区、冷却塔、各类气体处理设施等产生的无组织排放。

生物质燃烧产生的直接二氧化碳排放不应计入本范围，须单独报告，并在后面有说明。

能源间接温室气体排放是指组织消耗的外购电力、热力产生的温室气体排放，是一类特殊的间接温室气体排放，由于电力、蒸汽的生产过程会带来大量的温室气体排放，而并非使用电力或蒸汽企业在使用阶段排放的，因此外购电力对于许多组织来说是最大的温室气体排放来源，也是减排空间最大的地方。

其他间接温室气体排放是指除输入的电力、热或蒸汽产生的排放之外，组织的其他活动产生的间接 GHG 排放。其他间接温室气体的量化是选择性的，组织有权决定选择本范围内量化和报告的排放源，以下列举了一些这样的例子，但不是全部。

——员工上下班往返和差旅；

——由其他组织负责的产品、原料、人员或废物的运输；

——外部提供的活动、按合同生产或特许经营权；

——由本组织产生但由其他组织管理的废物所造成的 GHG 排放；

——使用或处置组织的产品或服务产生的 GHG 排放；

——组织所消耗的除电力、热和蒸汽之外的其他能源产品在其生产和运输过程中所产生的 GHG 排放；

——生产组织购买的原材料或初级材料所产生的 GHG 排放。

3. GHG 排放和清除的量化

（1）量化步骤及排除

如可行，组织应按照下列步骤对其边界内的 GHG 排放和清除予以量化，并形成文件：

a）识别 GHG 源和汇；

b）选择量化方法学；

c）选择和收集 GHG 活动水平数据；

d）选择或确定 GHG 排放或清除因子；

e）计算 GHG 排放和清除。

对于那些对 GHG 排放或清除作用不明显，或对其量化在技术上不可行，或成本高而收效不明显的直接或间接的 GHG 源或汇可排除。

对于在量化中所排除的具体 GHG 源或汇，组织应说明排除的理由。

（2）识别 GHG 源和汇

组织应识别对直接 GHG 排放起作用的 GHG 源，并形成文件。

如果组织对 GHG 的清除进行量化，则应识别对其 GHG 清除起作用的 GHG 汇，并形成文件。

组织宜对输入电力、热或蒸汽的供应商分别形成文件。

如果组织对其他间接 GHG 排放进行量化，宜分别识别对这些间接 GHG 排放起作用的 GHG 源，并分别形成文件。

组织应适时将所识别的 GHG 源和汇加以分类。

对源和汇的识别与分类的详细程度宜与所采用的量化方法学相一致。

（3）选择量化方法学

组织应选择和使用能合理地将不确定性降到最低，并能得出准确、一致、可再现的结果的量化方法学。

例：许多 GHG 方案规定了量化方法，其类型包括：

a）计算

——将 GHG 活动水平数据与 GHG 排放或清除因子相乘；

——使用模型；

——设备特定的关联；

——物料平衡法。

b）测量

——连续的，或；

——间歇的。

c）测量和计算相结合。

组织应对量化方法的选择加以说明。

组织应对先前使用的量化方法学中的任何变化做出解释。

（4）选择和收集 GHG 活动水平数据

如果 GHG 活动水平数据被用来对 GHG 排放和清除进行量化，组织应选择和收集与选定的量化方法要求相一致的 GHG 活动水平数据。

（5）选择或确定 GHG 排放或清除因子

如果 GHG 活动水平数据被用来对 GHG 排放和清除进行量化，组织应选择或确定 GHG 排放或清除因子，该排放或清除因子应如下。

a）来自公认的可靠来源；

b）适用于相关的 GHG 源或汇；

c）在计算期内具有时效性；

d）考虑到量化的不确定性，并在计算时追求准确的、可再现的结果；

e）和 GHG 清单的预定用途相一致。

组织应对 GHG 排放或清除因子的选择或确定做出解释，包括识别其来源，说明其对 GHG 清单预定用途的适宜性。

组织应对先前使用的 GHG 排放或清除因子的任何变化做出解释。适宜时，应对基准年的 GHG 清单进行重新计算（见"基准年 GHG 清单"）。

（6）GHG 排放和清除的计算

组织应根据所选定的量化方法学对 GHG 排放和清除进行计算（见"选择量化方法学"）。

当使用 GHG 活动水平数据对 GHG 排放或清除进行量化时，GHG 排放或清除为该数据与 GHG 排放或清除因子的乘积。

理解要点：

量化企业温室气体排放量 5 个步骤中的第一步是对企业边界内的温室气体排放源进行识别和分类。按照直接温室气体排放、能源间接温室气体排放、其他间接温室气体排放将企业边界内的排放源——鉴别，包括排放源以及与设施的关系、排放的温室气体种类。

对于其他间接温室气体排放,前面也说过企业有决定哪些纳入量化范围的权利,但是直接温室气体排放和能源间接温室气体排放是企业必须要量化的,对于属于这两种范畴的排放源如果排除,应说明理由。

量化方法按照 ISO 14064-1 给出的内容可以分为三类,一种是以通过检测浓度和流速直接测量温室气体排放量的在线监测系统,也就是测量的方法,一种是采用排放因子法或者是物料平衡法的计算方法,第三种是前两种方法的组合。最普遍使用的方法就是采用排放因子法或者物料平衡法的计算方法。下面以排放因子法为例说明后续的工作步骤。

对于绝大多数组织,可以通过采用公布的排放因子按照组织统计的活动水平数据来计算直接温室气体排放,对于能源间接温室气体排放中最常见的电力,可以根据组织的电表显示的用电量结合权威机构公布的当地电网排放因子来计算。在收集组织的活动水平数据时要注意数据的来源、监测设备的状态、数据的传输过程、计算过程、单位等等,保证数据的准确性。在选择排放因子时要考虑排放因子对于该排放源的适用情况和有效性,优先选择适合该排放源或设施的排放因子,接下来一次是行业、地区、国家和国际的排放因子。

4. GHG 清单的组成

1)GHG 排放和清除

按照上述要求进行量化后,组织应分别按设施层次和组织层次将下列内容形成文件:

——每种 GHG 的直接排放;

——GHG 清除;

——能源间接 GHG 排放;

——其他间接 GHG 排放;

——生物质燃烧产生的二氧化碳直接排放。

必要时,组织应分别按设施和组织层次将其他类型的 GHG 排放和清除形成文件。

组织应以"吨"作为计量单位,并通过相应的全球增温潜势将每种 GHG 的量转化为吨二氧化碳作为量。

> 理解要点:
> 温室气体清单首要应该包含的内容就是组织的温室气体排放和清楚信息,并按照上述要求进行分类说明。
> 企业最好使用标准化的格式将内部数据汇总到企业一级,以确保从不同业务单元和设施收集的数据具有可比性。

2)组织在 GHG 减排和清除增加方面的活动

(1)直接行动

组织可策划并实施减少 GHG 排放或增加 GHG 清除的直接行动。

组织可对直接行动所实现的排放或清除的改变予以量化。直接行动导致的排放或清除的改变通常反映在组织的 GHG 清单中,但也可能引起温室气体清单边界以外的 GHG 排放或清除的变化。

如果进行了上述量化,组织宜针对直接行动形成文件。

如果编制报告,组织应将直接行动及其产生的 GHG 排放或清除的改变分别写入报告,并说明下列情况:

a)对直接行动的说明；

b)直接行动的空间和时间范围；

c) GHG 排放和清除改变的量化方法；

d)对直接行动所产生的 GHG 排放或清除的改变的确定，以及它们属于何种排放或清除(直接、间接、其他类型)。

例:直接行动可包括下列类型：

——对能源需求和使用的管理；

——提高能效；

——技术或工艺改进；

——GHG 的捕获和贮存(通常是贮存到 GHG 库)；

——对运输和旅行需求的管理；

——燃料转换或替代；

——植树造林。

(2)GHG 减排或清除增加项目

如果组织报告了从 GHG 项目购入或产生的 GHG 减排或清除增加，其量化采用了如 ISO 14064.2 所提供的方法，则应将这些减排或清除增加从 GHG 项目中单独列出。

> 理解要点：
>
> 清单中也可以反映企业在温室气体减排和清除增加领域中所作的工作，这些工作无法通过企业特定时间段的排放量或者吸收汇数值中表现出来。
>
> 在直接行动的描述中，要体现直接行动的详细信息，包括发生的地点、主体、时间段，在量化直接行动的减排量或清除增加量时要采用合理的量化方法学，说明活动水平数据的来源和排放因子的来源。

2)基准年 GHG 清单

(1)选择并确定基准年

组织应规定 GHG 排放和清除的历史基准年，以便提供参照、实现 GHG 方案的要求或满足 GHG 清单的其他预定用途。

如果不能得到足够的关于 GHG 排放和清除的历史信息，可将编制第一份 GHG 清单的时间规定为基准年。

在建立基准年时，组织应

a)使用有代表性的组织活动水平数据(一般可以是典型年的数据，或多年平均值或移动平均值)，对基准年的 GHG 排放和清除进行量化；

b)选择具有可核查的 GHG 排放和清除数据的基准年；

c)对基准年的选择做出解释；

d)编制基准年的 GHG 清单应与本标准的要求相一致。

组织可对基准年进行变更，但应对其中的任何改变做出解释。

(2)重新计算 GHG 清单

当出现下列情况时，组织应制定、应用基准年 GHG 清单重新计算程序并形成文件：

a)运行边界发生变化；

b) GHG 源或汇的所有权或控制权发生转移(进入或移出组织边界)；

225

c) GHG 量化方法学变更,从而使已量化的 GHG 排放或清除产生重大变化。

当设施生产层次上(例如设施的启动和关闭)发生变化时,不应对基准年的 GHG 清单进行重新计算。

组织宜在后续的 GHG 清单中将基准年的重新计算形成文件。

> 理解要点:
> 对于组织,基准年的设定要有可以比较的意义和价值,往往企业会将首次进行温室气体排放和清除量化的年份作为基准年。对于在温室气体方案下的组织,应与方案中的规定相一致。

3)评价和减少不确定性

组织宜对 GHG 排放和清除的不确定性,包括与排放因子和清除因子有关的不确定性,完成评价并形成文件。

> 理解要点:
> 温室气体报告中组织的排放量和清除量是带有误差区间(即不确定性)的量化数,如可行应给出所有层级的排放量和清除量估算值不确定性的定量数据,目标用户可以依据这些信息对不同企业、不同业务单元、不同排放源类别或不同时期的不确定性进行比较。因此不确定性是关于品质的客观量度,目标用户甚至可以在使用排放清单之前,依据其质量进行评级或者折扣计算。
> 不确定性可以进一步分为两类:方法的不确定性和参数的不确定性。方法的不确定性是指用于描述不同参数与排放过程之间关系的数学公式(即模型)引起的不确定性。例如,采用不正确的数学模型或模型中采用不恰当的输入值,可能导致产生方法的不确定性。参数的不确定性是指向估算模型输入参数(如活动数据和排放因子)时,参数所带来的不确定性,这种不确定性可以通过统计分析、确定测量设备的精度以及专家判断来评价。对于选择调查排放清单不确定性的企业,主要的精力应该放在量化参数的不确定性,继而根据它估算排放源类别的不确定性。

5. GHG 清单的质量管理

1) GHG 信息管理

(1)组织应建立并保持 GHG 信息管理程序,这些程序应

a)确保符合本标准规定的原则;

b)确保与 GHG 清单的预定用途相符;

c)提供常规、配套的检查以确保 GHG 清单的准确性与完整性;

d)识别并处理误差与遗漏;

e)将有关 GHG 清单的记录,包括信息管理活动形成文件并存档。

(2)组织的 GHG 信息管理程序宜包括下列内容:

a)确定和评审 GHG 清单编制人员的职责和权限;

b)确定、实施和评审 GHG 清单编制小组成员所需的培训;

c)确定和评审组织的边界;

d)确定和评审 GHG 源和汇;

e)选择和评审量化方法学,包括量化 GHG 活动水平数据,以及确定与 GHG 清单的预定用途相一致的排放因子和清除因子;

f)对量化方法学的应用进行评审,以确保其用于多个设施时具有一致性;

g)测量设备的使用、维护和校准(适用时);

h)建立并保持一个强大的数据采集系统;

i)对准确性进行常规检查;

j)定期进行内部审核和技术评审;

k)定期进行评审,以寻求改进信息管理过程的机会。

2)文件和记录保管

组织应建立和保持用于文件和记录的保管程序。

组织应保存和维护用于 GHG 清单设计、编制和保持的文档,以便核查。该文档无论是纸质的、电子的还是其他格式的,均应按照文件和记录保管的信息管理程序的要求进行管理。

> 理解要点:
>
> 　组织管理温室气体清单质量的原因各不相同,有的是为了自我改进以满足利益相关方的要求,有的则是为温室气体方案做准备。
>
> 　企业应以实现编制高质量的温室气体报告和清单为目标制定温室气体排放清单的组织架构、组建团队、管理要求、技术性规则和具体流程,为了简化温室气体清单的质量管理工作,可以将这些流程和体系与其他企业的质量管理流程适当地整合,如有些企业会和 ISO 14001 环境管理体系相结合。企业温室气体清单计划的质量管理体系应当涉及清单的编制流程、方法、数据、文件记录。
>
> 　为了实施这种体系,企业应当首先成立温室气体清单质量管理小组,负责实施与温室气体信息有关的内部程序运行,从而持续提高排放清单质量。小组领导应当协调相关业务单元、设施和外部实体之间的关系,外部实体包括政府机构、研究机构、核查方或咨询机构等。小组应明确企业为实施其温室气体管理体系而应采取的步骤,应当把管理方案纳入到管理体系的设计当中。方案应当包括所有组织层级的规则和排放清单编制流程——从收集原始数据到最终的量化和报告。
>
> 　小组还应进行一般性质量检查,适用于整个排放清单的数据和流程,适当严格地检查数据处理、文件记录和排放计算的质量(例如,确保采用正确的换算单位)。检查的内容包括具体排放源和最终排放清单和报告的质量,需要严格地针对特定排放源类别进行调查,检查所设定的边界、量化方法、对量化与报告原则的遵循情况、输入数据的质量,以及对引起数据不确定性主要原因的定性描述等情况。调查所取得的信息也可用来支持对不确定性的定量评价。内部技术审查应当关注与技术有关的各方面,内部管理审查应当重点关注获取企业对清单的正式批准和支持。内部技术评审和管理审查的结果以及企业质量管理体系其他各组成部分的结果,应当反馈给相关的个人或小组。他们应当根据这些反馈信息纠正错误、加以改进。
>
> 　体系应当包括记录保管程序,具体规定(包括应当记录哪些信息,这些信息如何归档,以及向外部利益相关方报告哪些信息)应符合企业内部要求,这些记录保管程序也应包括正式的反馈机制。一家企业的温室气体质量管理体系和温室气体清单的编制内容应当随着企业编制排放清单的目标不断改进,还应当符合企业的未来多年的执行策略(认识到编制清单是项长期的工作),包括制定行动步骤,确保以往年份的质量控制所发现的问题都能得到妥善处理。

6. GHG 报告

1)概述

组织宜编写 GHG 报告,以便核查 GHG 清单、参加某个 GHG 方案,或向内、外部用户提供信息。GHG 报告宜具有完整性、一致性、准确性、相关性和透明性。组织应根据其参加的 GHG 方案的要求,内部报告的需求和目标用户的需求,来确定 GHG 报告的预定用途、文本结构、公众可获得性和传播方式。

如果组织发布了公开的 GHG 声明,并宣称执行了本标准,则按本标准要求编写的报告,或第三方对该 GHG 声明所作的核查陈述应为公众所获取。如果组织的 GHG 声明经过了独立核查,则核查陈述应为目标用户所获取。

2)GHG 报告的策划

组织在策划 GHG 报告时宜考虑下列事项并将其形成文件:

a)报告的目的和目标(符合组织的 GHG 方针、战略或规划及其所参加的 GHG 方案);

b)报告的预定用途和目标用户;

c)起草完成报告的总体和具体职责;

d)报告的频次;

e)报告的有效期;

f)报告格式;

g)报告中拟包含的数据和信息;

h)报告的可获得性和传播方式。

3)GHG 报告的内容

(1)组织的 GHG 报告中应阐述组织的 GHG 清单,并包括下列内容:

a)所报告组织的描述;

b)责任人;

c)报告所覆盖的时间段;

d)对组织边界的文件说明;

e)对于每一种 GHG 排放,以吨二氧化碳当量为单位来单独量化直接 GHG 排放;

f)说明在 GHG 清单中如何处理生物质燃烧所产生的二氧化碳;

g)如对 GHG 清除进行量化,以吨二氧化碳当量为单位;

h)对量化中任何 GHG 源或汇的排除做出解释;

i)与外部输入的电力、热或蒸汽的生产有关的能源间接排放的单独量化,以吨二氧化碳当量为单位;

j)所选择的历史基准年和基准年的 GHG 清单;

k)对基准年或其他 GHG 数据的任何变更,或基准年或过去的 GHG 清单的重新计算做出解释;

l)阐明量化方法学的选择及选择该方法的理由,或指明有关的参考资料;

m)对先前使用的量化方法学中的任何变化做出解释;

n)所采用的 GHG 排放或清除因子的文件或参考资料;

o)说明 GHG 排放和清除数据准确性方面的不确定性的影响;

p)说明 GHG 报告的编写符合本标准的要求;

q)关于 GHG 清单、报告或声明是否经过核查,以及核查的类型和保证等级的说明。

(2)组织宜考虑在 GHG 报告中包含的下列内容:

a)对组织 GHG 方针、战略和方案的说明;

b)如对燃烧生物质产生的二氧化碳排放进行量化,要和其他量化分开,并以吨二氧化碳当量表示;

c)适当时,对直接行动及其引起的排放和清除的变化,包括在组织边界外的变化加以说明,以吨二氧化碳当量表示;

d)适当时,量化购入的或由 GHG 项目产生的 GHG 减排和清除增加,以吨二氧化碳当量表示;

e)适当时,对适用的 GHG 方案要求加以说明;

f)分设施的 GHG 排放或清除;

g)如对其他间接 GHG 排放进行量化,以吨二氧化碳当量表示;

h)对不确定性评价,包括管理和减少不确定性的方法,及其结果的说明;

i)列出并说明其他有关指标,如效率或 GHG 排放强度比(单位产量的排放);

j)适当时参照内、外部标杆进行绩效评价;

k)对 GHG 信息管理和监测程序的说明。

理解要点:

一份可信的温室气体报告应完整、一致、准确和透明地反映所有相关的信息。因此,建议公开的温室气体报告包括以下方面:

- 以公布时所能取得的最优数据为基础,同时说明其局限性。
- 指出被识别出来的、以往年度排放量的实质性差异。
- 企业选定排放边界内的总排放量,并与企业参与的温室气体交易信息区分出来报告。

---

7. 组织在核查活动中的作用

1)概述

核查的总体目的是公正客观地评审所报告的 GHG 排放和清除,或根据 GB/T 24064.3 的要求所作的 GHG 声明。在规范的基础上,组织宜定期:

a)分别根据以下 2)和 3)的要求对核查进行准备和策划;

b)根据 GHG 清单目标用户的要求,并考虑到适用的 GHG 方案的有关要求,确定适宜的保证等级;

c)根据目标用户的需要和 ISO 14064.3 的原则和要求实施核查。

2)核查准备

在进行核查准备时,组织宜:

a)规定核查的范围和目的;

b)适宜时,评审本标准的要求;

c)评审本组织或 GHG 方案的适用核查要求;

d)确定要达到的保证等级;

e)就核查目的、范围、实质性和准则与核查者达成共识;

f)确保明确地规定了与此有关的人员作用和职责,并传达到位;

g)确保组织的 GHG 信息、数据和记录齐全并可查找；

h)确保核查者的能力和资质；

i)考虑核查陈述的内容。

3)核查管理

(1)组织的核查计划

组织宜制定并实施核查计划。核查计划包括下列内容：

a)和核查者商定的核查过程、范围、准则、保证等级和核查活动；

b)实施和保持计划的作用和职责；

c)取得预定结果所需的资源；

d)数据抽样和保管程序；

e)对所需文件和记录的维护；

f)对计划的监控和评审过程；

g)指定具备能力的核查者。

(2)核查过程

组织的核查活动宜关注

a)就范围、目的、准则和保证等级与核查者达成协议；

b)对数据抽样和保管程序进行评价；

c)根据准则对核查陈述进行内部评审；

d)对核查形成报告。

(3)核查者的能力

组织宜确保所有介入核查过程的人员

a)了解 GHG 管理事务；

b)熟悉他们所核查的运行和过程；

c)具备开展核查的必要专业技术知识；

d)熟悉本标准的内容和意图。

组织宜确保核查者具备 ISO 14065 中所规定的相应能力。

组织宜选择与所核查的运行无行政隶属关系的人员进行核查，以确保核查过程的客观性和公正性。

(4)核查陈述

组织宜要求核查者提供核查陈述，其中至少包括下列内容：

a)对核查活动的目的、范围和准则的说明；

b)对保证等级的说明；

c)核查组的结论，注明限定条件和局限性。

注：ISO 14064.3 的附录 A 提供了关于合理保证等级和有限保证等级的核查陈述的示例。

> 理解要点：
> 内部核查与独立的第三方完成的外部核查流程是一样的，本节中的核查侧重指企业内部的核查，ISO 14064-3 给出了企业进行外部核查的要求。组织应邀请独立于温室气体量化与报告过程的内部人员进行内部核查，独立的内部核查也能为信息的可靠性提供重要保证。

首先企业应制定核查计划,核查计划在制定的过程中要综合考虑相关信息。对于内部核查,其核查范围应包括质量管理要求、管理层意识、明确规定的责任以及内部工作程序及其执行情况、温室气体清单和报告。选择核查人员应考虑因素包括:

——以往从事温室气体核查的经验与能力;

——了解包括计算方法学在内的温室气体问题;

——了解企业的运营与所处的行业情况;

——客观性、可信度与独立性。

在核查过程中核查人员可能需要以下信息:

——关于企业主要活动与温室气体排放量的信息(产生的温室气体类型,描述导致温室气体排放的活动);

——关于企业/集团/机构的信息(子公司及其地理位置列表、股权结构);

——在报告期间,企业组织边界是否有变化,包括这些变化对排放数据的影响;

——确定组织运行边界的相关协议;

——用于计算温室气体排放量的数据。例如:

1.能源消耗数据(发票、发货单、称重单、仪表读数:电力、燃气管道、蒸汽和热水等);

2.生产数据(生产的原料吨数、生产电力的千瓦小时数等);

3.计算物料平衡的原材料消耗数据(发票、发货单、称重单等);

4.排放因子(数据来源信息)。

——说明如何计算温室气体排放数据:

1.采用的排放因子和其他参数及使用它们的理由;

2.进行估算的假设条件;

3.关于仪表与称重设备测量精确度(如校准记录)及其他测量方法的信息;

4.对由于技术或成本原因而排除某些温室气体排放源的记录。

——信息收集过程:

1.说明用于收集、记录和处理设施与企业温室气体排放数据的程序和体系;

2.说明采用的质量控制程序(内部审计,与去年数据的比较,由其他人重算等)。

对于内部核查,企业也应当给出核查陈述,核查陈述应该包括本次内部核查的核查范围、核查时间、核查人员、核查中是否出现了不符合项、不符合项的后续整改、整改结果是否获得核查人员的再次认可、清单和报告是否可以上报管理层申请发布批准等。

第三节 ISO/TR 14069 的介绍

ISO 14064-1:2006 主要用于组织层面对温室气体排放和消除的量化报告,而 ISO/TR 14069:2012 则对如何使用 ISO 14064-1 提出了具体指南和例证。ISO/TR 14069:2012 主要目的是帮助组织加强对报告温室气体排放过程的透明度和一致性,制定所有排放种类,尤其是间接排放的级别,并在使用 ISO 14064-1 时进行推广。

与用于产品生命周期内温室气体排放的产品碳足迹过程(ISO 14067)不同,该文件只对选定范围内的温室气体排放清单提供定量分析指南。该文件描述了量化和报告组织直接/间接温室气体的原则、概念及方法,为使用 ISO 14064-1 量化和报告组织层面的直接排放、能源间接排放和其他间接排放提供指南。具体包括：

　　——根据控制方式(财务或允许上的)或者股权方式确立组织边界；

　　——通过识别需量化或报告的直接源间接排放，确立运行边界；对每种类型的排放，指南提供了具体的边界和量化方法；

　　——指南提高了边界职别、量化方法和结果不确定度的透明性。

此外，该文件对 ISO 14064 - 1 规定的五大应用指导原则，即相关性、完整性、一致性、准确性和透明性，进行了简要的解释，阐述了设定原则的目的和注意事项。还提供了 GHG 报告的模板，包括章节设置和具体的编写要求。下面介绍该文件最重要的主体内容，对 GHG 清单的设计和编制中识别组织边界、识别运行边界和量化 GHG 排放和消除量这 3 个步骤的详细指南。

一、识别组织边界

根据组织的具体要求设定组织边界，识别其控制和影响的 GHG 源。如果是计算整个组织的 GHG 清单，可以参考财务审计中确定的范围进行具体分析，选择合适的汇总方法学。在选择合适的方法学时，控制权法和股权比例法均有各自优缺点，该文件详细介绍并列举了两种方法的具体操作要点。明确了上级组织 A 和子公司 B 之间在两种方法中下的定义、需满足的条件及 GHG 清单的相应计算方法。比如，基于股权比例法，子公司 B 排放按照股权比例计入上级组织 A 的排放中；基于控制权法，子公司 B 排放全部计入上级组织 A 的排放中。

此外，该文件还解释了当地组织(Local authority)的定义(包括行政、教育、住房、交通、环卫、废弃物处理、体育设施、文化设施、医疗社保、公路等主要方面)和与其他组织的区别，明确了当地组织的组织边界需要包括的范围，详细解释了在一些特殊情况下，如涉及与其他当地组织、公共/私人组织等的外包、共享服务以及时共享股权等情况下的处理方法。

二、识别运行边界

为帮助组织更好地理解 3 种排放、避免供应链上的重复计算并使报告更实用，可将 GHG 排放定义为上游、下游，供应链之外 3 类。此外，ISO 14064 - 1 定义的 3 大类 GHG 排放也可细分为 23 个分类，包括：

1. 直接排放：1)固定源燃烧排放；2)移动源燃烧排放；3)过程相关排放；4)逸散排放；5)土地利用，土地利用变化及造林。

2. 能源间接排放：1)消耗购入电能引起的间接排放；2)消耗通过物理网路(蒸汽，供热，供冷，压缩空气)购入能源的间接排放。

3. 其他间接排放：1)与能源相关活动，直接排放和能源间接排放之外的排放；2)购买的产品；3)固定资产设备；4)组织活动产生的废弃物；5)上游运输及分配；6)出差；7)上游租赁资产；8)投资；9)客户和访客交通；10)下游运输及分配；11)产品使用阶段；12)产品的生命终止；13)下游经销；14)下游租赁资产；15)员工上下班；16)其他。

在决定何种"其他间接排放"列入 GHG 清单时，最少需考虑 2 个因素：一，尽量做更宽范围的潜在源预测，减少忽略重要 GHG 源的可能性；二，识别过程中使用的标准和最终的结果必须透明的反映在报告中。

在实际操作中,如何选择需要量化和报告的"其他间接排放"种类,预估其量级,在一些情况下会变得非常重要,因此需要对此进行优先级排列,优先级的排列可基于不同的排列标准,组织可根据自身特点设定优先级标准,比如影响排放量的能力、利益相关方的关注程度和GHG 项目的要求等。该文件对基于排放量规模进行优先级排列的情况进行了较详细的介绍。

三、量化温室气体排放和消除量

量化 GHG 排放和消除量的主要分为 5 个步骤,即识别 GHG 源和汇、选择量化方法学、选择 GHG 活动水平数据、选择或确定 GHG 排放或消除因子、计算 GHG 排放和清除。该文件对主要的 23 类排放的量化提供了详细的指南,比如:介绍了使用主要的量化计算法——排放和清除系数法和模型法量化某种减排量的 3 个步骤,并给出了详细的图示;指出在识别时应特别注意不同类型排放间可能出现的重复计算问题,并举例进行了介绍;提出了对选择 GHG 活动水平数据的具体要求等等。每类排放的具体指南概括如下。

1. 固定源燃烧排放(见表 8 - 1)

表 8 - 1　固定源燃烧排放

识别 GHG 源和汇	组织边界内由固定设备燃烧燃料引起的排放
选择 GHG 活动水平数据:	最佳情景:每种燃料的使用总量,数据来自能源表计量或者来往票据; 最差情景:每种燃料的使用量为估算数据; 中间情景:每种燃烧源都可识别且数量基本可得,对于未知的燃料则采取估算的方式,估算可考虑以下因素; 建筑供热:供热面积及建筑年龄,燃料类型,气候区域,运行时间及建筑类型; 机械装置:设备类型及规模,年使用时间,燃料类型,额定输入功率及产出,效率和设备等级
选择排放因子:	只计算与直接排放相关的因子
其他可能相关的间接排放:	上游燃料生产和运输引起的排放:类型 8; 建造固定设备引起的排放:类型 10; 固定设备退役引起的排放:类型 11

2. 移动源燃烧排放(见表 8 - 2)

表 8 - 2　移动源燃烧排放

识别 GHG 源和汇:	组织边界内由移动设备——交通工具——燃烧燃料引起的排放,不包括组织边界外的交通(如出差)引起的排放。 如果交通工具同事被用于通勤和私人活动,只计算通勤部分,如果两者无法区分,则需在报告中明确提示
选择 GHG 活动水平数据:	最佳情景:每种交通工具使用的每种燃料数量,数据来自能源表计量或者来往票据; 最差情景:识别交通工具种类(汽车,货车,轮船,飞机等)和每类交通工具的行驶路程,进行估算; 中间情景:在了解以下信息情况下,估算会更精确; 燃料类型:汽油、柴油、天然气、生物燃料等; 交通工具发动机类型:小型,中型,大型; 行驶类型:城区与郊区,市中心,乡村; 其他潜在因素:经济型行驶,快速行驶,车辆负载总重等

续表

选择排放因子：	单位质量燃料行驶单位里程的排放量
其他可能相关的间接排放：	空调设备:类型4; 化石燃料生产和运输:类型8; 交通工具维修:类型9; 交通工具建造:类型10; 交通工具退役:类型11

3. 过程相关排放（见表 8-3）

表 8-3　过程相关排放

识别 GHG 源和汇：	组织边界内,不由化石燃料直接燃烧,不由设备、储存和交通系统泄漏等引起的排放,包括工业过程、农业过程、废弃物处理过程、碳捕捉和贮存过程等
选择 GHG 活动水平数据：	最佳情景:每种过程的直接排放数据,数据来自直接测量、实际测量或者给予化学方程式的计算; 最差情景:直接测量数据不可得,使用 IPCC 默认数据; 中间情景:由于本类型排放种类复杂,因此不错具体参数建议
选择排放因子：	首选实际测量参数,其次为可识别源参数及 IPCC 参数

4. 直接逸散排放（见表 8-4）

表 8-4　直接逸散排放

识别 GHG 源和汇：	组织边界内不可控的直接排放,由设备、储存和交通系统泄漏、贮存和注入井泄漏等引起的排放,如为利用和运输温室气体(如甲烷)、含冷却剂的冷却系统
选择 GHG 活动水平数据：	最佳情景:气体运输过程,提供气体购入和售出量之间的差值;对于冷却系统,提供每次补充冷却剂的定量数据; 最差情景:温室气体散逸数据不可得,根据系统信息、公开公示或文献进行估算; 中间情景:部分数据可得时,考虑以下参数,GHG 种类;系统技术参数;系统服役年限;排放源潜在规模;设备功率等
选择排放因子：	只覆盖直接参数,不覆盖设备生命周期里的其他时段。
其他可能与类型1相关的间接排放：	—

5. 土地利用，土地利用变化及造林（见表 8-5）

表 8-5　土地利用,土地利用变化及造林

识别 GHG 源和汇：	组织边界内来自于人为土地利用(燃烧生物质、湿地修复、森林养护、农业种植、动植物保护等)、土地利用变化(造林、再造林、森林采伐)和森林管理的排放
选择 GHG 活动水平数据：	最佳情景:土地利用面积,利用土地上的生物类型及数量等; 最差情景:使用资料数据; 中间情景:已知土地面积,生物类型数量未知,考虑以下参数:生物质类型和数量;生物生产气候;收割或自然成长
选择排放因子：	IPCC 数据或可知别的国家数据源,科学或专业出版信息

6. 消耗购入电能引起的间接排放（见表 8 - 6）

表 8 - 6　消耗购入电能引起的间接排放

识别 GHG 源和汇：	组织边界内外购的电能的排放（生产电能消耗燃料），包括生产电能的燃料排放，建设电厂的排放，输变电损耗排放
选择 GHG 活动水平数据：	最佳情景：已知所有用户确切的购电数量，数据来自能源表计量或者来往票据； 最差情景：根据同行业数据估算购电量，需根据用电量区分大小类型用户； 中间情景：已知大用户的购电数量；可采用以下参数进行分析：用保守方法估算或参照相似用户按比例折算
选择排放因子：	每种电能使用各自排放因子，多种电能则使用复合排放因子

7. 消耗通过物理网路（蒸汽，供热，供冷，压缩空气）购入能源的间接排放（见表 8 - 7）

表 8 - 7　消耗通过物理网路（蒸汽，供热，供冷，压缩空气）购入能源的间接排放

识别 GHG 源和汇：	生产组织边界内外购的蒸汽，供热，供冷，压缩空气的排放，发生在另一个组织，包括生产所需的燃料排放，建设这些设施的排放，输送过程损耗排放
选择 GHG 活动水平数据：	最佳情景：已知所有用户确切的采购量（蒸汽，供热，供冷，压缩空气），已知生产这些动力所消耗的燃料数量，数据来自能源表计量或者来往票据； 最差情景：根据同行业数据估算采购量，每种动力的数据单独估算； 中间情景：已知大用户的各种动力采购数量；可采用以下参数进行分析：用保守方法估算或参照相似用户按比例折算（按组织类型、设备服役年龄、原料类型）
选择排放因子：	只考虑直接排放的因子，需考虑燃料源种类；燃烧设置服役年龄、设备效率等参数

8. 与能源相关活动，直接排放和能源间接排放之外的排放（见表 8 - 8）

表 8 - 8　与能源相关活动，直接排放和能源间接排放之外的排放

识别 GHG 源和汇：	在燃料燃烧或能源消耗之前产生的上游排放
选择 GHG 活动水平数据：	最佳情景：已知燃料消耗源及类型，产品的不同生命周期状态，每个状态的活动数据可与具体的排放因子相乘； 最差情景：未知以上信息，使用可知别的数据库； 中间情景：组织无法核实购入能源的完整过程，根据已知数据进行估算
选择排放因子：	由供应商在每一阶段计算的数据（包括从产地到组织的全过程），须包括能源生产的过程，运输过程中的损耗，电厂输气管运输车的基础设施的建等因子

9. 购买的产品引起的排放（见表 8 - 9）

表 8 - 9　购买的产品引起的排放

识别 GHG 源和汇：	通过购入的产品/服务带入组织边界内的排放
选择 GHG 活动水平数据：	由于组织往往对购入的产品和服务没有完整的记录，因此需要在报告中明确计入 GHG 清单的外购产品/服务的范围及对排放的影响程度，组织可通过外购产品植入的 GHG 排放量、外后产品数量的价值和权重等方面进行选择。 最佳情景：已知每种产品/服务的数量，每个供应商都可提供确切的活动数据（或产品的植入的 GHG 排放可估算）； 最差情景：未知以上信息，使用降级的估算数据； 中间情景：没有量化可得数据，根据定性数据进行估算
选择排放因子：	如产品已经使用 ISO 14067 进行产品生命周期计算，则可直接采用数据，否则，采用可识别的产品周期评价数据库
关注重复计算	说明了计算过程中常见的重复计算的情况

10. 固定资产设备（见表 8 - 10）

表 8 - 10　固定资产设备

识别 GHG 源和汇：	生产固定资产设备所引起的排放,包括除本类型之外的其他直接排放(如类型 1 和类型 2)和能源间接排放
选择 GHG 活动水平数据：	最佳情景:已知每种固定资产设备的数量和确切信息; 最差情景:只可估测固定资产设备的寿命,并能在报告中明确估算过程; 中间情景:固定资产设备可分类获知数量及信息,如建筑类、机械设备类、车辆等
选择排放因子：	同类型 9

11. 组织活动产生的废弃物（见表 8 - 11）

表 8 - 11　组织活动产生的废弃物

识别 GHG 源和汇：	来自于处置废弃物造成的排放,比如垃圾填埋、垃圾焚烧、生物处理和回收利用等;一些情况下,处理过程可能导致避免 GHG 排放,比如发电产热及原料回收,有 2 种情况可将避免地 GHG 划入 GHG 清单内: 利用废弃物产能并带来可识别的能源替代; 原料回收带来可识别的初始原材料替代
选择 GHG 活动水平数据：	最佳情景:已知处置废弃物的类型和数量、精确的废弃物含碳量和处理工艺(处理方式,效率等)信息。 最差情景:估算废弃物数量和处理方法,并解释估算的选择和具体方法。预测可基于一些间接数据,比如处理废弃物的话费、够买原材料的数量等。如果组织内产生的每种废弃物的量不可得,可使用国家或行业标准中的相关数据。 中间情景:提供了主要废弃物处置工艺(垃圾填埋、垃圾焚烧、厌氧消化,好氧消化和回收利用等)在估算 GHG 排放量是的关键参数、潜在参数和估算处理过程中可避免 GHG 排放的参数
选择排放因子：	提供了主要处理工艺必须考虑的直接排放因子类型及可能包括的间接因子类型

12. 上游运输及分配（见表 8 - 12）

表 8 - 12　上游运输及分配

识别 GHG 源和汇：	非组织所有或控制的移动排放源引起的间接排放
选择 GHG 活动水平数据：	最佳情景:已知每种运输方式的运输距离和燃料类型; 最差情景:估算每种运输方式的运输距离和燃料类型,需区分主要外购产品的平均运输距离、总重; 中间情景:相关的活动数据可根据每种运输工具的以下参数进行分解: 运输工具类型; 发动机规模、运输路况等
选择排放因子：	如组织采用 LCA 方法计算类型 9 的间接排放,则只需计入组织的直接供应商的排放; 如果类型 9 中没有计入从原来提取到供应商厂区间的不同运输步骤,则这些步骤需计入本类排放; 组织需报告排放因子覆盖的排放源

13. 出差（见表 8-13）

表 8-13　出差

识别 GHG 源和汇：	商务旅行引起的非组织所有或控制的移动排放源间接排放，也包括住宿引起的排放和其他可知的由商务旅行引起的间接排放
选择 GHG 活动水平数据：	最佳情景：已知每种交通工具的类型和行程距离，包括仓级、特性、地点等，住宿时间、宾馆信息等； 最差情景：行程距离由平均距离乘以出差次数相乘进行估算，也可根据交通花费进行折算； 中间情景：对行程距离和住宿时间采用不同的估算情景，组织需尝试量化飞行的总行程，估算汽车的总行程
选择排放因子：	排放因子选择应考虑燃料燃烧和交通工具的报废，燃料的生产（如类型 12 和类型 17）

14. 上游租赁资产（见表 8-14）

表 8-14　上游租赁资产

识别 GHG 源和汇：	本类别包括组织租赁的资产产生排放。本类别仅适用于运营租赁资产的组织。 "租赁"有多种含义，因此需要理解，根据不同租赁物的性质，租赁的时间，金融合同等因素的不同，租赁分为：金融租赁、运营租赁和合同雇佣。 组织应该注意避免与以下类别重复计算排放量：类别 1、8、9、10、11、19
选择 GHG 活动水平数据：	最佳情景：首先，组织应将租赁的资产划分为不同的类别。然后识别 GHG 的源和汇。组织可参考类别 1~23 中类别的描述来选择活动水平数据。 最差情景：组织应至少将租赁的资产划分为建筑物、机动车、IT 设备和机械四类。组织应针对每一类估算使用阶段的排放（尤其是与能源相关的排放）。 中间情景：组织应通过调研的方式收集必要的数据（关键数据：租赁资产的类型、寿命、使用的技术和地理位置；可考虑的数据：维修控制、运营控制和使用的情况）
选择排放因子：	排放因子应考虑全生命周期内的所有排放。主要应考虑租赁资产的生产、产生的直接排放和销毁

15. 投资（见表 8-15）

表 8-15　投资

识别 GHG 源和汇：	投资产生的间接排放为资本投资运营产生的排放，金融机构的债权投资也应当做资本投资。因此类别 15 的排放包括组织资产负债表中"无形资产"产生的排放
选择 GHG 活动水平数据：	计算投资的间接排放时，活动水平数据是指组织投资的性质及数量。 最佳情景：每一项投资都可以单独计算； 最差情景：只考虑最主要的投资和股权
选择排放因子：	投资运营的排放因子是指固定资产投资相关的 GHG 排放，以二氧化碳当量/现金单位来表示。必须包括直接和能源间接排放，也可以计算其他间接排放。

16.客户和访客交通（见表8-16）

表8-16　客户和访客交通

识别 GHG 源和汇：	间接排放包括客户或访客使用的交通工具燃料燃烧产生的 GHG 排放。这里的交通工具不包括组织拥有的或控制的交通工具
选择 GHG 活动水平数据：	排放量与行驶的距离和交通方式直接相关。 最佳情景：最准确的量化方式是对确定每个场所相关的行驶的距离和交通方式，然后与 GHG 排放因子相乘； 最差情景：根据行程的次数和平均距离估算数据； 中间情景：只有客户或访客的人数，但没有行驶距离的数据。可使用调研的方式获得数据
选择排放因子：	组织应报告对于每种燃料考虑了哪些排放源。可以考虑制冷剂的排放、燃料生产和运输，交通工具的生产运输和报废

17.下游运输和配送（见表8-17）

表8-17　下游运输和配送

识别 GHG 源和汇：	本类别与类别12的概念相同，但组织不为交通服务支付费用。本类别适用于例如客户为组织的产品的运输支付运输费用的情景
选择 GHG 活动水平数据：	—
选择排放因子：	—

18.产品使用阶段（见表8-18）

表8-18　产品使用阶段

识别 GHG 源和汇：	本类排放包括与消费都使用组织销售的产品过程中有关的排放，比如： 产品离开组织到最终消费者的过程中，对产品的加工产生的排放；最终消费者使用产品产生的排放； 本类排放包括与销售的产品在整个生命周期相关的排放
选择 GHG 活动水平数据：	最佳情景：组织在某一时间段所销售的产品数量可得。加工情景根据对所销售的产品的可靠追踪确定，最终消费情景根据详细的统计数据和消费者行为研究确定。 最差情景：组织无任何特定数据，产品使用情景也无法具体界定。只能通过估计各种情景的能源消耗情况及最终消费者使用过程的直接排放来大致确定排放量。 中间情景：可以用以下关键因素来说明情景：产品销售量；产品功率（机电产品）；年平均使用时间表（根据消费都行为调查确定）；产品寿命（根据组织内部技术信息确定）所使用的技术；地理位置。 其他潜在因素包括备品备件，维护等
选择排放因子：	排放/消除系数可以取自于公认的数据库。应当注意避免与其他类型的排放/消除系数重复考虑。以下指南适用于计算本类型的排放/消除系数： 运行和备用期间的消耗； 能源类型，包括：电力，蒸汽，热力，冷量；技术维护； 燃气种类（如有）

19. 产品报废（生命周期终止）排放（见表 8 - 19）

表 8 - 19　产品报废（生命周期终止）排放

识别 GHG 源和汇：	本类排放包括与组织销售的产品报废有关的排放。在报告排放的过程中,组织应当明确报废情景,因为产生的排放与报废情景紧密相关
选择 GHG 活动水平数据：	最佳情景: 某段时间内的出售的产品数量可得,报废情景通过详细的统计数据与消费者行为研究确定,并且各种废物的处理方式已知。 最差和中间情景:组织没有任何特定数据。组织只能估计不同产品的销售数量。报废情景考虑了产品的主要部件和废物处置的地理位置(废弃物处置程度和单位产品回收率通过与处置设施所在的地理位置相关)
选择排放因子：	排放/消除系数根据每类产品处置的国家/区域平均水平计算。可根据类型 11 中的关键参数与排放/消除系数确定平均水平

20. 下游经销（见表 8 - 20）

表 8 - 20　下游经销

识别 GHG 源和汇：	本类排放指的是因经销产生的下游排放。产品在从组织发往经销商的过程中的排放,应当由组织报告。为防止本类排放产生的重复报告,货物运输过程中只能由组织报告,货物引起的废物处置产生的排放只能组织或经销商报告一次。
选择 GHG 活动水平数据：	最佳情景:组织拥有经常商详细的排放数据。组织可获得下游每一个经销商的排放清单。如果某一经销商除了代理本组织的产品外,还代理其他组织的产品,则应当对清单进行分摊。 最差情景:经销商的数量可获得,而对每一经销商的排放量进行估计。如果某一经销商除了代理本组织的产品外,还代理其他组织的产品,则应当对经销商的排放量进行分摊。 中间情意:组织根据以下几个方面对经销商的排放进行估算:经销商的规模;经销商所在区域;所经销的产品类型和功能;经销商所在的地理位置。 其他因素包括经销商的管理水平
选择排放因子：	排放系数应覆盖整个经销过程中的排放,包括所有直接和间接排放。应特别注意避免重复报告。特别是对于产品使用过程中的排放以及二级经销类产品。排放系数用每个经销商的排放量表示。在确定经销商排放系数的时候,应当考虑以下因素:能源消耗量;员工上下班产生的排放;固定设备产生的排放;客户产生的排放;废弃物产生的排放;购买的商品产生的排放

21. 下游租赁资产排放（见表 8 - 21）

表 8 - 21　下游租赁资产排放

识别 GHG 源和汇：	此类排放指的是由组织出租到第三方的设备或资产产生的排放。该类排放适用于出租方(即组织)。 主要的源和汇包括:生产出产资产的排放;所出租的资产的转移过程产生的排放;资产使用过程产生的排放;资产维护过程的排放;资产达到寿命年限后处置产生的排放。 以上源和汇有可能已经由租组织报告。如果出租方和被租方不在同一个组织边界,就有可能面临重复报告的风险

续表

选择GHG活动水平数据：	最佳情景：出租方拥有所租资产的能源数据。 最差情景：出租方按以下方式对所租资产进行分类：建筑物；汽车；IT设备；机器；运货卡车。 中间情景：所租资产的GHG数据无法获得。所租资产根据以下方式进行分类：资产的类型；资产的使用寿命；资产所运用的技术；资产已使用年限；地理位置；其他潜在的因素包括：维护和技术控制，运行控制，运行效果等
选择排放因子：	在计算排放系数的过程中，应考虑如下几个方面：资产生产过程；资产转移过程；使用过程；报废处置过程；维护过程

22. 员工上下班（见表8－22）

表8－22　员工上下班

识别GHG源和汇：	员工上下班引起的间接排放，主要是因交通工具消耗化石燃料产生的。之所以把它称为间接排放，是因为这些交通工具并非由组织所有或控制
选择GHG活动水平数据：	最佳情景：组织了解员工的详细交通情况。组织了解特定员工的交通方式及距离，含如下具体信息：私家车—私家车类型，燃料类型；火车—国家，火车类型（快轨，城际地铁）；公交车：（城际公交，城乡公交，市区公交，乡村公交等）。每种交通方式的距离可得。组织同时也了解每位员工每年往返于工作地点的次数。 最差情景：所有数据均不可得，而用估计的距离和交通方式来计算。所使用的估计数据通常来源于国家或地区水平调查的平均数据。 中间情景：只有部分数据可得，其余数据仍使用国家或地区水平调查的平均数据。可按以下参数对数据分类：每位员工每年的工作日数；通讯工具；交通工具（私家车，公交，火车，飞机等）所使用的燃料类型（汽油，天然气，电力等）；发动机类型（小型/中型/大型发动机）；交通方式（市区，郊区，乡村）
选择排放因子：	对于交通产生的排放，排放系数以每种交通方式单位距离产生温室气体表示排放系数。组织应当报告排放系数所包括的排放源，即该排放系数仅仅是燃料燃烧的排放还是包含了燃料提取加工及运输过程中的排放。具体来说，应明确是否包括：空调系数制冷剂的逸散；燃料生产及运输；交通工具的维护；交通工具的生产；交通工具达到运行年限后的处理

23. 其他

任何除前面22类之外的间接碳排放或消除，归为第23类。如使用这类方法，在计算碳排放或消除的时候，组织应当清晰的描述方法学以及源和汇。

第九章 企业碳排放的量化、报告及核查

企业实施碳排放管理需设定碳排放管理战略、目标，并确保为碳排放管理工作分配足够的资源，明晰相关人员的作用、职责和权限。企业的碳排放管理工作应当做到全员参与，这可以帮助其实现碳排放管理的目标。

企业碳排放管理的核心和基础是碳排放的量化、报告及核查。本章将分两节对碳排放量化、报告及核查的最佳实践进行阐述。

第一节 企业碳排放的量化和报告

量化和报告是企业进行碳排放管理的基础，只有准确地量化和报告出准确的碳排放量，企业才能采取合适的碳管理决策，比如采用购买碳信用指标、碳配额指标，还是出售碳配额指标，还是自我削减等，这些决策不仅影响着企业的成本和利润，而且对外界了解企业的愿景和价值观也至关重要。

一、企业碳排放量化和报告的原则

企业对碳排放进行量化和报告时应遵循以下普遍适用的原则：

完整性：企业的量化和报告应涵盖与该企业相关的直接和间接排放。

相关性：选择适应目标用户需求的温室气体源、数据和方法学。

一致性：同一报告期内，量化方法应与监测计划保持一致。若发生更改，则应与相关规定保持一致。

透明性：企业应采用主管部门可验证的方式对量化和报告过程中所使用的数据进行记录、整理和分析。

真实性：企业所提供的数据应真实、完整；报告内容应能够真实反映实际排放情况。

经济性：选择核算方法时应保持精确度的提高与其额外费用的增加相平衡。在技术可行且成本合理的情况下，应提高排放量核算和报告的准确度达到最高。

二、企业碳排放量化和报告的流程

企业实施碳排放量化和报告主要涉及以下程序：（1）启动量化工作，成立工作小组；（2）选择量化方法；（3）确定量化边界；（4）识别排放源；（5）确定排放因子和计算方法；（6）收集活动水平数据；（7）汇总统计数据；（8）编制碳排放报告；（9）内部审核。流程如下图所示：

下文将对流程中的主要环节进行详细介绍。

企业碳排放量化是指识别温室气体排放源，收集各排放源的活动数据并将活动数据换算为碳排放水平。碳排放数据的准确性以及统计方法的合理性对于碳排放管理来说至关重要。准确合理地量化和报告碳排放数据主要分为如下几个步骤：

1. 启动量化工作，成立工作小组

由于碳排放量化和报告需要涉及企业内部很多部门的协作，因此这项工作需要有公司

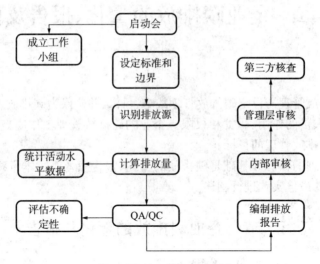

图 9 - 1　碳排放量化与报告流程图

管理层的积极支持，并由公司高层组织召开启动会议。会议需要明确碳排放管理的工作目标，为这项工作分配足够的财务及人力资源，并成立工作小组。工作小组成员应至少包括来自运营部门/工程部门、财务部门、采购部门和市场部门的人员，并且相关人员应具备碳排放管理相关的知识和技能。如果工作小组的性质为兼职，应确保小组成员的碳排放管理方面工作的时间

2. 选择适当的温室气体量化方法

企业量化温室气体的方法可以分为 3 个层次的标准或指南：

（1）国际通用标准

目前国际上应用最广方的企业温室气体量化和报告通用指南包括两个，一是世界资源研究院（WRI）与世界可持续发展商会（WBCSD）共同发布的《温室气体量化协议》（The Greenhouse Gas Protocol），二是世界标准化组织（ISO）颁布的标准 ISO 14064。这类标准只给定了量化的流程和温室气体排放量计算的原则。

（2）特定行业的量化方法

WRI 在温室气体协议下颁布了有色金属冶炼、造纸、水泥等 12 个行业特定的量化方法。

我国的部分省市也根据各自地区特点公布了部分行业的量化方法指南，如北京颁布了热力生产和供应、火力发电、水泥制造、石化生产、第三产业及其他行业的指南。上海颁布了电力、热力、化工、有色金属、纺织和造纸、非金属矿物制品、航空运输业、旅游饭店、商场、房地产业及金融业办公建筑、运输站点等行业的指南。天津颁布了钢铁、化工、电力、热力、石化、油气开采、民用建筑领域的指南。广东颁布了火力发电、水泥、钢铁、炼油、乙烯。湖北颁布了电力生产、玻璃、电解铝、电石、造纸、汽车制造、钢铁、铁合金、合成氨、水泥及石油加工等行业的指南。

（3）企业自行开发的量化方法

企业在自身具备条件的情况下，也可以开发针对本企业特点的温室气体量化方法，但是需要注意这种量化方法需要与现有通行的量化方法保持一致，以便于其他机构承认其量化

结果。

3. 确定量化的边界

企业在量化碳排放数据之前,首先必须确定需要量化哪些部分的碳排放。依据其不同目的,边界分为组织边界与运行边界。

确定组织边界是指确定碳核查的所涉及的设施。对于大多数所有权结构单一的公司而言,需要计量本公司所有的生产、运行场所产生的碳排放。对于涉及合资、合伙或有关联公司的企业,在确定边界时需要使用基于股权比例的方法或基于实际控制的方法。使用基于股权比例的方法时,一般在计算碳排放是需要考虑本公司在产生碳排放的环节中所占的股权比例。使用基于实际控制的方法时,公司对某一运行环节具备财务或运行控制时,该环节的产生的碳排放将100%的计入该公司产生的排放。

确定了组织边界之后,组织需要定义运行边界,这包括辨识与运行有关的排放,以直接和间接的排放予以分类,并确定需要量化哪些间接排放。在确定了边界之后,需要确定所包含的的温室气体排放类型,即范畴(Scope)。范畴:(Scope 1)排放是指企业内拥有或控制的设施直接产生的温室气体排放。例如企业的锅炉产生的二氧化碳排放,冶金过程中使用的保护气体六氟化硫的排放或办公楼内灭火器、空调等设施产生的温室气体排放。企业消耗的由组织边界外提供的电力、热力或蒸汽的生产所产生的间接温室气体排放被称为间接能源排放,通常也即范畴二(Scope 2)排放。范畴三(Scope 3)是其他间接排放,它是指除范畴二之外其他所有间接的温室气体排放。范畴三排放是企业生产经营活动的结果,但是产生自本企业以外的排放源。例如,外购燃料的开采和生产、外购原材料的运输或外包服务。

一般情况下,企业都需要计量范畴一和范畴二排放,这主要是因为一般认为量化范畴一和范畴二排放是量化企业温室气体排放的最低标准,并且大部分企业也都希望供应商提供其范畴一和范畴二排放的数据。但是在个别情况下,企业也需要量化其范畴三排放,这主要包括企业范畴三的排放量明显高于范畴一和范畴二的排放;范畴三的减排能为企业带来明显经济效益;企业所参加的排放量量化体系中明确要求量化范畴三排放等情况。

常见的组织/运行边界排放表如下表所示。

表 9-1 温室气体运行边界调查表

范畴	类别	对应活动/设备种类
范畴一	固定式化石燃料燃烧排放	——发电设施,如备用柴油发电机等; ——供热装置,如热电联产设备等; ——化石燃料燃烧设施,如加热炉、燃烧炉、锅炉、窑炉、烘干机、废气燃烧处理设备等
过程排放	——生物/物理或化学的反应设施,如反应器、裂解炉、窑炉、熔炉等; ——清油裂解、芳香烃工厂、二甲苯分离、加氢脱硫工厂或氨气制造等等非燃烧过程产生温室气体的过程; ——触媒氧化器等非燃烧废气处理设施	

续表

范畴	类别	对应活动/设备种类
移动式化石燃料燃烧排放	——企业所属的吊车、公务车； ——企业所属的物流车队、燃料运输槽车； ——企业所属的火车、船舶、飞机	
散逸性排放	——空调或其他制冷设备的 HFC 散逸； ——燃油、天然气等储槽、管线或气阀的散逸； ——清洗过程中因溶剂使用造成的散逸； ——输油过程中产生的泄漏； ——灭火器或喷雾器的使用； ——电力输配设备的 SF_6 散逸； ——煤矿瓦斯的散逸	
范畴二	间接能源排放	——生产制造过程中使用的外购电力； ——生产制造过程中使用的外购蒸汽或热力
范畴三	其他间接排放	——员工通勤、差旅过程中交通工具的排放 ——外购原材料生产、运输产生的排放； ——外包生产商或特许经销商产生的排放

4. 识别排放源

温室气体排放一般来自于以下的排放源类别：

——固定燃烧：指固定式设备的燃料燃烧，如锅炉、熔炉、焚化炉、引擎及燃烧塔等。

——移动燃烧：指交通工具的燃料燃烧，包括汽车、火车、船舶及飞机等。

——过程排放：指物理或化学过程中的排放，例如来自于水泥生产的煅烧过程中排放的 CO_2，炼铝过程中的 PFC 排放及光伏电池蚀刻过程中的 NF_3 排放。

——散逸性排放：指故意或无意的散逸释放，例如从接头，密封处泄漏的温室气体或从废水污泥中释放的温室气体。

5. 确定排放因子并选择计算方法

实践活动中很少直接测量温室气体的排放，更常见的方法是监测某种活动水平数据并更具相应的排放因子和计算方法换算成为温室气体排放量。例如，根据企业购买的电量与电力排放因子，可换算出企业外购电力产生的二氧化碳排放量；根据企业的燃煤消耗量与相应煤种的排放因子，可计算出企业燃煤产生的二氧化碳排放量。针对各行业的特点，下表列出了部分行业分别涉及的排放源。

表9-2 各行业可能产生的温室气体种类及途径

行业	主要排放温室气体种类	主要产生途径
电力	CO_2、CH_4、N_2O、SF_6	发电过程中化石燃料的燃烧； 原料运输过程中燃料燃烧； 输配电设备保护气体散逸

10

续表

行业	主要排放温室气体种类	主要产生途径
石化	CO_2、CH_4、N_2O	发电或外购电力发电过程燃料燃烧； 过程直接排放； 原材料与产品运输过程中燃料燃烧
水泥业	CO_2、CH_4、N_2O	固定设备燃料燃烧； 发电或外购电力发电过程燃料燃烧； 原材料与产品运输过程中燃料燃烧
钢铁	CO_2、CH_4、N_2O	固定设备燃料燃烧； 发电或外购电力发电过程燃料燃烧； 原材料与产品运输过程中燃料燃烧； 添加含碳物的燃烧
造纸	CO_2、CH_4、N_2O	发电或外购电力发电过程燃料燃烧； 供热或外购热力过程燃料燃烧； 原材料与产品运输过程中燃料燃烧
半导体	CO_2、CH_4、N_2O、$SF6$、$PFCs$	外购电力的燃料燃烧； 过程排放或散逸排放； 运输过程中燃料燃烧
汽车制造	CO_2、CH_4、N_2O、$HFCs$	固定设备燃料燃烧； 汽车制冷剂散逸； 外购电力的燃料燃烧

6. 收集活动水平数据

活动水平数据对于计算碳排放至关重要，必须要确定其准确性与一致性。温室气体排放量可以用连续排放监测或定期采样的方式进行直接监测，但由于温室气体一般不是法定的空气污染物，因此绝大部分企业都不具备相关的监测方法和设备。利用原材料、物料或燃料的使用量等数值乘以相应的排放系数也可得出温室气体排放量，因此目前在国内进行温室气体排放量化时多采用排放系数法。

对于大多数企业而言，收集以下3类活动水平数据就可以计算出企业的排放量：

范畴一：购买的油、气等燃料的数量：对于此类数据可以直接使用仪表计量或采购的发票等进行统计，并采用公开的排放因子即可计算出此类温室气体排放量；

范畴二：外购电量：对于此类排放可以使用电表或购电发票进行统计，并根据国家相关部门公布的电力排放因子计算此类排放量；

范畴三：其他相关活动数据，例如燃料的消耗量或员工出差产生的航空排放等，需要查阅相关文件确定相应的排放因子。

如果企业识别出除二氧化碳以外的温室气体排放，例如制冷设备中HFC的排放或农业活动中氧化亚氮及甲烷排放，则需根据特定行业的温室气体排放量化方法进行计算。

利用过程或化学反应式中物质质量与能量的输入、输出、消耗及转换所进行平衡计算，也可以计算温室气体排放量，因此除直接测量温室气体排放和利用排放系数法计算温室气体排放这两种方法外，也可通过质量平衡法计算排放量。质量平衡法主要用于部分行业过程较为特殊,不易取得适用的排放系数的情况。例如水泥行业熟料烧制过程、水泥业 De－NOx 处理过程中消耗尿素的过程、电弧炉炼钢电极棒的消耗过程、半导体行业化学与气相沉积过程所消耗的温室气体、少数气体的灌装过程(如秒活期、SF_6、空调制冷剂、切割乙炔等)等。

7. 汇总统计数据

企业需根据报告的要求将不同从排放源量化的排放数据进行汇总统计。某些情况下,客户要求提供某种产品的碳排放数据,企业也可针对不同的产品分类统计其碳排放数据。由于碳排放量化工作会涉及到大量的数据统计和处理,因此为了保证数据的准确性,同时也为了方便第三方机构对数据进行审核,因此企业可以建立相应的碳排放管理软件系统。

企业在完成碳排放、碳减排的数据量化之后,应定期对量化的数据进行内部审查。如有必要,还应聘请独立的第三方机构对数据就行核查,并按照监管机构的要求公布核查报告。

8. 编制排放报告

企业编制的排放报告应包括下列信息:

(1)排放主体的基本信息,如排放主体名称、报告年度、组织机构代码、法定代表人、注册地址、经营地址、通讯地址和联系人等;

(2)排放主体的排放边界;

(3)排放主体与温室气体排放相关的工艺流程;

(4)监测情况说明,包括监测计划的制定与更改情况、实际监测与监测计划的一致性、温室气体排放类型和核算方法选择等;

(5)温室气体排放核算:

a. 采用基于计算的方法时,应报告以下内容:

若选用排放因子法,应报告燃烧排放中分燃料品种的消耗量,对应的相关参数的量值及来源;过程排放中分原材料(成品或半成品)类型的消耗量(产出量)和排放因子的量值及来源;电力和热力排放中外购的电力和热力的消耗量。

若选用物料平衡法,应报告输入实物量,输出实物量,燃料或物料含碳量等的量值及来源相关信息。

b. 采用基于测量的方法时,应报告:排放源的测量值、连续测量时间及相关操作说明等内容。

(6)不确定性产生的原因及降低不确定性的方法说明;

(7)其他应说明的情况(如 CO_2 清除等);

(8)真实性声明。

为使年度排放报告准确可信,排放主体可通过以下措施对数据的获取与处理进行质量控制。

(1)排放主体应对数据进行复查和验证

数据复查可采用纵向方法和横向方法。纵向方法即对不同年度的数据进行比较,包括年度排放数据的比较,生产活动变化的比较和工艺过程变化的比较等。横向方法即对不同来源的数据进行比较,包括采购数据、库存数据(基于报告期内的库存信息)、消耗数据间的比较,不同来源(如排放主体检测、行业方法和文献等)的相关参数间的比较和不同核算方法间结果的比较等。

（2）排放主体应定期对测量仪器进行校准、调整

当仪器不满足监测要求时，排放主体应当及时采取必要的调整，对该测量仪器进行设计、测试、控制、维护和记录，以确保数据处理过程准确可靠。

另外，企业应做好信息和数据的管理工作，更具相关的规定，在一定时间内记录并保存下列资料：

（1）核算方法相关信息：

选择基于计算的方法时，应保存以下内容：

a. 获取活动水平数据和参数的相关资料（如活动水平数据的原始凭证、检测数据等相关凭证）；

b. 不确定性及如何降低不确定性的相关说明。

选择基于测量的方法时，应保存以下内容：

a. 有关职能部门出具的测量仪器证明文件；

b. 连续测量的所有原始数据（包括历次的更改、测试、校准、使用和维护的记录数据）；

c. 不确定性及如何降低不确定性的相关说明；

d. 验证计算，应保留所有基于计算的保存内容。

（2）与温室气体排放监测相关的管理材料；

（3）数据质量控制相关记录文件；

（4）年度排放报告。

9. 内部审核

企业应建立对碳排放管理工作的定期内审制度，这种制度对于对外发布碳排放核算或减排的企业尤其重要。对于小企业来说，内审的工作形式可以较为简单，企业内部相关部门与工作分小组定期召开内审会议，讨论在碳排放管理过程中遇到的问题，并确定完成碳排放管理目标所需的下一步工作安排。对于大企业来说，需要对本企业碳排放管理制度及流程进行正规和系统的审核。例如，下属子公司应定期向总公司汇报其监测计划的执行情况；本公司内审人员对由外部人员实施的监测内容进行审核。

内审的结果应向公司管理层进行汇报。如有需要，也可邀请独立的利益相关方对公司的内审报告提出意见。

第二节　企业碳排放的核查流程和指南

企业碳核查是指核查员根据商定的准则对企业的 GHG 排放（碳排放）声明进行客观评价的过程。核查后，核查员要向目标用户提交符合双方商定的保证等级的结论，说明该 GHG 排放（碳排放）声明无实质性错误、遗漏或错误解释。

企业碳排放的核查应该是一个系统的、独立的、形成文件的过程，本章节主要介绍企业碳排放报告的核查过程，对温室气体清单核查的原则和要求，简要说明了它的内容，如核查的策划，评估程序，以及对组织所公布的温室气体控制结果的评价方法。该流程既可以用于组织内部自身的核查，也可以应用于独立的机构进行的外部核查。当该过程应用于企业内部时，为其自身的核查工作提供了指导，当应用于外部独立机构时，可将其作为碳排放核查工作的要求。下图显示出了在企业碳排放核查中各有关方面的地位和职责。

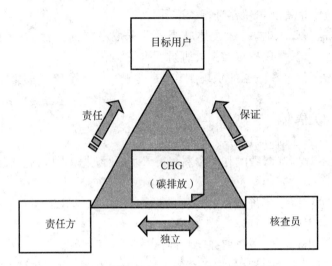

图 9‑2　碳排放核查中各方的作用与职责

核查合同签订或核查协议达成后,核查机构应组建核查组并准备实施核查如文件评审、现场核查、报告编写等工作。本节给出了企业碳排放的核查指南。

一、碳排放核查的原则

在对企业的碳排放进行核查过程中,核查机构应注意遵守以下基本原则。

(1)客观独立。即能保持独立于所核查的活动之外,不带偏见,无利益冲突,在核查活动中保持客观,以确保其发现和结论都是建立在客观证据的基础上。

(2)诚实守信。即核查机构应通过在整个核查过程中的责任感、完整性、保密性及谨慎态度来证明其诚实守信。

(3)公正表达。即真实准确地反映核查活动、发现、结论和报告。如实报告核查过程中所遇到的重大障碍,以及核查者、责任方和委托方之间未解决的分歧意见。

(4)职业素养。即具备与所承担的任务和委托方及目标用户所寄托的信任相应的职业素养和判断力,具体从事核查所需的技能。

二、企业碳排放核查的流程

针对企业碳排放的核查工作可以是企业内部自身实施,也可以委托外部第三方独立实施。企业碳排放核查主要工作内容包括以下几点:

(1)委托方为核查员提供充足的信息,以便后者确定这一工作能否进行。核查员受委托方的委托开展核查。

(2)企业负责做出 GHG 排放(碳排放)声明,并将 GHG 排放(碳排放)声明及其支持信息一同提供给核查员。

(3)核查员以核查陈述的形式报告核查发现和结论,并将其分送与委托方合同中规定的有关各方。

(4)信息的目标用户可以是委托方、责任方、GHG 排放(碳排放)方案主管机构、执法部门、金融机构或其他利益相关方(如当地社区、政府机构或非政府组织)。

一般的碳排放核查的流程如图 9－3 所示。

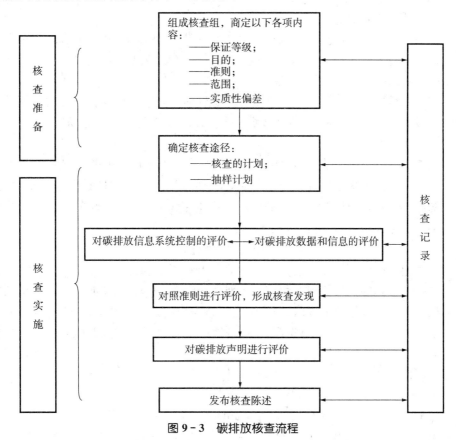

图 9－3　碳排放核查流程

以下章节主要介绍外部第三方的独立碳核查流程,对于企业内部的自身碳核查,可以依据外部核查的规则与流程相应实施。

（一）核查准备

1. 组成核查组

企业碳排放核查工作应该由具备相应核查工作能力的人员实施。在与核查委托方签订核查服务合同或者确认企业碳排放核查可行时,核查机构应当选择核查组。一般情况下,核查组可以通过下列方式保证其总体的能力。

a. 根据核查工作要求,确认核查员已得到相关机制的认可,从而有资格在适合于既定的核查目的、范围和准则的 GHG（碳排放）方案下开展工作;

b. 明确为实现核查目的所需的知识、技能和能力;

c. 选择具备所需知识、技能和能力的核查组长与成员。

在选择核查组时,核查机构应考虑为实现本次核查目的所需要的核查组的规模\组成及能力要求。

1)核查组规模及组成应考虑的因素

在确定核查组规模及组成时,核查机构应考虑以下因素:

——核查目的、范围、准则及预期的核查时间,以确保组成的核查组能够满足核查目的、范围的要求,并且核查组的成员能够在预期的核查时间内开展核查工作,以满足核查委托方的要求。

——针对受核查方的活动(产品或服务)的专业类型、排放源特点,核查组应指派具有上述专业背景人员参加,以确保核查组能够更好地满足核查方的有关与专业相关的能力要求。

——在考虑核查组规模时,还要考虑以下因素(但不限于):如受核查方的规模、活动(产品或服务)的过程的复杂程度、重要性、相似性,还有受核查方场所或现场的数量、大小及分散程度等。

——在考虑核查组的组成时,还要确保核查组独立于受核查方并且避免利益冲突。核查组的独立性对于确保核查的公正性及核查结果的客观性是十分重要的,核查机构应在组建核查组时有相应的程序或指南来识别、控制和避免核查组与受核查方存在利益冲突分析,进而避免影响核查的公正性和客观性。

——其他因素。在确定核查组组成时,要考虑核查组长的领导能力和协作能力,以使得核查组长能够领导核查组和代表核查组与受核查方进行有效的沟通和交流,能使得核查活动顺利进行;如适用时,还要考虑法律、法规、合同或认证认可规则中关于核查组的组成规模的要求;还要考虑受核查方的语言及社会、文化特点可能会核查工作过程,核查组应能够按事先约定的核查语言进行审核,并能充分理解受核查方的社会和文件特点等。

2)核查组能力要求

对核查组的能力要求包括专业性要求和整体能力的要求。

在整体能力方面,核查组宜具备下列方面的经验和知识:

——识别 GHG 排放(碳排放)报告系统的失误及其对组织的 GHG 排放(碳排放)声明所造成的影响;

——组织所选择的 GHG 排放(碳排放)源、汇、库的来源和类型;

——组织所采用的 GHG 排放(碳排放)量化方法;

——与特定的 GHG 排放(碳排放)方案有关的其他能力(如与相关管理机制下有关的政治和法律方面的能力);

——本行业当前最佳操作;

——特定行业领域的工艺或运行;

——边界的识别及分析;

——温室气体排放源的识别与选择;

——温室气体量化方法及标准;

——数据分析和评价方法如不确定性、置信度、实质性偏差及抽样方法等;

——监测技术和设备的校准、检定等;

——管理体系的总体概念及 ISO 19011 的审核知识;

——与核查的活动(产品或服务)相关的环境因素和影响等;

——领导能力(核查组长应具备的能力),以能够领导核查组和管理核查活动。

在专业性要求方面,核查组至少有一名成员应具备以下知识,而且这些知识是通过有关的工作经历获取的:

——核查需遵守的法律法规;

——核查范围内的标准所规定的原则和要求;

——与从事此项工作的核查者有关的认可要求;

——产生碳排放的过程,以及与碳排放的量化、监测和报告有关的技术问题;

——影响碳排放清除的生态系统,以及与碳排放减排的量化、监测和报告有关的技术问题;

——组织对碳排放或减排的量化、监测和报告所采用的方法学;

——如适用,关于组织边界的确定;

——组织对碳排放清除的量化、监测和报告所采用的方法学;

——对碳排放数据和信息的核查,以及数据抽样的方法学,包括保证等级、实质性及核查计划的审核;

——风险评估方法学;

——核查的工作程序。

3)核查组成员职责

核查组的组成除核查组长、核查员外,还可以有技术专家。核查组的组成情况应在核查前得到核查委托方和/或受核查方的确认。核查委托方和/或受核查方均可根据合理的理由申请变换核查组成员。合理的理由包括存在利益冲突(如,核查组成员是受核查委托方的员工或曾经向受核查方提供咨询服务等)、之前有缺乏职业道德的行为等。上述理由应当与核查组长和核查管理人员进行沟通,在决定更换核查组成员之前,他们应与核查委托方和/或受核查方一起解决相关问题。核查组成员应根据核查组长的安排开展相关工作,并承担相应的职责。核查组全体成员应遵守并保持核查的保密要求,妥善保管涉及保密或知识产权信息的工作文件。

——核查组长职责

核查组长的职责包括:制定核查计划、选择核查组成员、组织召开相关会议、代表核查组与核查委托方和/或受核查方联络、管理核查组成员及核查工作、指导制定抽样方案并做出核查结论,验证后续的纠正措施并对核查和核查报告负责等。

——核查员职责

核查组成员的职责包括:准备必要的工作文件、按照核查计划,完成所负责的核查任务、收集核查证据并报告核查发现、参与核查组内部讨论以交换信息和评审核查进展、准备建议性意见和讨论核查后续活动(如果核查目的和计划涉及)、编制不符合项报告、向核查组长报告核查过程中的情况等。

——技术专家

当核查组成员没有核查范围所涵盖的活动(产品或服务)的相关专业背景时、或有其他需求时,核查机构可以聘请有专业知识的技术专家以提供技术支持。独立的核查专家可为核查工作提供知识、技能和能力等方面的帮助,但不能完全代表核查组。专家一般在核查组长指导下工作。可将其作为核查组成员使用,尤其是他们从事数据审核的相关工作时。技术专家的职责包括如:对受核查方的生产过程技术控制的有效性进行评估、帮助核查组成员澄清有关技术上的问题和必要时向核查组成员介绍受核查方的生产工艺及行业规范等。技术专家不能独立从事核查活动,技术专家参与核查活动时,应由核查员控制核查过程。在一次具体的核查中对专家进行评价时,宜考虑下列因素:

a)专家的技能、能力和公正性;

b)专家能为实现核查目的提供技能的证据;

c)就 GHG 排放(碳排放)方案要求而言,专家处于客观的地位并具备必要的独立性。

聘用技术专家的核查机构应确保专家认识到他们在作用和职责上与核查员是有区别的。

核查组所有成员应该独立于核查委托方和受核查方的活动并避免实际或潜在的利益冲突。在实施核查活动之前,应将核查组成员的姓名及相关信息传递给核查委托方。如有合理原因,核查委托方可以提出调整核查组成员的要求。

2. 核查组与企业建立联系、约定相关内容

核查组组成后,应由核查组长代表核查组与核查委托方或受核查方建立初步联系,以便能够:

——与核查委托方或受核查方的代表建立沟通下的渠道;

——确定实施核查过程的权限,包括查阅有关文件、进入有关现场、观察有关活动、调阅有关记录和与有关人员面谈等;

——向核查委托方或受核查方提供相关建议的时间安排和核查组组成的信息等;

——向核查委托方或受核查方提出获得相关文件的和记录等;

——确定适用的现场安全规则;

——对核查做出安排,如介绍核查的程序(查阅文件、现场观察等)、协商核查步骤及具体的时间和核查组的内部活动等。

核查组在正式核查之前,应当与企业约定如下内容:

1)共同商定核查的保证等级

核查机构应在核查过程开始之前与委托方共同商定核查的保证等级。

保证等级是在对组织碳排放声明进行核查的过程开始时,应委托方要求根据目标用户的需求确定的。保证等级规定了核查员提交的结论对碳排放声明的信任程度。由于一些不确定性因素的影响,如判断、试验、控制的固有局限性和一些证据类型只能是定性的,不可能做出绝对的保证。核查员对所收集的证据进行评价,然后在核查陈述中做出结论。

保证等级一般分为两级,即

——合理保证;

——有限保证。

"合理保证"提供一个合理但不是绝对的保证等级,它表示责任方的 GHG 排放(碳排放)声明不存在实质性的错误。例如:在 GHG 排放(碳排放)陈述中可以对一个合理保证这样的措辞:

根据所实施的过程和程序,认为:

——GHG 排放(碳排放)声明无实质性错误,并如实表达了 GHG 排放(碳排放)数据和信息。

——该声明系根据有关 GHG 排放(碳排放)量化、监测和报告的国际标准,或有关国家标准或通行作法编制的。

"有限保证"与"合理保证"的区别是它不像后者那样强调对支持 GHG 排放(碳排放)声明的 GHG 排放(碳排放)数据和信息进行具体的验证。对于有限保证,核查员要做到不使

目标用户将其误认为合理保证。例如:GHG 排放(碳排放)陈述中可以对一个有限保证这样的措辞:

根据所实施的过程和程序,无证据表明 GHG 排放(碳排放)声明:

——存在实质性错误,或未如实表达 GHG 排放(碳排放)数据和信息。

——未根据有关 GHG 排放(碳排放)量化、监测和报告的国际标准或有关国家标准或通行作法编制。

由于核查员帮助碳排放企业编写 GHG(碳排放)声明不符合独立性原则。因此,如遇此种情况,核查机构不宜颁发任何保证证书。

所需的保证等级宜由 GHG 排放(碳排放)方案决定,此时宜考虑到所要求的实质性。

2)共同商定核查目的

在核查过程开始之前,核查员和委托方应共同商定核查的目的,包括:

a)组织的碳排放量化和报告是否遵循了相应的核查准则的要求;

b)组织的碳排放清单、数据等相关信息是否符合相关性、完整性、一致性、准确性、透明性的原则;

c)组织有关温室气体的控制措施。

确定核查的目的是使核查员能够做出核查陈述,说明 GHG 排放(碳排放)声明是否存在实质性偏差。

3)共同商定核查准则

在核查过程开始之前,核查员应与委托方共同商定核查的准则,这些准则中应包括责任方所遵从的标准或有关碳排放的原则。核查的准则主要包括(但不限于)以下几点:

a)国际标准 ISO 14064-1:《温室气体 第 1 部分-组织层次上对温室气体排放和清除的量化与报告的规范及指南》;

b)国际标准 ISO 14064-3:《温室气体 第 3 部分-温室气体声明审定与核查的规范及指南》;

c)GHG Protocol 或其他约定的准则;

d)相关温室气体管理方案。

4)共同商定核查范围

在核查过程开始之前,核查员应在考虑核查过程的程度和边界的基础上,与委托方共同商定核查的范围。此范围至少应考虑下列内容:

a)组织基准情境的法律、财务和地理边界;

b)组织的基础设施、活动、技术和过程;

c)所包括的 GHG 排放(碳排放)源;

d)所包括的 GHG 排放(碳排放)类型;

e)本次核查所覆盖的时间段;

f)适宜时,前次碳排放核查过程及结果;

g)提交核查陈述的时间及其目标用户;

h)GHG 排放(碳排放)清单的二氧化碳排放当量。

5)共同商定实质性偏差的阈值

在核查过程开始之前,核查组应在考虑核查所遵从机制的基础上,确定实质性偏差的阈值。

所有碳排放核查工作，其目的都是要让核查员能够做出正确判断，以确定组织所制定的GHG 排放（碳排放）声明，是否在实质性方面符合其实施的内部或外部 GHG 排放（碳排放）方案的要求。对实质性偏差的评价需要专业判断。应当认识到，在责任方根据其内部或外部 GHG 排放（碳排放）方案要求如实做出 GHG 排放（碳排放）声明时，实质性偏差与对一些物质（孤立的或合成的）的量化密切相关。

如果声明中的一个或多个偏差，可能导致一个对有关业务和 GHG 排放（碳排放）活动具备必要知识的人（目标用户），在该声明的基础上所做出的决策发生改变或受到影响，即被认为具有实质性。

原则上说，核查员应根据其对目标用户信息需求的了解来确定对实质性的要求。但事实上，一则事先很难确切知道都有哪些目标用户，二则即使对已知用户，也往往难以了解他们的具体需求。在某些情况下，宜对与此最终用户进行磋商，否则对实质性偏差的判断就只能取决于核查员的专业判断。可接受的实质性偏差由 GHG 排放（碳排放）方案的核查员根据商定的保证等级来确定，通常商定的保证等级越高，实质性偏差越小。

为了保证一致性，并避免可能产生的误判，一些 GHG 排放（碳排放）方案或内部方案通过设定实质性偏差的限值，作为上述决策的辅助。例如在总体上，对组织 GHG 排放（碳排放）排放的偏差不超过 5%。同时，对于不同的层次，可以规定不同的限值，如在组织层次上为 5%，设施层次上为 7%，GHG 排放（碳排放）源层次上为 10% 等。另外，如果在某一层次上的错误或遗漏，单独看虽然低于所规定的限值，但加在一起就超过了，也应属于实质性偏差，并被视为不符合。

对实质性偏差的确定涉及定量也涉及定性的考虑，对各种偏差进行综合考虑后，可能会发现一些相对较小的偏差也对 GHG（碳排放）声明发生影响。

（二）实施核查

1. 文件评审

文件评审是核查活动的重要组成部分，是现场核查的基础和先行步骤。在进行现场核查前应进行文件评审。文件评审包括企业碳排放相关的文件、相关记录等。文件评审时应考虑受核查方的规模、性质、复杂程度及核查的准则、目的和范围等。

1）文件评审的目的

文件评审的目的如下：

——对所受核查方（碳排放企业）提供的数据和信息完整性的评审；

——对监测计划和监测方法的评审；

——对数据管理和质量控制/质量保证系统的评审。

2）文件评审的时机

核查机构核查组组成后，由核查组长或核查组长指派核查组成员进行文件评审。文件评审分为 2 个阶段。

——现场核查前的文件评审：现场核查前的文件评审一般是指核查组对受核查方的监测计划、监测报告及排放量计算及相关支持证据的完整性的评审、对数据管理和质量控制/质量保证程序等的评审（如对监测报告、监测计划、质量管理手册及程序、作业规定和相关的记录或之前的核查报告等的评审)。文件评审的重点是文件与核查准则的符合性、文件之前的协调性及文件的覆盖面等。

——现场核查时的文件评审:在现场核查过程中,核查组成员还会进一步接触到大量的其他文件(如作业指导书、相应的作业规范和记录及相关发票、能源平衡表等)。核查组应对接触到的文件进行评审,其重点是文件的适宜性、与其他文件的协调性、数据记录的一致性等。对于现场核查前提供的复印件或扫描件,核查组应进一步通过文件评审相应的原件,以判断提供证据的有效性。

原则上,文件评审应贯穿企业碳排放核查的整个过程。

3)文件评审的内容

核查组在对企业碳排放核查的文件评审过程中,应按表9-3中的内容对提供的监测报告等文件进行评审。现场核查时的文件评审记录应补充填写在表9-3中。

表9-3 文件评审内容及记录表

内容	记录
1 边界的确定	
1)组织边界	
(1)组织采取何种方式对设施层次 GHG 的排放和清除进行汇总? 　　a)基于控制权的:对组织能从财务或运行方面予以控制的设施的所有定量 GHG 排放进行计算; 　　b) 基于股权比例的:对各个设施的 GHG 排放按组织所有权的份额进行计算。	
(2)组织边界是否曾经发生过变更? 如是,是否有详细的说明?	
2)运行边界	
运行边界 　　组织是否确定运行边界并形成文件? 如果运行边界发生变化,是否给出说明?	
2 边界内排放设施运行	
1)边界内排放设施描述是否清楚? 是否包含了所有的排放设施? 如否,是否有详细的说明?	
2)是否清楚描述排放设施的物理特征如:设备数量、技术参数、安装与运行状态?	
3 排放	
1)直接排放	
(1)是否对组织边界内设施的直接排放予以量化?	
(2)是否有生产、输出或配送电力、热和蒸汽,其所产生的直接排放是否单独报告,是否从直接排放总量中扣除?	
2)能源间接排放	
是否对其消耗的外部输入的电力、热或蒸汽的生产所产生的间接排放予以量化?	

续表

内容	记录
3)其他间接排放	
是否对其它间接排放进行量化？	
4)排放量化方法学	
(1)组织选取了下述何种量化方法： ——基于计算的量化方法； ——基于测量的量化方法； ——测量和计算相结合。	
(2)是否对量化方法的选择加以说明？是否对以前使用的量化方法学中的任何变化做出解释(如适用)？	
(3)是否选择和收集与选定的量化方法要求相一致的温室气体活动水平数据？	
(4)排放因子的选择与确定是否合理？是否对以前使用的排放因子的任何变化做出解释(如适用)？	
4　监测	
1)参数监测与量化方法学的一致性	
(1)是否符合量化方法学的要求(如适用)？	
(2)直接排放参数的监测,是否有明确的数据和信息的管理,包括数据的产生、记录、汇总、计算及报告？	
(3)间接能源排放参数的监测,是否有明确的数据和信息的管理,包括数据的产生、记录、汇总、计算及报告？	
(4)其他间接能源排放参数的监测(如有),是否有明确的数据和信息的管理,包括数据的产生、记录、汇总、计算及报告？	
2)与监测相关的运行和管理体系	
(1)是否建立运行和管理体系以确保监测能够有效执行？	
(2)已经建立的运行和管理体系是否合适？质量控制和保证程序是否建立并满足量化方法学的要求？	
(3)监测设备是否符合量化方法学的要求？监测设备的精度、位置是否符合要求？	
(4)是否建立了质量管理/质量保证程序？	
5　监测设备校准	
1)监测设备是否进行了校准,并满足相关标准的要求？	
2)监测设备的校准频率是否满足要求？如不满足,是否采取了合适的方式进行处理？	
6　排放量的计算过程及结果	
1)监测期内是否有可用的完整数据？	

续表

内容	记录
2)监测期内是否存在需要监测而未监测的参数？如有,如何处理的？	
3)报告的数据如何与其他数据源进行交叉核对的,如与运行日志、购货发票、能源平衡表等？	
4)排放量的计算过程是否正确,计算过程是否可验证并且重复计算？	
5)排放量计算是否正确使用了排放因子、默认值？	

4)文件评审的结果

如果在文件评审过程中(包括现场核查前的文件评审和现场核查时的文件平审)发现文件不充分或与核查的准则、标准不符合,核查组长应通知核查委托方和受核查方,并且应开具不符合项或澄清项以让受核查方采取纠正和澄清。

2. 现场核查

在现场核查前的文件评审之后,核查组长应根据文件评审的结果制定现场核查计划并与核查委托方或受核查方商定现场核查的日期。同时,应进行现场核查的准备工作如制定现场核查计划及准备相应的工作文件等。通过现场观察企业碳排放的实施和监测计划的执行、查阅设施和监测记录、查阅数据产生、传递、汇总和报告的信息流、评审排放量计算时所作假设及现场工作人员或相关方的会谈,进一步判断和确认企业碳排放的减排量的真实性和准确性。

1)制定现场核查计划

现场核查计划的详细程度应反映核查的范围和复杂程度。核查组在制定现场核查计划时,一般应包括如下内容:

——核查目的;

——核查准则、引用文件及核查所用语言;

——核查范围,包括确定接受核查的组织单元及过程等;

——实施现场核查活动的日期及地点;

——现场核查预期的时间和期限,包括与受核查方管理层的会议及核查组的会议等;

——核查组成员的作用和职责;

——核查后续活动等。

现场核查计划一般应核查组长编制完成并经核查委托方确认后发给核查委托方和/或受核查方。通常在现场核查前若干天提交给受核查方。核查组在确定现场核查计划及现场核查活动时,应考虑:

(1)企业的类型、规模及现场数量:不同行业的企业及组织规模,其碳排放的复杂程度存在较大差别,应在制定现场核查计划和活动时予以考虑。此外,企业碳排放核查的现场数量也影响现场的核查时间及活动。

(2)受核查方的部门或活动:由于现场核查需要在规定的时间内完成,要合理安排对部门或活动的现场核查时间,应合理分配现场核查工作的时间和资源、考虑现场核查的整体时间、核查人员的分工。

(3)现场核查人员工作量分配:为有效完成现场核查工作,核查组长应与核查组成员协商,将对具体的过程、职能、场所或活动的核查工作分配给核查组每位成员。核查组长要考虑所涉及的专业的复杂性,有专业背景的核查员必须进行现场核查,如果没有专业核查员,应配备技术专家进行现场核查。并且核查组长可以在核查过程中,为实现核查目的,根据核查工作的进展情况调整对核查组成员所分配的工作。

现场核查计划及活动可采用表9-4和表9-5的格式。

表9-4 现场核查计划

受核查方名称:		合同号:	
地址:			
核查目的		专业领域:	
		使用语言:	
核查准则:			
	姓名	资 格(专业)	
组长: 组员: 技术专家:			

注:现场核查期间,请安排相关人员准备与核查项目相关的文件和记录,并在适当的地点接受核查;如果核查计划有不可行的地方可以提出调整意见,但须经核查组长同意。

核查组长/日期:

核查委托方代表/日期:

表9-5 现场核查活动安排

日期/时间	核查员	核查内容	核查部门

2)现场核查准备

为使现场核查能够顺利、有效地进行,核查组在现场核查前评审其所承担的核查工作的信息,并准备必要的工作文件用于现场核查过程的参考和记录。这些文件可以包括:

——文件评审内容及记录表;

——记录相关信息的表格,如支持性证据、核查发现及会议记录等。

3)现场核查实施

核查组根据已经制定好的现场核查计划及分工开展企业碳排放的现场核查工作。现场步骤可以是:

（1）召开见面会

在现场核查开始前，核查组长主持召开与受核查方管理层的见面会，确认现场核查计划的主要内容，特别是日程安排和实施现场核查的程序及方法、确认沟通渠道、接受受核查方的有关核查询问等。

（2）信息收集与验证

核查组成员应按照核查计划的安排，通过面谈、查阅文件和客观证据、约见企业碳排放相关人员、现场核实排放设施和监测系统等方式，抽样收集并验证与核查范围、事前疑问有关的信息。

现场核查应当收集的信息包括：所有相关设备是否都已经被安装并且正确进行、观察操作人员的具体操作、检查项目不正确操作及数据收集过程带来的风险、评审所选择的监测参数的产生、计算和报告的信息流、检查计量设备、记录计算设备的摆放位置等、计量设备经过定期校准或校验的证据、审核所要求的程序、惯例以及文件，确保它们被正确使用等。

在现场核查过程中，核查组还应特别关注：内部数据的可靠性，数据收集、计算、处理、合计和储存的来源及方法、外部数据的可靠性，数据的获取途径以及表明数据质量的相关证据、环境及社会参数、监测计划的完整性和温室气体管理及实施体系是否正确执行等。

核查组在现场核查过程中应注意一些事项，具体有：核查员应采取客观、公正、谨慎的态度、核查应按核查计划进行，遇有重要信息需要偏离核查计划的，应征得核查组长的同意并在核查记录中注明、核查员在收集证据过程中应互相合作、互通信息并且正确对待和妥善处理各种情况以保证现场访问工作顺利进行、每位核查员必须将核查情况记录在核查记录表中。并且现场核查的录入的信息应是客观的，能客观反映实际情况、并有可追溯性和能充分显示出收集到的核查证据。

（3）核查发现及核查组内部交流会

在每天的现场核查工作结束后，核查组长应主持召开核查小组总结会，以讨论和交换信息，评审现场核查的进展及核查发现等，若需要重新对核查组成员的任务进行分派时，应在核查计划中给予说明。如果需要，核查组长应向受核查方或核查委托方通报核查进展及相关情况。

核查组应根据需要在现场核查的适当阶段共同评审核查发现，在收集核查证据和查看相关资料工作结束后，核查组长应如开核查组内部会议，以汇总核查证据，并对照核查准则以形成核查发现。

（4）末次会议

核查组长主持末次会议。末次会议的内容应包括：重申核查的目的、准则和简要介绍核查的方法、报告纠正措施要求和澄清要求、说明做出最终核查结论和编写核查报告的程序要求、征求核查委托方的意见并同核查委托方商量纠正措施的完成时间等。核查组长在末次会议上报告核查发现应取得核查委托方或受核查方的确认。核查组与核查委托方或受核查方应就有关核查发现的不同意见进行讨论，并尽可能给予解决。如果未能解决，应当在核查报告的记录中有所体现。

（5）核查发现的提交

在现场核查结束后，核查组应汇总文件评审和现场评审的发现在一定的时间内（如5个工作日）准备不符合项及澄清要求。

当存在以下情况时,核查组应对核查委托方提出不符合(包括但不限于):

——企业碳排放报告采用的量化方法不符合相关量化指南的要求;

——企业的排放边界、设施规模和排放源的基本信息与实际情况不一致;

——数据不完整或计算错误;

——不恰当的数据处理方法,如不确定性、置信度和抽样方法等。

如果核查组获得的信息不充分,或者不清晰以至于不能够确定企业碳排放是否符合要求时,则应提出澄清要求。不符合/澄清可采用如下表格式描述。

表 9-6　不符合/澄清报告表

受核查方:		核查日期:
核查准则: □ □		
不符合/澄清要求的描述:		
核查员签名:	审核组长签名:	受核查方代表签名:
澄清/纠正措施:		
受核查方代表:		日期:
澄清/纠正措施跟踪情况: □ 有效 □ 可以接受		
核查组长签名:		日期:

3. 编写核查报告

在核查组提出所有的不符合项及澄清要求全部关闭后,核查组应在一定的时间内准备核查报告。并且核查组在完成报告过程中除应包括下列内容外,还应在核查报告中列出核查过程中所有的支持性文件,并在有要求时能够提供这些文件。

1)核查报告内容

核查组在编写企业碳排放核查报告时,应保持核查报告真实、中立且逻辑清晰。报告内容应包括以下内容:

——核查的目的、范围及准则。核查组应在核查报告中清楚地写明核查机构与核查委托方共同商定的核查目的、核查准则及范围。

——核查过程和方法。核查报告中应包括核查机构对企业碳排放核查的过程如核查组组成、文件评审、现场核查、不符合及澄清的处理、报告编写过程、内部质量控制等。

——受核查方的基本信息。核查报告中应包括受核查方的基本信息如企业名称、地址、相关联系人、设施名称等。

——与依据的核查指南的符合性。核查报告应清楚写明对企业碳排放核查所采用的核查指南，并指明与该指南的符合性。

——边界及排放源种类。核查报告中应包括企业的组织边界和运行边界的确定过程并且包括排放源的识别过程如直接排源、间接排放源和其他间接排放源等。

——边界排放设施的运行。核查报告应包括边界范围内排放设施的类型、种类、数量及相关技术参数，还应包括设施的运行情况如设施运行时间、停机时间、检修时间等。

——排放量化方法学及数据传递过程。核查报告应包括企业碳排放量化过程中所使用的量化方法学，包括量化方法学的适用性、量化方法及量化过程等，还应包括数据的产生、记录等一系列的传递过程。

——监测设备的校准及精度。核查报告应包括企业碳排放量化过程中使用的监测计量设备的类型、数量及精度，并指出精度是否满足国家相关规定和要求；还应包括监测计量设备的校准、检定等是否能够满足国家、地方及行业等法规、规程的要求等。

——排放量计算过程及结果。核查报告应清楚包括企业碳排放量的计算过程，并且能够使人重复计算和验证结果的准确性。

包括上述内容的核查报告可以按如下的核查报告编写（如表9-7）。

表9-7　核查报告格式

报告编号	首版日期	版本号	终版日期

核查委托方			
企业名称及地址			
报告周期			
温室气体种类		排放量	
核查综述：（包括核查目的，准则，组织和运行边界、保证等级及核查说明等）			
核查组长		批准人	
核查组		
技术评审组		

报告正文内容
1.核查简介 （1）核查目的

续表

(2)核查准则
(3)核查范围
(4)保证等级
(5)实质性
(6)核查过程描述
2.核查步骤
(1)核查组的指定
(2)文件评审
(3)现场评审
(4)不符合及澄清要求的处理
(5)核查报告编写过程
(6)内部质量控制
3.核查发现
(1)边界的确定
(2)边界内排放设施运行
(3)排放量化方法学
(4)参数监测
(5)监测设备校准
(6)排放量的计算过程及结果
附件1:文件评审记录表
附件2:不符合、澄清要求及纠正
附件3:核查组能力证明

2)核查报告内部评审

核查组应将编写好的核查报告与相关支持性文件一同提交给核查机构具有技术评审资格的人员进行技术评审,以对核查报告的客观性和准确性进行技术复核。从事技术评审的人员应独立于核查组(即不与之存在利益冲突)且能够满足相应的能力要求(同核查组能力要求相当)。内部评审能够确保核查组的核查过程及报告能够按核查机构的核查管理程序实施,主要对核查报告的技术错误、核查组的安排及核查组成员的职业素养和对报告中一些错误和忽视的地方等进行技术评审。内部评审的内容可包括:

——核查协议评审内容是否适宜(如有);

——核查组的人员是否具备相应的能力;

——核查组文件评审内容是否足够;

——文件评审结果是否记录清楚;

——《现场核查计划》内容是否适宜,是否得到执行;

——现场核查内容是否全面,核查过程是否注重证据的质量的原则;

——核查报告中提出的不符合要求是否适宜;

——纠正措施要求是否得到解决;

——核查报告内容是否齐全、准确;

——核查发现是否适宜。

目前在企业碳排放核查工作中运行的最佳操作方式是,在任命核查组长的同时也任命一位来自核查机构内部但处于客观地位的同行评审员,以对核查过程及其结果进行评价。之所以说任命这样一位同行评审员是最佳操作,是因为通过他对核查组及其组长的工作,包括从最初与委托方签订合约,直至最终完成核查过程,进行全程的评价,从而就极大地降低了核查机构在核查工作中的公正性风险。

3)核查报告的结论

核查组应在核查报告中出具肯定的或否定的核查结论。只有当不符合/澄清要求全部关闭后,核查机构才能出具肯定的核查结论。

三、核查的要求

核查机构应当按照规定实施对计算边界、量化方法、监测参数、排放量计算以及温室气体报告进行

(一)对边界的核查要求

核查机构在核查时应确认企业的温室气体报告中包含以下信息:

a)清晰地说明了组织边界。

b)清晰地说明了运行边界。

c)所量化的排放源清单。

d)不同种类的化石燃料应作为不同的排放源分开统计。

e)针对方法学中给定但企业没有量化的排放源,企业应给出合理的理由。

f)针对方法学中未列出的但企业量化了的排放源,企业应予以说明;

g)占直接或能源间接温室气体总排放量少于某一阈值的温室气体排放源可视为微量排放源,企业可根据需要确定是否将其包含在总排放量中。核查机构应确认未包含的微量排放源的总排放量不会给企业总排放量带来实质性偏差。

核查报告中应对上述边界的选取和排放源识别内容的完整性和准确性进行描述。

(二)温室气体量化方法的核查要求

核查机构应确认企业采用了合适的量化方法学。如企业采用了机制规定之外的方法学,则企业应在温室气体报告中对其所选择的方法进行说明。核查机构也应在核查报告中针对所选方法的准确性予以确认。

(三)监测参数的核查要求

核查机构应确认方法学中涉及的参数是否按照方法学的规定进行监测。温室气体报告应对所监测参数的数据来源、监测程序、QA/QC等情况进行说明,核查机构应在核查报告中对参数监测的合理性予以确认。

当所适用的机制允许时,在对某一参数进行核查时,如果样本数量太多,可以根据所适用机制的实质性要求,按照 GB/T 2828.1—2012《计数抽样检验程序 第1部分:按接收质量限(AQL)检索的逐批检验抽样计划》确定抽样方式。核查机构应在核查报告中说明选取的抽样方法和抽样的具体情况。

（四）对温室气体排放计算的核查要求

1）计算过程及结果的核查要求

排放量的计算过程应以温室气体报告附件的形式清晰、正确地表达出来，包括所有原始数据的处理和计算过程以便于核查机构能够再现温室气体排放量。

核查机构应对企业温室气体排放量化的计算过程和结果进行核查，确认企业得到的温室气体排放结果是可再现的、准确的、完整的，并在核查报告中进行说明。

例如对于电力企业温室气体排放的计算结果，应与企业提供的供电煤耗、提交给政府或上级主管单位的煤耗数据进行交叉核对，以确保数据的合理性。

核查机构应确认所适用机制的监测与报告要求中的实质性阈值，并识别可能会出现实质性偏差的地方，在核查策划和实施中予以关注，但这并不意味着当发现误差小于实质性阈值时核查机构不会提出不符合项。

就核查过程中如何考虑实质性的问题，本指南给出范例：如果某电力企业所适用机制规定的实质性是 2％，该企业有 A、B、C 3 个排放源，分别占总排放量的 78.2％、20％和 1.8％。通过对企业每个源排放数据的测量、收集、加工和报告过程的了解，核查机构认为 B 排放源（占排放量 20％的排放源）由于活动水平是采用手工记录在一张表格中的方式，最容易出现错误、遗漏或误报告，而另外的 A、C 两个排放源均是采用电脑自动记录的方式。在此种情况下核查计划应确保大部分的时间用于最对有可能产生错误的 B 排放源的数据的检验。

核查机构在评估收集的证据时应考虑实质性，并对温室气体报告是否存在实质性偏差进行评价。

2）计算结果不确定性的核查要求

企业排放量的不确定性与实质性是两个不同的概念。排放量不确定性的来源主要有监测设备所带有的不确定性、设备维护管理带来的不确定性、操作人员实际工作中附加的不确定性和操作环境带来的不确定性。对于某一监测参数，可以量化的不确定性只有监测所使用设备带来的，因此在实际的计算过程中可以只考虑设备的精度；对于排放源的不确定性和整个清单的不确定性，应采用误差传递公式进行计算。当不确定量由乘法合并时，总和的标准偏差是相加量的标准偏差的平方之和的平方根，其中标准偏差均以变量系数（即标准偏差和合适的均值的比率）表示，见式（9-1）：

$$合并不确定性－方法 1－乘法 \quad\cdots\cdots\cdots\cdots\cdots\cdots\cdots\cdots (9-1)$$

$$U_{total} = \sqrt{U_1^2 + U_2^2 + \cdots + U_n^2}$$

式中：

U_{total}——所有量乘积的百分比不确定性；

U_i——与每个量相关的百分比不确定性。

当不确定量由加法或减法合并时，总和的标准偏差为相加量的标准偏差的平方之和的平方根，其中标准偏差均以绝对值表示，计算方法见式（9-2）。

$$合并不确定性－方法 2－加减法 \quad\cdots\cdots\cdots\cdots\cdots (9-2)$$

$$U_{total} = \frac{\sqrt{(U_1 \cdot x_1)^2 + (U_2 \cdot x_2)^2 + \cdots + (U_n \cdot x_n)^2}}{|x_1 + x_2 + \cdots + x_n|}$$

式中：

U_{tatol}——所有量总和的百分比不确定性；

x_i 和 $U_i (i=1\sim n)$——不确定量与不确定量相关的百分比不确定性。

电力企业可以根据实际需要判断是否要进行由数据来源及 GHG 量化方法学所导致的温室气体排放量不确定性的评价。

核查机构根据应对电力企业温室气体排放不确定性的计算过程和结果进行核查，确认企业得到的整个温室气体排放量不确定性是准确的、合理的，并在核查报告中说明。

（五）温室气体报告的核查要求

温室气体排放报告应具有完整性、一致性、准确性、相关性和透明性。

温室气体排放报告应包含以下方面的内容：

a)所报告企业的描述；

b)责任人；

c)报告所覆盖的时间段；

d)对温室气体排放源识别的文件说明；

e)对于本指南规定要量化的温室气体排放，分别给出每个排放源的不同温室气体种类的排放量；

f)对量化中任何温室气体源的排除做出解释；

g)量化方法学的选择如和本指南给出的不一致，请说明原因和参考资料；

h)说明温室气体排放数据准确性方面的不确定性的影响；

i)企业对数据和信息的管理，包括数据的产生、汇总、记录、计算及报告。

第十章 典型行业企业碳排放监测、报告及核查指南

企业应对温室气体进行监测和报告,核查机构应对企业温室气体排放报告的内容进行核查,确认企业的温室气体排放报告的内容是准确的、完整的,并在核查报告中进行说明。

为了方便指导读者对企业碳排放监测、报告和指南的实施,本章选取电力、水泥、汽车、纺织4个行业详细地分析了碳排放监测、报告及核查的要求。

第一节 电力企业碳排放监测、报告及核查指南

电力行业作为国民经济发展的重要基础产业,承担着提供稳定可靠电力保障的任务。我国电力行业的能源消耗主要是煤炭,无论是能源消耗还是气体污染物排放,电力行业都占据重要地位,是我国节能减排的重要领域。本节将通过对燃煤、燃油和燃气电力企业温室气体排放量化的关键环节进行分析,探讨当前使用广泛的温室气体排放计算标准和核查指南。

一、温室气体排放源识别

燃煤电力企业典型的温室气体排放源包括锅炉中煤炭的燃烧、锅炉启动阶段燃料油的辅助燃烧、石灰石湿法脱硫设施的二氧化碳排放和外购电力。电力企业的典型温室气体排放源如表10-1所示。

表10-1 电力企业的典型温室气体排放源

排放源		设施	工艺环节	气体
直接排放源	1. 化石燃料的燃烧过程	锅炉	动力提供	CO_2,CH_4,N_2O
	2. 碳酸钙脱硫过程	湿法碳酸钙脱硫设备	烟气脱硫	CO_2
能源间接排放源	3. 外购电力	外部电网包含的所有电厂	锅炉停机阶段提供动力	CO_2

企业的温室气体报告中应包含以下信息:

(1)清晰地说明了组织边界。

(2)清晰地说明了运行边界。

(3)所量化的排放源清单。

(4)不同种类的化石燃料应作为不同的排放源分开统计。表10-1中化石燃料的燃烧还应包含锅炉启动阶段的辅助燃料燃烧。

(5)针对表10-1中列出但企业没有量化的排放源,企业应给出合理的理由。

(6)针对表10-1中未列出的但企业量化了的排放源,企业应予以说明。电力企业在运行过程中可能还会涉及运输过程的化石燃料燃烧排放、温度调节设施中制冷剂逸散、污水处

理设施甲烷排放、灭火器中 CO_2 的逸散、堆煤场甲烷等排放,由于上述排放所占比例较小,本指南未进行规定,如需要,核查机构可依据 IPCC 相关指南进行核查。

(7)占直接或能源间接温室气体总排放量少于某一阈值的温室气体排放源可视为微量排放源,企业可根据需要确定是否将其包含在总排放量中。核查机构应确认未包含的微量排放源的总排放量不会给企业总排放量带来实质性偏差。

核查报告中应对上述边界的选取和排放源识别内容的完整性和准确性进行描述。

二、量化方法学及核查要求

燃煤、燃油和燃气发电企业原则上应按照以下的方法量化温室气体排放。如企业采用了其他方法,则应在温室气体报告中对其所选择的方法进行说明。核查机构也应在核查报告中针对所选方法的准确性予以确认。

1. 化石燃料燃烧过程

化石燃料燃烧是燃煤、燃油和燃气发电企业最主要的排放源。包括锅炉启动阶段的辅助燃料和运行阶段的燃料。

燃煤排放产生的二氧化碳优先选用方法 1 进行计算,计算方法见式 10-1。如数据不可得,可采用方法 2 进行计算;燃煤排放产生的甲烷及氧化亚氮、燃油和燃气排放产生的二氧化碳、甲烷及氧化亚氮根据方法 2 进行计算,计算方法见式 10-2。

方法 1:

$$E_{ff\,CO_2} = (Q_{ff} \times C_{ff} - Q_{ash} \times C_{ash} - Q_{cinder} \times C_{cinder}) \times 44/12 \cdots\cdots\cdots (10-1)$$

式中:

$E_{ff\,CO_2}$——监测期内化石燃料燃烧过程产生的二氧化碳排放量(tCO_2e);

　Q_{ff}——监测期内煤的消耗量(t);

　C_{ff}——监测期内煤的含碳量(%);

　Q_{ash}——监测期内燃烧后灰的产生量(t);

　C_{ash}——监测期内燃烧后灰的含碳量(%);

Q_{cinder}——监测期内燃烧后渣的产生量(t);

C_{cinder}——监测期内燃烧后渣的含碳量(%)。

方法 2:

$$E_{ff\,CO_2} = Q_{ff} \times NCV \times EF_{CO_2} \times OX_i \times 10^{-12} \cdots\cdots\cdots\cdots\cdots (10-2)$$

式中:

$E_{ff\,CO_2}$——监测期内化石燃料燃烧过程产生的二氧化碳排放量(tCO_2e);

　Q_{ff}——监测期内化石燃料的消耗量(t 或 m^3);

　NCV——监测期内化石燃料的净发热值(kJ/t 或 kJ/m^3);

EF_{CO_2}——监测期内化石燃料单位热量的 CO_2 排放系数(kg/TJ);

　OX_i——监测期内燃烧过程的碳氧化率(%)。

$$E_{ff\,CH_4} = Q_{ff} \times NCV \times EF_{CH_4} \times 10^{-12} \cdots\cdots\cdots\cdots\cdots\cdots (10-3)$$

式中:

$E_{ff\,CH_4}$——监测期内化石燃料燃烧过程产生的甲烷排放量(t);

　Q_{ff}——监测期内化石燃料的消耗量(t 或 m^3);

NCV——监测期内化石燃料的净发热值（kJ/t 或 kJ/m³）；

EF_{CH_4}——监测期内化石燃料单位热量的 CH_4 排放量（kg/TJ）。

$$E_{ff N_2O} = Q_{ff} \times NCV \times EF_{N_2O} \times 10^{-12} \quad\cdots\cdots\cdots\cdots\cdots\cdots (10-4)$$

式中：

$E_{ff N_2O}$——监测期内化石燃料燃烧过程产生的氧化亚氮排放量(t)；

Q_{ff}——监测期内化石燃料的消耗量（t 或 m³）；

NCV——监测期内化石燃料的净发热值（kJ/t 或 kJ/m³）；

EF_{N_2O}——监测期内化石燃料单位热量的 N_2O 排放量（kg/TJ）。

方法 3：

如发电企业装有烟气连续排放监测系统 CEMs 对二氧化硫、粉尘等污染物进行实时监测，可以考虑在现有的连续排放监测系统（CEMs）中增加 CO_2、CH_4、N_2O 的分析单元进行连续监测。需要说明的是对于烟气连续排放监测系统 CEMs 安装在脱硫设施之后的情况，如脱硫过程有二氧化碳排放，则监测的结果已经包含了脱硫部分的二氧化碳排放。所使用的 CEMs 设备应经过校准，同时仍然需要通过方法 1 或方法 2 的计算结果来佐证测量结果的准确性。

2. 石灰石湿法脱硫过程

如发电企业采用了石灰石湿法脱硫，企业可以根据实际的运行情况来选取下面两种计算方法任一种。方法 1 基于脱硫过程中使用石灰石量来计算，计算方法见式 10-5，方法 2 基于所产生石膏量来计算，计算方法见式 10-6。

方法 1：基于石灰石的计算方法

$$E_{carb, CO_2} = E_{CaCO_3} + E_{MgCO_3}$$
$$= Q_{carb} \times C_{CaCO_3} \times Con_{CaCO_3} \times 0.44 + Q_{carb} \times C_{MgCO_3} \times Con_{MgCO_3} \times 0.522 \quad\cdots (10-5)$$

式中：

E_{carb, CO_2}——监测期内石灰石脱硫过程产生的二氧化碳排放量(tCO₂e)；

E_{CaCO_3}——监测期内碳酸钙引起的二氧化碳排放量(tCO₂e)；

E_{MgCO_3}——监测期内碳酸镁引起的二氧化碳排放量(tCO₂e)；

Q_{carb}——监测期内石灰石的消耗量(t)；

C_{CaCO_3}——监测期内石灰石中碳酸钙的含量(%)；

C_{MgCO_3}——监测期内石灰石中碳酸镁的含量(%)；

Con_{CaCO_3}——监测期内碳酸钙的转化率(%)；

Con_{MgCO_3}——监测期内碳酸镁的转化率(%)。

方法 2：基于石膏的计算方法

$$E_{carb, CO_2} = Q_{gypsum} \times C_{CaSO_4 \cdot 2H_2O} \times 44/172 \quad\cdots\cdots\cdots\cdots\cdots\cdots (10-6)$$

式中：

Q_{gypsum}——监测期内石膏的产生量（t）；

$C_{CaSO_4 \cdot 2H_2O}$——监测期内石膏中二水硫酸钙的含量(%)。

3. 外购电力

$$E_e = EG \times EF_{grid} \quad\cdots\cdots\cdots\cdots\cdots\cdots\cdots\cdots\cdots\cdots (10-7)$$

式中：

E_e——监测期内企业外购电力而间接排放的二氧化碳（tCO_2）；

EG——监测期内企业从当地省级电网购入的电量（$MW \cdot h$）；

EF_{grid}——监测期内企业所在省级电网的二氧化碳排放因子$[tCO_2/(MW \cdot h)]$。

三、监测参数的核查要求

核查机构应确认量化方法学中涉及的参数是否按照以下要求进行监测。温室气体报告应对所监测参数的数据来源、监测程序、QA/QC等情况进行说明，核查机构应在核查报告中对参数监测的合理性予以确认。

当所适用的机制允许时，在对某一参数进行核查时，如果样本数量太多，可以根据所适用机制的实质性要求，按照 GB/T 2828.1—2012《计数抽样检验程序　第 1 部分：按接收质量限（AQL）检索的逐批检验抽样计划》确定抽样方式。核查机构应在核查报告中说明选取的抽样方法和抽样的具体情况。

1. 监测期内化石燃料的消耗量（Q_{ff}，t 或 m^3）

核查要求如下：

——数据来源：企业实际测量所得或供应商提供；优先选取监测期内的入炉值，如数据无法获得也可以选取监测期内考虑到库存后的入厂值。

——监测方法：由经过定期校准的重量或体积监测仪器测得。

——监测频次：核查机构应关注该数值的监测频次，监测频次应与企业的管理要求和行业的常规要求相一致；当发现实际上的监测频次低于规定要求值时，核查机构应首先要求企业说明原因，同时利用企业的能源平衡表、日常运行记录和其他证据证明监测频次降低阶段消耗量的合理性。

——记录频次：核查机构应关注该数据的记录频次，记录频次应与企业的管理要求和行业的常规要求相一致。

——数据缺失处理：在采用入炉值的情况下，如入炉值部分数据缺失，首先说明原因，同时提供替代证据佐证，可以采用通过离数据缺失期最接近的同样时间段（缺失之前或之后均可）发电量推算出的入炉值作为替代，详细的替代计算过程需要保留。在采用入厂值的情况下，如入厂值部分数据缺失，首先说明原因，同时提供替他证据佐证，可以采用供应商提供的发票、供应商提供送货凭据、企业的收货凭据、企业的转账凭据等其他来源信息作为替代，详细的替代计算过程需要保留。

——QA/QC要求：与监测期内的能源平衡表（包含采购量和库存量信息）、运行日志等信息交叉核对。

2. 监测期内煤的含碳量（C_{ff}，%）

核查要求如下：

——数据来源：企业实际测量所得或供应商提供，核查机构应注意：(1) 使用监测期内的加权平均值比监测期内的算术平均值的准确度更高；(2) C_{ff} 的取值来源尽量与 Q_{ff} 的取值来源相一致。即如果 Q_{ff} 为入厂煤则 C_{ff} 宜采用针对入厂煤的监测期内的平均值，如果 Q_{ff} 为入炉煤则 C_{ff} 宜采用针对入炉煤的监测期内的平均值。

——监测方法：由经过定期校准的分析仪器依据 GB/T 476—2001《煤的元素分析方法》测得。核查机构应注意本参数是指采用元素分析法测得的碳元素含量。采用工业分析法得到的固定碳由于含有一定量的 H、O、N、S 等元素，不能准确反映碳元素的含量，因此不宜采用。

——监测频次：(1) 核查机构应关注该数值的监测频次，监测频次应与企业的管理要求和行业的常规要求相一致；(2) 当发现实际上的监测频次低于规定要求值时，核查机构应首先要求企业说明原因，同时利用企业的能源平衡表、日常运行记录和其他证据证明所监测频次降低阶段含碳量的合理性。

——记录频次：核查机构应关注该数据的记录频次，记录频次应与企业的管理要求和行业的常规要求相一致。

——数据缺失处理：如含碳量部分数据缺失，首先说明原因，同时提供替他证据佐证，可以采用监测期内有效数据的平均值作为替代，详细的替代计算过程需要保留。

——QA/QC 要求：与监测期内的能源平衡表（包含采购量和库存量信息）、运行日志等信息交叉核对。

3. 监测期内燃烧后灰的产生量（Q_{ash}，t）

核查要求如下：

——数据来源：企业实际测量所得。

——监测方法：由经过定期校准的重量监测仪器测得。

——监测频次：(1) 核查机构应关注该数值的监测频次，监测频次应与企业的管理要求和行业的常规要求相一致；(2) 当发现实际上的监测频次低于规定要求值时，核查机构应首先要求企业说明原因，同时利用企业的能源平衡表、日常运行记录和其他证据证明所监测频次降低阶段产生量的合理性。

——记录频次：核查机构应关注该数据的记录频次，记录频次应与企业的管理要求和行业的常规要求相一致。

——数据缺失处理：如产生的灰量部分数据缺失，首先说明原因，同时提供替他证据佐证，可由购买方提供或采用通过离数据缺失期最接近的同样时间段（缺失之前或之后均可）发电量或者耗煤量推算出的灰量作为替代，详细的替代计算过程需要保留。

——QA/QC 要求：与监测期内的灰库记录、运行日志等信息交叉核对。

4. 监测期内燃烧后灰的含碳量（C_{ash}，%）

核查要求如下：

——数据来源：企业实际测量所得。

——监测方法：由经过定期校准的设备测得灰的含碳量，如企业没有测定灰的含碳量，可以采用经过定期校准的设备依据 DL/T 567.6—1995《飞灰和炉渣可燃物测定方法》测得的飞灰中可燃物含量数据。

——监测频次：(1) 核查机构应关注该数值的监测频次，监测频次应与企业的管理要求和行业的常规要求相一致；(2) 当发现实际上的监测频次低于规定要求值时，核查机构应首先要求企业说明原因，同时利用企业的能源平衡表、日常运行记录和其他证据证明所监测频次降低阶段含碳量的合理性。

——记录频次：核查机构应关注该数据的记录频次，记录频次应与企业的管理要求和行业的常规要求相一致。

——数据缺失处理:如灰含碳量部分数据缺失,首先说明原因,同时提供替他证据佐证,可以采用通过离数据缺失期最接近的同样时间段(缺失之前或之后均可)发电量或者耗煤量推算出的灰含碳量作为替代,详细的替代计算过程需要保留。

——QA/QC要求:与监测期内的运行日志等信息交叉核对。

5. 监测期内燃烧后渣的产生量(Q_{cinder},t)

核查要求如下:

——数据来源:企业实际测量所得。

——监测方法:由经过定期校准的重量监测仪器测得。

——监测频次:(1)核查机构应关注该数值的监测频次,监测频次应与企业的管理要求和行业的常规要求相一致;(2)当发现实际上的监测频次低于规定要求值时,核查机构应首先要求企业说明原因,同时利用企业的能源平衡表、日常运行记录和其他证据证明所监测频次降低阶段渣量的合理性。

——记录频次:核查机构应关注该数据的记录频次,记录频次应与企业的管理要求和行业的常规要求相一致。

——数据缺失处理:如产生的渣量部分数据缺失,首先说明原因,同时提供替他证据佐证,可以由购买方提供或采用通过离数据缺失期最接近的同样时间段(缺失之前或之后均可)发电量或者耗煤量推算出的渣量作为替代,详细的替代计算过程需要保留。

——QA/QC要求:与监测期内的渣库记录、运行日志等信息交叉核对。

6. 监测期内燃烧后渣的含碳量(C_{cinder},%)

核查要求如下:

——数据来源:企业实际测量所得。

——监测方法:由经过定期校准的设备测得渣的含碳量,如企业没有测定渣的含碳量,可以采用经过定期校准的设备依据DL/T 567.6—1995《飞灰和炉渣可燃物测定方法》测得的渣中可燃物含量数据。

——监测频次:(1)核查机构应关注该数值的监测频次,监测频次应与企业的管理要求和行业的常规要求相一致;(2)当发现实际上的监测频次低于规定要求值时,核查机构应首先要求企业说明原因,同时利用企业的能源平衡表、日常运行记录和其他证据证明所监测频次降低阶段含碳量的合理性。

——记录频次:核查机构应关注该数据的记录频次,记录频次应与企业的管理要求和行业的常规要求相一致。

——数据缺失处理:如渣含碳量部分数据缺失,应首先说明原因,同时提供替他证据佐证,可以采用通过离数据缺失期最接近的同样时间段(缺失之前或之后均可)发电量或者耗煤量推算出的渣含碳量作为替代,详细的替代计算过程需要保留。

——QA/QC要求:与监测期内的运行日志等信息交叉核对。

7. 监测期内化石燃料的净发热值(即:平均低位发热量)(NCV,kJ/t 或 kJ/m³)

核查要求如下:

——数据来源:企业实际测量所得或供应商提供;核查机构应注意:(1)使用监测期内的加权平均值比监测期内的算术平均值的准确度更高;(2)NCV的取值来源尽量与

Q_{ff} 的取值来源相一致。对于燃煤电厂，如果 Q_{ff} 为入厂煤则 NCV 宜采用针对入厂煤的监测期内的平均值，如果 Q_{ff} 为入炉煤则 NCV 宜采用针对入炉煤的监测期内的平均值。

——监测方法：由经过定期校准的分析仪器依据 GB/T 212—2008《煤的工业分析方法》、GB/T 213—2008《煤的发热量测定方法》、GB/T 384—1981《石油产品热值测定法》、GB/T 22723—2008《天然气能量的测定》测得。

——监测频次：(1)核查机构应关注该数值的监测频次，监测频次应与企业的管理要求和行业的常规要求相一致；(2)当发现实际上的监测频次低于规定要求值时，核查机构应首先要求企业说明原因，同时利用企业的能源平衡表、日常运行记录和其他证据证明所监测频次降低阶段净发热值的合理性。

——记录频次：核查机构应关注该数据的记录频次，记录频次应与企业的管理要求和行业的常规要求相一致。

——数据缺失处理：如净发热值部分数据缺失，首先说明原因，同时提供替他证据佐证，可以采用监测期内有效数据的平均值作为替代，详细的替代计算过程需要保留。

——QA/QC要求：与监测期内的能源平衡表（包含采购量和库存量信息）、供应商提供的发票或供货单、运行日志等信息交叉核对。

8. 监测期内燃烧过程的碳氧化率(OX_i，%)

核查要求如下：

——数据来源：企业实际测量所得。核查机构应注意：如企业没有测量值，则取省级温室气体清单给出的电力企业默认碳氧化率的98%。

——监测方法：由经过定期校准的分析仪器依据碳平衡法测得。

——监测频次：(1)核查机构应关注该数值的监测频次，监测频次应与企业的管理要求和行业的常规要求相一致。由于固定设备的 OX_i 数值变化不大，一般情况下一个监测期内监测一次即可；(2)当发现实际上的监测频次低于规定要求值时，核查机构应首先要求企业说明原因，同时利用企业的能源平衡表、日常运行记录和其他证据证明所监测频次降低阶段碳氧化率的合理性。

——记录频次：核查机构应关注该数据的记录频次，记录频次应与企业的管理要求和行业的常规要求相一致。

——数据缺失处理：如碳氧化率部分数据缺失，首先说明原因，同时采用默认碳氧化率98%。

9. 排放系数(EF_{CO_2}，EF_{CH_4}，EF_{N_2O}，kg/TJ)

指监测期内化石燃料单位热量的二氧化碳、甲烷、氧化亚氮排放量。

核查要求如下：

——数据来源：省级温室气体清单给出的燃料默认排放因子。(1)由于燃料燃烧产生的 CO_2 主要取决于燃料的含量碳，因此 EF_{CO_2} 是由单位热值燃料含碳量计算得来；(2)由于燃料燃烧产生的 CH_4 和 N_2O 很大程度上取决于所使用的燃烧技术，因此 EF_{CH_4} 和 EF_{N_2O} 应采用假定在高温条件、且没有排放控制技术下有效燃烧的单位排放量，并且不考虑启动、关闭或部分负载燃烧的影响。

10. 监测期内石灰石的消耗量(Q_{carb}, t)

核查要求如下：

——数据来源：企业实际测量所得或供应方提供。

——监测方法：由经过定期校准的重量监测仪器测得。

——监测频次：(1)核查机构应关注该数值的监测频次，监测频次应与企业的管理要求和行业的常规要求相一致；(2)当发现实际上的监测频次低于规定要求值时，核查机构应首先要求企业说明原因，同时利用企业的能源平衡表、日常运行记录和其他证据证明所监测频次降低阶段消耗量的合理性。

——记录频次：核查机构应关注该数据的记录频次，记录频次应与企业的管理要求和行业的常规要求相一致。

——数据缺失处理：如石灰石的消耗量部分数据缺失，首先说明原因，同时提供替他证据佐证，可以采用通过离数据缺失期最接近的同样时间段(缺失之前或之后均可)发电量或者耗煤量推算出的消耗量作为替代，详细的替代计算过程需要保留。

——QA/QC要求：与监测期内的运行日志等信息交叉核对。

11. 监测期内石灰石中碳酸钙的含量$(C_{CaCO_3}, \%)$

核查要求如下：

——数据来源：企业实际测量所得或供应方提供；核查机构应注意：使用监测期内的加权平均值比监测期内的算数平均值的准确度更高。

——监测方法：由经过定期校准的设备依据 GB/T 3286.1—2012《石灰石、白云石化学分析方法　氧化钙量和氧化镁量的测定》测得。

——监测频次：(1)核查机构应关注该数值的监测频次，监测频次应与企业的管理要求和行业的常规要求相一致；(2)当发现实际上的监测频次低于规定要求值时，核查机构应首先要求企业说明原因，同时利用日常运行记录和其他证据证明所监测频次降低阶段碳酸钙含量的合理性。

——记录频次：核查机构应关注该数据的记录频次，记录频次应与企业的管理要求和行业的常规要求相一致。

——数据缺失处理：如碳酸钙含量部分数据缺失，核查机构应首先要求企业说明原因，同时提供替他证据佐证，可以采用通过离数据缺失期最接近的同样时间段(缺失之前或之后均可)碳酸钙含量数据作为替代，详细的替代计算过程需要保留。

——QA/QC要求：与监测期内的运行日志等信息交叉核对。

12. 监测期内石灰石中碳酸镁的含量$(C_{MgCO_3}, \%)$

核查要求如下：

——数据来源：企业实际测量所得或供应方提供；核查机构应注意：使用监测期内的加权平均值比监测期内的算数平均值的准确度更高。

——监测方法：由经过定期校准的设备依据 GB/T 3286.1—2012《石灰石、白云石化学分析方法　氧化钙量和氧化镁量的测定》测得。

——监测频次：(1)核查机构应关注该数值的监测频次，监测频次应与企业的管理要求和行业的常规要求相一致；(2)当发现实际上的监测频次低于规定要求值时，核查机构应首先要求企业说明原因，同时利用日常运行记录和其他证据证明所监测频次降低阶段碳酸镁含量的合理性。

——记录频次:核查机构应关注该数据的记录频次,记录频次应与企业的管理要求和行业的常规要求相一致。

——数据缺失处理:如碳酸镁含量部分数据缺失,核查机构应首先要求企业说明原因,同时提供替他证据佐证,可以采用通过离数据缺失期最接近的同样时间段(缺失之前或之后均可)碳酸镁含量数据作为替代,详细的替代计算过程需要保留。

——QA/QC要求:与监测期内的运行日志等信息交叉核对。

13. 监测期内碳酸钙的转化率(Con_{CaCO_3},%)

核查要求如下:

——数据来源:企业实际测量所得;核查机构应注意:如企业没有测量值,则取1。

——监测方法:由经过定期校准的分析仪器依据 GB/T 5484—2000《石膏化学分析方法》经过计算得出。

——监测频次:(1)核查机构应关注该数值的监测频次,监测频次应与企业的管理要求和行业的常规要求相一致;(2)当发现实际上的监测频次低于规定要求值时,核查机构应首先要求企业说明原因,同时利用日常运行记录和其他证据证明所监测频次降低阶段碳酸钙转化率的合理性。

——记录频次:核查机构应关注该数据的记录频次,记录频次应与企业的管理要求和行业的常规要求相一致。

——数据缺失处理:如碳酸钙转化率部分数据缺失,首先说明原因,同时提供替他证据佐证,可以采用通过离数据缺失期最接近的同样时间段(缺失之前或之后均可)测得的碳酸钙转化率作为替代,详细的替代计算过程需要保留。

——QA/QC要求:与监测期内的运行日志等信息交叉核对。

14. 监测期内碳酸镁的转化率(Con_{MgCO_3},%)

核查要求如下:

——数据来源:企业实际测量所得;核查机构应注意:如企业没有测量值,则取1。

——监测方法:由经过定期校准的分析仪器依据 GB/T 5484—2000《石膏化学分析方法》经过计算得出。

——监测频次:(1)核查机构应关注该数值的监测频次,监测频次应与企业的管理要求和行业的常规要求相一致;(2)当发现实际上的监测频次低于规定要求值时,首先说明原因,同时利用企业的能源平衡表、日常运行记录和其他证据证明所监测频次降低阶段碳酸镁转化率的合理性。

——记录频次:核查机构应关注该数据的记录频次,记录频次应与企业的管理要求和行业的常规要求相一致。

——数据缺失处理:如碳酸镁转化率部分数据缺失,核查机构应首先要求企业说明原因,同时提供替他证据佐证,可以采用通过离数据缺失期最接近的同样时间段(缺失之前或之后均可)测得的碳酸镁转化率作为替代,详细的替代计算过程需要保留。

——QA/QC要求:与监测期内的运行日志等信息交叉核对。

15. 监测期内石膏的产生量(Q_{gypsum},t)

核查要求如下：

——数据来源：企业实际测量所得或购买方提供。

——监测方法：由经过定期校准的重量监测仪器测得。

——监测频次：(1)核查机构应关注该数值的监测频次,监测频次应与企业的管理要求和行业的常规要求相一致；(2)当发现实际上的监测频次低于规定要求值时,核查机构应首先要求企业说明原因,同时利用日常运行记录和其他证据证明所监测频次降低阶段产生量的合理性。

——记录频次：核查机构应关注该数据的记录频次,记录频次应与企业的管理要求和行业的常规要求相一致。

——数据缺失处理：如石膏的产生量部分数据缺失,核查机构应首先要求企业说明原因,同时提供替他证据佐证,可以采用通过离数据缺失期最接近的同样时间段(缺失之前或之后均可)发电量或者耗煤量推算出的产生量作为替代,详细的替代计算过程需要保留。

——QA/QC要求：与监测期内的运行日志等信息交叉核对。

16. 监测期内石膏中二水硫酸钙的含量($C_{\mathrm{CaSO_4 \cdot 2H_2O}}$,%)

核查要求如下：

——数据来源：企业实际测量所得或购买方提供；核查机构应注意：使用监测期内的加权平均值比监测期内的算数平均值的准确度更高。

——监测方法：由经过定期校准的设备依据GB/T 5484—2000《石膏化学分析方法》测得。

——监测频次：(1)核查机构应关注该数值的监测频次,监测频次应与企业的管理要求和行业的常规要求相一致；(2)当发现实际上的监测频次低于规定要求值时,核查机构应首先要求企业说明原因,同时利用日常运行记录和其他证据证明所监测频次降低阶段二水硫酸钙含量的合理性；

——记录频次：核查机构应关注该数据的记录频次,记录频次应与企业的管理要求和行业的常规要求相一致。

——数据缺失处理：如二水硫酸钙含量部分数据缺失,核查机构应首先要求企业说明原因,同时提供替他证据佐证,可以采用通过离数据缺失期最接近的同样时间段(缺失之前或之后均可)二水硫酸钙含量数据作为替代,详细的替代计算过程需要保留。

——QA/QC要求：与监测期内的运行日志等信息交叉核对。

17. 监测期内企业从当地区域电网购入的电量(EG,MW·h)

核查要求如下：

——数据来源：企业实际测量所得电网公司。

——监测方法：由经过定期校准的电表依据DL/T 448—2000《电能计量装置技术管理规程》测得。

——记录频次：核查机构应关注该数据的记录频次,记录频次应与企业的管理要求和行业的常规要求相一致。

——数据缺失处理：如电量部分数据缺失，首先说明原因，同时提供采用电网公司的最终结算数据或者对账单作为替代，详细的替代计算过程需要保留。

——QA/QC要求：与监测期内的运行日志等信息交叉核对。

18. 监测期内企业所使用的省级电网的二氧化碳排放因子$\left[EF_{grid}, tCO_2/(MW \cdot h)\right]$

核查要求如下：

——数据来源：国家发改委发布的适用于本监测期的《中国区域及省级电网平均二氧化碳排放因子》中的省级电网平均CO_2排放因子数值。核查机构应注意所采用的数值与监测在时间上的一致性。

19. CEMs测得的排放量

监测期内企业使用CEMs测得的温室气体排放量（吨）

核查要求如下：

——数据来源：CEMs设备直接监测所得核查机构应注意：（1）CEMs设备必须符合相应的设备要求，满足数据监测的需要；（2）CEMs设备监测结果是否稳定，CEMs设备是否制定了合理的维护程序；（3）CEMs安装在脱硫设施之后的情况，如脱硫过程有二氧化碳排放，则监测的结果已经包含了脱硫部分的二氧化碳排放；（4）测得的结果仍然需要通过本指南中方法1或方法2的计算结果来佐证测量结果的合理性。

——监测方法：由经过定期校准的CEMs设备直接测得，且CEMs设备须由经过培训的专门人员负责定期维护。

——监测频次：（1）核查机构应关注该数值的监测频次，监测频次应与企业的管理要求和行业的常规要求相一致；（2）当发现实际上的监测频次低于规定要求值时，首先说明原因，同时利用日常运行记录和其他证据证明所监测频次降低阶段排放量的合理性。

——记录频次：核查机构应关注该数据的记录频次，记录频次应与企业的管理要求和行业的常规要求相一致。

——数据缺失处理：如CEMs部分数据缺失，首先说明原因，同时采用监测期内有效数据的平均值作为替代，详细的替代计算过程需要保留。

——QA/QC要求：与监测期内的运行日志等信息交叉核对。

第二节　水泥企业碳排放监测、报告及核查指南

水泥工业是国民经济建设的重要基础材料产业，也是主要的能源消耗和二氧化碳排放大户。考虑到水泥行业在温室气体减排中的重要地位，国际水泥可持续性倡议行动组织（CSI）、政府间气候变化专门委员会（IPCC）、欧盟（EU）等组织和机构制定了各自的水泥企业碳排放量化方法。但是我国尚未建立统一的水泥行业碳排放量化方法，企业在计算自身的碳排放时，会造成同类企业计算出的碳排放数据因选择了不同的量化方法学而不具备可比性的问题。本章根据ISO 14064-1的技术框架，参考了世界资源研究所（WRI）与世界可持续发展工商理事会（WBCSD）联合开发的《温室气体量化体系企业量化与报告标准》，同时结合国内试点企业的碳排放报告及核查情况，构建了一套适合于我国水泥企业温室气体排放的监测、报告及核查指南。

一、典型水泥生产工艺流程

典型干法水泥熟料生产工艺流程如下图。

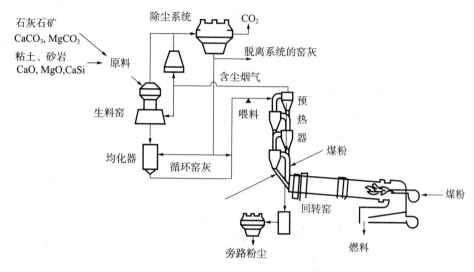

图 10-1　典型干法水泥熟料生产工艺流程图

石灰石原料以及砂岩、黏土等黏土质原料,经破碎、预均化、磨粉等工序后,进入均化库均化,同时进入均化库的还有从窑尾除尘设备收集下来的循环窑灰(CKD);出库生料,做为喂料(kiln feed)进入五级预热器分解,大部分碳酸盐矿物在预热器内分解产生二氧化碳;生料在旋风预热器中完成预热和预分解后,进入回转窑中进行熟料的烧成,未分解完全的碳酸盐矿物在回转窑中进一步的迅速分解并发生一系列的固相反应,生成水泥熟料;最后窑头冷却机将水泥熟料由回转窑卸出并冷却后,进入熟料库贮存。

煅烧燃料分两路分别由窑头和预热器喷入,燃烧产生的二氧化碳与碳酸盐矿物分解产生的二氧化碳一并从窑尾排气筒排出。

二、温室气体排放源识别

企业应识别与其运行有关的温室气体排放,按直接温室气体排放、能源间接温室气体排放进行分类,对于其他间接温室气体排放企业可以根据实际情况进行选择性的计算。对于典型干法水泥生产企业,二氧化碳排放源主要包括:消耗外部电力导致的间接排放,生料煅烧过程中碳酸盐分解和有机碳燃烧产生的直接排放,煅烧燃料燃烧产生的排放和运输工具等非煅烧燃料燃烧产生的排放四大块。

水泥/熟料生产企业的典型温室气体排放源如表 10-2 所示。

表 10-2　水泥/熟料生产企业的典型温室气体排放源

排放源		设施	工艺环节	温室气体
直接排放源	化石/替代燃料	窑炉	煅烧燃料燃烧	CO_2
	生料煅烧过程中碳酸盐分解和有机碳燃烧	窑炉	煅烧分解	CO_2

续表

排放源		设施	工艺环节	温室气体
直接排放源	非煅烧燃料燃烧	运输工具	提供动力	CO_2
能源间接排放源	外部电网	外部电网包含的所有电厂	提供动力	CO_2

企业温室气体报告中应包含以下信息：

(1)清晰地说明了组织边界；

(2)清晰地说明了运行边界；

(3)所量化的排放源清单；

(4)不同种类的煅烧燃料应作为不同的排放源分开统计；

(5)针对表 10-2 中列出但企业没有量化的排放源,企业应给出合理的理由；

(6)针对表 10-2 中未列出的但企业量化了的排放源,企业应予以说明。水泥/熟料生产企业在运行过程中可能还会涉及煅烧燃料以及运输工具消耗柴油产生的 CH_4 和 N_2O 排放,温度调节设施中制冷剂逸散、灭火器中 CO_2 的逸散、堆煤场甲烷等排放,由于上述排放所占比例较小,企业可以根据需要自行确定是否量化；

(7)占直接或能源间接温室气体总排放量少于某一阈值的温室气体排放源可视为微量排放源,企业可根据需要确定是否将其包含在总排放量中。核查机构应确认未包含的微量排放源的总排放量不会给企业总排放量带来实质性偏差。

核查机构在核查时应确认企业的温室气体报告中是否包含以上信息,核查报告中应对上述边界的选取和排放源识别内容的完整性和准确性进行描述。

三、量化方法学及核查要求

企业温室气体报告原则上应按以下方法量化温室气体排放,若使用其他方法量化,企业应当说明原因。核查机构应确认所选用方法学是否适用于企业,计算方法见式 10-8。

1.煅烧燃料燃烧过程

$$E_{ff,CO_2}=Q_{ff}\times NCV\times EF_{CO_2}\times OX_i\times 10^{-12} \quad\cdots\cdots(10-8)$$

式中：

E_{ff,CO_2}——监测期内煅烧燃料燃烧产生的二氧化碳排放(t)；

Q_{ff}——监测期内煅烧燃料消耗量(t)；

NCV——监测期内燃料的平均低位发热量(kJ/t)；

EF_{CO_2}——监测期内燃料的单位热量二氧化碳排放系数($kgCO_2$/TJ)；

OX_i——监测期内煅烧燃料的氧化率(%)。

2.生料中碳酸盐矿物分解和有机碳燃烧产生的二氧化碳排放

生料中碳酸盐矿物分解和有机碳燃烧产生的二氧化碳排放总量由以下 5 部分组成：

——E_1:熟料产生的 CO_2 排放；

——E_2:产生窑头排气筒排放烟气中的粉尘导致的 CO_2 排放；

——E_3:产生旁路粉尘导致的 CO_2 排放；

——E_4:产生脱离系统的窑灰(CKD)导致的 CO_2 排放；

——E_5：有机碳燃烧产生的 CO_2 排放。

(1)E_1：熟料产生的 CO_2 排放。

若生料中实际的氧化钙和氧化镁含量小于 1%，则按下式 10-9、10-10 计算：

$$E_1 = Q_1 \times f_1 \quad\cdots\cdots\cdots\cdots\cdots\cdots\cdots (10-9)$$

式中：

E_1——监测期内生料中碳酸盐矿物分解产生的二氧化碳排放量(tCO_2)；

Q_1——监测期内熟料产量(t)；

f_1——监测期内熟料排放系数(tCO_2/t 熟料)。

$$f_1 = C_{CaO} \times \frac{44}{56} + C_{MgO} \times \frac{44}{40} \quad\cdots\cdots\cdots\cdots (10-10)$$

式中：

C_{CaO}——水泥熟料中的 CaO 含量($\%$)；

C_{MgO}——水泥熟料中的 MgO 含量($\%$)。

若生料中实际的氧化钙和氧化镁含量大于 1%，应根据生料中实际碳酸盐含量并考虑烧失和燃煤灰分的掺入，计算方法见式 10-11、10-12。

$$E_1 = Q_1 \times f_2 \quad\cdots\cdots\cdots\cdots\cdots\cdots\cdots (10-11)$$

式中：

f_2——熟料排放系数(tCO_2/t 熟料)。

$$f_2 = R_C \times \frac{1000}{(1-L) \times F_C} \quad\cdots\cdots\cdots\cdots (10-12)$$

式中：

R_C——生料中碳酸盐矿物 CO_2 含量($\%$)；

L——生料烧失量($\%$)；

F_C——熟料中燃煤灰分掺入量换算因子。

(2)E_2：产生窑头排气筒排放烟气中的粉尘导致的 CO_2 排放。

水泥窑炉窑头排气筒排放烟气中的粉尘与熟料组分相同，计算公式见式 10-13：

$$E_2 = Q_2 \times f_1 \text{ 或 } E_2 = Q_2 \times f_2 \quad\cdots\cdots\cdots (10-13)$$

式中：

E_2——监测期内窑头排气筒排放烟气中的粉尘产生的二氧化碳排放(tCO_2)；

Q_2——监测期内窑头排气筒排放烟气中的粉尘量(t)，根据企业实际监测的烟气流量和粉尘浓度确定；

(3)E_3：产生旁路粉尘导致的 CO_2 排放。

旁路粉尘中的碳酸盐矿物未完全分解，计算公式见式 10-14、10-15：

$$E_3 = Q_3 \times B_C \quad\cdots\cdots\cdots\cdots\cdots\cdots\cdots (10-14)$$

式中：

E_3——监测期内旁路粉尘产生的二氧化碳排放量(tCO_2)；

Q_3——监测期内旁路粉尘量(t)；

B_C——监测期内旁路粉尘二氧化碳排放系数(tCO_2/t)。

$$B_C = f_1 \times \left(1 - \frac{R_h}{L}\right) \text{ 或 } B_C = f_2 \times \left(1 - \frac{R_h}{L}\right) \quad\cdots\cdots\cdots (10-15)$$

式中：

R_h——旁路粉尘烧失量（%）。

（4）E_4：产生脱离系统的窑灰（CKD）导致的 CO_2 排放。

对于有窑灰（CKD）脱离系统的企业，计算公式见式 10-16、10-17、10-18：

$$E_4 = Q_4 \times f_{CKD} \quad\cdots\cdots\cdots\cdots\cdots\cdots\cdots\cdots\cdots\cdots (10-16)$$

式中：

E_4——监测期内脱离系统的窑灰产生的二氧化碳排放量（tCO_2）；

Q_4——监测期内脱离系统的窑灰量（t）；

f_{CKD}——窑灰二氧化碳排放系数（tCO_2/t）。

$$f_{CKD} = f_1 \times \left(1 - \frac{R_{CKD}}{L}\right) \text{或} f_{CKD} = f_2 \times \left(1 - \frac{R_{CKD}}{L}\right) \quad\cdots\cdots\cdots\cdots (10-17)$$

式中：

R_{CKD}——窑灰烧失量（%）。

（5）E_5：有机碳燃烧产生的 CO_2 排放。

$$E_5 = Q_1 \times 5.68 \times C_{OC} \quad\cdots\cdots\cdots\cdots\cdots\cdots\cdots\cdots (10-18)$$

式中：

E_5——监测期内生料中有机碳燃烧产生的 CO_2 排放量（tCO_2）；

5.68——生料熟料比与有机碳的二氧化碳转化系数之积；

C_{OC}——监测期内生料中有机碳含量（%）。

3. 原料开采及运输过程

$$E_{V,CO_2} = Q_V \times NCV \times EF_{CO_2} \times OX_i \times 10^{-12} \quad\cdots\cdots\cdots\cdots\cdots (10-19)$$

式中：

E_{V,CO_2}——监测期内运输工具消耗化石燃料燃烧过程产生的二氧化碳排放量（t）；

Q_V——监测期内运输工具所消耗的化石燃料量（t）；

NCV——监测期内运输工具所消耗的化石燃料的平均低位发热值（kJ/t）；

EF_{CO_2}——监测期内运输工具所消耗的化石燃料单位热量的 CO_2 排放系数（kg/TJ）；

OX_i——监测期内运输工具所消耗的化石燃料燃烧过程的碳氧化率（%）。

4. 能源间接排放（外购电力）

$$E_e = EG \times EF_{grid} \quad\cdots\cdots\cdots\cdots\cdots\cdots\cdots\cdots\cdots (10-20)$$

式中：

E_e——监测期内因消耗外购电力排放的二氧化碳（t）；

EG——监测期内外购电力消耗量（MW·h）；

EF_{grid}——监测期内企业所在省级电网的二氧化碳排放因子[$tCO_2e/(MW·h)$]。

四、监测参数及核查要求

核查机构应确认量化方法学中涉及的参数是否按照以下要求进行监测。温室气体报告应对所监测参数的数据来源、监测程序、QA/QC 等情况进行说明，核查机构应在核查报告中对参数监测的合理性予以确认。

当所适用的机制允许时，在对某一参数进行核查时，如果样本数量太多，可以根据所适用机制的实质性要求,按照 GB/T 2828.1—2012《计数抽样检验程序　第 1 部分:按接收质量限(AQL)检索的逐批检验抽样计划》确定抽样方式。核查机构应在核查报告中说明选取的抽样方法和抽样的具体情况。

1. 监测期内化石燃料消耗量(Q_{ff},t/m³)

核查要求:

——数据来源:企业实际测量所得或供应商提供。优先选取监测期内的入窑值,如数据无法获得也可以选取监测期内考虑到库存后的入厂值。

——监测方法:由经过定期校准的重量或体积监测仪器测得。

——监测频次:核查机构应关注该数值的监测频次,监测频次应与企业的管理要求和行业的常规要求相一致;当发现实际上的监测频次低于规定要求值时,核查机构应首先要求企业说明原因,同时利用企业的能源平衡表、日常运行记录和其他证据证明监测频次降低阶段消耗量的合理性。

——记录频次:核查机构应关注该数据的记录频次,记录频次应与企业的管理要求和行业的常规要求相一致。

——数据缺失处理:在采用入窑值的情况下,如入窑值部分数据缺失,首先说明原因,同时提供替他证据佐证,可以采用通过离数据缺失期最接近的同样时间段(缺失之前或之后均可)熟料产量推算出的入窑值作为替代,详细的替代计算过程需要保留;在采用入厂值的情况下,如入厂值部分数据缺失,首先说明原因,同时提供替他证据佐证,可以采用供应商提供的发票、供应商提供送货凭据、企业的收货凭据、企业的转账凭据等其他来源信息作为替代,详细的替代计算过程需要保留。

——QA/QC 要求:与监测期内的能源平衡表(包含采购量和库存量信息)、运行日志等信息交叉核对。

2. 监测期内煅烧燃料净发热值(NCV,kJ/t)

核查要求:

——数据来源:企业实际测量所得或供应商提供。核查机构应注意,使用监测期内的加权平均值比监测期内的算术平均值的准确度更高。

——监测方法:由经过定期校准的分析仪器依据 GB/T 212—2008《煤的工业分析方法》、GB/T 213—2008《煤的发热量测定方法》测定。

——监测频次:核查机构应关注该数值的监测频次,监测频次应与企业的管理要求和行业的常规要求相一致;当发现实际上的监测频次低于规定要求值时,核查机构应首先要求企业说明原因,同时利用企业的能源平衡表、日常运行记录和其他证据证明监测频次降低阶段净发热值的合理性。

——记录频次:核查机构应关注该数据的记录频次,记录频次应与企业的管理要求和行业的常规要求相一致。

——数据缺失处理:如净发热值部分数据缺失,首先说明原因,同时提供其他证据佐证,可以采用监测期内有效数据的平均值作为替代,详细的替代计算过程需要保留。

——QA/QC 要求:与监测期内的能源平衡表(包含采购量和库存量信息)、供应商提供的发票或供货单、运行日志等信息交叉核对。

3. 煅烧燃料二氧化碳排放系数(EF_{CO_2},kgCO_2/TJ)

核查要求：

——数据来源：省级温室气体清单或 IPCC 给出的燃料默认排放因子；核查机构应注意，生物质类的替代燃料因其碳中性的特性，排放因子按 0 处理。

4. 监测期内煅烧燃料燃烧过程的碳氧化率(OX_i,%)

核查要求如下：

——数据来源：企业实际测量所得。

——监测方法：由经过定期校准的分析仪器依据碳平衡法测得。

——监测频次：核查机构应关注该数值的监测频次，监测频次应与企业的管理要求和行业的常规要求相一致。由于固定设备的 OX_i 数值变化不大，一般情况下一个监测期内监测一次即可；当发现实际上的监测频次低于规定要求值时，核查机构应首先要求企业说明原因，同时利用企业的能源平衡表、日常运行记录和其他证据证明所监测频次降低阶段碳氧化率的合理性。

——记录频次：核查机构应关注该数据的记录频次，记录频次应与企业的管理要求和行业的常规要求相一致。

——数据缺失处理：如碳氧化率部分数据缺失，首先说明原因，同时采用默认碳氧化率 99%。

5. 熟料产量(Q_1,t)

核查要求如下：

——数据来源：企业实际测量所得。核查机构应注意，熟料产量应当包括窑头除尘器收集的粉尘。

——监测方法：由经过定期校准的重量监测仪器测得。

——监测频次：核查机构应关注该数值的监测频次，监测频次应与企业的管理要求和行业的常规要求相一致；当发现实际上的监测频次低于规定要求值时，核查机构应首先要求企业说明原因，同时利用日常运行记录和其它证据证明所监测频次降低阶段熟料产量的合理性。

——记录频次：核查机构应关注该数据的记录频次，记录频次应与企业的管理要求和行业的常规要求相一致。

——数据缺失处理：当熟料产量监测数据缺失时，应首先要法度企业说明原因。可以通过物料平衡法按以下公式推算熟料产量：Q_1＝（水泥出库量－水泥库存变化量）× 熟料水泥比－熟料购进量＋熟料出售量－熟料库存变化量。

——QA/QC 要求：与监测期内的运行日志等信息交叉核对。

6. 生料/熟料中氧化钙和氧化镁的含量(C_{CaO}/C_{MgO},%)

核查要求如下：

——数据来源：企业实际测量所得。核查机构应注意，使用监测期内的加权平均值比监测期内的算数平均值的准确度更高。

——监测方法：根据 GB/T 176—2008《水泥化学分析》方法分析。

——监测频次：核查机构应关注该数值的监测频次，监测频次应与企业的管理要求和行业的常规要求相一致；当发现实际上的监测频次低于规定要求值时，核查机构应首先要求企业说明原因,同时利用日常运行记录和其他证据证明所监测频次降低阶段氧化钙和氧化镁含量的合理性。

——记录频次:核查机构应关注该数据的记录频次,记录频次应与企业的管理要求和行业的常规要求相一致。

——数据缺失处理:如氧化钙和氧化镁含量部分数据缺失,核查机构应首先要求企业说明原因。可以采用通过离数据缺失期最接近的同样时间段(缺失之前或之后均可)氧化钙和氧化镁含量作为替代,详细的替代计算过程需要保留。

——QA/QC要求:与监测期内的运行日志等信息交叉核对。

7. 生料中碳酸盐矿物 CO_2 含量(R_C,%)

核查要求如下:

——数据来源:企业实际测量所得。

——监测方法:根据 GB/T 176—2008《水泥化学分析》方法分析。

——监测频次:核查机构应关注该数值的监测频次,监测频次应与企业的管理要求和行业的常规要求相一致;当发现实际上的监测频次低于规定要求值时,核查机构应首先要求企业说明原因,同时利用日常运行记录和其他证据证明所监测频次降低阶段 Rc 的合理性。

——记录频次:核查机构应关注该数据的记录频次,记录频次应与企业的管理要求和行业的常规要求相一致。

——数据缺失处理:如 Rc 部分数据缺失,核查机构应首先要求企业说明原因。可以采用通过离数据缺失期最接近的同样时间段(缺失之前或之后均可)Rc 作为替代,详细的替代计算过程需要保留。

——QA/QC要求:与监测期内的运行日志等信息交叉核对。

8. 熟料中燃煤灰分掺入量换算因子(F_C)

核查要求如下:

——数据来源:企业实际测量所得。

——监测方法:由经过定期校准的分析仪器依据 GB/T 212—2008《煤的工业分析方法》、GB/T 213—2008《煤的发热量测定方法》测定。

——监测频次:核查机构应关注该数值的监测频次,监测频次应与企业的管理要求和行业的常规要求相一致;当发现实际上的监测频次低于规定要求值时,核查机构应首先要求企业说明原因,同时利用日常运行记录和其他证据证明所监测频次降低阶段 Fc 的合理性。

——记录频次:核查机构应关注该数据的记录频次,记录频次应与企业的管理要求和行业的常规要求相一致。

——数据缺失处理:如 Fc 部分数据缺失,首先说明原因,同时采用默认值 1.04。

——QA/QC要求:与监测期内的运行日志等信息交叉核对。

9. 生料烧失量(L,%)

核查要求如下:

——数据来源:企业实际测量所得。核查机构应注意,使用监测期内的加权平均值比监测期内的算数平均值的准确度更高。

——监测方法：根据 GB/T 176—2008《水泥化学分析》方法分析。

——监测频次：核查机构应关注该数值的监测频次，监测频次应与企业的管理要求和行业的常规要求相一致；当发现实际上的监测频次低于规定要求值时，核查机构应首先要求企业说明原因，同时利用日常运行记录和其他证据证明所监测频次降低阶段 L 的合理性。

——记录频次：核查机构应关注该数据的记录频次，记录频次应与企业的管理要求和行业的常规要求相一致。

——数据缺失处理：如 L 部分数据缺失，核查机构应首先要求企业说明原因。可以采用离数据缺失期最接近的同样时间段（缺失之前或之后均可）L 作为替代，详细的替代计算过程需要保留。

——QA/QC 要求：与监测期内的运行日志等信息交叉核对。

10. 窑头排气筒排放烟气中的粉尘量(Q_2, t)

核查要求如下：

——数据来源：企业实际测量所得。

——监测方法：由经过定期校准的设备按《水泥工业大气污染物排放》标准测量烟气流量及含尘浓度。

——监测频次：核查机构应关注该数值的监测频次，监测频次应与企业的管理要求和行业的常规要求相一致；当发现实际上的监测频次低于规定要求值时，核查机构应首先要求企业说明原因，同时利用日常运行记录和其他证据证明所监测频次降低阶段 Q_2 的合理性。

——记录频次：核查机构应关注该数据的记录频次，记录频次应与企业的管理要求和行业的常规要求相一致。

——数据缺失处理：如 Q_2 部分数据缺失，核查机构应首先要求企业说明原因。可以采用默认值 0.3kg/吨熟料推算，详细的推算过程需要保留。

——QA/QC 要求：与监测期内的运行日志等信息交叉核对。

11. 旁路粉尘量(Q_3, t)

核查要求如下：

——数据来源：企业实际测量所得。

——监测方法：由经过定期校准的重量监测仪器测得。

——监测频次：核查机构应关注该数值的监测频次，监测频次应与企业的管理要求和行业的常规要求相一致；当发现实际上的监测频次低于规定要求值时，核查机构应首先要求企业说明原因，同时利用日常运行记录和其他证据证明所监测频次降低阶段 Q_3 的合理性。

——记录频次：核查机构应关注该数据的记录频次，记录频次应与企业的管理要求和行业的常规要求相一致。

——数据缺失处理：如 Q_3 部分数据缺失，核查机构应首先要求企业说明原因。可以采用通过离数据缺失期最接近的同样时间段（缺失之前或之后均可）单位熟料的旁路粉尘量推算，详细的推算过程需要保留。

——QA/QC 要求：与监测期内的运行日志等信息交叉核对。

12. 旁路粉尘烧失量(R_h，%)

核查要求如下：

——数据来源：企业实际测量所得。核查机构应注意，使用监测期内的加权平均值比监测期内的算数平均值的准确度更高。

——监测方法：根据 GB/T 176《水泥化学分析》方法分析。

——监测频次：核查机构应关注该数值的监测频次，监测频次应与企业的管理要求和行业的常规要求相一致；当发现实际上的监测频次低于规定要求值时，核查机构应首先要求企业说明原因，同时利用日常运行记录和其他证据证明所监测频次降低阶段 Rh 的合理性。

——记录频次：核查机构应关注该数据的记录频次，记录频次应与企业的管理要求和行业的常规要求相一致。

——数据缺失处理：如 Rh 部分数据缺失，核查机构应首先要求企业说明原因。可以采用离数据缺失期最接近的同样时间段（缺失之前或之后均可）Rh 替代，详细的替代计算过程需要保留。

——QA/QC 要求：与监测期内的运行日志等信息交叉核对。

13. 脱离系统的窑灰量(Q_4，t)

核查要求如下：

——数据来源：企业实际测量所得。

——监测方法：由经过定期校准的重量监测仪器测得。

——监测频次：核查机构应关注该数值的监测频次，监测频次应与企业的管理要求和行业的常规要求相一致；当发现实际上的监测频次低于规定要求值时，核查机构应首先要求企业说明原因，同时利用日常运行记录和其他证据证明所监测频次降低阶段 Q_4 的合理性。

——记录频次：核查机构应关注该数据的记录频次，记录频次应与企业的管理要求和行业的常规要求相一致。

——数据缺失处理：如 Q_4 部分数据缺失，核查机构应首先要求企业说明原因。可以采用通过离数据缺失期最接近的同样时间段（缺失之前或之后均可）单位熟料的窑灰量推算，详细的推算过程需要保留。

——QA/QC 要求：与监测期内的运行日志等信息交叉核对。

14. 窑灰烧失量(R_{CKD}，%)

核查要求如下：

——数据来源：企业实际测量所得。

——监测方法：根据 GB/T 176—2008《水泥化学分析》方法分析。

——监测频次：核查机构应关注该数值的监测频次，监测频次应与企业的管理要求和行业的常规要求相一致；当发现实际上的监测频次低于规定要求值时，核查机构应首先要求企业说明原因，同时利用日常运行记录和其他证据证明所监测频次降低阶段 R_{CKD} 的合理性。

——记录频次：核查机构应关注该数据的记录频次，记录频次应与企业的管理要求和行业的常规要求相一致。

——数据缺失处理：如 R_{CKD} 部分数据缺失，核查机构应首先要求企业说明原因。可以采用离数据缺失期最接近的同样时间段（缺失之前或之后均可）R_{CKD} 替代，详细的替代计算过程需要保留。

——QA/QC 要求：与监测期内的运行日志等信息交叉核对。

15. 生料中有机碳含量（C_{oc}，%）

核查要求如下：

——数据来源：根据实验室分析结果计算。核查机构应注意，使用监测期内的加权平均值比监测期内的算数平均值的准确度更高。

——监测方法：由有机碳分析仪测定。

——监测频次：核查机构应关注该数值的监测频次，监测频次应与企业的管理要求和行业的常规要求相一致；当发现实际上的监测频次低于规定要求值时，核查机构应首先要求企业说明原因，同时利用日常运行记录和其他证据证明所监测频次降低阶段 C_{oc} 的合理性。

——记录频次：核查机构应关注该数据的记录频次，记录频次应与企业的管理要求和行业的常规要求相一致。

——数据缺失处理：如企业无 C_{oc} 数据，采用默认值 0.2%。

——QA/QC 要求：与监测期内的运行日志等信息交叉核对。

16. 运输工具燃料消耗量（Q_V，t）

核查要求如下：

——数据来源：企业实际测量所得或供应商提供。核查机构应注意，只需考虑企业自有车辆消耗的燃料。

——监测方法：由企业记录。

——监测频次：核查机构应关注该数值的监测频次，监测频次应与企业的管理要求和行业的常规要求相一致；当发现实际上的监测频次低于规定要求值时，核查机构应首先要求企业说明原因，同时利用日常运行记录和其他证据证明所监测频次降低阶段 Q_V 的合理性。

——记录频次：核查机构应关注该数据的记录频次，记录频次应与企业的管理要求和行业的常规要求相一致。

——数据缺失处理：如 Q_V 数据部分缺失，核查机构应首先要求企业说明原因，同时根据里程数进行推算，详细的推算过程需要保留。

——QA/QC 要求：与监测期内的燃料购买发票或帐单交叉核对。

17. 监测期内企业从当地省级电网购入的电量（EG，MW·h）

核查要求如下：

——数据来源：企业实际测量所得。

——监测方法：由经过定期校准的电表依据 DL/T 448《电能计量装置技术管理规程》测得。

——监测频次：连续测量。

——记录频次：核查机构应关注该数据的记录频次，记录频次应与企业的管理要求和行业的常规要求相一致。

——数据缺失处理：如电量部分数据缺失，首先说明原因，同时提供采用电网公司的最终结算数据或者对账单作为替代,详细的替代计算过程需要保留。

——QA/QC要求:与监测期内的运行日志、购电发票等信息交叉核对。

18.监测期内企业所使用的区域电网的二氧化碳排放因子$[EF_{grid}, tCO_2/(MW \cdot h)]$

核查要求如下:

——数据来源:国家发改委发布的适用于本监测期的《中国区域及省级电网平均二氧化碳排放因子》中的省级电网平均CO_2排放因子数值。核查机构应注意所采用的数值与监测期在时间上的一致性。

第三节　纺织企业碳排放监测、报告及核查指南

纺织印染行业作为国民经济的基础产业之一,具有面广量大的特性,在纺织品的生产过程中输入的物质和过程都需要消耗大量的化石能源,是温室气体排放量很大的行业之一。当前,纺织印染行业尚未建立温室气体排放的量化方法,企业在计算自身的温室气体排放时,在选取量化方法学时没有针对性的参考文献和依据,会造成同类企业计算出的温室气体排放数据不具备可比性的问题。同时,在温室气体排放结果的量化过程中,在排放因子的选择上同样没有数据的优先选取次序和判断依据,缺乏我国统一的计算标准。本章节探讨适合中国纺织印染企业的碳排放量化方法及核查指南。

一、纺织印染典型工艺流程

纺织印染企业,尤其是印染企业的生产工段和生产设备多且复杂,为主体生产服务的间接生产系统(如动力、供电、废物处理等)和生产过程中用能部门亦较多。以纯棉织物的染整工艺流程的选择为例,主要是根据织物的品种、规格、成品要求等,可分为原布准备、烧毛、退浆、煮练、漂白、丝光、染色(印花)、整理等。

二、典型的温室气体排放源识别

企业应识别与其运行有关的温室气体排放,按直接温室气体排放、能源间接温室气体排放和其他间接温室气体排放进行分类,对于其他间接温室气体排放企业可以根据实际情况进行选择性的计算。

纺织印染企业典型的温室气体排放源包括热定型机,热电锅炉,导热油锅炉,烧毛机以及运输工具(如叉车,装载车等)中化石燃料的燃烧、印染废水厌氧处理过程、外购电力和外购蒸汽等。纺织印染企业生产过程中典型的温室气体排放源如下表10-3所示:

表10-3　纺织印染企业的典型温室气体排放源

排放源		设施	工艺环节	气体
直接排放源	1.化石燃料的燃烧过程	热定型机/导热油锅炉/热电锅炉/烧毛机/运输工具	蒸汽、热能、动力提供	CO_2
				CH_4
				N_2O
	2.印染废水厌氧处理过程	污水厌氧处理池	印染生产过程废水排放	CH_4

续表

排放源		设施	工艺环节	气体
能源间接排放源	3. 外部电网	外部电网包含的所有发电厂	生产过程提供动力	CO_2
	4. 外部蒸汽供应商	热电锅炉或供热锅炉	生产过程提供蒸汽	CO_2

企业在确认温室气体报告中应包含以下信息:

(1)清晰地说明了组织边界;

(2)清晰地说明了运行边界;

(3)所量化的排放源清单;

(4)不同种类的化石燃料应作为不同的排放源分开统计;

(5)针对表 10-3 中列出但企业没有量化的排放源,企业应给出合理的理由;

(6)针对表 10-3 中未列出的但企业量化了的排放源,企业应予以说明。纺织印染企业在生产运行过程中可能还会涉及烧毛机烧毛燃烧的过程,因布面绒毛燃烧的排放量过小,本指南不予考虑。另外,在生产运行过程中还会涉及温度调节设施中制冷剂逸散、灭火器逸散、堆煤场甲烷等排放,由于上述排放所占比例非常小,本节未进行规定,如需要,企业可依据政府间气候变化专门委员会(IPCC)相关指南进行量化;

(7)占直接或能源间接温室气体总排放量少于某一阈值的温室气体排放源可视为微量排放源,企业可根据需要确定是否将其包含在总排放量中。核查机构应确认未包含的微量排放源的总排放量不会给企业总排放量带来实质性偏差。

下文将针对上述 4 个排放源的量化方法进行逐一论述。

三、量化方法学

1. 化石燃料燃烧过程产生的温室气体排放

对于纺织印染企业来说,化石燃料的燃烧过程产生温室气体的量化方法一般采用排放因子法。具体计算见式 10-21、式 10-22、式 10-23:

$$E_{ff,CO_2} = Q_{ff} \times NCV \times EF_{CO_2} \times OX_i \times 10^{-12} \quad\cdots\cdots\cdots\cdots (10-21)$$

式中:

E_{ff,CO_2}——监测期内化石燃料燃烧过程产生的二氧化碳排放量(t);

Q_{ff}——监测期内化石燃料的消耗量(t 或 m^3);

NCV——监测期内化石燃料的净发热值(kJ/t 或 kJ/m^3);

EF_{CO_2}——监测期内化石燃料单位热量的 CO_2 排放系数(kg/TJ);

OX_i——监测期内燃烧过程的碳氧化率(%)。

$$E_{ff,CH_4} = Q_{ff} \times NCV \times EF_{CH_4} \times 10^{-12} \quad\cdots\cdots\cdots\cdots (10-22)$$

式中:

E_{ff,CH_4}——监测期内化石燃料燃烧过程产生的甲烷排放量(t);

Q_{ff}——监测期内化石燃料的消耗量(t 或 m^3);

NCV——监测期内化石燃料的净发热值(kJ/t 或 kJ/m^3);

EF_{CH_4}——监测期内化石燃料单位热量的 CH_4 排放量（kg/TJ）。

$$E_{ff,N_2O} = Q_{ff} \times NCV \times EF_{N_2O} \times 10^{-12} \quad\cdots\cdots\cdots\cdots\cdots\cdots \text{（10-23）}$$

式中：

E_{ff,N_2O}——监测期内化石燃料燃烧过程产生的氧化亚氮排放量(t 或 m^3)；

　　Q_{ff}——监测期内化石燃料的消耗量（t 或 m^3）；

　　NCV——监测期内化石燃料的净发热值（kJ/t 或 kJ/m^3）；

EF_{N_2O}——监测期内化石燃料单位热量的 N_2O 排放量（kg/TJ）。

在实际的量化过程中，上述参数的数值选取应有科学的依据。

Q_{ff}、NCV、EF_{CO_2}、EF_{CH_4}、EF_{N_2O} 的说明详见下述"四、监测参数及核查要求"。

EF_{CO_2} 反应的缺省排放因子是源于煤炭中的碳 100% 氧化的假设之下，在实际的运行中，锅炉内煤炭中的小部分碳在燃烧过程中不会被氧化，进入了灰或者渣中，因此需要考虑碳氧化率 OX_i。《省级温室气体清单编制指南》中指出据有关工业锅炉样本调查分析结果，我国燃煤工业锅炉的平均碳氧化率介于 80%～90% 之间，不同煤种和容量等级的工业锅炉碳氧化率差别较大。因此，如果企业对于锅炉中燃料的碳氧化效率有实际测定数据，优先采用实测值。企业在实际测量的时候，由经过定期校准的分析仪器依据碳平衡法测得。对于燃煤的工业锅炉，可采用式 10-24 方法计算其碳氧化率：

$$\alpha_i = 1 - \frac{SL \times A_{ar}}{RL_i \times RZ_i \times C_i} \quad\cdots\cdots\cdots\cdots\cdots\cdots \text{（10-24）}$$

式中：

　　a_i——第 i 种燃料的碳氧化率；

　　SL——全年的炉渣产量(t)；

　　A_{ar}——炉渣的平均含碳量(tC/t)；

　　RL_i——第 i 种燃料全年消费量（万 t）；

　　RZ_i——第 i 种燃料全年平均低位发热值（TJ/万 t）；

　　C_i——第 i 种燃料全年平均单位热值含碳量（tC/TJ）。

另外，考虑到不同油气燃烧设备（如交通运输工具）的碳氧化率差异不大，如无法获得当地实测的数据，建议不同交通运输工具消耗油品（如原油、燃料油、柴油、煤油等）的碳氧化率取值为 98%，气体燃料（LPG、天然气及其他气体等）的碳氧化率取值为 99%。

2. 印染废水厌氧处理过程产生的温室气体排放

纺织印染行业是工业污水排放大户，印染废水色度高、COD 浓度高。一般在厌氧处理的过程会产生甲烷的排放。本节给出计算印染废水厌氧处理过程产生的温室气体量化方法见式 10-25：

$$E_{w,CH_4} = Q_{COD} \times P_{COD} \times MCF_p \times B_0 \quad\cdots\cdots\cdots\cdots\cdots \text{（10-25）}$$

式中：

E_{w,CH_4}——监测期内废水厌氧处理过程产生的甲烷排放量(t)；

　Q_{COD}——监测期内印染废水总处理量(m^3)；

　P_{COD}——监测期内 COD 平均进水浓度($tCOD/m^3$)；

　MCF_p——甲烷修正因子；

　　B_0——最大甲烷产生能力($kgCH_4/kgCOD$)。

B_0 推荐采用政府部门,工业组织或工业专家那里获得的国家和工业部门特定数据。如果没有国家数据,则推荐采用 IPCC COD 缺省因子($0.25 kg CH_4/kg COD$)。

对于 MCF_p 的取值,如果企业采用的是好氧污水处理过程且管理完善,那么此环节不涉及甲烷的产生和排放。IPCC 给出的工业废水 MCF 缺省值如下表 10 - 4,这些值均基于专家判断。

表 10 - 4 工业废水 MCF_P 缺省值

污水处理方法	备注	MCF_P
好氧处理	管理不完善。过载	0.3
污泥的厌氧浸化槽	此处不考虑 CH_4 回收	0.8
厌氧反应堆(如 UASB,固定膜反应堆)	此处不考虑 CH_4 回收	0.8
浅的厌氧化粪池	深度不足 2 米,采用专家判断	0.2
深厌氧化粪池	深度超过 2 米	0.8

3. 能源间接排放(外购电力)

一般情况下,企业在生产过程中从当地省级电网购入电力。本节给出外购电力所带来的温室气体的量化方法见式 10 - 26:

$$E_e = EG \times EF_{grid} \qquad\qquad (10 - 26)$$

式中:

E_e——监测期内企业外购电力而间接排放的二氧化碳(t);

EG——监测期内企业从当地省级电网购入的电量(MW·h);

EF_{grid}——监测期内企业所在省级电网的二氧化碳排放因子(t/MW·h)。

4. 能源间接排放(外购蒸汽)

外购蒸汽的排放可根据蒸汽供应商的外供蒸汽的热焓、供热煤耗或锅炉的效率及蒸发量计算,根据数据的可获得性,企业应按照由高到低的优先序选用式 10 - 27～10 - 29。

如果纺织印染企业可以从蒸汽供应商(热电厂)处获得消耗的化石燃料及蒸汽的特性参数,可以采用式 10 - 27 进行量化:

$$E_{s,CO_2} = Q_{ff} \times NCV \times EF_{CO_2} \times OX_i \times 10^{-9} \times Q_S \times (H_1 - H_2) /$$
$$(Q_{S,generation} \times H_3 - Q_w \times H_2) \qquad\qquad (10 - 27)$$

式中:

E_{s,CO_2}——监测期内企业因消耗外购蒸汽而间接排放的二氧化碳(tCO_2e);

Q_{ff}——监测期内化石燃料的消耗量(t);

NCV——化石燃料的平均低位发热值(kJ/kg);

EF_{CO_2}——化石燃料单位热量的 CO_2 排放系数(kg/TJ);

OX_i——化石燃料燃烧过程的碳氧化率(%);

H_1——外供蒸汽的焓值(kJ/kg);

H_2——锅炉给水焓值(kJ/kg);

$Q_{S,generation}$——锅炉出口处产生的蒸汽总量(kg);

H_3——锅炉出口处蒸汽的焓值(kJ/kg);

Q_w——锅炉给水量（kg）；

Q_S——企业向蒸汽供应商采购的蒸汽量（kg）。

如果纺织印染企业可以从蒸汽供应商（热电厂）处获得供热煤耗这一参数，可以采用式 10-28 进行量化：

$$E_{S,CO_2} = b_r \times (H_1 - H_2) \times Q_S \times NCV \times EF_{CO_2} \times OX_i \times 10^{-15} \quad \cdots\cdots \text{（10-28）}$$

式中：

E_{S,CO_2}——监测期内企业因消耗外购蒸汽而间接排放的二氧化碳（tCO_2e）；

b_r——蒸汽供应商的单位供热煤耗（kg/GJ）；

H_1——外供蒸汽的焓值（kJ/kg）；

H_2——锅炉给水焓值（kJ/kg）；

Q_S——企业向蒸汽供应商采购的蒸汽量（t）；

NCV——化石燃料的平均低位发热值（kJ/kg）；

EF_{CO_2}——化石燃料单位热量的 CO_2 排放系数（kg/TJ）；

OX_i——化石燃料燃烧过程的碳氧化率（%）。

如果企业无法获取蒸汽供应商（热电厂）的详细参数，那么使用下式 10-29 进行简化计算：

$$E_{S,CO_2} = Q_S \times (H_1 - H_2) / \eta \times EF_{CO_2} \times OX_i \times 10^{-9} \quad \cdots\cdots\cdots \text{（10-29）}$$

式中：

E_{S,CO_2}——监测期内企业因消耗外购蒸汽而间接排放的二氧化碳（tCO_2e）；

Q_S——企业向蒸汽供应商采购的蒸汽量（t）；

H_1——外供蒸汽的焓值（kJ/kg）；

H_2——锅炉给水焓值（kJ/kg）；

η——蒸汽锅炉效率（%）；

EF_{CO_2}——化石燃料单位热量的 CO_2 排放系数（kg/TJ）；

OX_i——化石燃料燃烧过程的碳氧化率（%）。

四、监测参数及核查要求

核查机构应确认量化方法学中涉及的参数是否按照以下要求进行监测。温室气体报告应对所监测参数的数据来源、监测程序、QA/QC 等情况进行说明，核查机构应在核查报告中对参数监测的合理性予以确认。

当所适用的机制允许时，在对某一参数进行核查时，如果样本数量太多，可以根据所适用机制的实质性要求，按照 GB/T 2828.1—2012《计数抽样检验程序　第 1 部分：按接收质量限（AQL）检索的逐批检验抽样计划》确定抽样方式。核查机构应在核查报告中说明选取的抽样方法和抽样的具体情况。

各个参数具体核查要求如下。

1. 监测期内化石燃料的消耗量（Q_{ff}，t 或 m^3）

核查要求如下：

——数据来源：可以采用企业实际测量所得的数据，也可以采用供应商提供的数据。经过对试点企业的实际调研，笔者认为应优先选取监测期内的入炉值，如数据无法获得也可以选取监测期内考虑到库存后的入厂值，因为入炉值反映了电厂在监测期内实际用于燃烧的化石燃料消耗量,也便于燃煤电厂进行每个月排放情况的直接对比,如果采用入厂值则需要考虑到库存变化、停机阶段的影响,不利于反应锅炉燃烧的排放信息。如果数据是测量而得,测量器具应经过定期校准,且监测的频次和记录的频次要与企业管理要求相一致。

——监测方法:由经过定期校准的重量或体积监测仪器测得。

——监测频次:核查机构应关注该数值的监测频次,监测频次应与企业的管理要求和行业的常规要求相一致;当发现实际上的监测频次低于规定要求值时,核查机构应首先要求企业说明原因,同时利用企业的能源平衡表、日常运行记录和其他证据证明监测频次降低阶段消耗量的合理性;

——记录频次:核查机构应关注该数据的记录频次,记录频次应与企业的管理要求和行业的常规要求相一致。

——数据缺失处理:如果存在数据缺失,在采用入炉值的情况下,可采用通过离数据缺失期最接近的同样时间段(缺失之前或之后均可)发电量推算出的入炉值作为替代;在采用入厂值的情况下,可采用供应商提供的发票、供应商提供送货凭据、企业的收货凭据、企业的转账凭据等其他来源信息作为替代。

——QA/QC要求:与监测期内的能源平衡表(包含采购量和库存量信息)、运行日志等信息交叉核对。

2. 监测期内化石燃料的净发热值(低位发热量)(NCV,kJ/t 或 kJ/m³)

核查要求如下:

——数据来源:企业实际测量所得或供应商提供;核查机构应注意:1)使用监测期内的加权平均值比监测期内的算术平均值的准确度更高;2)NCV 的取值来源尽量与 Q_{ff} 的取值来源相一致;3)如果企业未对化石燃料的净发热值进行监测或供应商未提供(如交通工具消耗的化石燃料),则应按照《2006 年 IPCC 国家温室气体清单指南》上给出的数值进行选取。

——监测方法:由经过定期校准的分析仪器依据 GB/T 212—2008《煤的工业分析方法》、GB/T 213—2008《煤的发热量测定方法》、GB/T 384—1981《石油产品热值测定法》、GB/T 22723—2008《天然气能量的测定》测得。

——监测频次:核查机构应关注该数值的监测频次,监测频次应与企业的管理要求和行业的常规要求相一致;当发现实际上的监测频次低于规定要求值时,核查机构应首先要求企业说明原因,同时利用企业的能源平衡表、日常运行记录和其他证据证明监测频次降低阶段消耗量的合理性。

——记录频次:核查机构应关注该数据的记录频次,记录频次应与企业的管理要求和行业的常规要求相一致。

——数据缺失处理:如净发热值部分数据缺失,首先说明原因,同时提供替他证据佐证,可以采用监测期内有效数据的平均值作为替代,详细的替代计算过程需要保留。

——QA/QC要求:与监测期内的能源平衡表(包含采购量和库存量信息)、供应商提供的发票或供货单、运行日志等信息交叉核对。Q_{ff} 和 NCV 的一致性:NCV 的取值来源尽量与 Q_{ff} 的取值来源相一致,如果 Q_{ff} 为入厂煤则 NCV 宜采用针对入厂煤的监测期内的平均值,如果 Q_{ff} 为入炉煤则 NCV 宜采用针对入炉煤的监测期内的平均值。使用监测期内的加权平均值比监测期内的算术平均值的准确度更高。如果操作上可行,应将Q_{ff}和NCV换算成相同状态下的数值,避免外水分对计算结果的影响。如果无法换算,采用收到基的Q_{ff}和干基的NCV也是行业可接受的做法。

3. 排放系数(EF_{CO_2}/EF_{CH_4}/EF_{N_2O},kg/TJ)

指监测期内化石燃料单位热量的二氧化碳、甲烷、氧化亚氮排放量。

核查要求如下:

——数据来源:由于煤燃烧产生的CO_2主要取决于煤中碳的含量,与燃烧技术的关系不大,因此EF_{CO_2}是由单位热值燃料含碳量计算得来,即煤单位热量的CO_2排放量。由于煤成分(碳、氢、硫、烟灰、氧和氮)的不同导致每吨煤的碳排放差异很大,为了便于计算,2006年《IPCC国家温室气体清单指南》中将煤炭的类型依据热值、挥发分、碳含量以及煤炭的用途分为以下几种:无烟煤、炼焦、其他沥青煤、亚沥青煤、褐煤、棕色煤压块,并给出这些煤种的含碳量缺省值用于计算EF_{CO_2}。国家发展和改革委员会组织编写的《省级温室气体清单编制指南》中对电力行业燃煤种类按照无烟煤、烟煤、褐煤、洗精煤、其他洗煤、型煤重新进行了调整,更适合于我国燃煤电力企业的情况。如果燃煤电厂有条件实现定期元素分析,利用实际测得的含碳量和热值计算出来EF_{CO_2}是最佳、最准确的,考虑到目前电厂运行中并没有相关的需求,因此常规做法依然是选取《省级温室气体清单编制指南》中给出的适合于我国情况的缺省值。EF_{CH_4}和EF_{N_2O}来源于2006年《IPCC国家温室气体清单指南》,前面已说明化石燃料燃烧带来的甲烷和氧化亚氮的量取决于所使用的燃烧技术和燃烧条件,因此仅按燃料类别提供甲烷和氧化亚氮缺省排放因子是没有意义的,2006年《IPCC国家温室气体清单指南》则按照行业类别提供了缺省排放因子,燃煤电厂应选取能源工业提供的缺省值。

4. 化石燃料燃烧过程的碳氧化率(OX_i,%)

核查要求如下:

——数据来源:企业实际测量所得。如企业没有测量值,则取省级温室气体清单给出的默认碳氧化率98%。

——监测方法:由经过定期校准的分析仪器依据碳平衡法测得。

——监测频次:核查机构应关注该数值的监测频次,监测频次应与企业的管理要求和行业的常规要求相一致。由于固定设备的OX_i数值变化不大,一般情况下一个监测期内监测一次即可。当发现实际上的监测频次低于规定要求值时,核查机构应首先要求企业说明原因,同时利用企业的能源平衡表、日常运行记录和其他证据证明所监测频次降低阶段碳氧化率的合理性。

——记录频次:核查机构应关注该数据的记录频次,记录频次应与企业的管理要求和行业的常规要求相一致。

——数据缺失处理:如碳氧化率部分数据缺失,首先说明原因,同时采用默认碳氧化率98%。

5. 监测期内运输工具所消耗的化石燃料量(Q_V,t)

核查要求如下:

——数据来源:企业实际测量所得或供应商提供。

——监测方法:由经过定期校准的重量监测仪器测得。

——监测频次:核查机构应关注该数值的监测频次,监测频次应与企业的管理要求相一致。当发现实际上的监测频次低于规定要求值时,核查机构应首先要求企业说明原因,同时利用企业的采购清单表、日常运行记录和其他证据证明监测频次降低阶段消耗量的合理性。

——记录频次:核查机构应关注该数据的记录频次,记录频次应与企业的管理要求相一致。

——QA/QC要求:与监测期内的能源平衡表(包含采购量和库存量信息)、运行日志等信息交叉核对。

6. 监测期内印染废水总处理量(Q_{COD},m^3)

核查要求如下:

——数据来源:企业实际测量所得。

——监测方法:由经过定期校准的体积监测仪器测得。

——监测频次:核查机构应关注该数值的监测频次,监测频次应与企业的管理要求和行业的常规要求相一致;当发现实际上的监测频次低于规定要求值时,核查机构应首先要求企业说明原因,同时利用企业的日常运行记录和其他证据证明监测频次降低阶段废水总处理量的合理性。

——记录频次:核查机构应关注该数据的记录频次,记录频次应与企业的管理要求和行业的常规要求相一致。

——QA/QC要求:测得的数据应与监测期内的运行日志等信息交叉核对,监测仪器应按照国家或行业相关标准进行定期校验。

7. 监测期内COD平均进水浓度(P_{COD},t_{COD}/m^3)

核查要求如下:

——数据来源:企业实际测量所得。

——监测方法:由经过定期校准的分析仪器依据重铬酸钾回流法或其他行业认可的相关分析方法测得。

——监测频次:核查机构应关注该数值的监测频次,监测频次应与企业的管理要求和行业的常规要求相一致;当发现实际上的监测频次低于规定要求值时,核查机构应首先要求企业说明原因,同时利用企业的日常运行记录和其他证据证明监测频次降低阶段废水COD_{cr}进水浓度的合理性。

——记录频次:核查机构应关注该数据的记录频次,记录频次应与企业的管理要求和行业的常规要求相一致。

——QA/QC要求:测得的数据应与监测期内的运行日志等信息交叉核对,监测仪器应按照国家或行业相关标准进行定期校验。

8. 监测期内企业从当地区域电网购入的电量(EG,$MW \cdot h$)

核查要求如下:

——数据来源:企业实际测量所得或电网公司提供。

——监测方法:由经过定期校准的电表依据DL/T 448—2000《电能计量装置技术管理规程》测得。

——记录频次:核查机构应关注该数据的记录频次,记录频次应与企业的管理要求和行业的常规要求相一致。

——数据缺失处理：如电量部分数据缺失，首先说明原因，同时提供采用电网公司的最终结算数据或者对账单作为替代，详细的替代计算过程需要保留。

——QA/QC 要求：与监测期内的运行日志等信息交叉核对。

9. 监测期内企业所使用的区域电网的二氧化碳排放因子$[EF_{grid}，tCO_2/(MW \cdot h)]$

核查要求如下：

——数据来源：国家发改委发布的适用于本监测期的《中国区域及省级电网平均二氧化碳排放因子》中的省级电网平均 CO_2 排放因子数值。

10. 热电厂向外供热的单位供热的标准煤耗(b_r，kg/GJ)

核查要求如下：

——数据来源：由热电厂提供。核查机构应注意：该值一般经由计算得来，按照 DB 33/642—2007《热电联产能效能耗限额及计算方法》中提供的计算公式：单位供热标准煤耗＝供热标准煤耗量/供热量，核查机构应确认 b_r 值来源 的准确性；b_r 的取值与 H_1 的取值应在时间段上相一致。

——QA/QC 要求：与监测期内发电厂的运行记录及能源平衡表进行交叉核对。

11. 热电厂外供蒸汽的焓值(H_1，kJ/kg)

核查要求如下：

——数据来源：热电厂提供。

——监测方法：由经过定期校准的温度，压力传感器测得蒸汽的温度和压力并查询蒸汽热焓表可得。核查机构应注意：如采用式 10-27 进行计算，则 H_2 的取值与 H_1 和 H_3 的取值应在时间段上相一致；如采用式 10-28 或式 10-29 进行计算，则 H_2 的取值与 H_1 的取值应在时间段上相一致。

——QA/QC 要求：与监测期内供应商的能源清单进行交叉核对。测量设备每年由有资质的机构按行业相关规定进行校准。

12. 企业向热电厂采购的蒸汽量(Q_S，t)

核查要求如下：

——数据来源：企业提供或者由热电厂提供。

——监测方法：由经过定期校准的质量或者体积监测仪器测得。

13. 锅炉出口处产生的蒸汽总量($Q_{S,generationt}$，t)

核查要求如下：

——数据来源：由热电厂提供。

——监测方法：由经过定期校准的质量或者体积监测仪器测得。

——监测频次：核查机构应关注该数值的监测频次，监测频次应与企业的管理要求和行业的常规要求相一致；当发现实际上的监测频次低于规定要求值时，核查机构首先要求企业说明原因，同时利用企业的能源平衡表、日常运行记录和其他证据证明所监测频次降低阶段测量数据的合理性。

——记录频次：核查机构应关注该数据的记录频次，记录频次应与企业的管理要求和行业的常规要求相一致。

——QA/QC 要求：与监测期内蒸汽供应商的能源平衡表交叉核对。测量设备每年由有资质的机构按行业相关规定进行校准。

14. 锅炉给水焓值（H_2，kJ/kg）

核查要求如下：

——数据来源：热电厂提供。

——监测方法：由经过定期校准的温度计测得锅炉给水温度，并按照一个大气压查询水的焓值表可得。核查机构应注意：如采用式 10 - 27 进行计算，则 H_2 的取值与 H_1 和 H_3 的取值应在时间段上相一致；如采用式 10 - 28 或式 10 - 29 进行计算，则 H_2 的取值与 H_1 的取值应在时间段上相一致。

——QA/QC 要求：与监测期内供应商的能源清单进行交叉核对。测量设备每年由有资质的机构按行业相关规定进行校准。

15. 热电厂外供蒸汽的焓值（H_3，kJ/kg）

核查要求如下：

——数据来源：热电厂提供。

——监测方法：由经过定期校准的温度计测得锅炉给水温度，并按照一个大气压查询水的焓值表可得。核查机构应注意：如采用式 10 - 27 进行计算，则 H_2 的取值与 H_1 和 H_3 的取值应在时间段上相一致；如采用式 10 - 28 或式 10 - 29 进行计算，则 H_2 的取值与 H_1 的取值应在时间段上相一致。

——QA/QC 要求：与监测期内供应商的能源清单进行交叉核对。测量设备每年由有资质的机构按行业相关规定进行校准。

16. 锅炉给水量（Q_w，kg）

核查要求如下：

——数据来源：热电厂提供。

——监测方法：由经过定期校准的质量或者体积监测仪器测得。

——监测频次：核查机构应关注该数值的监测频次，监测频次应与企业的管理要求和行业的常规要求相一致；当发现实际上的监测频次低于规定要求值时，核查机构首先要求企业说明原因，同时利用企业的能源平衡表、日常运行记录和其他证据证明所监测频次降低阶段测量数据的合理性。

——记录频次：核查机构应关注该数据的记录频次，记录频次应与企业的管理要求和行业的常规要求相一致。

——QA/QC 要求：与监测期内的购水发票、运行日志等信息交叉核对。测量设备每年由有资质的机构按行业相关规定进行校准。

17. 蒸汽锅炉效率（η，%）

核查要求如下：

——数据来源：热电厂提供。

——监测方法：由经过定期校准的分析仪器依据热量平衡法测得。

——监测频次：核查机构应关注该数值的监测频次，监测频次应与企业的管求和行业的常规要求相一致。由于固定设备的 η 数值变化不大，一般情况下一个监测期内监测一次即可。如无法获得热电厂锅炉效率，则按照 GB/T 17954—2007《工业锅炉经济运行》中，表 2 额定蒸汽量 >20t/h，Ⅲ类烟煤最低的运行效率取默认值 78%。

第四节　汽车企业碳排放监测、报告及核查指南

我国是世界汽车产销第一大国,汽车工业已经成为国民经济中重要的支柱产业,在促进经济发展,增加就业,拉动内需等方面发挥着越来越重要的作用。汽车工业在为国民经济发展带来巨大经济贡献和大量就业的同时,也直接或间接带来了大量的温室气体排放。本节将通过对汽车制造企业温室气体排放量化的关键环节进行分析,探讨当前使用广泛的温室气体排放计算标准和核查指南。

一、汽车生产过程典型工艺流程

如果从源头考虑汽车的生产过程,这将是一个十分复杂和漫长的生产流程。本节内容指的汽车生产过程是典型的汽车终端生产企业涉及的典型工艺流程,即是典型的整车生产流程。

典型的整车生产流程大致分为 5 个单元:(1)冲压工艺,其目标是生产出各种车身冲压零部件;(2)焊接工艺,其目标是将各种车身冲压部件焊接成完成的车身;(3)涂装工艺,其目标是防止车身锈蚀,使车身具有靓丽外表;(4)总装工艺,其目标是将车身、发动机、底盘和内饰等各个部分组装到一起,形成一台完整的车;(5)出厂检测,其目标是发现生产装配过程中潜在的质量问题,尽最大可能拒绝不合格产品出厂。另外,为了配合汽车生产过程的顺利开展,还有其他辅助单元,比如提供蒸汽动力和电力的动力站,为发动机提供技术支持的部门等。

二、典型的温室气体排放源识别

汽车生产企业典型的温室气体排放源包括热电锅炉,发动机及整车测试过程中的燃油燃烧,焊接过程制冷剂的逸散以及厂内运输工具(如叉车,装载车等)中燃油的燃烧、外购电力和外购蒸汽。汽车生产企业生产过程中典型的温室气体排放源如下表 10-5 所示:

表 10-5　汽车生产企业的典型温室气体排放源

排放源			设施	工艺环节	气体
直接排放源	能源类	1.化石燃料的燃烧过程	锅炉/烘干炉/焚烧炉/热处理炉等	动力提供	CO_2
					CH_4
					N_2O
	生产过程	2.化石燃料的燃烧过程	变速箱/发动机	热试	CO_2
					CH_4
					N_2O
		3.化石燃料的燃烧过程	整车	整车测试	CO_2
					CH_4
					N_2O
		4.CO_2保护焊接过程	焊机	物流/焊装/冲压/总装等	CO_2
		5.乙炔焊接过程	焊机	物流/焊装/冲压/总装等	CO_2

续表

排放源			设施	工艺环节	气体
直接排放源	运输过程	6. 汽、柴油等化石燃料的燃烧过程	厂区内生产用车辆	试验、搬运等环节车辆消耗	CO_2
					CH_4
					N_2O
	逸散性	7. 汽车生产过程中冷媒填充逸散	冷媒加注器	整车生产	HFC
能源间接排放源	能源类	8. 外购电力/蒸汽	用电/蒸汽设备	生产过程	CO_2

在识别排放源的过程中,企业应考虑以下要求:

(1)清晰地说明了组织边界。

(2)清晰地说明了运行边界。

(3)所量化的排放源清单。

(4)不同种类的化石燃料应作为不同的排放源分开统计。表 10-6 中化石燃料的燃烧还应包含锅炉启动阶段的辅助燃料燃烧。

(5)针对表 10-6 中未列出的但企业量化了的排放源,企业应予以说明。汽车企业在运行过程中可能还会涉及喷漆催化燃烧室有机废气的燃烧带来 VOC 逸散、温度调节设施中制冷剂逸散、污水处理设施甲烷排放、灭火器逸散、堆煤场甲烷等排放,由于上述排放所占比例非常小,本指南未进行规定,如需要企业可依据 IPCC 相关指南进行量化;另外,冷媒在填充过程中的逸散目前还没有科学的计算方法,鼓励有条件的企业利用合理的计算进行计算。

(6)占直接或能源间接温室气体总排放量少于某一阈值的温室气体排放源可视为微量排放源,企业可根据需要确定是否将其包含在总排放量中。核查机构应确认未包含的微量排放源的总排放量不会给企业总排放量带来实质性偏差。

三、量化方法学

1. 化石燃料燃烧过程产生的温室气体排放

对于汽车生产企业来说,化石燃料的燃烧过程产生温室气体的量化方法一般采用排放因子法。具体计算见式 10-30、式 10-31、式 10-32:

$$E_{ff,CO_2} = Q_{ff} \times NCV \times EF_{CO_2} \times OX_i \times 10^{-12} \quad\cdots\cdots\cdots\cdots\quad (10-30)$$

式中:

E_{ff,CO_2}——监测期内化石燃料燃烧过程产生的二氧化碳排放量(tCO_2e);

Q_{ff}——监测期内化石燃料的消耗量(t/m^3);

NCV——监测期内化石燃料的净发热值(kJ/t);

EF_{CO_2}——监测期内化石燃料单位热量的 CO_2 排放系数(kg/TJ);

OX_i——监测期内燃烧过程的碳氧化率(%)。

$$E_{ff,CH_4} = Q_{ff} \times NCV \times EF_{CH_4} \times 10^{-12} \quad\cdots\cdots\cdots\cdots\quad (10-31)$$

式中:

E_{ff,CH_4}——监测期内化石燃料燃烧过程产生的甲烷排放量(t);

Q_{ff}——监测期内化石燃料的消耗量(t/m³)；

NCV——监测期内化石燃料的净发热值(kJ/t)；

EF_{CH_4}——监测期内化石燃料单位热量的 CH_4 排放量(kg/TJ)。

$$E_{ff,N_2O} = Q_{ff} \times NCV \times EF_{N_2O} \times 10^{-12} \quad\cdots\cdots\cdots\cdots\cdots\quad (10-32)$$

式中：

E_{ff,N_2O}——监测期内化石燃料燃烧过程产生的氧化亚氮排放量(t/m³)；

Q_{ff}——监测期内化石燃料的消耗量(t/m³)；

NCV——监测期内化石燃料的净发热值(kJ/t)；

EF_{N_2O}——监测期内化石燃料单位热量的 N_2O 排放量(kg/TJ)。

在实际的量化过程中，上述参数的数值选取应有科学的依据。

Q_{ff}、NCV、EF_{CO_2}、EF_{CH_4}、EF_{N_2O} 的说明详见下述"四、监测参数及核查要求"。

EF_{CO_2} 反应的缺省排放因子是源于煤炭中的碳 100％ 氧化的假设之下，在实际的运行中，锅炉内煤炭中的小部分碳在燃烧过程中不会被氧化，进入了灰或者渣中，因此需要考虑碳氧化率 OX_i。2006 年《IPCC 国家温室气体清单指南》认为在一般情况下燃煤电厂所在的能源行业中燃料 99％～100％ 的碳都被氧化了，《省级温室气体清单编制指南》中指出根据现有的研究结果，能源生产行业目前碳氧化率的范围在 90％～98％ 之间，其中发电锅炉碳氧化率较高，平均达到 98％ 左右。因此，如果企业对于锅炉中燃料的碳氧化效率有实际测定数据，优先采用实测值，否则可采用 98％ 的默认值。

2. 焊接带来的温室气体排放

(1)CO_2 保护焊

采用物料平衡法，基于所使用 CO_2 的量，计算方法见式 10-33。

$$E_{aw,CO_2,1} = Q_{purchase,1} - Q_{residue,1} \quad\cdots\cdots\cdots\cdots\cdots\quad (10-33)$$

式中：

$E_{aw,CO_2,1}$——监测期内 CO_2 保护焊生产过程中产生的二氧化碳排放量(tCO₂e)；

$Q_{purchase,1}$——监测期内 CO_2 保护气的购入量(t)；

$Q_{residue,1}$——监测期内 CO_2 保护气的剩余量(t)。

(2)C_2H_2 保护焊

采用物料平衡法，基于所使用乙炔的量，计算方法见式 10-34。

$$E_{aw,CO_2,2} = (Q_{purchase,2} - Q_{residue,2}) \times EF_{C_2H_2} \quad\cdots\cdots\cdots\cdots\quad (10-34)$$

式中：

$E_{aw,CO_2,2}$——监测期内 CO_2 保护焊生产过程中产生的二氧化碳排放量(tCO₂e)；

$Q_{purchase,2}$——监测期内 CO_2 保护气的购入量(t)；

$Q_{residue,2}$——监测期内 CO_2 保护气的剩余量(t)；

EF_{N2O}——乙炔的排放因子(乙炔焊过程涉及的化学反应式)；

$2C_2H_2 + 5O_2 = 4CO_2 + 2H_2O$，由化学式可知，乙炔的排放因子为 $3.385 tCO_2/tC_2H_2$。

(3)焊接带来的温室气体排放的计算实际就是采用了 CO_2 保护焊或 CO_2 保护焊过程中二氧化碳或者乙炔的消耗量来进行计算，简便易行。二氧化碳或者乙炔的消耗量可以从原始库存量、入库单或者购货发票和现有库存量等角度去量化消耗量。

3. 能源间接排放（外购电力）

一般情况下，企业在生产过程中从当地区域电网购入电力。本节给出外购电力所带来的温室气体的量化方法见式 10-35：

$$E_e = EG \times EF_{grid} \quad\cdots\cdots\cdots\cdots\cdots\cdots\cdots\cdots\cdots\cdots\quad (10-35)$$

式中：

E_e——监测期内企业外购电力而间接排放的二氧化碳（tCO_2e）；

EG——监测期内企业从当地省级电网购入的电量（$MW \cdot h$）；

EF_{grid}——监测期内企业所在省级电网的二氧化碳排放因子 $[tCO_2/(MW \cdot h)]$。

企业外购的电力由经过定期校准的电表依据 DL/T 448—2000《电能计量装置技术管理规程》测得。记录频次应与企业的管理要求和行业的常规要求相一致。

数据缺失处理：如电量部分数据缺失，首先说明原因，同时提供采用电网公司的最终结算数据或者对账单作为替代，详细的替代计算过程需要保留。

EF_{grid} 的取值应采用国家发改委发布的《中国区域及省级电网平均二氧化碳排放因子》报告。

4. 能源间接排放（外购蒸汽）

如果汽车生产企业可以从蒸汽供应商（热电厂）处获得消耗的化石燃料及蒸汽的特性参数，可以采用式 10-36 进行量化：

$$E_{S,CO_2} = Q_{ff} \times NCV \times EF_{CO_2} \times OX_i \times 10^{-9} \times Q_S \times (H_1 - H_2)/$$
$$(Q_{S,generation} \times H_3 - Q_w \times H_2) \quad\cdots\cdots\cdots\cdots\cdots\quad (10-36)$$

式中：

E_{S,CO_2}——监测期内企业因消耗外购蒸汽而间接排放的二氧化碳（tCO_2e）；

Q_{ff}——化石燃料的消耗量（t）；

NCV——化石燃料的平均低位发热值（kJ/kg）；

EF_{CO_2}——化石燃料单位热量的 CO_2 排放系数（kg/TJ）；

OX_i——化石燃料燃烧过程的碳氧化率（%）；

Q_S——企业向热电厂采购的蒸汽量（kg）；

H_1——外供蒸汽的焓值（kJ/kg）；

H_2——锅炉给水焓值（kJ/kg）；

$Q_{S,generation}$——锅炉出口处产生的蒸汽总量（kg）；

H_3——锅炉出口处蒸汽的焓值（kJ/kg）；

Q_w——锅炉给水量（kg）。

如果汽车生产企业可以从蒸汽供应商（热电厂）处获得供热煤耗这一参数，可以采用式 10-37 进行量化：

$$E_{S,CO_2} = b_r \times (H_1 - H_2) \times Q_S \times NCV \times EF_{CO_2} \times OX_i \times 10^{-15} \quad\cdots\cdots\quad (10-37)$$

式中：

E_{S,CO_2}——监测期内企业因消耗外购蒸汽而间接排放的二氧化碳（tCO_2e）；

b_r——热电厂的单位供热煤耗（kg/GJ）；

H_1——热电厂外供蒸汽的焓值（kJ/kg）；

H_2——锅炉给水焓值（kJ/kg）；

Q_S——企业向热电厂采购的蒸汽量(t)；

NCV——热电厂化石燃料的平均低位发热值(kJ/kg)；

EF_{CO_2}——热电厂化石燃料单位热量的 CO_2 排放系数(kg/TJ)；

OX_i——化石燃料燃烧过程的碳氧化率(%)。

如果企业无法获取蒸汽供应商(热电厂)的详细参数，那么使用式 10-38 进行简化计算：

$$E_{s.CO_2} = Q_S \times (H_1 - H_2)/\eta \times EF_{CO_2} \times OX_i \times 10^{-9} \quad \cdots\cdots\cdots\cdots \quad (10-38)$$

式中：

$E_{s.CO_2}$——监测期内企业因消耗外购蒸汽而间接排放的二氧化碳(tCO_2e)；

Q_S——企业向热电厂采购的蒸汽量(t)；

H_1——外供蒸汽的焓值(kJ/kg)；

H_2——锅炉给水焓值(kJ/kg)；

η——热电厂蒸汽锅炉效率(%)；

EF_{CO_2}——化石燃料单位热量的 CO_2 排放系数(kg/TJ)；

OX_i——化石燃料燃烧过程的碳氧化率(%)。

四、监测参数及核查要求

核查机构应确认量化方法学中涉及的参数是否按照以下要求进行监测。温室气体报告应对所监测参数的数据来源、监测程序、QA/QC 等情况进行说明，核查机构应在核查报告中对参数监测的合理性予以确认。

当所适用的机制允许时，在对某一参数进行核查时，如果样本数量太多，可以根据所适用机制的实质性要求，按照 GB/T 2828.1—2002《计数抽样检验程序　第 1 部分：按接收质量限(AQL)检索的逐批检验抽样计划》确定抽样方式。核查机构应在核查报告中说明选取的抽样方法和抽样的具体情况。

1. 监测期内化石燃料的消耗量(Q_{fr}, t 或 m^3)

核查要求如下：

——数据来源：可以采用企业实际测量所得的数据也可以采用供应商提供的数据。经过对试点企业的实际调研，笔者认为应优先选取监测期内的入炉值，如数据无法获得也可以选取监测期内考虑到库存后的入厂值，因为入炉值反映了电厂在监测期内实际用于燃烧的化石燃料消耗量，也便于燃煤电厂进行每个月排放情况的直接对比，如果采用入厂值则需要考虑到库存变化、停机阶段的影响，不利于反应锅炉燃烧的排放信息。如果数据是测量而得，测量器具应经过定期校准，且监测的频次和记录的频次要与企业管理要求相一致。

——监测方法：由经过定期校准的重量或体积监测仪器测得。

——监测频次：核查机构应关注该数值的监测频次，监测频次应与企业的管理要求和行业的常规要求相一致；当发现实际上的监测频次低于规定要求值时，核查机构应首先要求企业说明原因，同时利用企业的能源平衡表、日常运行记录和其他证据证明监测频次降低阶段消耗量的合理性。

——记录频次：核查机构应关注该数据的记录频次，记录频次应与企业的管理要求和行业的常规要求相一致。

——数据缺失处理：如果存在数据缺失，在采用入炉值的情况下，可采用通过离数据缺失期最接近的同样时间段（缺失之前或之后均可）发电量推算出的入炉值作为替代；在采用入厂值的情况下，可采用供应商提供的发票、供应商提供送货凭据、企业的收货凭据、企业的转账凭据等其他来源信息作为替代。

——QA/QC要求：与监测期内的能源平衡表（包含采购量和库存量信息）、运行日志等信息交叉核对。

2. 监测期内化石燃料的净发热值（低位发热量）（NCV，kJ/t 或 kJ/m³）

核查要求如下：

——数据来源：企业实际测量所得或供应商提供；核查机构应注意：(1)使用监测期内的加权平均值比监测期内的算术平均值的准确度更高；(2)NCV的取值来源尽量与Q_{ff}的取值来源相一致；(3)如果企业未对化石燃料的净发热值进行监测或供应商未提供（如交通工具消耗的化石燃料），则应按照《2006年IPCC国家温室气体清单指南》上给出的数值进行选取。

——监测方法：由经过定期校准的分析仪器依据GB/T 212—2008《煤的工业分析方法》、GB/T 213—2008《煤的发热量测定方法》、GB/T 384—2008《石油产品热值测定法》、GB/T 22723—2008《天然气能量的测定》测得。

——监测频次：核查机构应关注该数值的监测频次，监测频次应与企业的管理要求和行业的常规要求相一致；当发现实际上的监测频次低于规定要求值时，核查机构应首先要求企业说明原因，同时利用企业的能源平衡表、日常运行记录和其他证据证明监测频次降低阶段消耗量的合理性。

——记录频次：核查机构应关注该数据的记录频次，记录频次应与企业的管理要求和行业的常规要求相一致。

——数据缺失处理：如净发热值部分数据缺失，首先说明原因，同时提供替他证据佐证，可以采用监测期内有效数据的平均值作为替代，详细的替代计算过程需要保留。

——QA/QC要求：与监测期内的能源平衡表（包含采购量和库存量信息）、供应商提供的发票或供货单、运行日志等信息交叉核对。

——Q_{ff}和NCV的一致性：NCV的取值来源尽量与Q_{ff}的取值来源相一致，如果Q_{ff}为入厂煤则NCV宜采用针对入厂煤的监测期内的平均值，如果Q_{ff}为入炉煤则NCV宜采用针对入炉煤的监测期内的平均值。使用监测期内的加权平均值比监测期内的算术平均值的准确度更高。如果操作上可行，应将Q_{ff}和NCV换算成相同状态下的数值，避免外水分对计算结果的影响。如果无法换算，采用收到基的Q_{ff}和干基的NCV也是行业可接受的做法。

3. 排放系数（$EF_{CO_2}/EF_{CH_4}/EF_{N_2O}$，kg/TJ）

指监测期内化石燃料单位热量的二氧化碳、甲烷、氧化亚氮排放量。

核查要求如下：

——数据来源：由于煤燃烧产生的CO_2主要取决于煤中碳的含量，与燃烧技术的关系不大，因此EF_{CO_2}是由单位热值燃料含碳量计算得来，即煤单位热量的CO_2排放量。由于煤成分（碳、氢、硫、烟灰、氧和氮）的不同导致每吨煤的碳排放差异很大，为了便于计算，2006年《IPCC国家温室气体清单指南》中将煤炭的类型依据热值、挥发分、碳含量以及煤炭的用途分为以下几种：无烟煤、炼焦、其他沥青煤、亚沥青煤、褐煤、棕色煤压块，并给出这些煤种的含碳量缺省值用于计算 EF_{CO_2}。国家发展和改革委员会组织编写的《省级温室气体清单编制指南》中对电力行业燃煤种类按照无烟煤、烟煤、褐煤、洗精煤、其他洗煤、型煤重新进行了调整，更适合于我国燃煤电力企业的情况。如果燃煤电厂有条件实现定期元素分析，利用实际测得的含碳量和热值计算出来 EF_{CO_2} 是最佳、最准确的，考虑到目前电厂运行中并没有相关的需求，因此常规做法依然是选取《省级温室气体清单编制指南》中给出的适合于我国情况的缺省值。EF_{CH_4} 和 EF_{N_2O} 来源于 2006 年《IPCC 国家温室气体清单指南》，前面已说明化石燃料燃烧带来的甲烷和氧化亚氮的量取决于所使用的燃烧技术和燃烧条件，因此仅按燃料类别提供甲烷和氧化亚氮缺省排放因子是没有意义的，2006 年《IPCC 国家温室气体清单指南》则按照行业类别提供了缺省排放因子，燃煤电厂应选取能源工业提供的缺省值。

4. 化石燃料燃烧过程的碳氧化率（OX_i，%）

核查要求如下：

——数据来源：企业利用燃烧设备热平衡或物料平衡数据分析或实测得到。我国燃煤工业锅炉的平均碳氧化率介于 80%～90% 之间，不同煤种和容量等级的工业锅炉碳氧化率差别较大，如无法获得实测数据，建议可选取 85% 左右作为平均值。考虑到不同油气燃烧设备的碳氧化率差异不大，如无法获得当地实测的数据，建议不同交通运输工具消耗油品（如原油、燃料油、柴油、煤油等）的碳氧化率取值为 98%，气体燃料（LPG、天然气及其他气体等）的碳氧化率取值为 99%。对于整车测试消耗的燃油，如果通过碳氧化率计算困难，在知道车辆的运行里程的情况下，可以采用车辆的标准百公里油耗数据进行推算。

——监测方法：由经过定期校准的分析仪器依据燃烧设备热平衡或物料平衡数据分析或实测得到。对于燃煤的工业锅炉，可采用以下式 10-39 计算碳氧化率：

$$\alpha_i = 1 - \frac{SL \times A_{ar}}{RL_i \times RZ_i \times C_i} \quad\cdots\cdots\cdots\cdots\cdots\cdots\cdots\cdots\cdots (10-39)$$

式中：

α_i——第 i 种燃料的碳氧化率；

SL——全年的炉渣产量（t）；

A_{ar}——炉渣的平均含碳量（tC/t）；

RL_i——第 i 种燃料全年消费量（万 t）；

RZ_i——第 i 种燃料全年平均低位发热值（TJ/万 t）；

C_i——第 i 种燃料全年平均单位热值含碳量（tC/TJ）。

——监测频次：核查机构应关注该数值的监测频次，监测频次应与企业的管理要求和行业的常规要求相一致。一般来说，供热锅炉的碳氧化率每月测量；当发现实际上的监测频次低于规定要求值时，核查机构应首先要求企业说明原因，同时利用企业的能源平衡表、日常运行记录和其他证据证明所监测频次降低阶段碳氧化率的合理性。

——记录频次：核查机构应关注该数据的记录频次，记录频次应与企业的管理要求和行业的常规要求相一致。

5. 企业向蒸汽供应商采购的蒸汽量(Q_S,t)

核查要求如下:

——数据来源:企业提供或者由蒸汽供应商提供。

——监测方法:由经过定期校准的质量或者体积监测仪器测得。

——监测频次:核查机构应关注该数值的监测频次,监测频次应与企业的管理要求和行业的常规要求相一致;当发现实际上的监测频次低于规定要求值时,核查机构首先要求企业说明原因,同时利用企业的能源平衡表、日常运行记录和其他证据证明所监测频次降低阶段测量数据的合理性。

——记录频次:核查机构应关注该数据的记录频次,记录频次应与企业的管理要求和行业的常规要求相一致。

——数据缺失处理:如企业没有监测设备,也可采用蒸汽供应商提供发票来源的数据。

——QA/QC要求:与监测期内的购气发票、企业的能源平衡表、运行日志等信息交叉核对。测量设备每年由有资质的机构按行业相关规定进行校准。

6. 锅炉出口处产生的蒸汽总量($Q_{S,\,generation}$,t)

核查要求如下:

——数据来源:由热电厂提供。

——监测方法:由经过定期校准的质量或者体积监测仪器测得。

——监测频次:核查机构应关注该数值的监测频次,监测频次应与企业的管理要求和行业的常规要求相一致;当发现实际上的监测频次低于规定要求值时,核查机构首先要求企业说明原因,同时利用企业的能源平衡表、日常运行记录和其他证据证明所监测频次降低阶段测量数据的合理性。

——记录频次:核查机构应关注该数据的记录频次,记录频次应与企业的管理要求和行业的常规要求相一致。

——QA/QC要求:与监测期内蒸汽供应商的能源平衡表交叉核对。测量设备每年由有资质的机构按行业相关规定进行校准。

7. 监测期内锅炉给水量(Q_w,t)

核查要求如下:

——数据来源:由热电厂提供。

——监测方法:由经过定期校准的质量或者体积监测仪器测得。

——监测频次:核查机构应关注该数值的监测频次,监测频次应与企业的管理要求和行业的常规要求相一致;当发现实际上的监测频次低于规定要求值时,核查机构首先要求企业说明原因,同时利用企业的能源平衡表、日常运行记录和其他证据证明所监测频次降低阶段测量数据的合理性。

——记录频次:核查机构应关注该数据的记录频次,记录频次应与企业的管理要求和行业的常规要求相一致。

——QA/QC要求:与监测期内蒸汽供应商的能源平衡表交叉核对。测量设备每年由有资质的机构按行业相关规定进行校准。

8. 蒸汽供应商的单位供热煤耗(b_r, kg/GJ)

核查要求如下:

——数据来源:由蒸汽供应商提供。核查机构应注意:该值一般经由计算得来,按照 DB33/642—2007《热电联产能效能耗限额及计算方法》中提供的计算公式:单位供热煤耗＝供热煤耗量/供热量,核查机构应确认 b_r 值来源的准确性;b_r 的取值与 H_1 和 H_2 的取值应在时间段上相一致;b_r 的取值应与同类的蒸汽供应商的 b_r 值进行比较,以确保数据的合理性。

——QA/QC 要求:与监测期内发电厂的运行记录及能源平衡表进行交叉核对。

9. 外供蒸汽的焓值/锅炉给水焓值/监测期内锅炉出口处蒸汽的焓值(H_1, H_2 及 H_3, kJ/kg)

核查要求如下:

——数据来源:由热电厂提供。

——监测方法:H_1 和 H_3 由经过定期校准的温度、压力传感器测得蒸汽的温度和压力并查询蒸汽热焓表可得。H_2 由经过定期校准的温度计测得锅炉给水温度,并按照一个大气压查询水的焓值表可得。企业在监测焓值的时候需注意:如选用式 10-36 进行计算,则 H_2 的取值与 H_1 和 H_3 的取值应在时间段上相一致。如选用式 10-37 和式 10-38,则 H_2 的取值与 H_1 的取值应在时间段上相一致。焓值应与供应商的能源清单进行交叉核对。

——QA/QC 要求:与监测期内供应商的能源清单进行交叉核对。测量设备每年由有资质的机构按行业相关规定进行校准。

10. 热电厂蒸汽锅炉效率(η, %)

核查要求如下:

——数据来源:企业实际测量所得。如企业没有测量值,则取省级温室气体清单给出的电力企业默认对应蒸汽锅炉效率值。

——监测方法:由经过定期校准的分析仪器依据热量平衡法测得。

——监测频次:监测频次应与企业的管理要求和行业的常规要求相一致。由于固定设备的 η 数值变化不大,一般情况下一个监测期内监测一次即可。如无法获得热电厂锅炉效率,可选择设备说明书上的锅炉效率额定值或者按照 GB/T 17954—2007《工业锅炉经济运行》中,表 2 额定蒸汽量＞20t/h,Ⅲ类烟煤最低的运行效率取默认值 78%。

——记录频次:核查机构应关注该数据的记录频次,记录频次应与企业的管理要求和行业的常规要求相一致。

——QA/QC 要求:如碳氧化率部分数据缺失,首先说明原因,同时采用默认值。

××染整有限公司 2011 年度
温室气体排放报告

1 企业概况

1.1 前言

本报告书旨在确定××染整有限公司 GHG 排放清单的组织边界范围、设施层面 GHG 排放源和汇的调查和确定,根据企业实际情况,编制 GHG 活动水平数据收集表,包括确定各排放源排放因子。依据所识别的源和汇选择适用的量化方法学,进行清单计算和编制,最终计算出企业的 GHG 排放量,并根据计算结果分析企业各部门、各工序的排放情况,找出最大的排放源。本次核查以 2011 年为报告年,根据《纺织印染企业温室气体排放核查指南》,对公司 GHG 排放和清除情况进行盘查,并积极采取行之有效的减排措施,实现公司的低碳可持续发展战略。

1.2 ××染整有限公司简介

××染整有限公司是由××有限公司与××有限公司共同投资组建的一家中外合资企业,公司的前身是 1991 年开始投产的××色织整理厂,1993 年改制后的××染整有限公司。现有总资产 3.5 亿元,厂房占地面积 15 万平方米,员工 2000 余人。

经过二十几年的发展,公司已造就了一批精管理、专技术、善经营的干部职工队伍,汇集国际、国内一流的印染及后整理设备。现拥有染色机(缸)200 余台(大部分是由台湾进口),棉、麻布生产线 3 条,圆网印花生产线 3 条,日本东伸平网印花生产线 2 条,韩国产进口定型机 30 余台,日本门富士定型机 7 台,意大利产进口罐蒸机 12 台,其中染色机缸全部采用现代化中央电脑控制系统,自动化程度较高。

××染整有限公司致力于提供良好的环境来帮助员工成长与进步,拥有完善的人才激励体制,且关注每一位员工的职业发展需求。企业重视那些既能实现对公司承诺并认同公司价值观积极进取的员工,在这里,每一个职位都代表着责任。公司强调品德和工作能力,注重贡献和成果。能力和贡献是衡量员工价值的标准。每一位员工在××都能实现自己的价值。

1.3 ××染整的温室气体减排政策和方案介绍

我们致力于持续满足顾客要求和承担起企业节能减排、发展低碳经济的社会责任。通过开展 ISO 14064—1GHG 核查工作这一系统工程,并和已通过认证的 ISO 14001《环境管理体系》进行有机结合:

a)全面了解和摸清目前企业内部碳排放现状,统筹推进温室气体排放和清除工作;

b)加强节约能源管理和寻找技术改造切入点,提高能源利用效率,减少温室气体排放;

c)通过积极主动管控温室气体排放,满足国家越来越严格的有关气候变化政策和环境保护法律法规要求,为即将实施的"碳排放税"和相应的法规提前做充分应对的具体准备。

由于是初次进行温室气体清单编制,2011 年作为基准年,企业 2011 年未对减排活动进行量化。

在温室气体减排活动我们做了如下努力。

1.3.1　全员参与低碳生产低碳生活

自推行温室气体盘查以来,公司内部加强低碳知识的宣导,促进员工低碳意识的提升,宣导节约能源、不浪费方面,促进了员工从衣食、出行、用水、用电等生活细节方面参与低碳行动。在工作过程中,食堂减少或不使用一次性餐具、减少瓶装矿泉水使用量、减少纸张消耗、及时关闭不用的机器以备及办公电源厂区加强绿化等全员参与减碳。

1.3.2　低碳产品,品质减碳

全程严格的生产与品质管理,提供绿色环保产品,更新工艺,使用绿色环保材料,确保产品品质减少材料、及生产能源因返修、返工等浪费以减碳。

根据《温室气体排放清除管理控制程序》要求,温室气体清单每年更新一次,并按《内审管理控制程序》及《管理评审控制程序》要求进行温室气体核查,基本为每年一次。

2　责任人及相关信息

表1　责任人相关信息表

申请机构名称	××染整有限公司	地址	××××××
邮编	××××××	法人代表	×××
总负责人	×××	联系人邮箱	××××××
联系方式	××××××		

3　报告所覆盖的时间段

本报告中温室气体清单为××整染排放边界中在从2011年1月1日到2011年12月31日的所有产生的温室气体排放。

4　排放边界

本报告是基于××染整控制权的汇总方式。申请机构为××染整有限公司,该公司的组织构架图见图:

4.1　××染整排放边界说明

《温室气体排放报告》所覆盖的排放边界为设备科、运输队、针织车间、后车间、印花车间、精品二车间、精品车间、外贸车间、轧染车间(具体部门)。

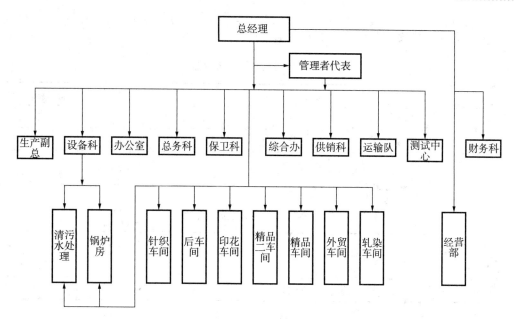

图1　XX染整有限公司组织结构图

4.2　××染整的排放边界计算(见表2)

表2　XX染整排放计算边界表

类别		设施/活动	排放源	可能产生的GHG种类						
				CO$_2$	CH$_4$	N$_2$O	HFCs	HCFCs	PFCs	SF$_6$
Scope1 直接GHG 排放	能源类 (E)	热定型机(导热油锅炉)	煤	√	√	√				
		烧毛机	汽油	√	√	√				
	运输过程 (T)	运输车、叉车	柴油	√	√	√				
		公务车	汽油	√	√	√				
Scope2 能源间接 GHG排放	能源类 (E)	外购电力	化石燃料	√						
		外购蒸汽	煤	√						

5　温室气体的量化

5.1　温室气体排放量

5.1.1　温室气体排放范围及排放量见表3。

表3　各范围温室气体排放量

范围	Scope1	Scope2	Scope3	总计
排放量(tCO$_2$e)	74199	195123	0.0000	269322
百分比	27.55%	72.45%	0.00%	100.00%

5.1.2 温室气体排放种类及排放量见表4。

表4 各类温室气体排放量

种类	CO_2	CH_4	N_2O	HFCs/HCFCs	总计
排放量(tCO_2e)	268898	33	391	0	269322
百分比	99.84%	0.01%	0.15%	0.00%	100.00%

5.1.3 每种温室气体的直接排放量(Scope1)见表5。

表5 各种温室气体直接排放量

种类	CO_2	CH_4	N_2O	HFCs/HCFCs	总计
排放量(tCO_2e)	73775	33	391	0	74199
百分比	99.43%	0.05%	0.53%	0.00%	100.00%

5.1.4 每种温室气体的间接排放量(Scope2)见表6。

表6 各种温室气体间接排放量

种类	CO_2	CH_4	N_2O	HFCs/HCFCs	总计
排放量(tCO_2e)	195123	0	0	0	195123
百分比	100.00%	0.00%	0.00%	0.00%	100.00%

6 温室气体量化说明

6.1 温室气体排放源排除的说明

本次报告只报告 Scope1、Scope2 的排放源排放,Scope3 不计入本次报告,据 ISO 14064-1(4.3.1)那些对 GHG 排放或清除作用不明显,或对其量化在技术上不可行,或成本高而收效不明显的直接或间接的 GHG 源或汇可排除,对于在量化中所排除的具体 GHG 源或汇,组织应说明排除的理由。本报告中未涉及温度调节设施中制冷剂逸散、污水处理设施甲烷排放、灭火器逸散、堆煤场甲烷等排放,由于上述排放所占比例非常小,故本报告中予以排除。

6.2 温室气体量化方法

GHG 排放量化方法主要有二种,即基于计算和基于测量的量化方法。本报告主要采用计算法。

6.2.1 排放系数来源与计算公式

a)固定源燃料(包括烟煤)

表7 排放因子表

名称	企业提供	《2006年IPCC国家温室气体清单指南》第二卷,第二章 表2.3		
	低位发热值	CO_2 缺省值	CH_4 缺省值	N_2O 缺省值
烟煤	23939.9196kJ/kg	94600kg/TJ	1kg/TJ	1.5kg/TJ
计算公式		$23939.9196 \times 94600 \times 10^{-9} =$ 2.265$kgCO_2$/kg	$23939.9196 \times 1 \times 10^{-9} =$ 2.39$\times 10^{-5}$ $kgCH_4$/kg	$23939.9196 \times 1.5 \times 10^{-9}$ $= 3.59 \times 10^{-5} kgN_2O$/kg

b)移动源燃料(包括动力汽油、柴油)

表8 排放因子表

名称	中国能源统计年鉴2009	《2006年IPCC国家温室气体清单指南》第二卷,第三章 表3.2.1,表3.2.2		
	低位发热值	CO_2 缺省值	CH_4 缺省值	N_2O 缺省值
柴油	42652kJ/kG	74100kg/TJ	3.9kg/TJ	3.9kg/TJ
计算公式		$42652 \times 74100 \times 10^{-9} =$ 3.161 $kgCO_2$/kg	$42652 \times 3.9 \times 10^{-9} =$ 0.000166 $kgCH_4$/kg	$42652 \times 3.9 \times 10^{-9} =$ 0.000166 kgN_2O/kg
动力汽油	43070kJ/kG	69300kg/TJ	33kg/TJ	3.2kg/TJ
计算公式		$43070 \times 69300 \times 10^{-9} =$ 2.985 $kgCO_2$/kg	$43070 \times 33 \times 10^{-9} =$ 0.00142$kgCH_4$/kg	$43070 \times 3.2 \times 10^{-9} =$ 0.000138kgN_2O/kg

c)外购电力:选择"国家发改委气候司"公布数据《2012年电网排放因子》第4页"华东电网OM数据0.8244tCO_2/(MW·h)",计算式1如下:

$$E_e = EG \times EF_{grid} \cdots\cdots\cdots\cdots\cdots\cdots\cdots\cdots (1)$$

式中:

E_e——监测期内企业外购电力而间接排放的二氧化碳(tCO_2e);

EG——监测期内企业从当地区域电网购入的电量(MW·h);

EF_{grid}——监测期内企业所在省级电网的二氧化碳排放因子[t/(MW·h)]。

d)外购蒸汽:根据烟煤的二氧化碳排放因子、碳氧化率、外购蒸汽量、蒸汽焓值、计算出蒸汽的排放量,然后根据碳排放量与外购蒸汽量的比计算出蒸汽的排放系数。

计算式2如下:

$$E_{S,CO_2} = Q_{ff} \times NCV \times EF_{CO_2} \times OX_i \times 10^{-9} \times Q_S \times (H_1 - H_2) /$$
$$(Q_{S,generation} \times H_3 - Q_w \times H_2) \cdots\cdots\cdots\cdots\cdots\cdots (2)$$

式中:

E_{S,CO_2}——监测期内企业因消耗外购蒸汽而间接排放的二氧化碳(tCO_2e);

Q_{ff}——监测期内化石燃料的消耗量(t);

NCV——化石燃料的平均低位发热值(kJ/kg);

EF_{CO_2}——化石燃料单位热量的 CO_2 排放系数(kg/TJ);

OX_i——化石燃料燃烧过程的碳氧化率(%);

H_1——外供蒸汽的焓值(kJ/kg);

H_2——锅炉给水焓值(kJ/kg);

$Q_{S,generation}$——锅炉出口处产生的蒸汽总量(kg);

H_3——锅炉出口处蒸汽的焓值(kJ/kg);

Q_w——锅炉给水量(kg);

Q_S——企业向蒸汽供应商采购的蒸汽量(kg)。

6.2.2 活动水平数据来源及 GHG 排放计算过程

a)固定源烟煤,以衡器直接测量为准,发票仅为参考。原因:该企业采用烟煤外购制度,烟煤的消耗量由衡器直接测量得到,经由数据传输系统统计到内部报表系统中,计算式3~式5如下:

$$E_{ff,CO_2} = Q_{ff} \times NCV \times EF_{CO_2} \times OX_i \times 10^{-12} \quad\quad\quad (3)$$

式中:

E_{ff,CO_2}——监测期内化石燃料燃烧过程产生的二氧化碳排放量(tCO$_2$e);

Q_{ff}——监测期内化石燃料的消耗量(t);

NCV——监测期内化石燃料的净发热值(kJ/t);

EF_{CO_2}——监测期内化石燃料单位热量的 CO_2 排放系数(kg/TJ);

OX_i——监测期内燃烧过程的碳氧化率(%)。

$$E_{ff,CH_4} = Q_{ff} \times NCV \times EF_{CH_4} \times 10^{-12} \quad\quad\quad (4)$$

式中:

E_{ff,CH_4}——监测期内化石燃料燃烧过程产生的甲烷排放量(t);

Q_{ff}——监测期内化石燃料的消耗量(t);

NCV——监测期内化石燃料的净发热值(kJ/t);

EF_{CH_4}——监测期内化石燃料单位热量的 CH_4 排放系数(kg/TJ)。

$$E_{ff,N_2O} = Q_{ff} \times NCV \times EF_{N_2O} \times 10^{-12} \quad\quad\quad (5)$$

式中:

E_{ff,N_2O}——监测期内化石燃料燃烧过程产生的氧化亚氮排放量(t);

Q_{ff}——监测期内化石燃料的消耗量(t);

NCV——监测期内化石燃料的净发热值(kJ/t);

EF_{N_2O}——监测期内化石燃料单位热量的 N_2O 排放系数(kg/TJ)。

b)汽油、柴油以领料单为主,它们的消耗量数据通过发票直接获得,计算方法见式6~式8:

$$E_{V,CO_2} = Q_V \times NCV \times EF_{CO_2} \times OX_i \times 10^{-12} \quad\quad\quad (6)$$

式中:

E_{V,CO_2}——运输工具消耗化石燃料燃烧过程中产生的二氧化碳排放量(tCO$_2$e);

Q_V——运输工具所消耗的化石燃料量(t);

NCV——化石燃料的平均低位发热值(kJ/t);

EF_{CO_2}——化石燃料单位热量的 CO_2 排放系数(kg/TJ);

OX_i——运输工具消耗化石燃料燃烧过程的碳氧化率(%)。

$$E_{V,CH_4} = Q_V \times NCV \times EF_{CH_4} \times 10^{-12} \cdots\cdots (7)$$

式中:

E_{V,CH_4}——化石燃料燃烧过程产生的甲烷排放量(t);

Q_V——运输工具所消耗的化石燃料量(t);

NCV——化石燃料的平均低位发热值(kJ/t);

EF_{CH_4}——化石燃料单位热量的 CH_4 排放系数(kg/TJ)。

$$E_{V,N_2O} = Q_V \times NCV \times EF_{N_2O} \times 10^{-12} \cdots\cdots (8)$$

式中:

E_{V,N_2O}——运输工具消耗化石燃料燃烧过程中产生的氧化压氮排放量(t);

Q_V——运输工具所消耗的化石燃料量(t);

NCV——化石燃料的平均低位发热值(kJ/t);

EF_{N_2O}——化石燃料单位热量的 N_2O 排放系数(kg/TJ)。

c)生产和生活用电根据月度抄表数统计。计算方法见式 9:

$$E_e = EG \times EF_{grid} \cdots\cdots (9)$$

式中:

E_e——监测期内企业外购电力而间接排放的二氧化碳(tCO_2e);

EG——监测期内企业从当地省级电网购入的电量(MW·h);

EF_{grid}——监测期内企业所在省级电网的二氧化碳排放因子(t/MW·h)。

d)外购蒸汽中蒸汽量通过流量孔板加变送器加积算器仪表读数获得,可与采购清单和供应商的能源清单交叉核对;蒸汽焓值可通过查询过热蒸汽焓值表获得。计算方法见式 10:

$$E_{S,CO_2} = Q_{ff} \times NCV \times EF_{CO_2} \times OX_i \times 10^{-9} \times Q_S \times (H_1 - H_2)/$$
$$(Q_{S,generation} \times H_3 - Q_w \times H_2) \cdots\cdots (10)$$

式中:

E_{S,CO_2}——监测期内企业因消耗外购蒸汽而间接排放的二氧化碳(tCO_2e);

Q_{ff}——监测期内化石燃料的消耗量(t);

NCV——化石燃料的平均低位发热值(kJ/kg);

EF_{CO_2}——化石燃料单位热量的 CO_2 排放系数(kg/TJ);

OX_i——化石燃料燃烧过程的碳氧化率(%);

H_1——外供蒸汽的焓值(kJ/kg);

H_2——锅炉给水焓值(kJ/kg);

$Q_{S,generation}$——锅炉出口处产生的蒸汽总量(kg);

H_3——锅炉出口处蒸汽的焓值(kJ/kg);

Q_w——锅炉给水量(kg);

Q_S——企业向蒸汽供应商采购的蒸汽量(kg)。

6.2.3 GWP 来源

见http://www.ipcc.ch/publications_and_data/ar4/wg1/en/ch2s2-10-2.html,IPCC

2007,表 2.14。

7 数据质量管理及不确定性分析

7.1 数据质量管理

依照文件《温室气体排放清除管理控制程序》的规定,对排放源及活动水平数据进行收集,并依照《文件控制程序》和《记录控制程序》的规定,对温室气体核查之相关的记录、文件和电子文件予以保存,保存年限为 3 年。

为保证计算的温室气体清单符合相关性、完整性、一致性、透明度及精确度等原则,各工作阶段数据质量控制流程如表 9、表 10。

表 9 各工作阶段数据质量控制流程

作业阶段	工作内容
数据收集、输入及处理作业	1.检查输入数据是否错误; 2.检查填写完整性或是否漏填; 3.确保在适当版本的电子文档中操作
依照数据建立文件	1.确认表格中全部一级数据(包括参考数据)的数据来源; 2.检查引用的文献均已建档保存; 3.检查以下相关的选定假设与原则均已建档保存:边界、基线年、方法、作业数据、排放系数及其他参数
计算排放与检查计算	1.检查排放单位、参数及转换系数是否标出; 2.检查计算过程中,单位是否正确使用; 3.检查转换系数; 4.检查表格中数据处理步骤; 5.检查表格中输入数据与演算数据,应有明显区分; 6.检查计算的代表性样本; 7.以简要的算法检查计算; 8.检查不同排放源类别,以及不同排放源的数据加总; 9.检查不同时间与年限的计算方式,输入与计算的一致性

表 10 具体数据质量控制流程

数据类型	工作重点
排放系数及其他参数	1.排放系数及其他参数的引用是否正确; 2.系数或参数与活动水平数据的单位是否吻合; 3.单位转换因子是否正确
活动数据	1.数据统计工作是否具有延续性; 2.历年相关数据是否相一致; 3.同类型设施/部门的活动水平数据交叉比对; 4.活动水平数据与产品产能是否具有相关性; 5.活动水平数据是否因基准年重新计算而随之变动

续表

数据类型	工作重点
排放量计算	1. 排放量计算表内建立的公式是否正确； 2. 历年排放量估算是否相一致； 3. 同类型设施/部门之排放量交叉比对； 4. 排放量与产品产能是否有相关性

7.2 数据不确定性分析

对于所提供的相关数据,首先要进行数据质量核查,确保数据的准确性;在计算过程中发现数据存在疑义时要及时沟通,必要时可进行现场讨论核实,并根据活动水平等级、排放因子等级和仪器校正等级评估不确定性,见表11。

表11 各监测参数不确定性

监测参数	测量设备	精度/不确定性	备注
Q_{ff} 化石燃料的消耗量	地磅	Ⅲ级	检定依据(JJG 539—1997)
NCV	分析仪器	—	参考相应设备说明书
企业从当地区域电网购入的电量	电能表	0.2s	—

8 报告编写说明

本报告的编写符合《纺织印染企业碳排放核查指南》的要求,量化方法无变更。本排放边界内无生物质燃烧。

本报告书覆盖时间段为2011年1月1日至2011年12月31日《××染整有限公司排放边界内温室气体排放资料》,今后每年将依据最新经过第三方核查的《温室气体报告书》进行更新及出版。

此报告书由××染整有限公司安环办(年度内)、总经办档案室依据公司内部管理制度进行温室气体报告书的保管及管理工作。

本报告书的获取方式:本报告书编制完成后存入公司档案室,按《档案管理办法》要求,对有密级的档案提供利用,必须经分(主)管领导批准签署后,按批准范围提供使用。

9 核查

9.1 内部核查

内部核查按计划在2012年3月11日进行,由质量部组织,发现1个不符合项:
总经办:公务车汽油发票统计不全,凭证缺少2011年1月数据。

经过整改后,相关部门将证据补充完善,达到了《纺织印染企业碳排放核查指南》的要求,通过内部审核。

9.2 外部核查

内部核查之后将于2012年下半年委托中国质量认证中心(CQC)进行第三方独立核查。

附录 XX染整有限公司温室气体排放清单

附表1 运行边界表

类别		设施/活动	排放源	可能产生的GHG种类						排放源用途
				CO_2	CH_4	N_2O	HFCs	PFCs	SF_6	
Scope1 直接GHG 排放	能源类（E）	热定型机（导热油锅炉）	烟煤	√	√	√				热能提供
		烧毛机	汽油	√	√	√				热能提供
	运输过程（T）	运输车，叉车	柴油	√	√	√				原材料运输
		公务车	汽油	√		√				人员运输
Scope2 能源间接 GHG排放	能源类（E）	外购电力	化石燃料	√						动力提供
		外购蒸汽	烟煤	√						热能提供

附表2 活动水平数据表

编号	活动			
	活动水平	单位	活动水平记录方式	数据保存部门
GHG－Scope1－E－1	32310000	kg	发票	财务部
GHG－Scope1－E－2	531771	kg	发票	车间
GHG－Scope1－T－1	147406	kg	发票	车队
GHG－Scope1－T－2	15133	kg	发票	车队
GHG－Scope2－E－1	69078960	kW·h	外购电力发票、电表	热电厂/企业
GHG－Scope2－E－2	541415000	kg	外购蒸汽发票、耗能仪表	热电厂/企业

附表3 排放系数表

编号	GHG种类	排放系数	单位	来源
GHG-Scope1-E-1	CO_2	2.2197	$kgCO_2/kg$	排放因子（2006年IPCC国家温室气体清单指南 第二卷 第二章 固定源燃烧表2.3 取缺省值）×净热值×碳氧化率（0.98）
	CH_4	0.0000239	$kgCH_4/kg$	
	N_2O	0.0000359	kgN_2O/kg	
GHG-Scope1-E-2	CO_2	2.9253	$kgCO_2/kg$	排放因子（2006年IPCC国家温室气体清单指南 第二卷 第三章 移动源燃烧表3.2.1 取缺省值）×净热值（2008年中国能源统计年鉴）×碳氧化率（0.98）
	CH_4	0.00142	$kgCH_4/kg$	排放因子（2006年IPCC国家温室气体清单指南 第二卷 第三章 移动源燃烧表3.2.2 取缺省值）×净热值（2008年中国能源统计年鉴）
	N_2O	0.000138	kgN_2O/kg	排放因子（2006年IPCC国家温室气体清单指南 第二卷 第三章 移动源燃烧表3.2.2 取缺省值）×净热值（2008年中国能源统计年鉴）
GHG-Scope1-T-1	CO_2	3.09778	$kgCO_2/kg$	排放因子（2006年IPCC国家温室气体清单指南 第二卷 第三章 移动源燃烧表3.2.1 取缺省值）×净热值（2008年中国能源统计年鉴）×碳氧化率（0.98）
	CH_4	0.000166	$kgCH_4/kg$	排放因子（2006年IPCC国家温室气体清单指南 第二卷 第三章 移动源燃烧表3.2.2 取缺省值）×净热值（2008年中国能源统计年鉴）
	N_2O	0.000166	kgN_2O/kg	排放因子（2006年IPCC国家温室气体清单指南 第二卷 第三章 移动源燃烧表3.2.2 取缺省值）×净热值（2008年中国能源统计年鉴）
GHG-Scope1-T-2	CO_2	2.9253	$kgCO_2/kg$	排放因子（2006年IPCC国家温室气体清单指南 第二卷 第三章 移动源燃烧表3.2.1 取缺省值）×净热值（2008年中国能源统计年鉴）×碳氧化率（0.98）
	CH_4	0.00142	$kgCH_4/kg$	排放因子（2006年IPCC国家温室气体清单指南 第二卷 第三章 移动源燃烧表3.2.2 取缺省值）×净热值（2008年中国能源统计年鉴）
	N_2O	0.000138	kgN_2O/kg	排放因子（2006年IPCC国家温室气体清单指南 第二卷 第三章 移动源燃烧表3.2.2 取缺省值）×净热值（2008年中国能源统计年鉴）
GHG-Scope2-E-1	CO_2	0.8244	tCO_2/MWh	报告年度实际的华东电网的OM值。如没有公平可获得的实际数据，则以国家发改委公布的最新中国区域电网基准线排放因子的公告为准
GHG-Scope2-E-2	CO_2	0.2279	$kgCO_2/kg$	老电厂蒸汽排放因子（二氧化碳排放量/蒸汽吨数）
GHG-Scope2-E-2	CO_2	0.2707	$kgCO_3/kg$	新电厂蒸汽排放因子（二氧化碳排放量/蒸汽吨数）

附表 4　排放量计算表

温室气体排放量（kg/年）

编号	活动水平	范围(Scope1,2,3)	CO_2 排放系数	CO_2 年排放量	GWP	CO_2 年CO_2当量	CH_4 排放系数	CH_4 年排放量	GWP	CH_4 年CO_2当量	N_2O 排放系数	N_2O 年排放量	GWP	N_2O 年CO_2当量	排放总量(tCO_2e)
GHG-Scope1-E-1	32310000	Scope1	2.2197	71718507	1	71718507	0.0000239	772	21	16216	0.0000359	1160	310	359578	72094301
GHG-Scope1-E-2	531771	Scope1	2.9253	1555590	1	1555590	0.00142	755	21	15857	0.000138	73	310	22749	1594196
GHG-Scope1-T-1	147406	Scope1	3.09778	456631	1	456631	0.000166	24	21	514	0.000166	24	310	7586	464731
GHG-Scope1-T-2	15133	Scope1	2.9253	44269	1	44269	0.00142	21	21	451	0.000138	2	310	647	45367
GHG-Scope2-E-1	69078960	Scope2	0.8244	56948695	1	56948695									56948695
GHG-Scope2-E-2	195946000	Scope2	0.2279	44655093	1	44655093									44655093
GHG-Scope2-E-2	345469000	Scope2	0.2707	93518458	1	93518458									93518458
合计			CO_2 排放量			26889243	CH_4 排放量			33039	N_2O 排放量			390560	269321841

Scope1 排放量　74198596

Scope2 排放量　195123246

附表 5　温室气体排放总表

温室气体清单覆盖的时间段:2011 年。

一、温室气体排放范围及排放量				
范围	Scope1	Scope2	Scope3	总计
排放量(tCO$_2$e)	74199	195123	0	269322
百分比	27.55%	72.45%	0.00%	100.00%
二、温室气体排放种类及排放量				
种类	CO$_2$	CH$_4$	N$_2$O	总计
排放量(tCO$_2$e)	268898	33	391	269322
百分比	99.84%	0.01%	0.15%	100.00%
三、每种温室气体的直接排放量(Scope1)				
种类	CO$_2$	CH$_4$	N$_2$O	总计
排放量(tCO$_2$e)	73775	33	391	74199
百分比	99.43%	0.04%	0.53%	100.00%
四、每种温室气体的间接排放量(Scope2)				
种类	CO$_2$	CH$_4$	N$_2$O	总计
排放量(tCO$_2$e)	195123	0	0	195123
百分比	100.00%	0.00%	0.00%	100.00%

XX 染整有限公司 2011 年度
温室气体(CO_2)排放核查报告

中国质量认证中心

报告编号:01

日期:XXXX—XX—XX

表1

报告编号	首版日期	版本号	终版日期
01	XXXX - XX - XX	02	XXXX - XX - XX

委托方	XX 染整有限公司
核查对象及地址	XX 染整有限公司地址:XXXXXXXXX
报告周期	2011 年 1 月 1 日到 2011 年 12 月 31 日
温室气体种类	二氧化碳、甲烷、氧化亚氮　排放量　269322 tCO$_2$e

核查综述:(包括核查目的,准则,组织和运行边界、保证等级及核查说明等)

核查目的:XX 染整有限公司的温室气体量化结果是否实质性正确,GHG 清单、数据等相关信息是否符合相关性、完整性、一致性、准确性、透明性的原则。

核查准则:《工业企业温室气体排放核查通用指南》

《纺织印染企业温室气体排放核查指南》

组织和运行边界:本核查所覆盖的排放边界为设备科、运输队、针织车间、后车间、印花车间、精品二车间、精品车间、外贸车间、轧染车间。

核查的保证等级:合理保证等级

核查说明:本核查报告是基于CQC 对于相关温室气体信息风险的理解和所采取的的合理风险控制措施而得出的。

核查结论:中国质量认证中心认为:

1.2013 年 1 月 7 日发布的 XX 染整有限公司温室气体排放报告(版本 2.0)表明该公司在 2011 年 1 月 1 日到 2011 年 12 月 31 日之间的温室气体排放量为 269322tCO$_2$e。

2.排放的量化、监测和报告遵从《工业企业温室气体排放核查通用指南》、《纺织印染企业温室气体排放核查指南》的相关要求。

3.该报告不存在实质性偏差,达到了预先商定的合理保证等级。

核查组长	XXX		
核查组	XX/XX	批准人	XX
技术评审组	XXX　XXX		

1 核查简介

1.1 核查目的

本次核查受 XX 染整有限公司委托,对该企业 2011 年度的温室气体量化报告进行核查。

核查目的是判断 XX 染整有限公司 2011 年度的温室气体量化报告结果是否实质性正确,GHG 清单、数据等相关信息是否符合相关性、完整性、一致性、准确性、透明性的原则。

1.2 核查准则

本次核查工作的准则是《工业企业温室气体排放核查通用指南》、《纺织印染企业温室气体排放核查指南》。

1.3 核查范围

本次核查的范围是对与 XX 染整有限公司 2011 年度温室气体量化报告有关的设备、管理、运行记录、数据监测、收集、处理和计算过程进行独立和客观的评审。

1.4 保证等级

本次核查的保证登记经过事先与企业确认为合理保证等级。

1.5 实质性

本次核查的实质性偏差的阈值定义为 5%。

1.6 核查过程描述

本次核查受 XX 染整有限公司委托对该企业 2011 年度的温室气体量化报告进行核查。中国质量认证中心于 2012 年 11 月 10 日收到了《XX 染整有限公司温室气体排放报告》(版本 1.0),并对该报告进行了文件评审。核查组(XXX、XX)于 2012 年 12 月 11 日到 12 日对该企业进行了现场访问,并开具了不符合项(2 项),核查组在收到《XX 染整有限公司温室气体排放报告》(版本 2.0)后确认不符合项已经关闭,并完成了本核查报告的编写。

2 核查步骤

2.1 核查组的指定

核查组组成如表 2 所示:

表 2　核查员信息表

姓名	核查组长/组员	是否具有核查资格
XXX	组长	是
XX/XX	组员	是

2.2 文件评审

中国质量认证中心于 2012 年 11 月 10 日收到了《XX 染整有限公司温室气体排放报告》（版本 1.0），并于 2012 年 12 月 11 日之前该报告进行了文件评审。文件评审过程中未发现异常。

2.3 现场评审

核查组（XXX，XX）于 2012 年 12 月 11 日到 12 日对《XX 染整有限公司温室气体报告》进行了现场评审，评审主要内容包括：

1）排放源识别的准确性和完整性（包括现场设施的评价）；

2）排放量有关数据的收集、处理、计算过程等数据流过程；

3）碳排放报告；

4）有关人员的访谈。

2.4 不符合及澄清要求的处理

现场核查过程中开具了 2 项不符合项，如表 3 所示：

表 3   不符合项表

不符合项内容	受核查方回复	核查组确认
《XX 染整有限公司温室气体排放报告》（版本 1.0）中发现如下 2 项不符合项： 1. 2011 年外购蒸汽带来的排放量计算过程中新老电厂外供给企业的蒸汽量与 2011 年的购气发票中的蒸汽吨数不一致； 2. 在 2011 年外购蒸汽带来的排放量计算过程中，锅炉的给水焓值的选取时，采用的是锅炉经过加温以后的进水温度，而不是当地地表水的温度。另外，2011 年全年的锅炉给水量与现场查看到的月报表上的数据不一致	1. 在计算过程中采用的蒸汽吨数是来自于 2011 年企业年终报表。在报表统计过程中个别数据存在抄写差错，导致与发票不一致。受核查方已经在《温室气体排放报告》（版本 2.0）中更新； 2. 给水焓值已按照当地地表水温度进行更改。2011 年的锅炉给水量的数据因人员操作失误提供错误数据，已做更改	相关数据经确认无误后已提供并重新正确计算

2.5 核查报告编写过程

现场核查之后，核查组向受核查方提出了上述不符合项。在 2013 年 3 月 15 日收到《XX 染整有限公司温室气体排放报告》（版本 2.0）后，确认不符合项已经关闭之后，中国质量认证中心发布本核查报告。

2.6 内部质量控制

本核查报告在提交给客户之前已进行了内部的技术评审过程。技术评审由两名技术评审人员根据中国质量认证中心内部的工作程序所执行。

3 核查发现

3.1 边界的确定

本核查针对的是 XX 染整有限公司 2011 年度的温室气体排放。

3.2 边界内排放设施运行

本核查针对的是 XX 染整有限公司 2011 年度的温室气体排放。

表 4 排放源信息表

类别		设施/活动	排放源	可能产生的 GHG 种类			排放源用途
				CO_2	CH_4	N_2O	
Scope1 直接 GHG 排放	能源类(E)	热定型机	煤	√	√	√	热能提供
		烧毛机	汽油	√	√	√	热能提供
	运输过程(P)	运输车、叉车	柴油	√	√	√	原材料运输
		公务车	汽油	√	√	√	人员运输
Scope2 能源间接 GHG 排放	能源类(E)	外购电力	化石燃料	√			动力提供
		外购蒸汽	煤	√			热能提供

3.3 排放量化方法学

3.3.1 热定型机、烧毛机、运输工具中燃煤、燃油的排放采用排放因子法,计算方法见式 1、2、3:

$$E_{ff,CO_2} = Q_{ff} \times NCV \times EF_{CO_2} \times OX_i \times 10^{-12} \quad \cdots\cdots\cdots\cdots (1)$$

式中:

E_{ff,CO_2}——监测期内化石燃料燃烧过程产生的二氧化碳排放量(tCO_2e);

Q_{ff}——监测期内化石燃料的消耗量(t 或 m^3);

NCV——监测期内化石燃料的净发热值(kJ/t 或 kJ/m^3);

EF_{CO_2}——监测期内化石燃料单位热量的 CO_2 排放系数(kg/TJ);

OX_i——监测期内燃烧过程的碳氧化率(%)。

$$E_{ff,CH_4} = Q_{ff} \times NCV \times EF_{CH_4} \times 10^{-12} \quad \cdots\cdots\cdots\cdots\cdots\cdots (2)$$

式中:

E_{ff,CH_4}——监测期内化石燃料燃烧过程产生的甲烷排放量(t);

Q_{ff}——监测期内化石燃料的消耗量(t 或 m^3);

NCV——监测期内化石燃料的净发热值(kJ/t 或 kJ/m³);

EF_{CH_4}——监测期内化石燃料单位热量的 CH_4 排放量(kg/TJ)。

$$E_{ff,N_2O} = Q_{ff} \times NCV \times EF_{N_2O} \times 10^{-12} \cdots\cdots\cdots\cdots\cdots\cdots (3)$$

式中:

E_{ff,N_2O}——监测期内化石燃料燃烧过程产生的氧化亚氮排放量(t 或 m³);

Q_{ff}——监测期内化石燃料的消耗量(t 或 m³);

NCV——监测期内化石燃料的净发热值(kJ/t 或 kJ/m³);

EF_{N_2O}——监测期内化石燃料单位热量的 N_2O 排放量(kg/TJ)。

3.3.2 外购电力带来的排放采用排放因子法,计算方法见式4:

$$E_e = EG \times EF_{grid} \cdots\cdots\cdots\cdots\cdots\cdots\cdots\cdots\cdots\cdots\cdots (4)$$

式中:

E_e——监测期内企业外购电力而间接排放的二氧化碳(tCO_2e);

EG——监测期内企业从当地省级电网购入的电量(MW·h);

EF_{grid}——监测期内企业所在省级电网的二氧化碳排放因子[t/(MW·h)]。

3.3.3 外购蒸汽带来的排放采用排放因子法,计算方法见式5:

$$E_{S,CO_2} = Q_{ff} \times NCV \times EF_{CO_2} \times OX_i \times 10^{-9} \times Q_S \times (H_1 - H_2) / $$
$$(Q_{S,generation} \times H_3 - Q_w \times H_2) \cdots\cdots\cdots\cdots\cdots (5)$$

式中:

E_{S,CO_2}——监测期内企业因消耗外购蒸汽而间接排放的二氧化碳(tCO_2e);

Q_{ff}——监测期内化石燃料的消耗量(t);

NCV——化石燃料的平均低位发热值(kJ/kg);

EF_{CO_2}——化石燃料单位热量的 CO_2 排放系数(kg/TJ);

OX_i——化石燃料燃烧过程的碳氧化率(%);

H_1——外供蒸汽的焓值(kJ/kg);

H_2——锅炉给水焓值(kJ/kg);

$Q_{S,generation}$——锅炉出口处产生的蒸汽总量(kg);

H_3——锅炉出口处蒸汽的焓值(kJ/kg);

Q_w——锅炉给水量(kg);

Q_S——企业向蒸汽供应商采购的蒸汽量(kg)。

3.4 **参数监测**(见表 5~表 21)

表 5

参数名称	$Q_{ff\,煤-1}$
单位	t
描述	监测期内热定型机消耗的煤炭量
数值	32310

续表

参数名称		$Q_{ff \text{煤}-1}$
核查要求	数据来源	企业实际测量所得的入炉值
	监测程序	监测方法：由经过定期校准的重量监测仪器测得。 监测频次： 1. 采用的是地磅连续测量； 2. 在监测期内该地磅并未发生异常，工作稳定； 记录频次：企业每天记录数据一次。 本监测期内无数据缺失
	QA/QC要求	与监测期内的购煤发票、采购记录、库存记录、运行日志等信息交叉核对
参数名称		$Q_{ff \text{汽油}-1}$
单位		t
描述		监测期内烧毛机消耗的汽油量
数值		531.771
核查要求	数据来源	企业实际测量所得
	监测程序	监测方法：使用汽油的桶数与每桶重量相乘得到。 监测频次：监测频次与使用频次相一致；记录频次：烧毛机每使用一桶汽油便记录数据一次。 本监测期内无数据缺失
	QA/QC要求	与监测期内购油发票、运行日志等信息交叉核对

表6

参数名称		$NCV_{\text{煤}-1}$
单位		kJ/t
描述		监测期内热定型机消耗煤的净发热值（即：平均低位发热量）
数值		23939919
核查要求	数据来源	企业实际测量所得的入炉煤监测期内的加权平均值
	监测程序	监测方法：由经过定期校准的分析仪器依据 GB/T 212—2008《煤的工业分析方法》、GB/T 213—2008《煤的发热量测定方法》测得。 监测频次： 1. 监测频次与进场煤的取样频次一致，一个月一般测定两到三次左右。监测期内的平均值采用加权平均的方法获得； 2. 监测期内监测频次未发现异常； 记录频次：按照进场煤的取样频次记录。 本监测期内无数据缺失
	QA/QC要求	与监测期内的运行日志等信息交叉核对

表 7

参数名称		$NCV_{汽油}$
单位		kJ/t
描述		监测期内汽油的净发热值(即:平均低位发热量)
数值		43070000
核查要求	数据来源	中国能源统计年鉴提供的缺省值
	监测程序	—
	QA/QC要求	—

表 8

参数名称		OX_i
单位		%
描述		监测期内燃烧过程的碳氧化率
数值		98%
核查要求	数据来源	省级温室气体清单给出的默认碳氧化率。
	监测程序	—
	QA/QC要求	—

表 9

参数名称		EF_{CO_2}、EF_{CH_4}、EF_{N_2O}
单位		kg/TJ
描述		排放系数,指监测期内化石燃料单位热量的二氧化碳、甲烷、氧化亚氮排放量
数值		煤:96100、1、1.5
		柴油:74100、3.9、3.9
		汽油(动力汽油):69300、33、3.2
核查要求	数据来源	IPCC 2006 给出的燃料缺省排放因子
	监测程序	—
	QA/QC要求	—

表 10

参数名称	EG
单位	兆瓦时
描述	监测期内企业从当地区域电网购入的电量
数值	69078960

续表

参数名称		EG
核查要求	数据来源	由电网公司测量所得
	监测程序	监测方法:依据 DL/T 448—2008《电能计量装置技术管理规程》测得,电表按照当地电网公司的要求每年校准。 记录频次:每月一次。 本监测期内无数据缺失
	QA/QC 要求	与监测期内的购电发票等信息交叉核对

表 11

参数名称		EF_{grid}
单位		t/MW·h
数值		0.8244
描述		监测期内企业所使用的区域电网的二氧化碳排放因子
核查要求	数据来源	监测期内国家发改委发布的 2012 年《关于公布中国区域电网基准线排放因子的公告》中华中地区 OM 数值
	监测程序	—
	QA/QC 要求	—
单位		t
描述		监测期内叉车、铲车消耗的柴油量
数值		147.406
核查要求	数据来源	企业实际测量所得
	监测程序	监测方法:使用柴油的桶数与每桶重量相乘得到。 监测频次:监测频次与使用频次相一致;记录频次:每月按消耗柴油的桶数进行记录,每使用一桶柴油便记录数据一次。 本监测期内无数据缺失
	QA/QC 要求	与监测期内的购油发票、采购记录、库存记录、运行日志等信息交叉核对

表 12

参数名称		$NCV_{柴油}$
单位		kJ/t
描述		监测期内柴油的净发热值(即:平均低位发热量)
数值		42652000
核查要求	数据来源	中国能源统计年鉴提供的缺省值
	监测程序	—
	QA/QC 要求	—

表 13

参数名称		$Q_{ff 汽油-2}$
单位		t
描述		监测期内公务车、小车消耗的汽油量
数值		15.133
核查要求	数据来源	企业实际测量所得
	监测程序	监测方法:使用汽油的桶数与每桶重量相乘得到。 监测频次:监测频次与使用频次相一致;记录频次:每使用一桶汽油便记录数据一次。 本监测期内无数据缺失
	QA/QC 要求	与监测期内购油发票、运行日志等信息交叉核对

表 14

参数名称		$Q_{ff 煤-2}$
单位		t
描述		监测期内热电厂消耗的煤炭量
数值		老电厂:144029.8 新电厂:209717
核查要求	数据来源	热电厂实际测量所得的入炉值
	监测程序	监测方法:由经过定期校准的重量监测仪器测得。 监测频次: 1.采用的是地磅连续测量; 2.在监测期内该地磅并未发生异常,工作稳定。 记录频次:热电厂每天记录数据一次。 本监测期内无数据缺失
	QA/QC 要求	与监测期内的购煤发票、采购记录、库存记录、运行日志等信息交叉核对

表 15

参数名称		$NCV_{煤-2}$
单位		kJ/t
描述		监测期内热电厂消耗煤的净发热值(即:平均低位发热量)
数值		老电厂:21198000 新电厂:20909000

续表

参数名称		$NCV_{煤-2}$
核查要求	数据来源	热电厂实际测量所得的入炉煤的算术平均值
	监测程序	监测方法:由经过定期校准的分析仪器依据 GB/T 212—2008《煤的工业分析方法》、GB/T 213—2008《煤的发热量测定方法》测得。 监测频次: 1.监测频次与进场煤的取样频次一致,一个月一般测定两到三次左右。监测期内的平均值采用算术平均的方法获得; 2.监测期内监测频次未发现异常。 记录频次:按照进场煤的取样频次记录。 本监测期内无数据缺失
	QA/QC 要求	与监测期内的运行日志等信息交叉核对

表 16

参数名称		H_1
单位		kJ/kg
描述		外供蒸汽的焓值
数值		老电厂:2850 新电厂:3002
核查要求	数据来源	热电厂提供
	监测程序	监测方法:由经过定期校准的温度,压力传感器测得蒸汽的温度和压力并查询蒸汽热焓表。 监测频次: 1.温度、压力连续监测; 2.监测期内监测频次未发现异常。 记录频次:每月记录一次。 本监测期内无数据缺失
	QA/QC 要求	与监测期内的运行日志等信息交叉核对

表 17

参数名称		H_2
单位		kJ/kg
描述		锅炉给水焓值
数值		85
核查要求	数据来源	热电厂提供
	监测程序	监测方法:由经过定期校准的温度计测得锅炉给水温度,并按照一个大气压查询水的焓值表。 记录频次:每月记录一次。 本监测期内无数据缺失
	QA/QC 要求	与监测期内的运行日志等信息交叉核对

表 18

参数名称		H_3
单位		kJ/kg
描述		锅炉出口处蒸汽的焓值
数值		老电厂：3297 新电厂：3380
核查要求	数据来源	热电厂提供
	监测程序	监测方法：由经过定期校准的温度,压力传感器测得蒸汽的温度和压力并查询蒸汽热焓表。 监测频次： 1.温度、压力连续监测； 2.监测期内监测频次未发现异常。 记录频次：每月记录一次。 本监测期内无数据缺失
	QA/QC 要求	与监测期内的运行日志等信息交叉核对

表 19

参数名称		$Q_{s,\,generation}$
单位		kg
描述		监测期内锅炉出口处产生的蒸汽总量
数值		老电厂：1261753000 新电厂：1342105000
核查要求	数据来源	热电厂实际测量所得
	监测程序	监测方法：由经过定期校准的气体流量计测得 监测频次： 1.由分布式集散控制系统(DCS)连续监测取样计量； 2.在监测期内该系统并未发生异常,工作稳定。 记录频次：连续监测,5秒读数一次。 本监测期内无数据缺失
	QA/QC 要求	与热电厂监测期内的能源平衡表、运行日志等信息交叉核对

表 20

参数名称		Q_s
单位		kg
描述		企业向热电厂采购的蒸汽量
数值		老电厂：195946000 新电厂：345469000

续表

参数名称		Q_s
核查要求	数据来源	热电厂实际测量所得
	监测程序	监测方法:由经过定期校准的气体流量计测得 监测频次: 1.由分布式集散控制系统(DCS)连续监测取样计量; 2.在监测期内该系统并未发生异常,工作稳定。 记录频次:连续监测,5秒读数一次。 本监测期内无数据缺失
	QA/QC 要求	与热电厂监测期内的能源平衡表、运行日志等信息交叉核对

表 21

参数名称		Q_w
单位		kg
描述		监测期内锅炉给水量
数值		老电厂:1261753000 新电厂:1003669800
核查要求	数据来源	热电厂实际测量所得
	监测程序	监测方法:由经过定期校准的液体流量计测得 监测频次: 1.由分布式集散控制系统(DCS)连续监测取样计量; 2.在监测期内该系统并未发生异常,工作稳定。 记录频次:连续监测,5秒读数一次。 本监测期内无数据缺失
	QA/QC 要求	与热电厂监测期内的能源平衡表、运行日志等信息交叉核对

3.5 监测设备校准

(略)

3.6 排放量的计算过程及结果(见表 22)

表 22 排放量汇总表

范围	Scope1	Scope2	Scope3	总计
排放量(tCO_2e)	74199	195123	0.0000	269322
百分比	27.55%	72.45%	0.00%	100.00%
种类	CO_2	CH_4	N_2O	总计
排放量(tCO2e)	268898	33	391	269322
百分比	99.84%	0.01%	0.15%	100.00%

334

附录 1 核查清单

核查内容	核查记录	核查结论
1 边界的确定		
1.1 组织边界		
1.1.1 组织采取何种方式对设施层次 GHG 的排放和清除进行汇总？ a)基于控制权的方式：对组织能从财务或运营方面予以控制的设施的所有定量 GHG 排放进行计算； b)基于股权比例的方式：对各个设施的 GHG 排放按组织所有权的份额进行计算	企业采用基于控制权的方式对设施层次 GHG 的排放和清除进行汇总。	OK
1.1.2 组织边界是否曾经发生过变更？如是，是否有详细的说明？	无	OK
1.2 运行边界		
1.2.1 运行边界 组织是否确定运行边界并形成文件？如果运行边界发生变化，是否有详细的说明？	是，碳排放报告所覆盖的排放边界为设备科、运输队、针织车间、后车间、印花车间、精品二车间、精品车间、外贸车间、轧染车间（具体部门）	OK
2 边界内排放设施运行		
2.1 边界内排放设施描述是否清楚？是否包含了所有的排放设施？如否，是否有详细的说明？	是	OK
2.2 是否清楚描述排放设施的物理特征如：设备数量、技术参数、安装与运行状态？	是	OK
3 排放量化方法学		
3.1 直接排放		
3.1.1 是否对组织边界内设施的直接排放予以量化？	是，对企业边界内热定型机使用所消耗的煤炭，以及烧毛机、交通运输工具所消耗的汽油和柴油燃烧带来的 GHG 排放进行了量化	OK
3.1.2 是否有生产、输出或配送电力、热和蒸汽，其所产生的直接排放是否单独报告，是否从直接排放总量中扣除？	本报告的对象为纺织印染企业，所有化石燃料燃烧的目的是为了产生蒸汽或热，没有从直接排放量中扣除	OK
3.2 能源间接排放		

续表

核查内容	核查记录	核查结论
3.2.1 是否对其消耗的外部输入的电力、热或蒸汽的生产所产生的间接排放予以量化？	是，本企业从外部购电以和蒸汽以满足企业内部生产运营的需要	OK
3.3 其它间接排放		
3.3.1 是否对其它间接排放进行量化？	否	OK
3.4 排放量化方法学		
3.4.1 组织选取了下述何种量化方法： ——基于计算的量化方法； ——基于测量的量化方法； ——测量和计算相结合	本报告内所有量化结果采用的都是基于计算的方法。且均采用排放因子法	OK
3.4.2 是否对量化方法的选择加以说明？是否对以前使用的量化方法学中的任何变化做出解释（如适用）？	报告中以对各排放源设施的量化方法进行了详细的说明	OK
3.4.3 是否选择和收集与选定的量化方法要求相一致的温室气体活动水平数据？	核查过程中发现《XX 染整有限公司温室气体排放报告》（版本 1.0）中发现 2 项不符合项： 1. 2011 年外购蒸汽带来的排放量计算过程中新老电厂外供给的选取时，采用的购气发票与 2011 年的购气发票中的蒸汽吨数不一致； 2. 2011 年外购蒸汽带来的排放量计算过程中，锅炉的给水焓不是当地值的选取时，采用加温以后的进水温度，而不是当地地表水的温度。另外，2011 年全年的锅炉给水量与现场查看到的月报表上的数据不一致。企业给出了相应的解释并做了数据更新	不符合项 1&2（已关闭）
3.4.4 排放因子的选择与确定是否合理？是否对以前使用的排放因子的任何变化做出解释（如适用）？	排放因子的选择合理，并在本报告中进行了数据来源和数值的说明。	OK
4 参数监测		
4.1 参数监测与量化方法学的一致性		

续表

核查内容	核查记录	核查结论
4.1.1 是否符合量化方法学的要求？	是，已在本报告中进行了数据来源和数值的说明	OK
4.1.2 直接排放参数的监测，是否有明确的数据和信息的管理，包括数据的产生、记录、汇总、计算及报告？	所有使用到的数据均在本报告中进行了数据产生和汇总方式的说明	OK
4.1.3 间接能源排放参数的监测，是否有明确的数据和信息的管理，包括数据的产生、汇总、记录、计算及报告？	是	OK
4.1.4 其他间接排放参数的监测（如有），是否有明确的数据和信息的管理，包括数据的产生、记录、汇总、计算及报告？	不适用	OK
4.2 与监测相关的运行和管理体系		
4.2.1 是否建立运行和管理体系以确保监测能够有效执行？	已建立	OK
4.2.2 已经建立的运行和管理体系是否合适？质量控制和保证程序是否建立并满足量化方法学的要求？	已建立的体系适合，QAQC满足要求	OK
4.2.3 监测设备是否符合量化方法学的要求？	监测设备符合要求	OK
5 排放量的校准		
5.1 监测设备是否进行了校准，并满足相关标准的要求？	所有的计量设备均定期根据规定进行了校准。	OK
5.2 监测设备的校准频率是否满足要求？如不满足，是否采取了合适的方式进行处理？	满足	OK
6 排放量的计算过程及结果		
6.1 监测期内是否有可用的完整数据？	所有数据均是完整的	OK
6.2 监测期内是否存在需要监测而未监测的参数？如有，如何处理的？	无	OK
6.3 报告的数据如何与其它数据源进行交叉核对的，如与运行日志、购货发票等？	数据的交叉核对信息已在本报告3.4中进行了数据产生和汇总方式的说明。	OK
6.4 排放量的计算过程是否正确，计算过程是否可验证并且重复计算？	计算结果正确，所有的计算过程可以重现	OK
6.5 排放量计算是否正确使用了排放因子、默认值？	是的	OK

参考文献

[1]United States Environmental Protection Agency. Clean Air Act[EB/OL]. (2012 - 06 - 18)[2013 - 03 - 30]. http://www. epa. gov/air/caa/.

[2]European Union. Directive 2003/87/EC of the European Parliament and of the Council of 13 October 2003 establishing a scheme for greenhouse gas emission allowance trading within the Community and amending Council Directive 96/61/EC[EB/OL]. (2012 - 06 - 18)[2013 - 03 - 30]. http://eur - lex. europa. eu/LexUriServ/xUriServ. do? uri = CELEX:32003L0087:EN:NOT.

[3]United States Environmental Protection Agency. Mandatory Greenhouse Gas Reporting. 40 Code of Federal Regulations part 98[EB/OL]. (2012 - 06 - 18)[2013 - 03 - 30]. http://epa. gov/climatechange/emissions/ghgru - aking. html.

[4]GB/T 476—2001 煤的元素分析方法，国家技术监督局，2001.

[5]DL/T 567. 6—1995 火电厂燃料试验方法：飞灰和炉渣可燃物测定方法，中华人民共和国电力工业部，1995.

[6]Intergovernmental Panel on Climate Change. 2006 IPCC Guidelines for National Greenhouse Gas Inventories[EB/OL]. (2012 - 06 - 18)[2013 - 03 - 30]. http://www. ipcc - nggip. iges. or. jp/public/2006gl/index. html.

[7]GB/T 212—91 煤的工业分析方法，国家技术监督局，1991.

[8]GB/T 213—87 煤的发热量测定方法，国家标准局，1987.

[9]省级温室气体清单编制指南. 国家发展和改革委员会，2010.

[10]Scott Evans，Stephanie Deery，Jack Bionda，How Reliable are GHG Combustion Calculations and Emission Factors? The CEM 2009 Conference，September 23 - 25，2009 [C]，Milan，Italy.

[11]ICF Consulting，Emission Inventory Reconciliation Utility Sector[EB/OL]. (2010 - 08 - 11)[2013 - 03 - 30]. http://www. wrapair. org/forums/mtf/documents/group_reports/TechSupp/UtilityInvRec. ppt.

[12]Carlos，E. R. ，et al. Techniques to improve measurement accuracy in power plant reported emission，Lehigh University.

[13]National resources defense council，Hidden environmental liabilities of power plant ownership. (2010 - 02)[2013 - 03 - 30]. http://www. nrdc. org/air/energy/rbr/append. asp.

[14]Russell，S. B. et al. Evaluating measurement biases in CEMS. （不知道具体的时间）[2013 - 03 - 30]. http://rmb - consulting. com/san/advqaqc. htm.

[15]GB/T 3286. 1—1998 石灰石、白云石化学分析方法：氧化钙量和氧化镁量的测定，中华人民共和国国家质量监督检验检疫总局、中国国家标准化管理委员会，1998.

[16]GB/T 5484—2000 石膏化学分析方法，国家质量技术监督局，2000.

[17]日本京都机制信息平台，http://www. kyomecha. org/e/info/reporting_system. html.

[18]"日本温室气体排放强制审计、报告系统"官方网站，http://www. env. go. jp/earth/ghg - santeikohyo/about/index. html.

[19]东京都总量控制与交易体系，http://www. kankyo. metro. tokyo. jp/en/climate/cap_and_trade. html.

[20]日本环境省网站，http://www. env. go. jp/en/earth/ets/mkt_mech. html.

[21]王毅刚，葛兴安，等. 碳排放交易制度的中国道路，北京：经济管理出版社，2011.

[22]"澳大利亚国家温室气体和能源报告系统"官方网站，http://www. climatechange. gov. au/reporting.

[23]National Greenhouse and Energy Reporting Act 2007，http://www. comlaw. gov. au/Series/C2007A00175.

[24]韩国环境部网站：http://eng. me. go. kr/.

[25]《关于实施温室气体与能源目标管理的指南》. 韩国环境部，2011 年 3 月.

"十二五"国家科技支撑计划项目

"碳排放和碳减排认证认可关键技术研究与示范"成果系列丛书

企业碳排放管理国际经验与中国实践

策划编辑：孟　博

责任编辑：邱　艳
　　　　　王　颖

封面设计：徐东彦

中国质检出版社

中国标准在线服务网

ISBN 978-7-5066-7306-8

9 787506 673068 >

定价：78.00 元

销售分类建议：管理/环境管理